大數據時代
超吸睛視覺化
工具與技術

DATA ANALYSIS

博碩文化

AI × Excel × Tableau
資料分析語法指南

彭其捷、陳克勤 著

豐富圖解
解說詳細

打造工作超效率技術的實務應用好幫手

- 收錄超過 80 個好用的數據分析 AI 語法
- 生成式 AI 輔助分析的心法分享
- 實作 Excel 與 Tableau 搭配的豐富案例
- 瞭解使用者與生成式 AI 的互動邏輯

市場分析 × 報告製作 × 經營計畫 × 工作活用

AI × Excel × Tableau 資料分析語法指南

作　　　者：	彭其捷、陳克勤
責任編輯：	曾婉玲
董 事 長：	曾梓翔
總 編 輯：	陳錦輝
出　　　版：	博碩文化股份有限公司
地　　　址：	221 新北市汐止區新台五路一段 112 號 10 樓 A 棟 電話 (02) 2696-2869　傳真 (02) 2696-2867

郵撥帳號：17484299　戶名：博碩文化股份有限公司
博碩網站 http://www.drmaster.com.tw
讀者服務信箱：dr26962869@gmail.com
讀者服務專線：(02) 2696-2869 分機 238、519
（週一至週五 09:30 ～ 12:00；13:30 ～ 17:00）

版　　　次：2025 年 3 月初版

建議零售價：新台幣 680 元
Ｉ Ｓ Ｂ Ｎ：978-626-414-122-2（平裝）
律師顧問：鳴權法律事務所 陳曉鳴 律師

本書如有破損或裝訂錯誤，請寄回本公司更換

國家圖書館出版品預行編目資料

AI x Excel x Tableau 資料分析語法指南 / 彭其捷、陳克勤著. -- 初版. -- 新北市：博碩文化股份有限公司，2025.03
　　面；　公分

ISBN 978-626-414-122-2（平裝）

1.CST: 大數據 2.CST: 資料探勘 3.CST: 人工智慧 4.CST: 商業資料處理

312.74　　　　　　　　　　　　　　114000673

Printed in Taiwan

博碩粉絲團　歡迎團體訂購，另有優惠，請洽服務專線
(02) 2696-2869 分機 238、519

商標聲明

本書中所引用之商標、產品名稱分屬各公司所有，本書引用純屬介紹之用，並無任何侵害之意。

有限擔保責任聲明

雖然作者與出版社已全力編輯與製作本書，唯不擔保本書及其所附媒體無任何瑕疵；亦不為使用本書而引起之衍生利益損失或意外損毀之損失擔保責任。即使本公司先前已被告知前述損毀之發生。本公司依本書所負之責任，僅限於台端對本書所付之實際價款。

著作權聲明

本書繁體中文版權為博碩文化股份有限公司所有，並受國際著作權法保護，未經授權任意拷貝、引用、翻印，均屬違法。

前言

全球從 2023 年開始，掀起了一波 AI 浪潮，而這波 AI 浪潮則最主要著重於「生成式 AI」的類型，使用者可以透過自然語言文字對話與問答，讓 AI 幫忙生成文字、程式碼、音訊、圖片或影片等內容。這波浪潮由 ChatGPT 領軍，引領全球無數的人在各領域進行嘗試。

除了 ChatGPT 之外，還有許多好用的 AI 工具，本書主要以較常見且可免費使用的分析環境為主，探討相關 AI 工具如何與數據分析流程進行整合應用；主要針對以下兩大方向進行實驗與嘗試：

AI 輔助資料分析的好用語法（Prompt）

使用者可以透過文字對話來尋找數據分析指標、搜尋或生成資料集、輔助生成計算公式或程式碼等情境；甚至部分 AI 可以上傳檔案，讓生成式 AI 幫忙讀取資料後，自動提取重要資訊，並生成報告或摘要，加速報告製作速度。

AI 輔助 Excel / Tableau 資料分析

可以透過對話方式，讓 AI 輔助提供 Excel 與 Tableau 的操作輔助，或是分析函式 / 語法的生成等。

本書共分為 12 個單元與 1 個附錄，彙整了超過 80 個 AI 應用技巧的探索，希望能帶給讀者一些想法。本書的目標閱讀族群為：

- 對於 AI 輔助工作主題有興趣的人。
- 喜愛研究 AI 輔助分析技巧的追求者。
- Excel 與 Tableau 軟體使用者。

在本書的撰寫過程中，花費兩位作者大量時間投入，根據自身操作經驗進行實驗記錄，每個語法都有經過驗證，且真實可以使用，記載了我們認為效果頗佳的好用技巧，讀者可以閱讀並嘗試進行變化，套用到自身的工作場景中。

彭其捷、陳克勤 謹識

關於本書

以下說明本書的輔助說明資訊，包含官網、語法、練習資料下載、AI 輔助分析的注意事項以及本書的編排格式說明。

本書官網（包含練習資料下載、語法彙整）

`本書官網網址` https://sites.google.com/view/ai-analyze/

`本書博碩網址` https://www.drmaster.com.tw/Bookinfo.asp?BookID=mp22413

讀者可前往本書的官網取得本書練習資料檔、相關的 AI 語法等。此外，由於生成式 AI 技術異動頻率高，後續如果有軟體的版本更新等重要資訊，也都會刊登在官網上。

AI 提問注意事項

使用 AI 協助作業時，提供以下提醒事項：

- **AI 具有隨機性**：AI 每次的回應都不會相同，即使是相同的關鍵字，在執行相同的指令與問題時，可能會產生多種不同的答案，所以本書提供的參考指令與讀者的 AI 回覆也會不同，建議可著重在學習技巧背後的思維，並理解其隨機的特性。

- **不盡信 AI 的回覆**：AI 雖然能提供快速且有力的分析，但回答並非總是正確的，AI 主要還是以「輔助」、「快速」給予參考靈感與語法為主，依然要對答案進行檢查和驗證。

- **更明確的指令（prompt）**：與 AI 互動時，可以更具體定義輸入（input）與輸出（output），若提問模糊不清，AI 給的答案通常也會比較抽象。舉例來說：「把這些數據整理一下」改成「將這些銷售數據按月份排列，並計算每月的總銷售額」，會得到更具體的結果。

- **不建議上傳機敏資料**：機敏性資料包含個人隱私、商業機密或其他敏感性資訊的資料，這類資料的處理需要特別謹慎，一旦洩露或被不當使用，可能會導致嚴重的隱私問題、法律責任或商業損失。

- **資料匿名化**：在資料上傳 AI 工具之前，對數據進行匿名化或偽裝化處理，移除或隱藏可識別的個人資料，從而在不影響分析結果的前提下保護個人隱私。
- **指令是通用的**：本書主要使用的 AI 工具為 ChatGPT，但本書的相關語法也都可丟給其他工具來進行互動；單元一「常見的 AI 輔助數據分析工具」有提到許多類似性質工具，也都可嘗試看看。
- **AI 具有版本差異**：本書的撰寫過程中，ChatGPT 已經進行了多次改版，所以可能會出現多種介面畫面，但操作方式都是類似的。

讓 AI 用特定語言回覆

在使用 AI 作業時，依據作業需要可能會有不同語言切換的需求，可用以下方法來讓 AI 用特定語言回覆：

- **使用指定語言提問**：如果希望 AI 用英文回覆，那麼在提問的時候就直接使用英文來提問，AI 通常都會自動切換英文進行回覆。
- **在指令中明確要求**：在指令中明確指定 AI 回覆的語言，例如：用英文告訴我 Tableau 的五個優點及缺點。
- **使用語言標籤**：專屬標籤就像是一個簡單的命令或提示，讓 AI 知道你有特定的需求或要求。這個標籤可以放在對話的開頭、結尾或插入在對話中任何地方，讓 AI 按照你的要求進行回應或操作，例如：「# 英文 # 正式 # 表格 告訴我 Tableau 的五個優點及缺點」，這樣的指令可以引導 AI 使用正式口吻的英文做回應。
- **設定慣用語**：由於中文模型多是透過簡體中文訓練，如果希望 AI 儘量使用臺灣慣用語，可以在提示（Prompt）句子中手動加入以下指令：

請使用臺灣慣用語，包含：
  - 視頻→影片
  - 質量→品質
  - 通過→透過
  - 博客→部落格
  - 總的來說→結論

- 可視化→視覺化
- 筆記本電腦→筆記型電腦
- 鼠標→滑鼠
- 鏈接→連結
- 創建→建立
- 智能→智慧
- 領導→領袖、主管、老闆
- 出租車→計程車
- 可自由延伸更多對應文字，或做成常用 Template⋯

　　如果是 ChatGPT 的付費使用者，可以參考單元十一中的「自訂 ChatGPT」功能設定，就能將以上客製化需求套入到所有的對話，可以大幅減少每次都要重複輸入需求的步驟。

本書編排格式

　　本書除了單元一比較偏向介紹性質，後續單元大多採取以下樣式來編排：

- **單元導覽**：說明此單元的學習重點與技巧分配。
- **實作資料**：說明此單元使用的範例資料。
- **Tips**：非本文，但值得在該段落進行補充的相關資訊。
- **使用效益**：說明這個技巧在 AI 協作中可以帶來的效益。
- **範例提示（Prompt）**：實踐此技巧的語法。
- **輸入（Input）**：說明在上述語法中有哪些關鍵字可以加以應用變化，來取得更客製化答案。

　　接續 Demo 之後，針對操作步驟較多的技巧，則會提供實作步驟，以引導讀者按照順序 Step By Step 完成對應練習。

目 錄

PART 01　AI 數據分析思維情境

Unit 01　常見的 AI 輔助數據分析工具 003

對話式 AI 005

ChatGPT 005

DEMO ChatGPT：AI 分析語法範例 - 輔助生成 Excel 函式 005

Claude 006

DEMO Claude：AI 分析語法範例 - 辨識數學公式並協助解題 007

Gemini 008

DEMO Gemini：AI 分析語法範例 - 設計數據分析指標 008

Perplexity 009

Bing Copilot 010

商業智慧工具（BI） 011

Excel 011

DEMO ChatGPT × Excel：AI 輔助數據分析語法範例 - 生成 Excel 邏輯函式 011

Tableau 011

DEMO Tableau：AI 數據應用範例 - Tableau Pulse 012

Power BI 013

DEMO Power BI：AI 數據應用範例 - Power BI Copilot 013

程式語言（Coding） 014

Python 014

DEMO Python × ChatGPT：AI 分析語法範例 - 資料視覺化 015

R 語言 016

DEMO R × ChatGPT：AI 分析語法範例 - 資料視覺化 017

Unit 02　AI 輔助尋找、整理、生成資料 019

AI 輔助尋找資料來源 020

技巧一：尋找開放資料來源 021

DEMO 尋找開放資料來源 021

技巧二：尋找開放資料來源（Bing Copilot）.. 022

DEMO 尋找開放資料來源 022

技巧三：AI 輔助尋找特定公司資料（以尋找股價資訊為例）......................... 023

DEMO AI 輔助尋找特定公司資料 023

技巧四：系統性彙整資料分析欄位、指標等 024

DEMO 系統性彙整資料分析欄位、指標 024

AI 輔助整理、清洗資料 026

技巧五：AI 提供一些髒資料的說明 028

DEMO AI 提供髒資料的說明 028

技巧六：AI 生成模擬髒資料 029

DEMO AI 輔助生成模擬髒資料 029

技巧七：針對髒資料進行清洗 030

DEMO 針對髒資料進行清洗 030

技巧八：轉換圖片為文字 031

DEMO 轉換圖片為文字 032

AI 輔助從零生成模擬資料 032

技巧九：生成模擬資料表格 033

DEMO 生成模擬資料表格 033

技巧十：生成半結構化 / 非結構化模擬資料 034

DEMO AI 輔助生成半結構化 / 非結構化模擬資料 034

技巧十一：直接生成大量模擬資料（需搭配特定的 AI 工具）..................... 036

DEMO AI 輔助生成大量模擬資料 036

Unit 03　AI 輔助建構初步分析想法 038

建構起始分析提問 039

技巧一：設定 AI 為資料分析顧問人格 039
DEMO 設定 AI 扮演資料分析顧問 039
技巧二：詢問 AI 對於特定資料的分析靈感 040
DEMO AI 輔助提供分析靈感 040
技巧三：使用追問法（根據前一輪 AI 回應展開下一輪提問） 041
DEMO 針對 AI 前一輪回覆來追問 041

引導以特定格式回應提問 042

技巧四：用表格的方式生成資料分析技能清單 043
DEMO AI 以表格方式提供答案 043
技巧五：使用列表結構呈現分析建議 044
DEMO AI 以列表提供分析建議 044
技巧六：使用樹狀結構呈現分析建議 045
DEMO AI 以樹狀結構提供分析建議 045
技巧七：生成指定文字風格與字數的文案 046
DEMO 指定文字風格與字數來生成文案 046

案例練習：以分析 TSM 股價資料為例 047

技巧八：將示範數據輸入到 ChatGPT 047
DEMO AI 輔助整理數據表格 047
技巧九：輸入資料後輔助發想商業問題 051
DEMO AI 輔助發想商業問題 051
技巧十：輔助發想量化分析指標 052
DEMO AI 輔助發想量化分析指標 052
技巧十一：提供分析指標的計算與解讀方式 053
DEMO AI 輔助提供指標計算與解讀 053
技巧十二：SMART 結構提問法 054
DEMO AI 以 SMART 原則來拆解問題 054

技巧十三：MECE 金字塔結構提問法..055
　　　DEMO AI 以 MECE 結構來拆解問題..055
　　技巧十四：Data & Metrics & Indicator 框架提問法..................................056
　　　DEMO AI 以 Data & Metrics & Indicator 框架來分析問題..........................056

Unit 04　AI 輔助生成統計數據與分析報告..058

AI 輔助統計指標計算..058

　　技巧一：上傳資料並同時設定分析人格..059
　　　DEMO 上傳資料並設定分析人格..059
　　技巧二：提供數據的統計特徵..060
　　　DEMO AI 輔助進行統計數據計算..060
　　技巧三：AI 自動提供統計計算公式與結果..061
　　　DEMO AI 輔助提供統計計算公式與結果..061
　　技巧四：嘗試進行統計指標追問與解釋..062
　　　DEMO AI 輔助分析與解釋原因..062

AI 輔助撰寫數據分析報告..063

　　技巧五：AI 引導產生分析方法說明..064
　　　DEMO AI 輔助提供資料分析方法建議..064
　　技巧六：AI 提供相關的分析步驟資訊..065
　　　DEMO AI 逐步提供分析步驟..065
　　技巧七：調整生成圖表風格..067
　　　DEMO AI 輔助調整圖表風格..067
　　技巧八：產生數據分析報告架構與草稿..068
　　　DEMO AI 輔助生成數據分析報告大綱..068
　　技巧九：產生數據分析報告..069
　　　DEMO AI 輔助生成數據分析報告..069

PART 02　Excel×AI 數據分析

Unit 05　入門應用：**AI 輔助進行 Excel 資料格式整理**..................**075**

字串處理類型的 AI 修改語法..................076

技巧一：切割（Split）..................076
DEMO 切割技巧..................076

技巧二：上傳檔案切割（Upload & Split）..................079
DEMO 上傳檔案切割技巧..................079

技巧三：修剪（Trim）..................080
DEMO 修剪技巧..................080

技巧四：補值（Append）..................083
DEMO 補值技巧..................083

技巧五：取代（Replace）..................086
DEMO 取代技巧..................086

技巧六：萃取（Extract）..................088
DEMO 萃取技巧..................088

資料呈現與排列類型的 AI 修改語法..................090

技巧七：移除重複列（Remove）..................091
DEMO 移除重複列技巧..................091

技巧八：格式轉換（Format）..................093
DEMO 格式轉換技巧..................093

技巧九：合併（Merge）..................096
DEMO 合併技巧..................096

技巧十：排序（Sort）與篩選（Filter）..................098
DEMO 排序與篩選技巧..................098

技巧十一：轉置（Transposing/pivoting）..................101
DEMO 轉置技巧..................101

Unit 06　入門應用：AI 輔助 Excel 入門操作與函式撰寫 104

AI 輔助學習 Excel 105

技巧一：AI 輔助介紹 Excel 資料格式 106
DEMO　AI 輔助介紹資料格式 106
技巧二：AI 輔助認識 Excel 運算概念 107
DEMO　AI 輔助解釋概念 107
技巧三：AI 輔助制定 Excel 學習路徑 108
DEMO　AI 輔助制定學習路徑 108

AI 生成 Excel 資料分析函式 109

技巧四：AI 輔助生成分析策略方向 110
DEMO　AI 輔助生成策略 110
技巧五：AI 輔助生成基礎計算函式 111
DEMO　AI 輔助生成計算公式 111
技巧六：AI 輔助描述統計計算 112
DEMO　AI 輔助生成統計函式 112
技巧七：AI 輔助小數點處理 114
DEMO　AI 輔助小數點處理 114
技巧八：AI 輔助生成 Excel 邏輯函式 116
DEMO　AI 輔助生成邏輯函式 116
技巧九：AI 輔助生成 Excel 雙重條件函式 119
DEMO　AI 輔助生成雙重條件函式 119
技巧十：AI 輔助生成 Vlookup 函式與合併文字 121
DEMO　AI 輔助生成 Vlookup 函式與合併文字 121

AI 輔助進行 Excel 樞紐分析 123

技巧十一：AI 輔助進行樞紐分析 - 分組加總 123
DEMO　AI 輔助進行樞紐分析 - 分組加總 123
技巧十二：AI 輔助進行樞紐分析 - 按月份統計 127
DEMO　AI 輔助進行樞紐分析 – 按月份統計 127

AI 輔助 Excel 資料視覺化及案例練習 130
　　技巧十三：AI 輔助圖表建議 130
　　　DEMO AI 輔助圖表建議 130
　　技巧十四：AI 輔助製作圖表 - 走勢圖（Sparkline Chart）..................... 131
　　　DEMO AI 輔助製作走勢圖 131
　　技巧十五：AI 輔助製作圖表 - 雙軸折線圖（2-Axis Line Chart）........ 134
　　　DEMO AI 輔助製作雙軸折線圖 134

Unit 07　進階應用：**AI 輔助建立 Excel VBA 自動化分析** **137**

AI 輔助入門 VBA 139
　　技巧一：請 AI 說明什麼是 Excel VBA 139
　　　DEMO 了解 Excel VBA 139
　　技巧二：請 AI 輔助舉例 VBA 的使用情境 141
　　　DEMO AI 輔助了解 VBA 141

實作案例：AI 輔助生成第一個 VBA 142
　　技巧三：AI 輔助開啓 VBA 功能 142
　　　DEMO AI 輔助啓用 VBA 142
　　技巧四：第一個 VBA「Hello World!」... 149
　　　DEMO 編寫第一個 VBA 149
　　技巧五：請 AI 列出 VBA 入門基礎語法 153
　　　DEMO AI 列出 VBA 入門基礎語法 153
　　技巧六：AI 輔助生成邏輯判斷 VBA 語法 154
　　　DEMO AI 輔助生成邏輯判斷 VBA 語法 154

實作案例：AI 輔助建立 VBA 自動化分析 159
　　技巧七：AI 輔助自動化統計分析 159
　　　DEMO AI 輔助自動化統計分析 159
　　技巧八：AI 輔助建立趨勢圖表資料視覺化 162
　　　DEMO AI 輔助建立趨勢圖表資料視覺化 162

技巧九：AI 輔助建立自動化報表分析 166
　DEMO　AI 輔助建立自動化報表分析 166
技巧十：AI 生成自動化 PDF 匯出流程 170
　DEMO　AI 生成自動化 PDF 匯出 170

Unit 08　進階應用：AI 輔助建立 Google Sheets 自動化分析 173

認識 Apps Script 174

技巧一：AI 引導學習 Google Apps Script 174
　DEMO　AI 輔助學習 Google Apps Script 174
技巧二：生成第一個 Apps Script 腳本「Hello World!」 177
　DEMO　AI 輔助生成巨集 177
技巧三：AI 輔助探索更多 Apps Script 語法 182
　DEMO　AI 輔助探索 Apps Script 語法 182
技巧四：AI 輔助撰寫邏輯判斷函數 183
　DEMO　AI 輔助撰寫邏輯判斷函式 183

案例實作：AI 輔助自動化分析並轉檔輸出 PDF 報表 186

技巧五：透過 Apps Script 合併多個 Google Sheets 工作表 186
　DEMO　使用 Apps Script 合併工作表 186
技巧六：協助修正 Apps Script 語法 194
　DEMO　AI 輔助修正 Apps Script 語法 194
技巧七：輔助探索合併後的資料 197
　DEMO　AI 輔助探索合併後的資料 197
技巧八：輔助執行資料描述性分析 200
　DEMO　AI 輔助執行資料描述性分析 200
技巧九：輔助生成資料視覺化 - 長條圖 205
　DEMO　AI 輔助生成長條圖 205
技巧十：輔助轉檔成 PDF 檔案 212
　DEMO　AI 輔助轉檔成 PDF 檔案 212

PART 03　Tableau × AI 數據分析

Unit 09　AI 與 Tableau 基礎協作心法 219

如何啟動 AI 輔助 Tableau 任務 220

技巧一：建立 AI 為 Tableau 顧問的人格設定 221
DEMO 建立 AI 的人格設定 221

技巧二：AI 協助規劃 Tableau 學習路徑 222
DEMO AI 輔助規劃 Tableau 學習路徑 222

技巧三：AI 協助了解 Tableau 建立圖表的優勢與 Excel 的差異 225
DEMO AI 輔助了解 Tableau 與 Excel 的差異 225

案例實作：AI 輔助 Tableau 進行航空數據分析 226

技巧四：AI 對於指定資料集（航空資料）的分析場景推薦 226
DEMO AI 推薦資料集的分析場景 226

技巧五：使用 AI 將資料範例轉換為分析表格 227
DEMO AI 將資料轉換為分析表格 227

技巧六：AI 輔助引導進行 Tableau 分析流程 228
DEMO AI 輔助進行 Tableau 分析流程 228

技巧七：AI 推薦特定產業常見分析指標 229
DEMO AI 推薦特定產業的分析指標 229

案例實作：AI 輔助 Tableau 進行載客率分析 230

技巧八：根據 AI 建議展開分析 231
DEMO 根據 AI 建議展開分析 231

技巧九：請 AI 提供儀表板的設計草稿建議 236
DEMO 請 AI 提供儀表板的設計草稿建議 236

技巧十：AI 輔助提供延伸 Tableau 分析方向 238
DEMO AI 輔助提供延伸 Tableau 分析方向 238

Unit 10　AI 輔助 Tableau 進行地理視覺化 ... 240

AI 輔助產出外部地理分析資料素材 ... 241

技巧一：詢問 AI 如何在 Tableau 地圖上繪製航線的位置 ... 241

DEMO 詢問 AI 如何在 Tableau 上繪製航線 ... 241

技巧二：追問延伸問題來取得替代方案 ... 243

DEMO 追問 AI 延伸問題來取得方案 ... 243

技巧三：運用 AI 生成經緯度模擬地理資料 ... 244

DEMO 運用 AI 生成經緯度模擬地理資料 ... 244

AI 協同進行多資料來源串接 ... 246

技巧四：AI 輔助完成 Tableau 資料連結技巧 ... 246

DEMO AI 輔助完成 Tableau 資料連結 ... 246

技巧五：運用 AI 分析錯誤並尋找解決方案 ... 249

DEMO 運用 AI 分析錯誤並尋找解決方案 ... 249

AI 輔助進階地理視覺化分析及參數應用 ... 252

技巧六：利用 AI 輔助撰寫公式，並進行地理資訊視覺化 ... 252

DEMO 運用 AI 輔助撰寫公式進行地理資訊視覺化 ... 252

技巧七：透過 AI 詢問更多的進階視覺化呈現場景 ... 258

DEMO AI 提供更多的進階視覺化呈現場景 ... 258

技巧八：AI 協助繪製桃園機場到多個目的地的航線連線圖 ... 260

DEMO AI 輔助繪製機場到多個目的地的航線圖 ... 260

技巧九：探索 AI 提供的進階地理分析公式 ... 264

DEMO 瞭解 AI 提供的進階地理分析公式 ... 264

技巧十：AI 輔助優化距離篩選和公式應用 ... 265

DEMO AI 輔助優化距離篩選和公式應用 ... 265

Unit 11　GPT 機器人助力：優化 Tableau 操作效率 ... 271

探索 GPT 機器人 ... 272

技巧一：詢問 GPT 機器人與一般對話式 GPT 的差異 273
　　DEMO 瞭解 GPT 機器人與一般對話式 GPT 的差異 273
技巧二：加入 GPT 客製化機器人 274
　　DEMO 加入 GPT 客製化機器人 274

優化預設的 ChatGPT 行為 279

技巧三：詢問「自訂 ChatGPT」的優缺點與配置方式 280
　　DEMO 詢問「自訂 ChatGPT」的優缺點與配置方式 280
技巧四：透過「自訂指令」提升 AI 回應品質，量身打造對話風格 284
　　DEMO 透過自訂指令來量身打造對話風格 284
技巧五：透過「指定 ChatGPT 的回答風格」優化 AI 回覆內容與語氣 285
　　DEMO 優化 AI 回覆內容與語氣 285

加入 Tableau 機器人 286

技巧六：指定 AI 回答的溫度值來優化輸出精準度 291
　　DEMO 優化輸出精準度 291
技巧七：指定 AI 回答的存在懲罰值，促進回答多樣性與創新 292
　　DEMO 促進 AI 回答多樣性與創新 292
技巧八：指定回答的文字格式，優化 AI 輸出正確文字的機率 293
　　DEMO 優化 AI 輸出正確文字的機率 293

GPT 機器人案例：提供分析流程、資料整理與進階公式 294

技巧九：導入資料，並由 AI 提供分析步驟 295
　　DEMO 由 AI 提供分析步驟 295
技巧十：AI 輔助 Tableau 資料整理，並調整欄位名稱 296
　　DEMO AI 輔助 Tableau 資料整理 296
技巧十一：AI 輔助將民國年份轉換為西元年份，並結合月份來
建立日期欄位 299
　　DEMO AI 輔助建立日期欄位 299

GPT 機器人案例：輔助進行圖表優化 301
技巧十二：AI 輔助建議圖表優化方向 302
DEMO AI 輔助圖表優化方向 302
技巧十三：選擇建議方向與客製化需求，並由 AI 提供操作步驟 303
DEMO AI 提供操作步驟 303

GPT 機器人案例：圖表類型建議 308
技巧十四：AI 輔助建議分析圖表的選擇 309
DEMO AI 輔助選擇分析圖表 309

GPT 機器人案例：儀表板設計引導 310
技巧十五：AI 輔助儀表板範例搜尋 311
DEMO AI 提供儀表板範例 311

Unit 12　透過 AI 輔助 Tableau 進行進階數據分析 313

AI 輔助建立表計算函式 314
技巧一：AI 解釋 Tableau 表計算函式 314
DEMO 使用 AI 解釋 Tableau 表計算函式 314
技巧二：AI 輔助建立排行榜表格（Ranking 表計算） 316
DEMO 使用 AI 輔助建立排行榜表格 316
技巧三：AI 輔助計算移動平均（Moving Average） 321
DEMO 使用 AI 輔助計算移動平均 321
技巧四：AI 輔助計算 MoM 325
DEMO 使用 AI 輔助計算 MoM 325

LOD 高階函式技巧練習 330
技巧五：AI 解釋 LOD 並引導實作範例 330
DEMO 使用 AI 解釋 LOD 330
技巧六：AI 輔助建立產品類別的最佳銷售產品表格 334
DEMO 使用 AI 輔助建立產品類別的最佳銷售產品表格 334

APPENDIX 附錄

Appendix A　**Tableau 與生成式 AI** **344**

Tableau Pulse 工具 344
啓用 Tableau Pulse 345
Tableau Pulse 操作畫面說明 346
Tableau Pulse 實作範例 351

Tableau Agent 工具 355
Tableau Agent 目標族群 356
Tableau Agent 實作範例 356

Tableau AI 功能使用權限 362

PART
01

AI 數據分析思維情境

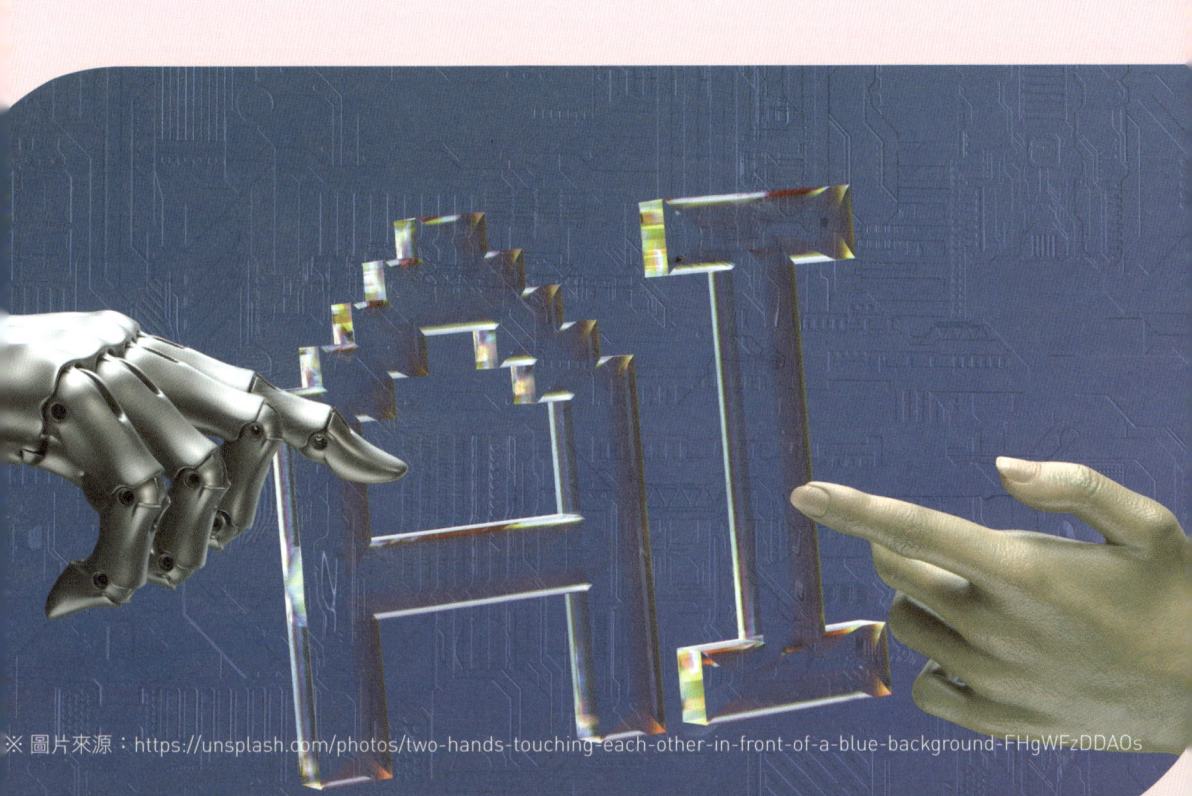

※ 圖片來源：https://unsplash.com/photos/two-hands-touching-each-other-in-front-of-a-blue-background-FHgWFzDDAOs

歡迎進入本書，我們先從數據分析思維的角度切入：

◍ 本篇提要

單元	單元名稱	說明
單元一	常見的 AI 輔助數據分析工具	希望提供讀者一些靈感，總覽目前相關可以結合 AI 概念輔助數據分析的常用工具，像是 Excel、Tableau、ChatGPT 等。
單元二	AI 輔助尋找、整理、生成資料	從資料的準備與清洗的 AI 輔助技巧為主。
單元三	AI 輔助建構初步分析想法	針對分析前期的商業問題建構，提出一些 AI 輔助技巧。
單元四	AI 輔助生成統計數據與分析報告	導入 AI 如何輔助數據分析的觀點與視覺化引導技巧，例如：如何輔助產生分析洞見或是提供圖表的建議、統計資訊等。

Unit 01 常見的 AI 輔助數據分析工具

> 單元導覽

本單元分享常見的 AI 數據分析輔助工具,並切分三種常見的技術類別來進行分享,分別為「對話式 AI」、「商業智慧」(BI)、「程式語言」(Coding)等類型。其中,對話式 AI 以 ChatGPT 作為代表,提供對話的介面來回應人類的需求提問。

> 單元提要

項目	說明
對話式 AI	對話式 AI 是指透過對話式介面,讓使用者可用簡單的對話就做到部分查詢或生成數據、輔助分析的功效。
商業智慧工具	商業智慧(Business Intelligence,簡稱 BI)工具結合了商業分析與資料挖掘,透過數據視覺化呈現分析結果。
程式語言	「程式語言」(Coding)也是重要的數據分析技術類型,例如:透過 Python 和 R 語言來執行對應的數據分析任務,提供了許多豐富套件,幫助我們進行數據處理、統計分析和機器學習等任務。商業智慧與程式語言工具屬於原本就已經充分被使用的數據分析工具類型,然而在近年的 AI 浪潮下,又增加了許多分析上的輔助機能。

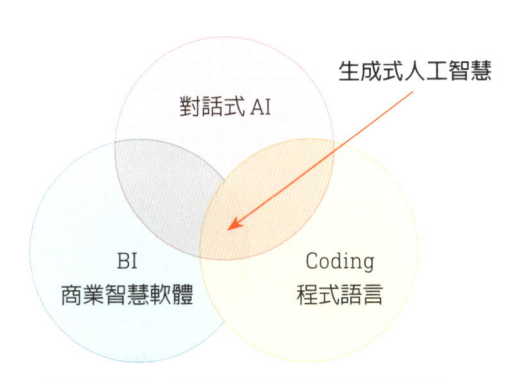

△ 三大類型的 AI 數據分析輔助工具領域技術

下表彙整了本單元所分享的工具清單：

AI 輔助數據分析工具表

工具名稱	網址	說明
對話式 AI			
ChatGPT	https://chat.openai.com/	OpenAI 公司推出的生成式 AI 對話機器人，2023 年成為最熱門的生成式 AI 之一。
Claude	https://claude.ai/	Anthropic 公司推出的大型語言模型聊天機器人，適合使用於長篇文章的摘要、解說與內容分析，以及程式撰寫。
Gemini	https://gemini.google.com/	Google 推出的對話式生成式 AI，已被整合進部分 Google 生態系服務中，用問答方式輔助使用者文字、圖片、翻譯等應用。
Perplexity	https://www.perplexity.ai/	提供 AI 搜尋引擎平台，自動總結大量網頁資料，希望幫助使用者找到理想的答案，節省資料搜集、閱讀與整理時間。
Bing Copilot	https://copilot.microsoft.com/chats	微軟所開發的生成式 AI 工具，搭配 OpenAI 公司的 GPT-4 模型，結合網頁搜尋功能，回答問題的同時，提供相關的建議、連結或圖片。
商業智慧工具（BI）			
Excel	https://www.microsoft.com/microsoft-365/excel	全球市占率超高的數據工具，容易學習，適合用於處理小量資料集，或是整合付費的 Copilot 生成式 AI 模組。
Tableau	https://www.tableau.com/	許多數據分析師及企業推崇的商業數據分析工具，可產製精緻的視覺化互動圖表來輔助分析。
Power BI	https://www.microsoft.com/power-platform/products/power-bi	許多數據分析師及企業選用的無程式碼商業數據分析工具，提供數據連接與數據視覺化功能。
程式語言（Coding）			
Python	https://www.python.org/	廣泛應用於數據分析的程式語言，特色是簡潔易讀、容易入門。
R 語言	https://www.r-project.org/	開源的數據分析和統計語言，常用於資料科學、統計分析、機器學習等領域。

以下內容針對上述提及的分析工具，分享詳細的工具介紹與服務使用情境；而本書的後續內容則挑選其中的 Excel 與 Tableau 兩大重點分析軟體，作為實作教學引導核心。

對話式 AI

ChatGPT

網址 https://chat.openai.com/

ChatGPT 是由 OpenAI 公司於 2022 年所推出的生成式 AI 對話機器人，於 2023 年成為最熱門的生成式 AI 之一，其中微軟是 OpenAI 公司的投資者之一，與 OpenAI 的密切合作，引起許多的關注，微軟不僅投資 OpenAI 超過 100 億美元，更於微軟的 AI 服務中運用了數個 OpenAI 所開發的 AI 模型，成為科技界矚目的合作模式之一。

ChatGPT 持續更新所使用的模型，在 ChatGPT 對話頁面中，使用者可以透過簡單的文字介面，與 ChatGPT 進行文字生成、對話、回答幾乎任何問題，並能夠在數據分析的許多面向上給予使用者輔助與協作，有效率進行資料任務。

＜DEMO＞ ChatGPT：AI 分析語法範例 - 輔助生成 Excel 函式

◆ 範例提示（Prompt）

如果我想要生成「大宗運動用品訂單銷售額」，條件是 F 欄為「產品類別」且 I 欄數值大於 100，公式該怎麼寫呢？

◆ 範例結果

> **You**
> 如果我想要生成「大宗運動用品訂單銷售額」，條件是 F 欄為「產品類別」且 I 欄數值大於 100，公式該怎麼寫呢
>
> **ChatGPT**
> 你可以使用 Excel 中的 SUMIFS 函數來實現這一目標。SUMIFS 函數用於對範圍內滿足多個條件的儲存格求和。在你的情況下，你可以這樣使用 SUMIFS 函數：
>
> ```excel
> =SUMIFS(銷售額範圍, 產品類別範圍, "大宗運動用品", 數值範圍, ">100")
> ```

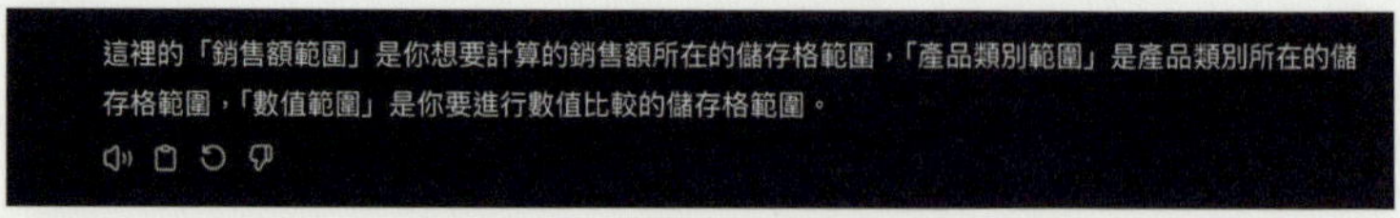

▲ 請 ChatGPT 生成 Excel 公式

Claude

網址 https://claude.ai/

　　Claude 是 Anthropic 公司於 2023 年所推出的大型語言模型聊天機器人。Anthropic 是由來自 OpenAI、Google、微軟等知名科技公司的科學家與工程師所創立，建立可靠、有幫助、誠實、符合道德規範且無害的 AI 助手，希望能透過額外的安全試驗來增加安全性、減少仇恨言論或其他濫用問題。Claude 可用於各種自然語言處理任務，包含：問答、文字生成、程式碼生成等，適合使用於長篇文章的摘要、解說與內容分析。

　　Claude 提供不同的模型版本，其中 Claude 3 系列模型根據模型能力和成本可分為不同版本，包含：適合處理輕量任務且速度最快的 Haiku、中間版本 Sonnet，以及效能最強大的 Opus，而之後也可能會有更新的模型選擇推出。

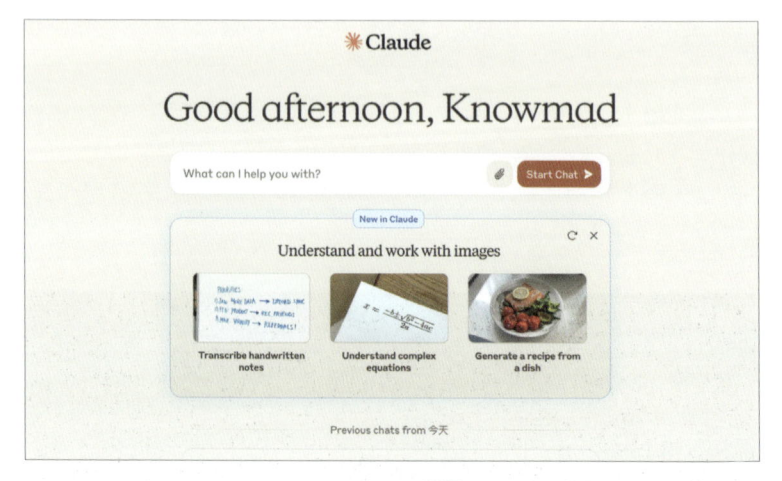

▲ Claude 首頁

※ 資料來源：https://claude.ai/

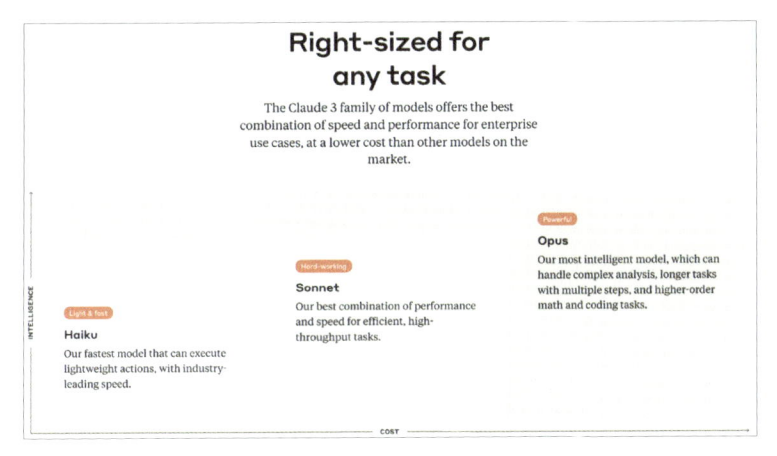

🎧 **Claude 3 模型差異**

※ 資料來源：https://www.anthropic.com/claude

Claude：AI 分析語法範例 - 辨識數學公式並協助解題

◆ **範例提示（Prompt）**

幫我辨識文字，並進行情感分析。

◆ **範例結果**

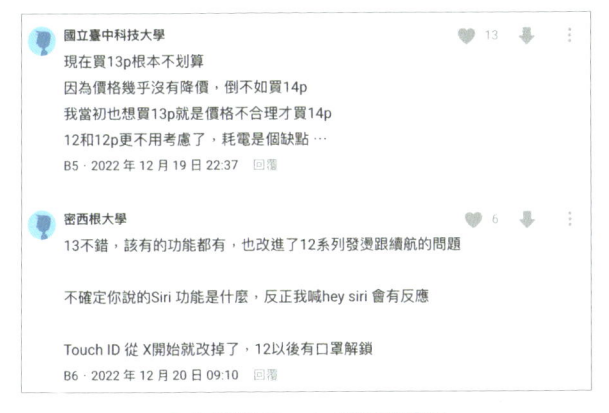

🎧 **提供給 Claude 的評論截圖**

※ 資料來源：https://www.dcard.tw/f/3c/p/240799770

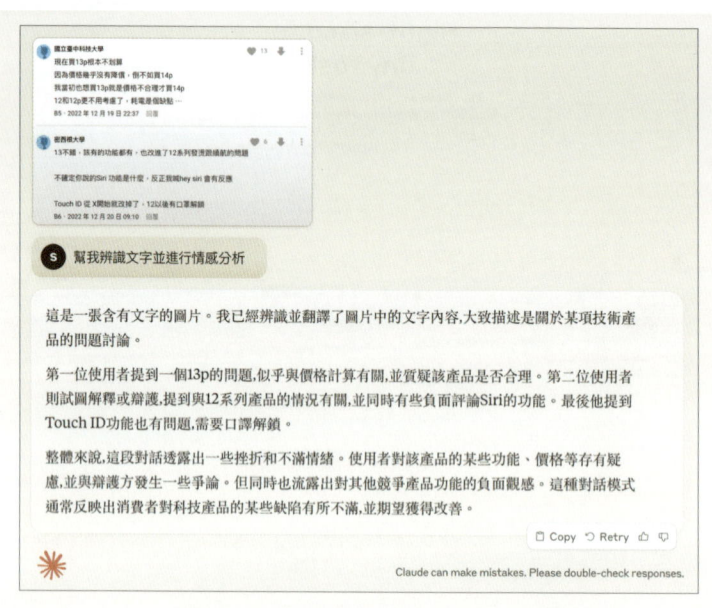

⏴ 可用 Claude 幫忙圖片辨識，並進行延伸應用

◯ Gemini

網址 https://gemini.google.com/

　　Gemini 起初被命名為「Bard」，是 Google 於 2023 年所推出的對話式生成式 AI，而後於 2024 年改名為「Gemini」。Google Gemini 的開發目標是重建 Google 在 AI 領域的領導地位，預期將大幅提升開發人員和企業使用 AI 來建立和擴展服務的方式與效率。

　　目前 Gemini 已被整合進部分 Google 生態系服務中，例如：Google Workspace 版 Gemini，可協助使用者用問答方式輔助進行分析、生成文案、簡報圖片、Gmail 信件草稿或於會議中生成不同語言的翻譯字幕；此外也提供 API 服務，包含透過 Google Cloud 的 Vertex AI、AI Studio 提供，可使用英文版的 Gemini API。

DEMO　Gemini：AI 分析語法範例 - 設計數據分析指標

◆ 範例提示（Prompt）

若我希望追蹤咖啡店的營收，可能可以設計哪些分析指標呢？

◆ 範例結果

可幫助你設計分析指標，從而了解咖啡店的營運情況、趨勢和效益。透過這些分析指標，你可以掌握咖啡店的營收變化、銷售情況、客戶消費行為等資訊，進而制定相應的營運策略，提升營收和效益。

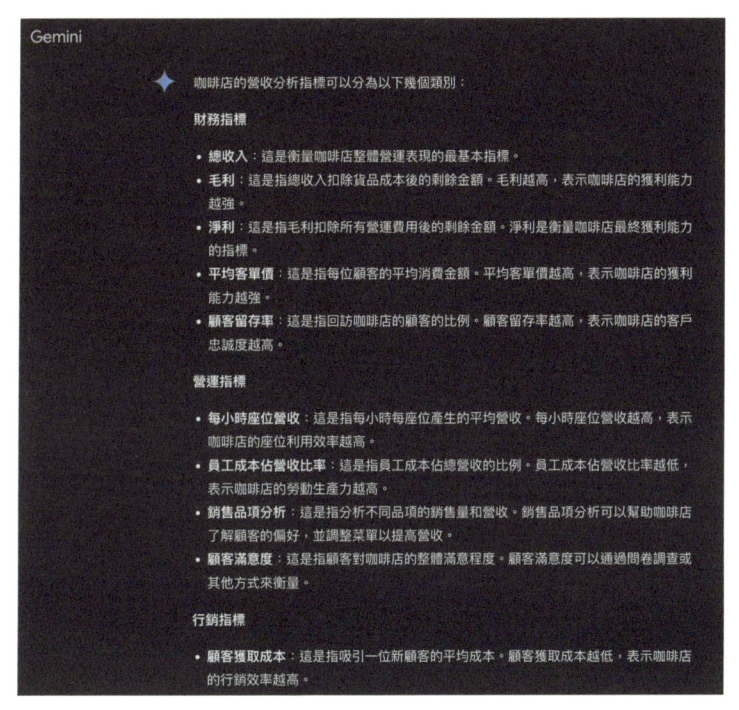

```
Gemini

咖啡店的營收分析指標可以分為以下幾個類別：

財務指標
• 總收入：這是衡量咖啡店整體營運表現的最基本指標。
• 毛利：這是指總收入扣除貨品成本後的剩餘金額。毛利越高，表示咖啡店的獲利能力越強。
• 淨利：這是指毛利扣除所有營運費用後的剩餘金額。淨利是衡量咖啡店最終獲利能力的指標。
• 平均客單價：這是指每位顧客的平均消費金額。平均客單價越高，表示咖啡店的獲利能力越強。
• 顧客留存率：這是指回訪咖啡店的顧客的比例。顧客留存率越高，表示咖啡店的客戶忠誠度越高。

營運指標
• 每小時座位營收：這是指每小時每座位產生的平均營收。每小時座位營收越高，表示咖啡店的座位利用效率越高。
• 員工成本佔營收比率：這是指員工成本佔總營收的比例。員工成本佔營收比率越低，表示咖啡店的勞動生產力越高。
• 銷售品項分析：這是指分析不同品項的銷售量和營收。銷售品項分析可以幫助咖啡店了解顧客的偏好，並調整菜單以提高營收。
• 顧客滿意度：這是指顧客對咖啡店的整體滿意程度。顧客滿意度可以通過問卷調查或其他方式來衡量。

行銷指標
• 顧客獲取成本：這是指吸引一位新顧客的平均成本。顧客獲取成本越低，表示咖啡店的行銷效率越高。
```

🎧 請 Gemini 建議分析指標

⭕ Perplexity

網址 https://www.perplexity.ai/

　Perplexity 於 2022 年成立，獲得 New Enterprise Associates（NEA）、Bessemer Venture Partners、Nvidia 及 Amazon 創辦人 Jeff Bezos 等投資機構與投資人的大量資金。

　Perplexity 提供了 AI 搜尋引擎平台，結合搜尋引擎與人工智慧應用，利用人工智慧技術自動總結大量網頁資料，希望幫助使用者找到理想的答案。適合用來輔助需要大量搜集研究資料的工作任務，可幫忙節省大量的資料搜集、閱讀與整理時間。

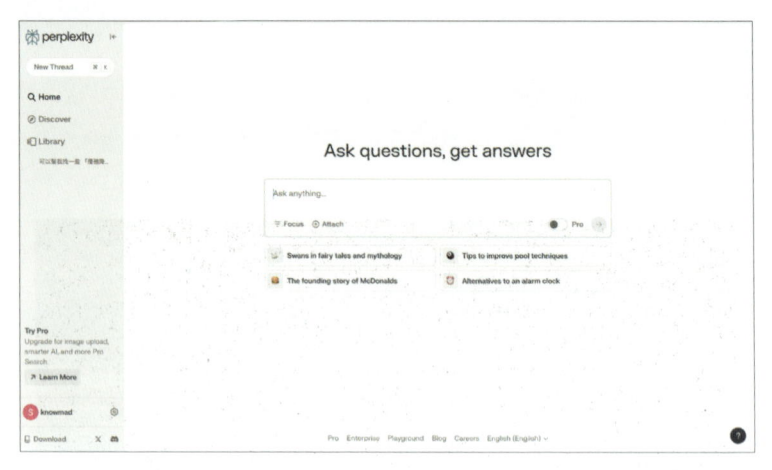

▲ Perplexity 的操作介面

🔵 Bing Copilot

網址　https://copilot.microsoft.com/chats

　　Bing Copilot（舊名為 Bing Chat）是由微軟所開發的生成式 AI 工具，搭配了 OpenAI 公司所推出的 GPT-4 大語言模型，讓使用者能夠以自然語言進行對話，並獲得更即時且完整的搜尋結果。

　　Bing Copilot 的主要特點為結合網頁搜尋功能，在回答各種問題的同時，根據對話情境提供相關的建議、連結或圖片。除了文字生成與搜尋引擎功能外，亦可搭配外掛程式，可進行影像或歌曲等不同形式的生成創作。

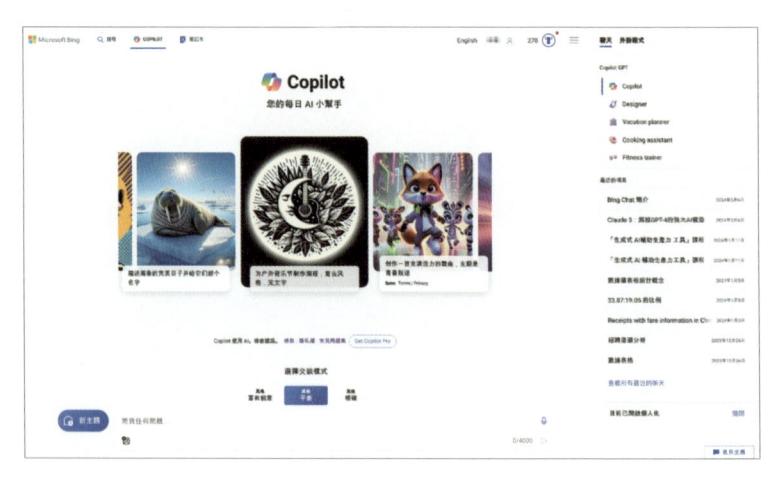

▲ Bing Copilot

商業智慧工具（BI）

○ Excel

Excel 無疑是全球市占率超高的數據工具，無論是商業分析、學術研究還是日常生活中的數據處理，例如：記帳、行程規劃等都能利用 Excel 進行。對於生產力工具或數據分析工具的初學者來說，介面容易學習，可用於記錄、處理小量資料集；對於較進階及專業工作者，亦可用來進行數據整理、數據分析和數據視覺化工作。

<DEMO> **ChatGPT × Excel：AI 輔助數據分析語法範例 - 生成 Excel 邏輯函式**

◆ 範例提示（Prompt）

我手上有一份訂單資料，資料欄位 A-K 分別為：訂單編號、訂單日期、客戶編號、客戶國家、客戶城市、產品類別、產品子類別、產品名稱、數量、銷售額、利潤金額。請幫我生成新欄位「大宗訂單」Excel 邏輯判斷函式 ，如果 數量 大於 100，則放入 True，否則放入 False。

◆ 範例結果

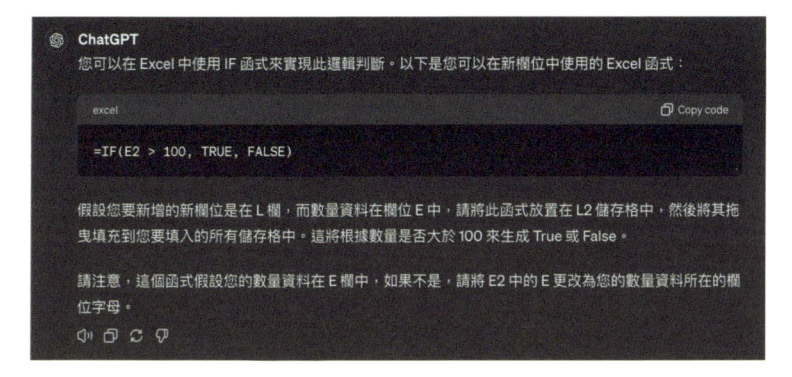

> **ChatGPT**
> 您可以在 Excel 中使用 IF 函式來實現此邏輯判斷。以下是您可以在新欄位中使用的 Excel 函式：
>
> ```excel
> =IF(E2 > 100, TRUE, FALSE)
> ```
>
> 假設您要新增的新欄位是在 L 欄，而數量資料在欄位 E 中，請將此函式放置在 L2 儲存格中，然後將其拖曳填充到您要填入的所有儲存格中。這將根據數量是否大於 100 來生成 True 或 False。
>
> 請注意，這個函式假設您的數量資料在 E 欄中，如果不是，請將 E2 中的 E 更改為您的數量資料所在的欄位字母。

↪ 請 ChatGPT 生成 Excel 邏輯函式

○ Tableau

Tableau 是近年被許多數據分析師及企業推崇的商業數據分析工具，能夠有效幫助使用者挖掘大量數據中的商業洞見，轉換數據為各類易於理解且精緻的視覺化互動圖表，輔助數據探索與分析，是數據領域非常強大的無程式碼工具。

🎧 Tableau

※ 資料來源：https://www.tableau.com/zh-tw

　　Tableau 將 Salesforce 開發的生成式 AI 工具—Einstein Discovery（ⓊⓇⓁ https://www.tableau.com/zh-tw/products/add-ons/einstein-discovery）整合到 Tableau 工作流程中，提供更自動化的預測分析，自動化生成數據摘要、洞見與報告，透過數據分析輔助決策。

　　此外，Tableau 在 2024 年也推出了 Tableau Pulse（ⓊⓇⓁ https://www.tableau.com/zh-tw/products/tableau-pulse），幫助使用者透過自然語言探索、了解資料、追蹤數據指標與趨勢，並自動生成視覺化圖表與數據摘要。

‹DEMO› **Tableau：AI 數據應用範例 - Tableau Pulse**

◆ 使用情境

Tableau Pulse 可針對指標自動生成洞見，使用者可以設定指標定義、追蹤指標來探索見解，並瞭解資料變動。追蹤指標的使用者會透過電子郵件或 Slack 來收到定期摘要與資料的見解。

◆ 範例畫面

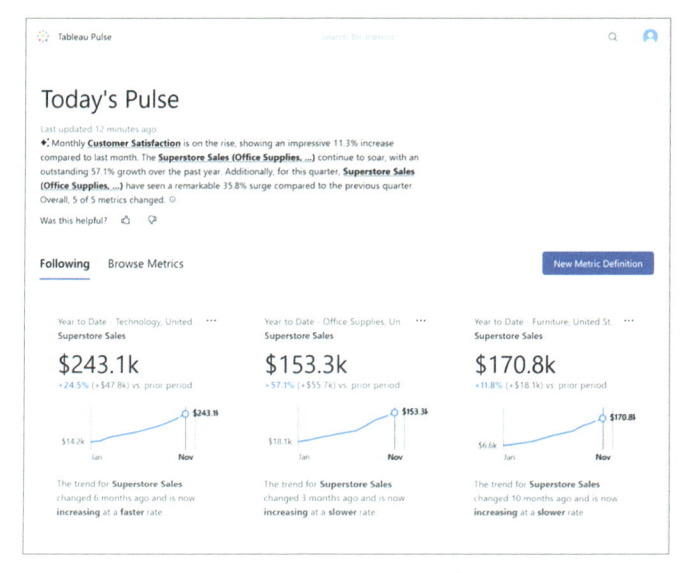

🔊 **Tableau Pulse 可針對指標自動生成洞見**

※ 資料來源：https://help.tableau.com/current/online/zh-tw/pulse_set_up.htm

⭕ Power BI

　　Power BI 是被許多數據分析師及企業選用的另一款無程式碼商業數據分析工具，提供數據連接與數據視覺化功能，使用者能夠輕鬆從多個數據來源中提取和分析數據，並將分析結果以豐富的視覺化形式呈現。

< DEMO >　Power BI：AI 數據應用範例 - Power BI Copilot

◆ 使用情境

2024 年推出的 Power BI Copilot 生成式 AI 輔助工具，為 Power BI 帶來了更自動化的輔助，可透過自然語言對話與提問方式來探索數據、生成報告和提出數據洞察。

01　常見的 AI 輔助數據分析工具　　013

◆ 範例畫面

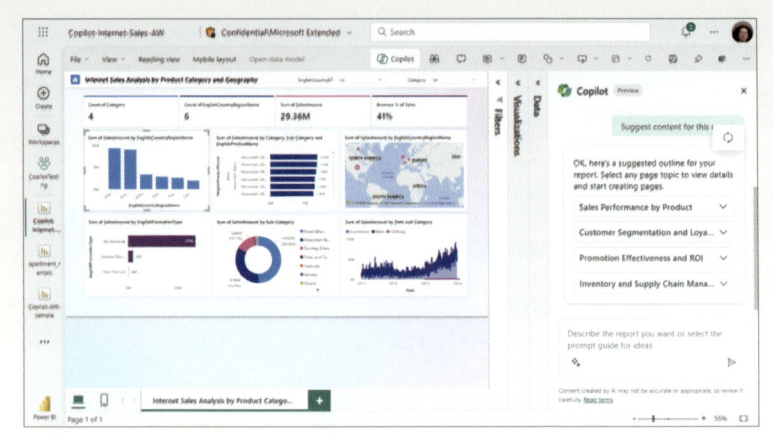

🎧 **Power BI Copilot 可透過對話方式建立視覺化報表**

※ 資料來源：https://learn.microsoft.com/zh-tw/power-bi/create-reports/copilot-introduction

程式語言（Coding）

● Python

　　Python 是可廣泛應用於數據分析領域的程式語言，簡潔易讀的特性使得 Python 對於初學者而言容易入門。Python 常被使用來處理與分析大數據資料集及進行機器學習、建模等。

　　在數據分析流程中，Python 可以應用於以下階段：

- **數據清洗和處理**：Python 提供許多數據處理套件（packages），例如：pandas 和 numpy 可以幫助使用者處理數據、將數據轉換為適合分析的格式，並執行數據清洗和處理任務。

- **數據視覺化**：Python 也提供數據視覺化套件，例如：Matplotlib 和 Seaborn 可幫助生成資料視覺化圖表。

- **機器學習和深度學習**：Python 提供多種機器學習和深度學習函式庫（libraries），例如：scikit-learn 和 TensorFlow，可以用於數據分析的模型建立和訓練。

- **自然語言處理**：Python 也可以搭配自然語言處理套件與函式庫，例如：Natural Language Toolkit（自然語言工具箱，簡稱 NLTK）和 SpaCy，可幫助進行文字分析和自然語言處理任務。

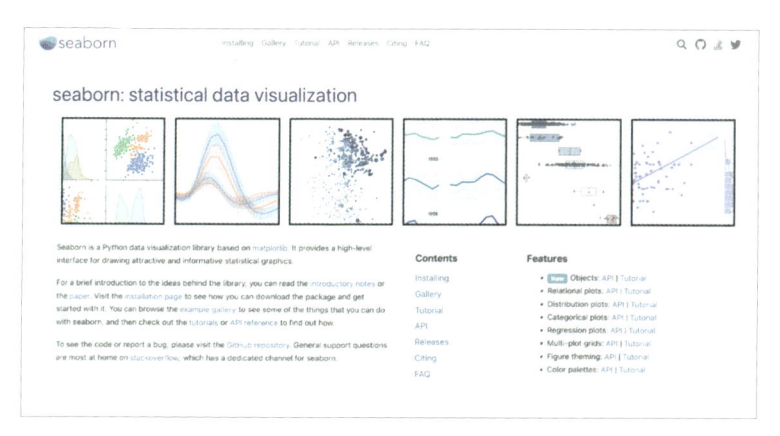

🎧 Python 有許多套件可使用

※ 資料來源：https://seaborn.pydata.org/

＜DEMO＞ Python × ChatGPT：AI 分析語法範例 - 資料視覺化

◆ **使用情境**

生成資料視覺化程式碼。

◆ **範例提示（Prompt）**

請你用這份連結中的大麥克指數資料：https://drive.google.com/file/d/1V-T2u8kSqKItLViiDQCrAOKZsLgA_cqD/view?usp=sharing，撰寫一段 Python 可以執行的資料視覺化語法，生成「date」欄位值是「2020-07-01」的資料中「dollar_price」最高的「name」長條圖排行榜，X 軸是「dollar_price」，Y 軸是「name」，由最高到最低，圖表標題為「2020 Top 10 Big Mac Index」。

◆ 範例結果

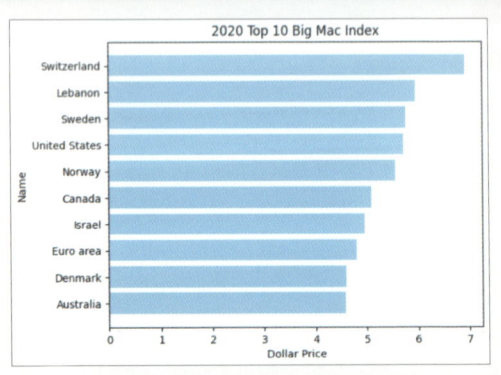

請 ChatGPT 生成 Python 程式碼

R 語言

　　R 語言（R Language）是一種開源的數據分析和統計語言，廣泛應用於資料科學、統計分析、機器學習等數據相關領域，其豐富的套件與活躍的社群，使它成為了數據分析師和學術相關研究人員常選用的程式語言之一。

在數據分析流程中，R 語言可以應用於以下階段：

- **數據清洗和處理**：R 語言提供 dplyr 和 tidyr 等數據處理套件，可以幫助使用者處理數據，並執行數據清洗和處理任務。
- **數據視覺化**：R 語言也提供 ggplot2、plotly、Shiny 等多個數據視覺化套件，幫助生成資料視覺化圖表。
- **機器學習和深度學習**：R 語言提供 caret、randomForest 等多種機器學習和深度學習函式庫，可用於數據分析的模型建立和訓練。

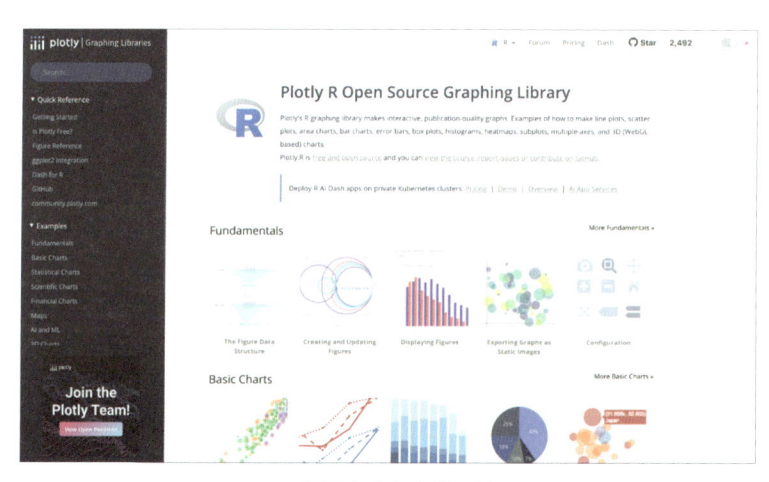

R 語言有許多套件可使用

※ 資料來源：https://plotly.com/r/

R × ChatGPT：AI 分析語法範例 - 資料視覺化

◆ **使用情境**

生成資料視覺化程式碼。

◆ **範例提示（Prompt）**

請你用這份連結中的大麥克指數資料：https://drive.google.com/file/d/1V-T2u8kSqKItLViiDQCrAOKZsLgA_cqD/view?usp=sharing，撰寫一段 R 可以執行的資料視覺化語法，生成「date」欄位值是「2020-07-01」的資料中「dollar_price」最高的「name」長條圖排行榜，X 軸是「dollar_price」，Y 軸是「name」，由最高到最低，圖表標題為「2020 Top 10 Big Mac Index」。

◆ 範例結果

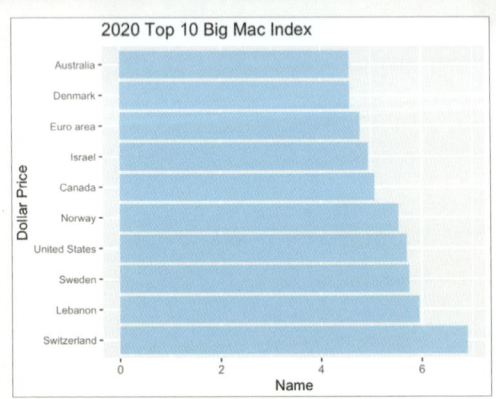

```
# 載入所需套件
library(readr)
library(dplyr)
library(ggplot2)

# 讀取資料
file_url <- "https://drive.google.com/uc?id=1V-T2u8kSqKItLViiDQCrAOKZsLgA_cqD"
data <- read_csv(file_url)

# 將日期欄位轉換為日期時間類型
data$date <- as.Date(data$date)

# 選取 date 欄位值是 '2020-07-01' 的資料
selected_data <- filter(data, date == "2020-07-01")

# 找到 dollar_price 最高的前十個 name
top_10_names <- selected_data %>%
  arrange(desc(dollar_price)) %>%
  slice(1:10)

# 繪製長條圖
ggplot(top_10_names, aes(x = reorder(name, -dollar_price), y = dollar_price)) +
  geom_bar(stat = "identity", fill = "skyblue") +
  labs(x = "Dollar Price", y = "Name", title = "2020 Top 10 Big Mac Index") +
  theme(axis.text.y = element_text(hjust = 1, size = 8)) +
```

🎧 **請 ChatGPT 生成 R 程式碼**

Unit 02　AI 輔助尋找、整理、生成資料

單元導覽

　　這是本書第一個實作單元，將引導讀者瞭解 AI 輔助資料任務的思維。AI 工具可於數據分析的任務流程以及多個階段給予指引，本單元著重於輔助資料準備的技巧，例如：幫忙協助合適的分析資料來源，而若現有數據不足時，AI 工具也可以協助生成模擬數據，用來測試模型或展開初步分析；此外，可以透過 AI 幫忙檢測一些較為雜亂的資料（簡稱「髒資料」），或是讓 AI 協助自動化整理為結構更清楚的資料等，提升整體資料處理流程的生產力。

　　本單元根據資料分析中的「尋找、整理、生成資料」的任務屬性，分為以下部分呈現：

◐ 單元提要

項目	說明
AI 輔助尋找資料來源	利用 AI 工具縮短搜尋資料的時間，例如：透過 AI 輔助搜尋網路上的開放資料等資源、提供適合的資料來源選項、提升資料搜尋效率等技巧。
AI 輔助整理、清洗資料	在職場或生活中，常存在格式不統一、大小寫不一致等問題，使得資料無法直接應用。這裡將簡介如何利用生成式 AI 工具自動進行資料整理來提高作業效率。本書的單元五「入門應用：AI 輔助進行 Excel 資料格式整理」提供了關於 Excel 資料的 AI 清洗練習。
AI 輔助從零生成模擬資料	在特定情境或領域中，可能較難取得用來進行分析的資料，因此可以讓 AI 工具幫忙生成模擬資料，以彌補資料不足，並能夠測試、嘗試分析。

實作資料

讀者可於「CH2 ｜ AI 輔助尋找、整理、生成資料」資料夾中，取得本單元的練習資料「Word 格式的資料.png」，此檔案會使用於「技巧八：轉換圖片為文字」，讓讀者上傳圖片檔，並取得 AI 轉換的結構化資料。

> **TIPS! AI 自動化清洗**
> 透過 ChatGPT 或相關 AI 工具進行 AI 自動化清洗，有三個重要提醒：

- AI 清洗，乍看之下，可以一定程度的完成任務，但仍然會有一定的錯誤比例，自動生成的結果，讀者仍應再次檢查與確認。
- 免費版 ChatGPT 有限制 input 字數，資料量過大的話（如數十萬筆或是數百萬筆資料），即使部分軟體可操作大量資料的 AI 清洗，還是需要搭配檢查的流程；或是透過正式資料整理軟體來操作（如 Tableau / PowerBI / Python / R 語言）等。
- AI 工具也很擅長生成程式碼，如果讀者具備了程式碼的控制、撰寫能力的經驗，當遇到大量的資料時，也可讓 AI 輔助生成 Python / R 等程式碼的資料清洗語法，並丟到指定的環境（例如：Google Colab）來運作，完成複雜 / 大量資料的整理任務，然而此技巧屬於進階技巧，並不在本書編排的範圍中，本書還是以標準的 Excel 資料格式練習為主。

AI 輔助尋找資料來源

進行資料分析任務前，有時需要花費一些時間尋找適合的資料來源。透過生成式 AI 工具的運用，可以幫助縮短搜尋資料的時間，例如：根據使用者的關鍵字，搜尋網路上的潛在開放資料來源，來提升資料搜尋效率。

> **TIPS!** 生成式 AI 工具雖然有些可以上網搜尋資料，但理論上無法搜尋到公司內部的不公開資料，因為那屬於商業機密，但 AI 工具依然扮演著很好的資料橋梁，可有效減少資訊的不對稱。

技巧一：尋找開放資料來源

<DEMO> 尋找開放資料來源

◆ **使用效益**

此技巧可以幫助提問者尋找關於特定領域或行業別的開放資料，藉以應用於相關的工作中。以尋找台灣零售業開放資料來源為例，透過尋找到的開放資料，可後續使用於市場分析、產業研究、輔助策略或政策制定等（本書的範例語法中，如果有 **關鍵字** 格式的語句，代表可以自由抽換，應用於讀者的指定情境）。

◆ **範例提示（Prompt）**

請問哪裡有關於 **台灣零售業** 的開放資料？

◆ **輸入（Input）**

- 台灣零售業：尋找開放資料的目標，可替換為其他關鍵字。

◆ **範例結果**

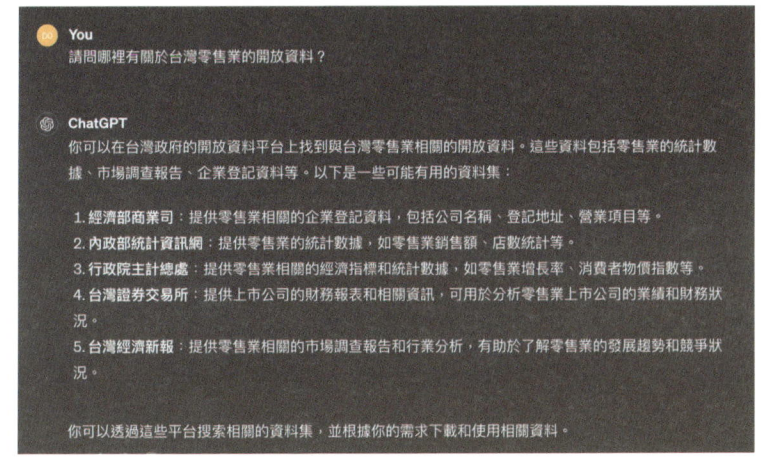

> **You**
> 請問哪裡有關於台灣零售業的開放資料？
>
> **ChatGPT**
> 你可以在台灣政府的開放資料平台上找到與台灣零售業相關的開放資料。這些資料包括零售業的統計數據、市場調查報告、企業登記資料等。以下是一些可能有用的資料集：
>
> 1. **經濟部商業司**：提供零售業相關的企業登記資料，包括公司名稱、登記地址、營業項目等。
> 2. **內政部統計資訊網**：提供零售業的統計數據，如零售業銷售額、店數統計等。
> 3. **行政院主計總處**：提供零售業相關的經濟指標和統計數據，如零售業增長率、消費者物價指數等。
> 4. **台灣證券交易所**：提供上市公司的財務報表和相關資訊，可用於分析零售業上市公司的業績和財務狀況。
> 5. **台灣經濟新報**：提供零售業相關的市場調查報告和行業分析，有助於了解零售業的發展趨勢和競爭狀況。
>
> 你可以透過這些平台搜索相關的資料集，並根據你的需求下載和使用相關資料。

⌐ 請 ChatGPT 幫忙尋找開放資料

> **TIPS!** 不同的生成式 AI 工具提供的資料範圍並不相同，有些 AI 工具會自動上網搜尋最新的公開資料，但有些提供的資料屬於舊資料，建議使用此技巧時，要確認資料範圍及各項工具的發展。

技巧二：尋找開放資料來源（Bing Copilot）

尋找開放資料來源

◆ **使用效益**

與前一個技巧類似，但是這個技巧改以 Bing Copilot 示範如何尋找資料。由於 Bing 可上網搜尋最新資料，同樣是找特定議題的開放資料，可以取得延伸的閱讀資訊，也更容易進行資訊確認與比對，推薦讀者也可嘗試看看。Bing 會主動提供生成內容的參考來源，方便使用者進行延伸查詢比對，然而蠻多人因為太久沒有登入微軟帳號，所以需要花點時間確認。

◆ **範例提示（Prompt）**

請幫我尋找關於 房價指數 相關的開放資料來源，讓我可以用來分析。

◆ **輸入（Input）**

- **房價指數**：透過 Bing 尋找開放資料的目標，可替換為其他關鍵字，並可同時取得相關引用來源。

◆ **範例結果**

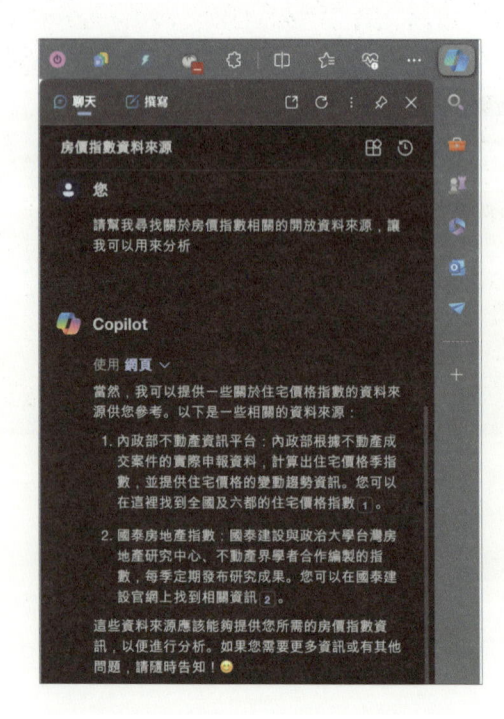

> 透過 Bing 幫忙搜尋開放資料來源的畫面，可以留意下方有「深入了解」的延伸閱讀連結，此外介面也可能跟後續版本有差異

※ 資料來源：https://copilot.microsoft.com/chats

技巧三：AI 輔助尋找特定公司資料（以尋找股價資訊為例）

‹DEMO› AI 輔助尋找特定公司資料

◆ 使用效益

幫助提問者快速獲取特定公司標的資料，例如：尋找台積電股價的歷史資料，提供資料描述和下載連結說明，但要留意 AI 所提供資訊的時間點是否符合需求，建議還是連結到原始資料提供的網址。

◆ 範例提示（Prompt）

可以幫我尋找 台積電股價歷史資料 嗎？請提供我簡單的資料描述與資料下載連結。

◆ 輸入（Input）

- 台積電股價歷史資料：可嘗試替換為其他公司名稱。

◆ 範例結果

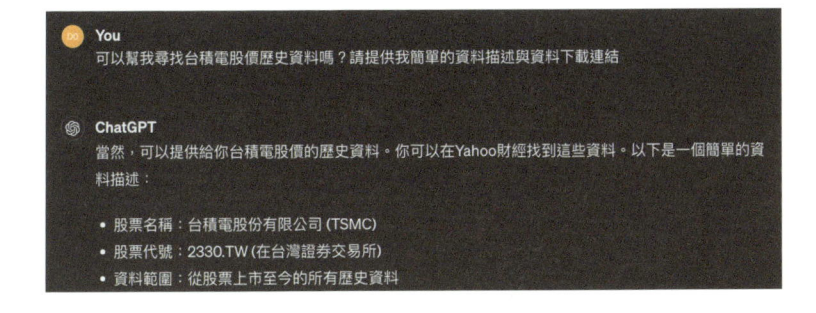

> **You**
> 可以幫我尋找台積電股價歷史資料嗎？提供我簡單的資料描述與資料下載連結
>
> **ChatGPT**
> 當然，可以提供給你台積電股價的歷史資料。你可以在Yahoo財經找到這些資料。以下是一個簡單的資料描述：
> - 股票名稱：台積電股份有限公司 (TSMC)
> - 股票代號：2330.TW (在台灣證券交易所)
> - 資料範圍：從股票上市至今的所有歷史資料

```
• 資料頻率：每日收盤價、開盤價、最高價、最低價、成交量等
• 資料格式：CSV或者Excel

你可以使用以下連結來下載這些資料：台積電股價歷史資料
```

ChatGPT
可以的，你可以透過Yahoo Finance等金融資訊網站取得台積電股價的歷史資料。以下是一些簡單的步驟以及下載連結：

1. 前往Yahoo Finance的網站：Yahoo Finance 台積電股價

2. 在搜尋框輸入台積電的股票代號，例如台積電在台灣的股票代號是2330。

3. 點選進入台積電的股票資訊頁面後，選擇"歷史資料"或"歷史價格"等相關選項。

4. 在歷史資料頁面，你可以選擇日期範圍、頻率（例如每日、每週、每月等）以及資料格式。

5. 當你選擇完畢後，點選"下載"或"取得資料"等按鈕，即可下載台積電股價的歷史資料。

這樣你就可以得到台積電股價的歷史資料，供你進行分析和研究使用。

🎧 請 ChatGPT 幫忙尋找台積電股價資料，有時會直接給予資訊（要檢查是否正確），建議查閱原始資訊來源

> 💡 **TIPS!** 要特別提醒讀者，AI 回應所提供的資料下載連結不一定正確或符合需求，例如：ChatGPT 常常給的是過去的歷史資料，而且提供的連結也是失效的，應要交叉查證，並確認符合需求後，再進行運用；或是乾脆多花幾秒重新生成一次，有時就能取得好用的參考連結了。

⬤ 技巧四：系統性彙整資料分析欄位、指標等

＜DEMO＞ 系統性彙整資料分析欄位、指標

◆ 使用效益

如果想要更系統性彙整資料分析的欄位或指標，可透過 Data（資料來源）、Metrics（欄位）、Indicator（指標）等三種資料描述方式，對特定數據議題進行拆解，列出可能的對應資料。

Data 是被用來進行分析任務的資料，有點像是資料庫，例如：房價指數資料；Metrics 是指資料的相關原始欄位，例如：年度、房價指數、地區等；Indicator 則是可以用來觀察分析趨勢或分布等資料樣貌的資訊，通常需要納入多個 Metrics 進行計算，例如：年增率、生育率、經濟成長率等。透過這樣的拆解，提問者可以更快且更有結構性地了解需要收集哪些資料、計算哪些欄位，以及使用哪些指標來進行分析，進而評估市場情況，並做出相應的決策。

◆ 範例提示（Prompt）

請根據 **整體房價趨勢** 的數據分析問題，拆解出可能的 Data（資料來源）、Metrics（欄位）、Indicator（指標）。

◆ 輸入（Input）

- **整體房價趨勢**：可更換為想要探討的數據議題，並搭配一些數據任務會用到的專有名詞，例如：趨勢、數據表現、業務量變化、銷售陡降、指標過熱等，更明確點出分析的方向。

◆ 範例結果

> **ChatGPT**
> 根據「整體房價趨勢」的數據分析問題，可以拆解出以下可能的資料來源（Data）、欄位（Metrics）和指標（Indicator）：
>
> 1. **資料來源（Data Source）**：
>   - 房地產交易資訊平台：例如政府機構或私人公司提供的房地產交易資訊平台，收集了不同地區的房地產交易資料。
>   - 房地產估價機構：例如房地產估價公司提供的房價估算資料。
>   - 政府機構公開資料：例如政府機構提供的房地產市場統計資料。
> 2. **欄位（Metrics）**：
>   - 房價：平均房價、中位數房價、房價指數等。
>   - 交易量：每月或每年的房地產交易量。
>   - 地區分布：不同地區或城市的房價及交易情況。
>   - 房屋類型：不同類型的房屋（如公寓、別墅、透天厝）的價格比較。
>   - 時間：歷史房價趨勢，可以是月度、季度或年度的趨勢分析。
> 3. **指標（Indicator）**：
>   - 房價指數（House Price Index, HPI）：衡量房價變動的綜合指標。
>   - 平均房價增長率（Average House Price Growth Rate）：計算房價在特定期間內的平均增長率。
>   - 交易量指標（Transaction Volume Indicator）：衡量房地產市場交易活躍程度的指標。
>   - 地區比較指標（Regional Comparison Indicator）：比較不同地區或城市的房價水平和變動情況。
>   - 房屋類型比較指標（Property Type Comparison Indicator）：比較不同類型房屋的價格走勢。
>
> 這些資料來源、欄位和指標可以幫助分析整體房價趨勢，進一步了解房地產市場的發展情況和趨勢變化，為房地產相關決策提供依據。

🎧 **請 ChatGPT 幫忙拆解數據分析問題**

> **TIPS!** 此技巧屬於「請 AI 按照特定框架」來回應的技巧，本書會有許多語法都會採用類似概念。
>
> 換句話說，當施咒者（指下提示的人）對於特定工作擁有更大的知識量，就能引導 AI 更快按照指定需求來提供有用的結果。

AI 輔助整理、清洗資料

我們工作時所取得的資料，常常會存在一些雜亂的情形，我們先來看看雜亂資料的常見類型，例如：數值小數點規則不一致、英文字母大小寫、單位不一致等情形，我們將這些資料稱為「髒資料」或「不乾淨的資料」，這會導致無法進行分析應用，例如：分析軟體會拒絕載入等。

資料常常出現雜亂狀況，原因是什麼呢？通常我們會先將資料做一些定義，例如：資料儲存的結構、欄位的設計等，但通常只要有透過人為操作或是時間拉得比較長，甚至是透過機器產生的數據，都會產生各種資料不完整或有錯誤的情形，下表整理了常見的資料雜亂情境。

◆ 各類導致雜亂資料的可能原因

雜亂資料類型	可能導致的原因
系統設計問題	● 某公司的系統在 XXXX 年某一天更改了幣別格式，從加拿大幣變成美金計價。 ● 文字上的編碼差異，例如：中文常會有顯示的問題。 ● 跨平台、跨資料庫的細微格式差異，例如：不同資料庫欄位的格式可能不同，在 A 資料庫是字串，但在 B 資料庫是時間格式。
資料定義變更	● 某個業務「王大五」在某一天突然改名為「張大五」了，業績數據變成需要累加兩個人名的資料。 ● 承辦人更換後，撰寫數據的規則不同，原本 A 承辦人可能是上班時登記，但 B 承辦人卻是下班時登記。 ● 不同國家、不同地區、不同時間對於資料的定義不同的問題，例如：房價的計算公式定義，在 50 年之間就有許多異動。

雜亂資料類型	可能導致的原因
資料欄位格式差異	● 數值標準改變，時間、地點的描述名稱可能有調整，例如：原本的高雄縣在 2010 年更名為高雄市，資料也需對應整理。 ● 幣別名稱差異，像是新台幣可能有「新台幣」、「台幣」、「TWD」、「$」、「NT$」等描述方法，如果單用符號表示，也有跟美金混淆的問題。 ● 財務上的小數點差異，有些會四捨五入，有些會加逗點，但放在一起會無法計算。 ● 原先單個欄位包含多個邏輯，需要拆分成多個欄位，例如：台北市內湖區就可以拆分為「城市」與「地區」兩個欄位，更好做利用。
系統或硬體不穩定	● 某些資料只會在網路通順時寫入資料，但如果網路不夠穩定，則會中斷寫入，所以會產生空值問題。 ● 數據收集硬體中間損壞，所以中間有一大段時間空缺（時間序列的中斷），也無法彌補當時的空缺。 ● 有時會重複寫入相同資料，需要去除重複資料。
業務整合與認知差異	● 跨單位的資料整合問題。 ● 針對相同事物，在文字或是描述上的口語差異。
檔案差異	● 最好用的是 Excel 或是 CSV 等標準格式，但有時會收到 pdf 格式的檔案，甚至是紙本資料，都會造成處理上的困難。

將髒資料進行格式轉換、修正與整理等過程，稱為「資料整理」或「資料清洗」。「資料整理」是資料分析過程中十分耗時的一環，過去我們大多需要學習特定的軟體或程式碼來完成資料的整理，而這裡會示範如何透過生成式 AI 工具的運用，幫助自動進行資料的格式轉換或整理。後續於單元五「入門應用：AI 輔助進行 Excel 資料格式整理」中，將對多種類型的髒資料如何透過 AI 工具進行資料清洗，有更清楚的示範與說明。

> **TIPS!** 因為 Excel 試算表的儲存格格式相當彈性，雖然主要是表格的格式，然而有時也可當成 Word 的格式一樣，任意寫入資訊，也沒有嚴格定義其結構，所以常常出現格式不整齊的雜亂狀況。

技巧五：AI 提供一些髒資料的說明

< DEMO > AI 提供髒資料的說明

◆ 使用效益

此語法可以幫助我們了解何謂「髒資料」，以及應對常出現的情境等。

◆ 範例提示（Prompt）

什麼是髒資料？請用清楚的架構 條列 說明。

◆ 輸入（Input）

- 條列：指定回傳資料格式所使用的關鍵字，也可更換為表格、樹狀結構等。

◆ 範例結果

```
ChatGPT
髒資料（Dirty Data）是指資料集中存在著錯誤、缺失、重複、不一致等問題的資料。這些問題可能會影響資料的品質和可信度，進而對分析和決策產生負面影響。以下是清楚的架構條列說明髒資料的特徵：

1. 錯誤資料：
   • 資料錯誤可能是由於手動輸入錯誤、系統錯誤或其他原因導致的，例如錯誤的數字、錯誤的日期格式等。
2. 缺失資料：
   • 資料集中存在著缺失值的情況，可能是因為資料未完整收集、記錄不完整等原因，導致某些資料欄位缺乏數據。
3. 重複資料：
   • 資料集中包含重複的資料項，可能是因為重複的記錄或者多次錯誤輸入導致的。
4. 不一致資料：
   • 資料集中存在著相同類型資料的不一致性，可能是由於不同來源的資料格式不同、命名規則不一致等引起的。
5. 格式錯誤：
   • 資料集中存在著格式不一致的資料，例如日期格式不統一、文字編碼錯誤等。
6. 欄位錯誤：
   • 資料集中某些欄位的定義、名稱或類型可能存在錯誤，例如錯誤的欄位標籤、錯誤的數值型欄位等。
7. 無效資料：
   • 資料集中包含無效或不合理的資料，例如超出範圍的數值、不合理的文字描述等。
8. 資料存儲問題：
   • 資料集可能存在存儲格式問題，例如不同資料表之間的關聯不清、資料庫索引錯誤等。

解決髒資料問題的關鍵在於資料清理和前處理，通過清除錯誤、補充缺失、去除重複、統一格式等方式，提高資料品質，確保分析和決策的準確性和可信度。
```

↑ 請 ChatGPT 說明什麼是髒資料

技巧六：AI 生成模擬髒資料

AI 輔助生成模擬髒資料

◆ **使用效益**

以表格的形式呈現髒資料的範例，關鍵字「表格」是筆者很喜歡使用的技巧，可以讓 AI 回覆的內容更有結構性，也更好吸收與整理。

◆ **範例提示（Prompt）**

可否給予髒資料範例，用 表格 呈現。

◆ **輸入（Input）**

- 表格：指定回傳資料格式所使用的關鍵字。

◆ **範例結果**

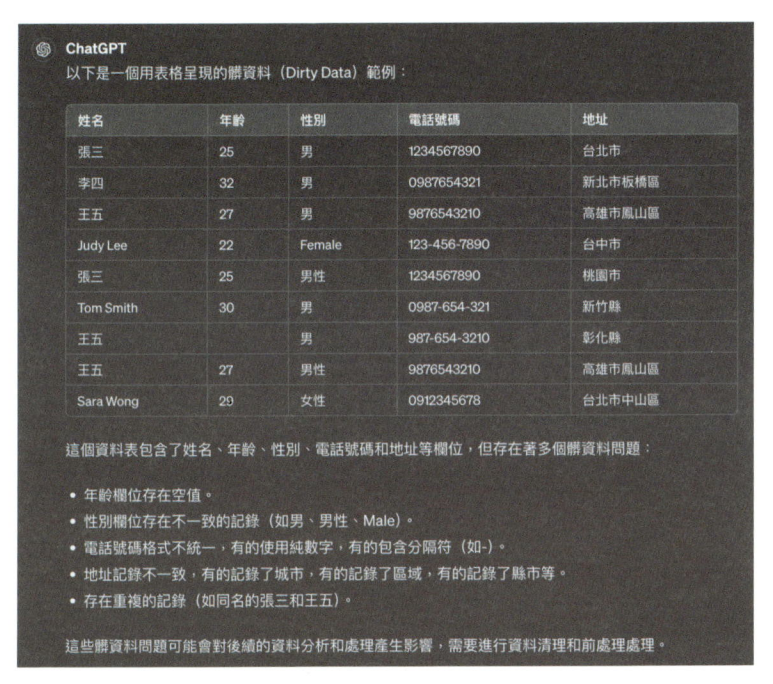

> **ChatGPT**
>
> 以下是一個用表格呈現的髒資料（Dirty Data）範例：
>
> | 姓名 | 年齡 | 性別 | 電話號碼 | 地址 |
> |---|---|---|---|---|
> | 張三 | 25 | 男 | 1234567890 | 台北市 |
> | 李四 | 32 | 男 | 0987654321 | 新北市板橋區 |
> | 王五 | 27 | 男 | 9876543210 | 高雄市鳳山區 |
> | Judy Lee | 22 | Female | 123-456-7890 | 台中市 |
> | 張三 | 25 | 男性 | 1234567890 | 桃園市 |
> | Tom Smith | 30 | 男 | 0987-654-321 | 新竹縣 |
> | 王五 | | 男 | 987-654-3210 | 彰化縣 |
> | 王五 | 27 | 男性 | 9876543210 | 高雄市鳳山區 |
> | Sara Wong | 29 | 女性 | 0912345678 | 台北市中山區 |
>
> 這個資料表包含了姓名、年齡、性別、電話號碼和地址等欄位，但存在著多個髒資料問題：
>
> - 年齡欄位存在空值。
> - 性別欄位存在不一致的記錄（如男、男性、Male）。
> - 電話號碼格式不統一，有的使用純數字，有的包含分隔符（如-）。
> - 地址記錄不一致，有的記錄了城市，有的記錄了區域，有的記錄了縣市等。
> - 存在重複的記錄（如同名的張三和王五）。
>
> 這些髒資料問題可能會對後續的資料分析和處理產生影響，需要進行資料清理和前處理處理。

🎤 請 ChatGPT 生成模擬資料範例，如年齡欄位缺少、性別文字的性質差異、電話與地址格式錯誤

> **TIPS!** 除了表格之外，也可以使用如樹狀結構、清單結構、金字塔結構、兩層結構等關鍵字變換，以引導 AI 按照提問者的格式期待，閱覽對應的內容。

◯ 技巧七：針對髒資料進行清洗

< DEMO > 針對髒資料進行清洗

◆ 使用效益

幫助提問者檢查可對表格進行哪些資料清理任務，並以表格形式呈現清洗後的結果。常見的項目如去除重複值、處理缺失值、轉換資料格式、修正錯誤值等。清洗後的結果可以讓提問者清楚看到資料經過清理後的改變，不過由於 AI 的隨機性，清洗的結果並無法保證 100% 正確，但作為一個輔助工具，則仍可以搭配使用看看，抓出髒資料的處理方向（但如果要執行完全沒有錯誤的資料清洗，請務必還是使用軟體或程式碼來執行，例如：Excel / Tableau / Python 等）。

◆ 範例提示（Prompt）

上面的表格可以執行哪些資料清理任務，並用 表格 呈現清洗後的結果。

◆ 輸入（Input）

- 表格：指定回傳資料格式所使用的關鍵字。

◆ 範例結果

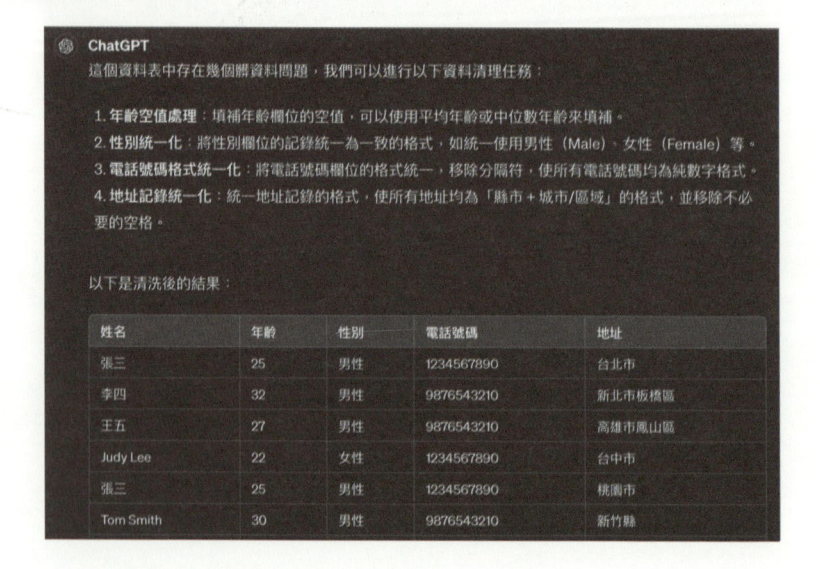

> **ChatGPT**
>
> 這個資料表中存在幾個髒資料問題，我們可以進行以下資料清理任務：
>
> 1. **年齡空值處理**：填補年齡欄位的空值，可以使用平均年齡或中位數年齡來填補。
> 2. **性別統一化**：將性別欄位的記錄統一為一致的格式，如統一使用男性（Male）、女性（Female）等。
> 3. **電話號碼格式統一化**：將電話號碼欄位的格式統一，移除分隔符，使所有電話號碼均為純數字格式。
> 4. **地址記錄統一化**：統一地址記錄的格式，使所有地址均為「縣市＋城市/區域」的格式，並移除不必要的空格。
>
> 以下是清洗後的結果：
>
> | 姓名 | 年齡 | 性別 | 電話號碼 | 地址 |
> | --- | --- | --- | --- | --- |
> | 張三 | 25 | 男性 | 1234567890 | 台北市 |
> | 李四 | 32 | 男性 | 9876543210 | 新北市板橋區 |
> | 王五 | 27 | 男性 | 9876543210 | 高雄市鳳山區 |
> | Judy Lee | 22 | 女性 | 1234567890 | 台中市 |
> | 張三 | 25 | 男性 | 1234567890 | 桃園市 |
> | Tom Smith | 30 | 男性 | 9876543210 | 新竹縣 |

王五	27	男性	9876543210	彰化縣
王五	27	男性	9876543210	高雄市鳳山區
Sara Wong	29	女性	912345678	台北市中山區

在清洗後的結果中，年齡空值已填補，性別格式統一為男性和女性，電話號碼格式統一為純數字，地址記錄格式統一為「縣市＋城市/區域」。

↻ 請 ChatGPT 進行資料清洗

技巧八：轉換圖片為文字

除了資料雜亂的問題之外，我們也常常遇到因為透過人為記錄資料，導致資料不好使用的困難情境，例如：一般業務報表的格式，就常因為透過 Word 製作報價單，或是輸出為 PDF／圖片檔案等，內容混雜了結構化與非結構化資訊，而需進行整理。

> **TIPS!** 將圖片辨識為文字的技術，稱為「光學字元辨識」（Optical Character Recognition，縮寫為 OCR），目前許多款 AI 都有引入這樣的功能。有些生成式 AI 工具已經提供上傳圖片的功能，讓 AI 全自動幫忙進行影像辨識，例如：Google Gemini 及 ChatGPT 等。善用這些工具，可以幫忙大幅加速取得圖片中文字的流程，但 OCR 辨識結果會因字型、筆畫、手寫等原因而有辨識錯誤的情形發生，提醒讀者應再次檢查。

以下是一個常見的報價單格式，其中包含折數、單價、品項名稱等基本資訊，但這樣的格式無法直接執行分析作業，因為它並不是按照標準的欄與列邏輯所編排，我們除了需要去除多餘元素之外，也需要跳開相關隔線限制等，許多人選擇直接手動重新製作，但 AI 可以幫我們更快整理好。

報價單

報價單位：知識遊牧有限公司
報價單位負責人：彭其捷

客戶名稱：魚皮電商股份有限公司
客戶連絡人：江之島
報價日期：2024/10/01

產品編號	產品名稱	單價	數量	小計
E1001	手機	12000	2	24000
E2002	平板電腦	18000	1	18000
E3003	耳機	1500	3	4500
E4004	鍵盤	800	2	1600
E5005	行動電源	2000	4	8000
			合計 新台幣(含稅)	56100

↻ 業務常見的報表格式

‹DEMO› 轉換圖片為文字

◆ 使用效益

適用於手邊只有紙本資料的時候。將圖片上傳後，讓 AI 幫忙進行影像辨識來取得圖片中的文字，並轉換數字內容。辨識後轉換的表格，也可以複製貼到 Excel 等編輯器中使用。

◆ 範例提示（Prompt）

幫我辨識圖片，並轉成文字。

◆ 範例結果

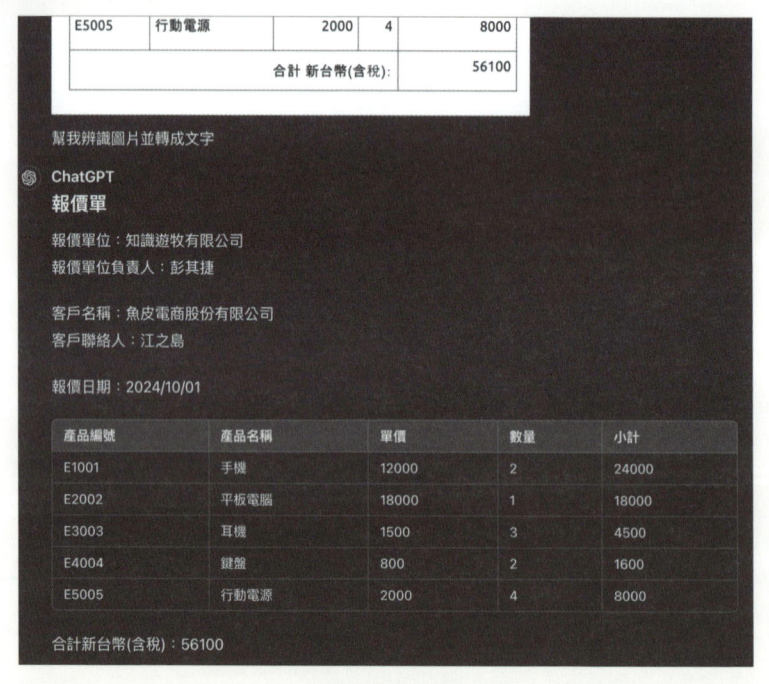

幫我辨識圖片並轉成文字

ChatGPT
報價單

報價單位：知識遊牧有限公司
報價單位負責人：彭其捷

客戶名稱：魚皮電商股份有限公司
客戶聯絡人：江之島

報價日期：2024/10/01

產品編號	產品名稱	單價	數量	小計
E1001	手機	12000	2	24000
E2002	平板電腦	18000	1	18000
E3003	耳機	1500	3	4500
E4004	鍵盤	800	2	1600
E5005	行動電源	2000	4	8000

合計新台幣(含稅)：56100

🎧 轉換圖片為文字

AI 輔助從零生成模擬資料

如果真的找不到可用的分析資料時，也可以讓 AI 幫我們模擬生成。此方法很適合讓資料分析入門者練習，或幫助我們製作分析作品集。

有哪些角色常常需要生成模擬資料呢？舉例而言，數據專案經理、分析師等可能需要生成一些模擬資料，用來示範並確認資料處理與分析流程或規格是可行的；此外，像老師或講師的角色，也可能需要有模擬資料來輔助說明特定知識，例如：使用模擬資料來講解、教學 Excel 函式的應用技巧。

技巧九：生成模擬資料表格

< DEMO >　生成模擬資料表格

◆ 使用效益

以表格（或其他特定格式）的方式生成模擬資料，方便後續導入到試算表或商業智慧工具中進行數據分析，或者用於演示、展示等目的。

◆ 範例提示（Prompt）

請用 表格方式 生成練習資料分析的模擬資料，欄位 包含年度、月份、產品名稱、銷售總額、獲利總額、利潤比例，列為 2023 年 7 月至 2023 年 12 月。

◆ 輸入（Input）

- 表格方式：指定回傳資料格式所使用的關鍵字。
- 欄位：後方可指定希望 AI 生成的欄位。
- 2023 年 7 月至 2023 年 12 月：指定生成特定時間區段的資料。

◆ 範例結果

> 你
> 請用表格方式生成練習資料分析的模擬資料，欄位包含：年度、月份、產品名稱、銷售總額、獲利總額、利潤比例，列為 2023年7月至2023年12月
>
> ChatGPT
> 以下是一個模擬的資料表，包含了你所需的欄位，從2023年7月至2023年12月的資料：
>
> | 年度 | 月份 | 產品名稱 | 銷售總額 (單位) | 獲利總額 (單位) | 利潤比例 |
> |---|---|---|---|---|---|
> | 2023 | 7 | 產品A | 50000 | 15000 | 30% |
> | 2023 | 7 | 產品B | 70000 | 21000 | 30% |
> | 2023 | 8 | 產品A | 55000 | 16500 | 30% |
> | 2023 | 8 | 產品B | 75000 | 22500 | 30% |
> | 2023 | 9 | 產品A | 60000 | 18000 | 30% |
> | 2023 | 9 | 產品B | 80000 | 24000 | 30% |
> | 2023 | 10 | 產品A | 65000 | 19500 | 30% |

2023	10	產品B	85000	25500	30%
2023	11	產品A	70000	21000	30%
2023	11	產品B	90000	27000	30%
2023	12	產品A	75000	22500	30%
2023	12	產品B	95000	28500	30%

◑ 請 ChatGPT 生成模擬資料

> **TIPS!** 如果要從 AI 介面轉換成分析資料，只要直接透過網頁，將資料表格用滑鼠反白後，就可按下 Ctrl / Cmd + C 鍵複製到電腦記憶體中，並開啟一個 Excel 空白檔案，再按下 Ctrl / Cmd + V 鍵來貼上。不過，要留意每個 AI 的格式可能會有差別，但如果是按照本書圖片格式所呈現的表格資料，都是可以複製使用，轉換到 Excel 環境中。

◯ 技巧十：生成半結構化 / 非結構化模擬資料

‹DEMO› AI 輔助生成半結構化 / 非結構化模擬資料

◆ 使用效益

一般人比較熟悉整齊的「結構化資料」，例如：Excel 呈現出很清楚的列（Row）與欄（Column）就屬於結構化資料。然而，還有「半結構化資料」、甚至是「非結構化資料」的其他常見格式類型，如果讀者希望能夠深入了解相關的知識，可以讓 AI 輔助提問者理解半結構化資料的定義和特性，同時提供了生成半結構化資料範例的需求（例如：JSON / XML 格式），有助於提問者更深入了解和應用半結構化資料。

◆ 範例提示（Prompt）

什麼是 半結構化資料 ？幫我生成一些資料範例。

◆ 輸入（Input）

- 半結構化資料：格式關鍵字，也可更換為結構化資料或是非結構化資料，會得到不同的結果。

◆ 範例結果

> **ChatGPT**
> 半結構化資料是介於結構化資料和非結構化資料之間的一種資料形式。它具有一定程度的結構，但不像結構化資料那樣嚴格遵循固定的資料模式。半結構化資料通常以標籤、標記或其他方式組織，但其結構可能因資料的特性而有所變化。
>
> 舉例來說，HTML和XML文件就是典型的半結構化資料。它們包含標籤和層次結構，但並不像關聯式資料庫中的表格那樣具有固定的結構。同樣，JSON格式的資料也是半結構化的，因為它們具有一定的結構，但不需要嚴格的模式。
>
> 以下是一個半結構化資料的範例，這是一個簡單的JSON格式：
>
> ```json
> {
>     "學生姓名": "小明",
>     "年齡": 20,
>     "學歷": ["高中畢業", "大學就讀"],
>     "地址": {
>         "城市": "台北",
>         "街道": "中正路",
>         "郵遞區號": "100"
>     },
>     "成績": {
>         "國文": 85,
>         "數學": 78,
>         "英文": 92
>     }
> }
> ```

🎧 請 ChatGPT 生成半結構化資料範例

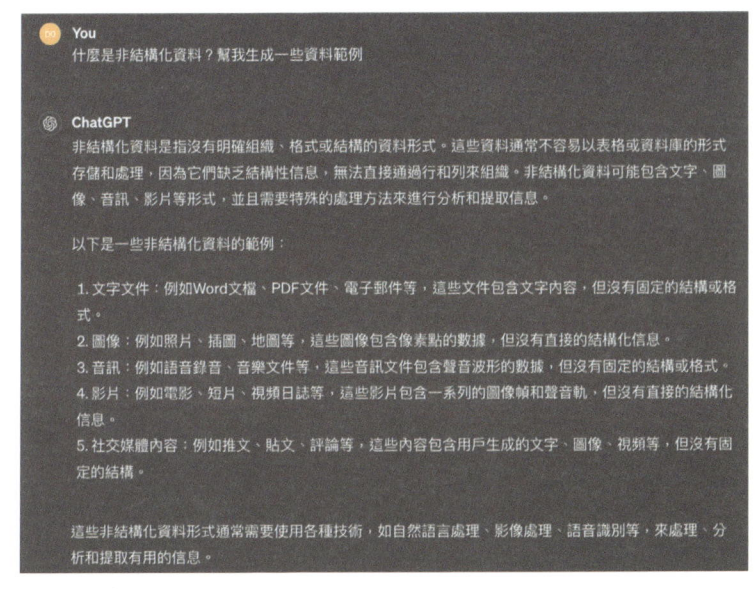

> **You**
> 什麼是非結構化資料？幫我生成一些資料範例
>
> **ChatGPT**
> 非結構化資料是指沒有明確組織、格式或結構的資料形式。這些資料通常不容易以表格或資料庫的形式存儲和處理，因為它們缺乏結構性信息，無法直接通過行和列來組織。非結構化資料可能包含文字、圖像、音訊、影片等形式，並且需要特殊的處理方法來進行分析和提取信息。
>
> 以下是一些非結構化資料的範例：
>
> 1. 文字文件：例如Word文檔、PDF文件、電子郵件等，這些文件包含文字內容，但沒有固定的結構或格式。
> 2. 圖像：例如照片、插圖、地圖等，這些圖像包含像素點的數據，但沒有直接的結構化信息。
> 3. 音訊：例如語音錄音、音樂文件等，這些音訊文件包含聲音波形的數據，但沒有固定的結構或格式。
> 4. 影片：例如電影、短片、視頻日誌等，這些影片包含一系列的圖像幀和聲音軌，但沒有直接的結構化信息。
> 5. 社交媒體內容：例如推文、貼文、評論等，這些內容包含用戶生成的文字、圖像、視頻等，但沒有固定的結構。
>
> 這些非結構化資料形式通常需要使用各種技術，如自然語言處理、影像處理、語音識別等，來處理、分析和提取有用的信息。

🎧 請 ChatGPT 生成非結構化資料範例

技巧十一：直接生成大量模擬資料（需搭配特定的 AI 工具）

< DEMO > AI 輔助生成大量模擬資料

◆ 使用效益

如果是特定的生成式 AI 工具，可以一鍵到位，直接讓 AI 生成數據檔案（例如：Excel 檔案）來讓使用者進行下載，不需要自己複製內容至外部軟體中。

◆ 範例提示（Prompt）

請幫我生成 2023/09 一個月份、共 兩百筆 的 模擬代理商 的 通路行銷 資料 CSV 檔案，欄位包含：

品牌編號(BrandID)

產品編號(ProductID)

產品名稱(ProductName)

產品建議零售價(ProductSuggestedRetailPrice)

通路編號(ChannelID)

年度月份(YearMonth)

銷售數量(Sales)

銷售收入(SalesIncome)

並直接讓我下載檔案

◆ 輸入（Input）

- 2023/09 一個月份：指定生成資料的時間區段。
- 兩百筆：指定生成的筆數。
- 模擬代理商：指定生成的情境。
- 通路行銷：指定生成的資料主題。
- CSV 檔案：指定生成的格式。

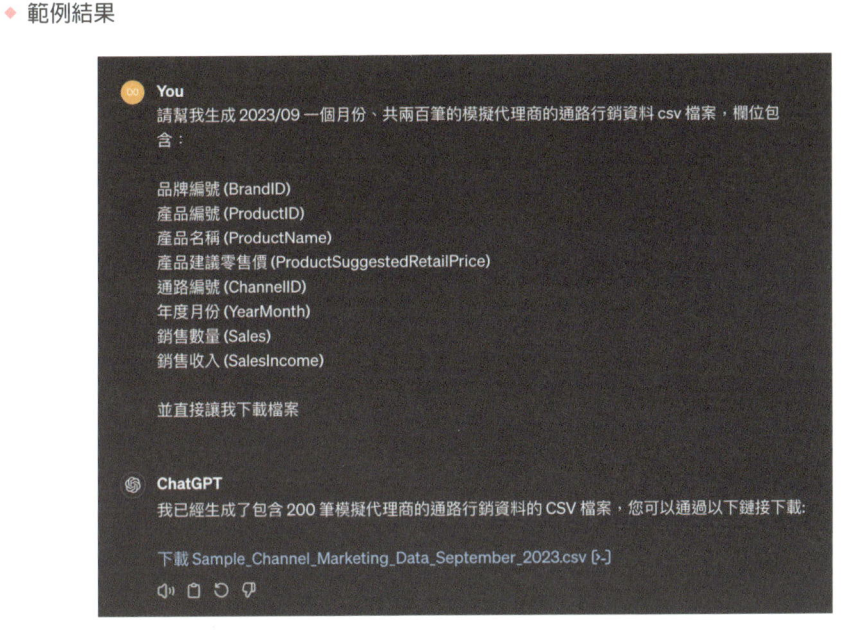

◆ 範例結果

```
You
請幫我生成 2023/09 一個月份、共兩百筆的模擬代理商的通路行銷資料 csv 檔案，欄位包含：

品牌編號 (BrandID)
產品編號 (ProductID)
產品名稱 (ProductName)
產品建議零售價 (ProductSuggestedRetailPrice)
通路編號 (ChannelID)
年度月份 (YearMonth)
銷售數量 (Sales)
銷售收入 (SalesIncome)

並直接讓我下載檔案

ChatGPT
我已經生成了包含 200 筆模擬代理商的通路行銷資料的 CSV 檔案，您可以通過以下鏈接下載：

下載 Sample_Channel_Marketing_Data_September_2023.csv [>_]
```

🎧 **請 ChatGPT 生成模擬資料 Excel（需特定版本才擁有此功能），點選 Link 後可確實取得 CSV 格式資料**

💡 **TIPS!** ChatGPT 不同版本的差異頗大，付費版可以上網搜尋資料、上傳，甚至可產生輸出的 Excel 檔案等，所以語法才會包含「並直接讓我下載檔案」。有些免費版本工具則無法操作此進階功能，主要是以純文字作為核心的輸入與輸出。由於 AI 的版本功能皆會因時間持續更動，建議參考官方網頁的最新說明（URL https://openai.com/chatgpt/ ）。

Unit 03　AI 輔助建構初步分析想法

單元導覽

　　本單元將說明如何透過與生成式 AI 對話來探索數據，並展開基礎的 AI 數據提問練習，希望能在拿到數據的起始階段，給操作者一些靈感。本單元內容將以三個部分來介紹：

單元提要

項目	說明
建構起始分析提問	這裡的幾個技巧可以讓 AI 協助我們展開初步的分析探索，例如：轉換 AI 成為分析人格，並展開分析想法的對話。
引導以特定格式回應提問	面對眾多的商業情境與數據相關提問，可讓 AI 用不同的格式來組織回答內容，例如：表格、列表、樹狀、風格等，讓 AI 成為我們的顧問與靈感輔助。
案例練習：以分析 TSM 股價資料為例	實際引導讀者輸入台積電（TSM）的股價資料做案例練習，透過輸入實際資料來進行初始的商業分析提問，建構分析藍圖。

實作資料

　　以試算表工具或純文字工具開啟本單元練習檔案「TSM_20210101_20240423.csv」（可從官網下載，請見本書最前面的「關於本書」），此為筆者自 Yahoo Finance 下載的歷史 TSM 股價資料。單元三的案例將以此份歷史股價資料來進行示範，你可以先下載資料來跟著操作與練習。

	A	B	C	D	E	F	G
1	Date	Open	High	Low	Close	Adj Close	Volume
2	2021/1/4	111.470001	114.099998	110.449997	111.699997	105.145065	11262100
3	2021/1/5	112.410004	114.949997	112.010002	112.769997	106.152275	10583600
4	2021/1/6	113.849998	116.389999	112.550003	115.610001	108.82563	10609300
5	2021/1/7	119.339996	122.940002	117.589996	121.43	114.3041	13556100
6	2021/1/8	125.910004	126.290001	116.980003	118.690002	111.724884	18976800
7	2021/1/11	119.739998	123.599998	118.800003	122.599998	115.405441	12006800
8	2021/1/12	125.160004	125.199997	121.68	123	115.781967	14163200
9	2021/1/13	124.400002	124.800003	118	119.230003	112.2332	20650500
10	2021/1/14	123.449997	134.649994	121.669998	126.449997	119.02951	37125400
11	2021/1/15	128.470001	128.539993	123.209999	125.230003	117.881104	17343100
12	2021/1/19	130.589996	134.050003	128.440002	131.300003	123.594894	20443800
13	2021/1/20	135.190002	136.130005	130.100006	130.639999	122.973633	17360700
14	2021/1/21	133.25	135.399994	132.339996	134.160004	126.287033	15460100
15	2021/1/22	130.039993	131.25	128.809998	129.139999	121.561646	19163200
16	2021/1/25	131.830002	132.169998	127.349998	130.520004	122.860657	20469300
17	2021/1/26	129.050003	129.320007	126.25	126.650002	119.217773	17084600
18	2021/1/27	124.949997	125.099998	121.5	121.739998	114.595894	16732700
19	2021/1/28	124.5	127.580002	123.580002	125.830002	118.445892	14148100
20	2021/1/29	124	124.360001	120.550003	121.519997	114.388809	15169200
21	2021/2/1	124.540001	126.849998	123.379997	126.660004	119.22718	10179900

本單元練習資料樣貌，前幾個技巧還不會使用到這項資料，而後半段則會教讀者如何將資料的脈絡輸入到 ChatGPT 環境

建構起始分析提問

技巧一：設定 AI 為資料分析顧問人格

‹DEMO› 設定 AI 扮演資料分析顧問

◆ 使用效益

建立人格設定，引導 AI 回答更符合期待的答案。

◆ 範例提示（Prompt）

請扮演我的 **資料分析顧問**。身為我的 **資料分析顧問**，你可以提供我什麼協助呢？

◆ 輸入（Input）

- **資料分析顧問**：這裡的關鍵字可以替換為特定的分析角色，例如：財務分析師、人資分析師、公司稽核人員等。

◆ 範例結果

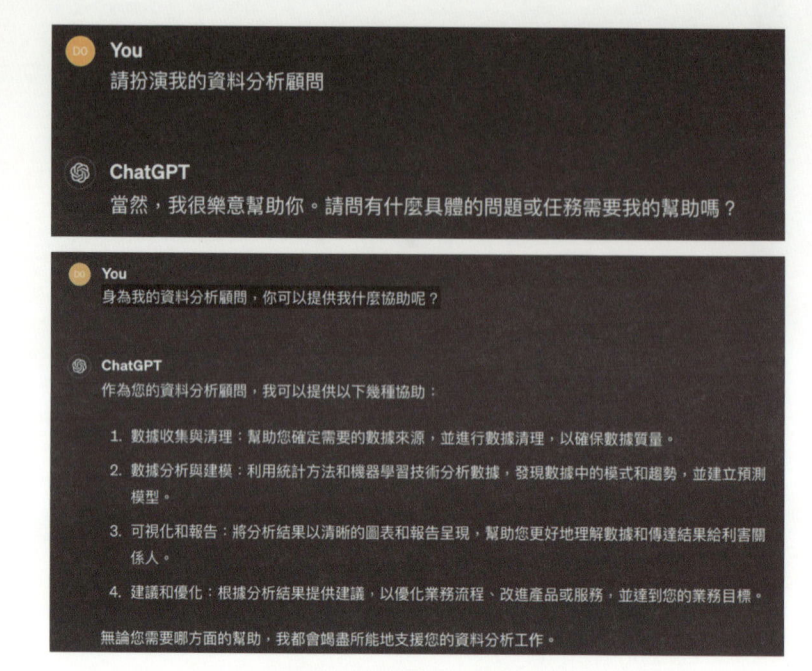

> **You**
> 請扮演我的資料分析顧問
>
> **ChatGPT**
> 當然，我很樂意幫助你。請問有什麼具體的問題或任務需要我的幫助嗎？
>
> **You**
> 身為我的資料分析顧問，你可以提供我什麼協助呢？
>
> **ChatGPT**
> 作為您的資料分析顧問，我可以提供以下幾種協助：
> 1. 數據收集與清理：幫助您確定需要的數據來源，並進行數據清理，以確保數據質量。
> 2. 數據分析與建模：利用統計方法和機器學習技術分析數據，發現數據中的模式和趨勢，並建立預測模型。
> 3. 可視化和報告：將分析結果以清晰的圖表和報告呈現，幫助您更好地理解數據和傳達結果給利害關係人。
> 4. 建議和優化：根據分析結果提供建議，以優化業務流程、改進產品或服務，並達到您的業務目標。
>
> 無論您需要哪方面的幫助，我都會竭盡所能地支援您的資料分析工作。

🎧 請 ChatGPT 進行分析角色扮演

技巧二：詢問 AI 對於特定資料的分析靈感

‹DEMO› AI 輔助提供分析靈感

◆ 使用效益

幫助提問者構想初始的分析靈感，並且能夠針對特定主題（例如：過去三年的台積電股價）進行發想。

◆ 範例提示（Prompt）

我手上有一份 過去三年的台積電股價資料，你可以怎樣輔助我進行資料分析工作呢？

◆ 輸入（Input）
● 過去三年的台積電股價資料：此關鍵字可以替換為你手中資料的敘述，只要不是太冷門的主題字詞，通常 AI 工具都能夠擁有一定的推論能力（其實到此尚未提供資料，但已經可以開始互動，就像是與顧問對話）。

◆ 範例結果

> **You**
> 我手上有一份過去三年的台積電股價資料，你可以怎樣輔助我進行資料分析工作呢？
>
> **ChatGPT**
> 對於這份台積電股價資料，我可以為您提供以下幾點資料分析的輔助：
>
> 1. **趨勢分析**：通過繪製股價的時間序列圖，您可以了解台積電股價在過去三年的趨勢是如何變化的。這可以幫助您辨別出長期的上升或下降趨勢，以及可能的季節性或週期性變化。
> 2. **波動性分析**：透過計算股價的日漲跌幅或波動幅度，您可以評估台積電股票的波動性水平。這有助於了解該股票的風險水平，並在投資決策中加以考慮。
> 3. **相關性分析**：將台積電股價與相關指標或事件進行比較，例如大盤指數、產業動態、公司盈利報告等。這可以幫助您了解台積電股價與其他因素之間的關係，並找出可能的影響因素。
> 4. **預測模型建立**：基於過去的股價資料，您可以建立預測模型來預測未來的股價走勢。這可以是簡單的時間序列模型，也可以是更複雜的機器學習模型，具體取決於您的需求和資料的特性。
> 5. **風險管理建議**：根據資料分析的結果，提供風險管理建議，例如建立適當的投資組合、制定停損策略等，以幫助您降低投資風險。
>
> 以上是一些資料分析的建議，我可以根據您的具體需求和資料特性，提供更加個性化的分析服務。您有任何特定的問題或需求嗎？

🎧 詢問 AI 可以怎樣輔助資料分析工作

技巧三：使用追問法（根據前一輪 AI 回應展開下一輪提問）

DEMO 針對 AI 前一輪回覆來追問

◆ 使用效益

可針對 AI 的前一輪回覆進行追問，給予迭代詢問。例如：針對「相關性分析」、「風險管理建議」兩大主題進行追加詢問，來得到更進一步的資訊。

◆ 範例提示（Prompt）

關於前面你的資料分析 AI 輔助回覆內容，可否針對 **相關性分析與風險管理建議**，這兩項題目有點大，能再拆細一點嗎？

◆ 輸入（Input）
  ● 相關性分析與風險管理建議：指定 AI 繼續回覆的方向（持續追問，直到取得想要的知識訊息）。

◆ 範例結果

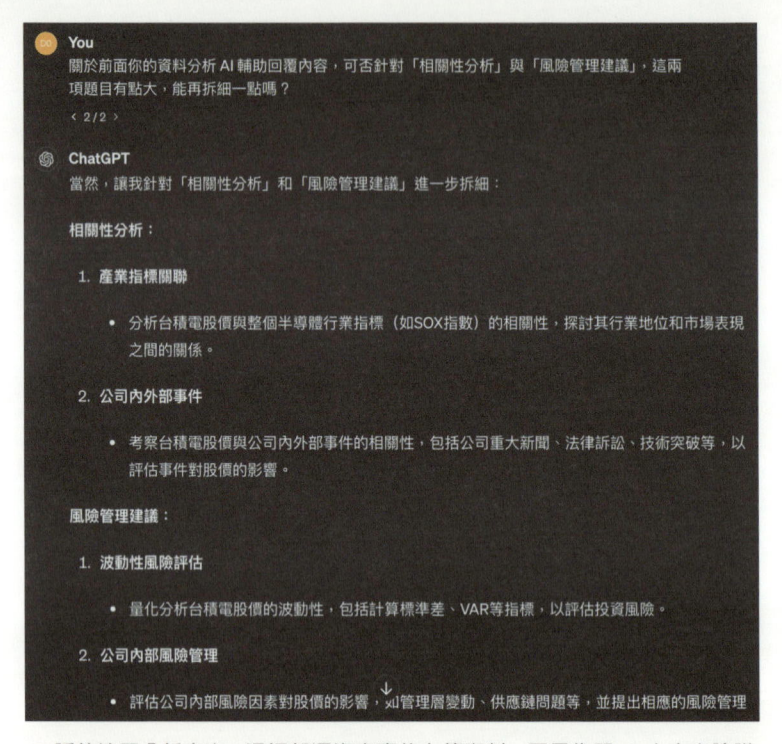

> You
> 關於前面你的資料分析 AI 輔助回覆內容，可否針對「相關性分析」與「風險管理建議」，這兩項目有點大，能再拆細一點嗎？
> < 2/2 >
>
> ChatGPT
> 當然，讓我針對「相關性分析」和「風險管理建議」進一步拆細：
>
> 相關性分析：
> 1. 產業指標關聯
>   ● 分析台積電股價與整個半導體行業指標（如SOX指數）的相關性，探討其行業地位和市場表現之間的關係。
> 2. 公司內外部事件
>   ● 考察台積電股價與公司內外部事件的相關性，包括公司重大新聞、法律訴訟、技術突破等，以評估事件對股價的影響。
>
> 風險管理建議：
> 1. 波動性風險評估
>   ● 量化分析台積電股價的波動性，包括計算標準差、VAR等指標，以評估投資風險。
> 2. 公司內部風險管理
>   ● 評估公司內部風險因素對股價的影響，如管理層變動、供應鏈問題等，並提出相應的風險管理

延伸追問分析方向，這裡都還沒有真的上傳資料，而是先問 AI 大方向建議

引導以特定格式回應提問

在建立 AI 人格之後，我們可以進一步指定 AI 回覆時的內容格式，我們將示範不同情境下，引導 AI 用不同的回應格式來協助我們發想商業提問。

技巧四：用表格的方式生成資料分析技能清單

AI 以表格方式提供答案

◆ 使用效益

可以讓 ChatGPT 用更工整的表格形式來提供答案，有利於後續整理。

◆ 範例提示（Prompt）

請幫我用 表格 彙整金融產業的資料分析師必備的十項技能。

◆ 輸入（Input）

- 表格：關鍵字也可替換為清單、樹狀結構、心智圖、段落式回答、markdown、步驟指南、比較分析、案例研究、問題解決式回答等，可以依據提問者的需求來指定 AI 的回應方式。

◆ 範例結果

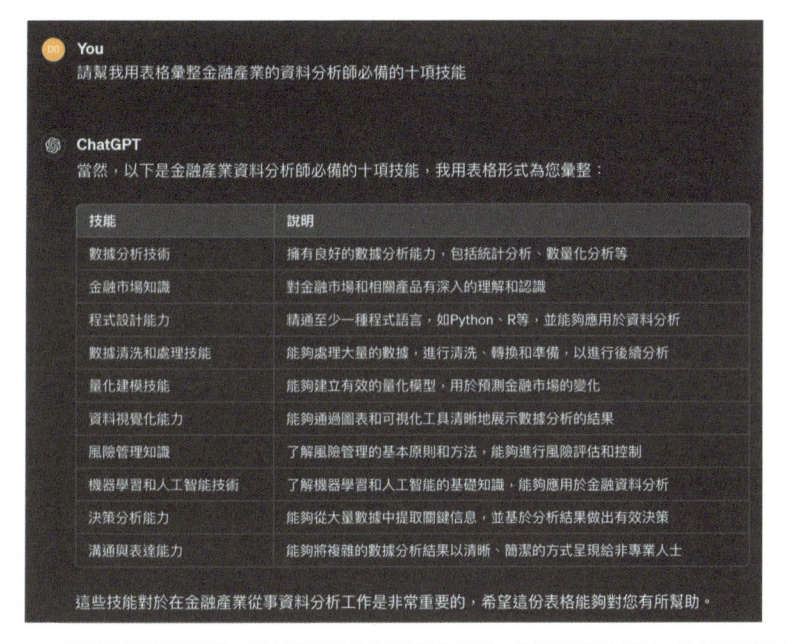

> **You**
> 請幫我用表格彙整金融產業的資料分析師必備的十項技能
>
> **ChatGPT**
> 當然，以下是金融產業資料分析師必備的十項技能，我用表格形式為您彙整：
>
> | 技能 | 說明 |
> |---|---|
> | 數據分析技術 | 擁有良好的數據分析能力，包括統計分析、數量化分析等 |
> | 金融市場知識 | 對金融市場和相關產品有深入的理解和認識 |
> | 程式設計能力 | 精通至少一種程式語言，如Python、R等，並能夠應用於資料分析 |
> | 數據清洗和處理技能 | 能夠處理大量的數據，進行清洗、轉換和準備，以利進行後續分析 |
> | 量化建模技能 | 能夠建立有效的量化模型，用於預測金融市場的變化 |
> | 資料視覺化能力 | 能夠通過圖表和可視化工具清晰地展示數據分析的結果 |
> | 風險管理知識 | 了解風險管理的基本原則和方法，能夠進行風險評估和控制 |
> | 機器學習和人工智能技術 | 了解機器學習和人工智能的基礎知識，能夠應用於金融資料分析 |
> | 決策分析能力 | 能夠從大量數據中提取關鍵信息，並基於分析結果做出有效決策 |
> | 溝通與表達能力 | 能夠將複雜的數據分析結果以清晰、簡潔的方式呈現給非專業人士 |
>
> 這些技能對於在金融產業從事資料分析工作是非常重要的，希望這份表格能夠對您有所幫助。

🎧 請 ChatGPT 使用表格彙整回應，筆者很喜歡表格呈現的資訊，可清楚區分欄位，也能複製貼上 Excel

技巧五：使用列表結構呈現分析建議

< DEMO >　AI 以列表提供分析建議

◆ 使用效益

讓 AI 幫助提問者來列出「使用歷史股價資料進行的十種分析」，並用列表的方式提供。

◆ 範例提示（Prompt）

請幫我用 列表 結構彙整 歷史股價資料 可以進行的 十種 分析。

◆ 輸入（Input）

- 列表：指定回答內容的呈現格式。
- 歷史股價資料：指定商業分析提問的領域或主題。
- 十種：指定發想靈感的數量。

◆ 範例結果

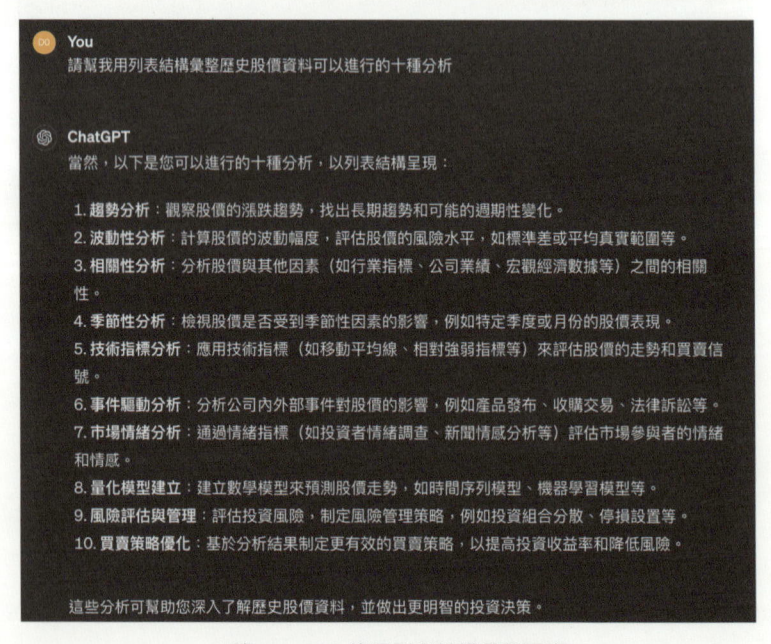

> **You**
> 請幫我用列表結構彙整歷史股價資料可以進行的十種分析
>
> **ChatGPT**
> 當然，以下是您可以進行的十種分析，以列表結構呈現：
>
> 1. **趨勢分析**：觀察股價的漲跌趨勢，找出長期趨勢和可能的週期性變化。
> 2. **波動性分析**：計算股價的波動幅度，評估股價的風險水平，如標準差或平均真實範圍等。
> 3. **相關性分析**：分析股價與其他因素（如行業指標、公司業績、宏觀經濟數據等）之間的相關性。
> 4. **季節性分析**：檢視股價是否受到季節性因素的影響，例如特定季度或月份的股價表現。
> 5. **技術指標分析**：應用技術指標（如移動平均線、相對強弱指標等）來評估股價的走勢和買賣信號。
> 6. **事件驅動分析**：分析公司內外部事件對股價的影響，例如產品發布、收購交易、法律訴訟等。
> 7. **市場情緒分析**：通過情緒指標（如投資者情緒調查、新聞情緒分析等）評估市場參與者的情緒和情感。
> 8. **量化模型建立**：建立數學模型來預測股價走勢，如時間序列模型、機器學習模型等。
> 9. **風險評估與管理**：評估投資風險，制定風險管理策略，例如投資組合分散、停損設置等。
> 10. **買賣策略優化**：基於分析結果制定更有效的買賣策略，以提高投資收益率和降低風險。
>
> 這些分析可幫助您深入了解歷史股價資料，並做出更明智的投資決策。

🎧 請 ChatGPT 使用列表結構彙整回應

技巧六：使用樹狀結構呈現分析建議

AI 以樹狀結構提供分析建議

◆ 使用效益

透過「樹狀結構」的回應格式彙整資訊，有助於將數據分類、組織和呈現，回應可更有結構性，幫助思考各種商業問題。

◆ 範例提示（Prompt）

可否幫忙用 樹狀結構 彙整，根據 台積電歷史股價數據 分析問題進行彙整，提出至少 12 個 數據分析商業問題。

◆ 輸入（Input）

- 樹狀結構：指定回答內容以樹狀格式呈現。
- 台積電歷史股價數據：指定商業分析提問的領域或主題。
- 12 個：指定發想靈感的數量。

◆ 範例結果

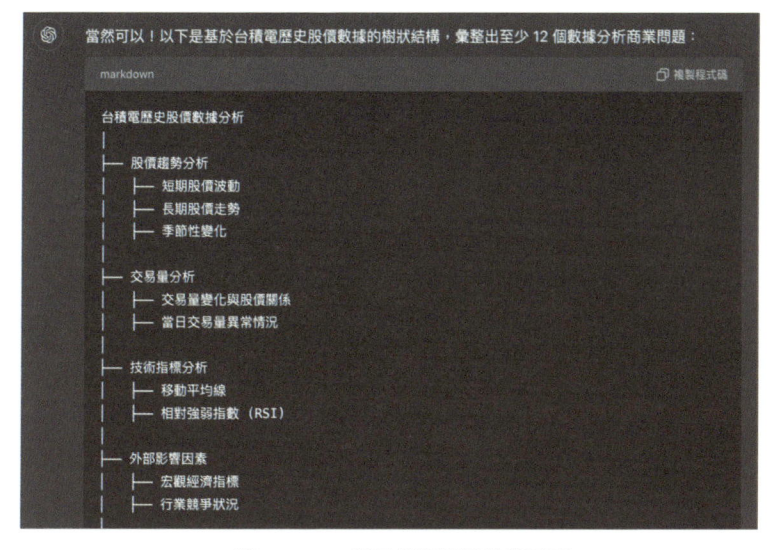

當然可以！以下是基於台積電歷史股價數據的樹狀結構，彙整出至少 12 個數據分析商業問題：

```
台積電歷史股價數據分析
│
├── 股價趨勢分析
│       ├── 短期股價波動
│       ├── 長期股價走勢
│       └── 季節性變化
│
├── 交易量分析
│       ├── 交易量變化與股價關係
│       └── 當日交易量異常情況
│
├── 技術指標分析
│       ├── 移動平均線
│       └── 相對強弱指數（RSI）
│
└── 外部影響因素
        ├── 宏觀經濟指標
        └── 行業競爭狀況
```

◯ 請 ChatGPT 使用樹狀結構彙整回應

技巧七：生成指定文字風格與字數的文案

‹DEMO› 指定文字風格與字數來生成文案

◆ **使用效益**

引導 AI 根據提問者的需求，動態改變回應文字的風格；不過要留意「字數」的引導詞，雖然確實會影響回覆的長短，但字數不一定都是準確的，只是一個大概的接近範圍。

◆ **範例提示（Prompt）**

請用 親切又專業的股票專家語氣 ，生成 兩百字介紹台積電歷史股價的社群文案 ，適當地加上表情符號（emoji），文末幫我設計主題標籤（hashtag）。

◆ **輸入（Input）**

- 親切又專業的股票專家語氣：指定生成內容的語氣描述。
- 兩百字介紹台積電歷史股價的社群文案：指定生成文案的主題、字數限制等。

◆ **範例結果**

You
請用親切又專業的股票專家語氣，生成兩百字介紹台積點歷史股價的社群文案

ChatGPT
🚀✨ 你好，親愛的投資朋友們！今天，讓我們一起來探索一段讓人驚歎的旅程 — 台積電（TSMC）的歷史股價！📈💼

台積電，作為全球領先的半導體製造商，一直以其創新性、穩健性和長期增長性著稱。自從 1987 年在台灣成立以來，台積電已經成為全球最大的晶圓代工公司之一，其股票更是吸引了全球投資者的目光。

📊 在這段旅程中，我們見證了台積電股價的驚人漲幅，從最初的幾美元到如今的高位！從長期來看，台積電的股價走勢一直呈現出穩健的上升趨勢，為投資者帶來了可觀的回報。

💡 而這背後的驅動力是什麼？是台積電持續不斷的技術創新，是其穩健的財務表現，更是全球對晶圓代工需求的持續增長。這些因素共同促成了台積電在股市上的輝煌表現。

⭐ 歷史股價不僅反映了一家公司的成長，更反映了其背後的價值觀、管理風格和市場定位。在投資台積電股票時，我們不僅是在追求獲利，更是在追求一個成功企業的共享成功。

💬 讓我們在留言區一起分享您對台積電股價的看法和觀點吧！一起來探索更多投資的可能性，共同學習、共同成長！

#台積電 #TSMC #股價分析 #投資 #晶圓代工 #股票專家 #股票投資

🎧 指定回答語氣或回答字數

指定的文字風格時，可以憑著你的想像力來要求 AI，以下提供幾個情境參考：

- 用浮誇的語氣來生成 50 字文案，介紹新的鑽石戒指產品。
- 生成兩分鐘震撼人心的宣傳影片旁白，闡述環保意識對地球的重要性。
- 以理性客觀的言辭生成 500 字的文章，解析全球數位化的數據和趨勢。
- 以歷史數據為基礎，詳細分析台積電股價的波動和趨勢，生成 500 字投資建議。
- 用資深數據專家的觀點和分析，生成 600 字評估大數據分析對企業管理和決策的重要性和價值。
- 用淺顯易懂的方式，生成 1000 字解釋人工智慧和機器學習的基本原理和應用場景。
- 以中性客觀的 1000 字文字，透過實際案例介紹物聯網技術在農業生產和食品安全中可以扮演的角色。

案例練習：以分析 TSM 股價資料為例

本單元以探索台積電（TSM）股價資料為例，模擬當我們實際拿到一份資料，即將展開數據分析的任務時，可以如何讓 AI 協助初步發想，並提供進一步的商業引導。

技巧八：將示範數據輸入到 ChatGPT

AI 輔助整理數據表格

◆ 使用效益

將原始數據或資訊轉換成結構化的數據表格，以便更容易進行分析、比較和視覺化。透過將資料轉換為表格形式，提問者可以更有效地整理和管理資料，進而進行更深入的數據分析、洞察和決策支援。

◆ 範例提示（Prompt）

幫我轉成數據表格：

Date	Open	High	Low	Close	Adj Close	Volume
Apr 29, 2024	138.00	138.65	135.91	138.50	138.50	9,997,100
Apr 26, 2024	136.81	138.74	135.95	138.30	138.30	9,373,900

| Apr 25, 2024 | 130.00 | 137.84 | 128.86 | 136.58 | 136.58 | 18,034,300 |
| Apr 24, 2024 | 136.09 | 136.29 | 131.54 | 132.97 | 132.97 | 15,558,000 |

◆ 輸入（Input）

- 輸入資料說明：若資料量不多，可以直接將原始數據複製貼上給 AI，直接根據內容進行討論與應用，請參考以下的實作步驟。

實作步驟

01. 開啟檔案。

先開啟 TSM_20210101_20240423.csv 檔案（可用 Excel 或是相關筆記本軟體開啟皆可），此為筆者自 Yahoo Finance 下載的歷史 TSM 股價資料。

02. 複製資料。

直接在 Excel 中複製 TSM 股價資料，包含標題與局部內容；另外，此複製及貼上的技巧只適合少量資料的狀況，因為每個 AI 輸入的字元數是有限制的，可以理解這是把資料的輪廓輸入給 AI 參考，而數據太大的話，可能會導致 Prompt 對話框無法順利貼上。如果真的要更大的數據，還是要透過比較進階的模組，直接將整份檔案上傳，或是讓 AI 生成函式，直接在 Excel 做處理（相關技巧在後續單元將會練習到）。

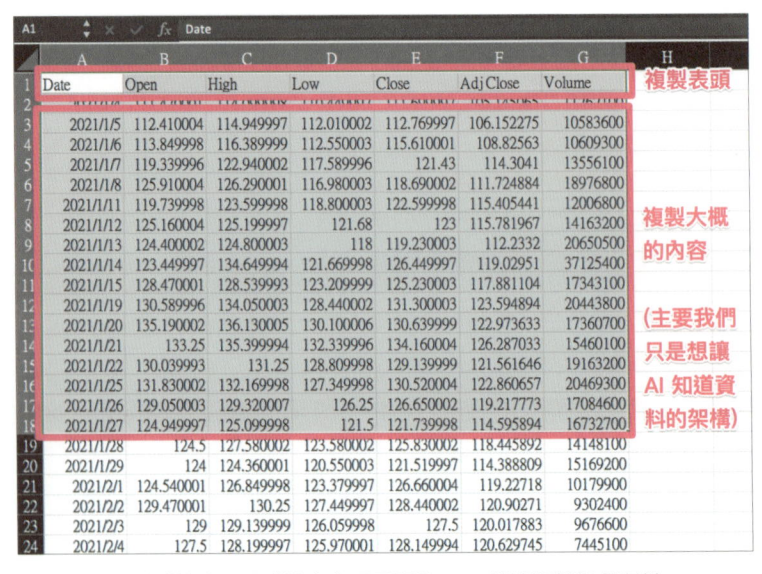

🎧 以試算表工具或純文字工具開啟 CSV 檔後複製部分資料

03. 貼上資料。

將複製的文字內容貼入到 ChatGPT 對話框，包含欄位名稱與資料。

> 在 ChatGPT 對話框中貼上資料，這裡不會有格線，但不影響結果

TIPS! 提供 ChatGPT 參考資料欄位時，可直接在 Excel 直接複製，但欄位間會有空格，像是變成了「Date Open High Low Close Adj Close Volume」這樣的字串，通常 ChatGPT 依然可以正常判斷，但若欄位名稱本身就存在空格時，則可能造成 ChatGPT 誤判，像是「Adj Close」這個欄位名稱可能會被誤判為兩個欄位，更精準的方法是手動再加上「-」符號，將「Adj Close」調整為「Adj-Close」。

此外，也可將資料轉為 CSV（Comma-Separated Values，中文為「逗號分隔值」）檔案類型後，複製以逗號為欄位分隔的資料，再提供給 ChatGPT 作為參考。作法是使用筆記本等軟體，開啟 TSM 股價 CSV 檔案，再複製第一列資料欄位名稱，即可取出欄位輪廓，貼到 ChatGPT Prompt 中。

04. 加入語法。

在貼上數據的上方，加入語法「幫我轉成數據表格」後送出訊息。

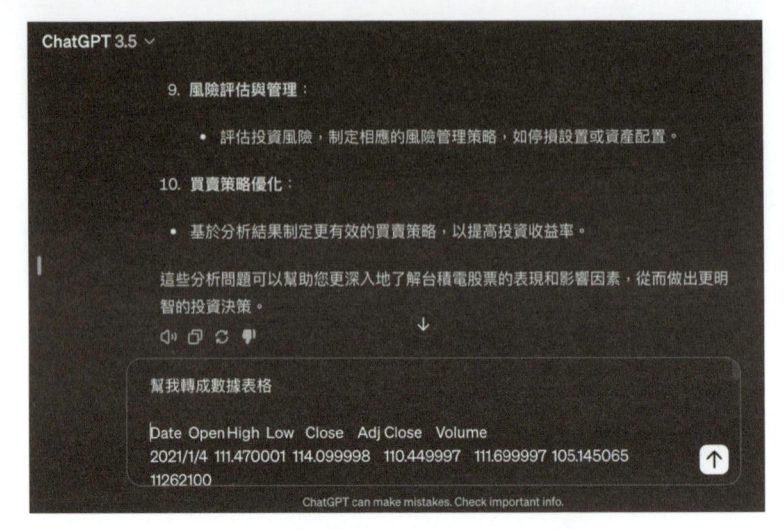

> ChatGPT 3.5
>
> 9. 風險評估與管理：
>   - 評估投資風險，制定相應的風險管理策略，如停損設置或資產配置。
> 10. 買賣策略優化：
>   - 基於分析結果制定更有效的買賣策略，以提高投資收益率。
>
> 這些分析問題可以幫助您更深入地了解台積電股票的表現和影響因素，從而做出更明智的投資決策。
>
> ---
>
> 幫我轉成數據表格
>
> Date Open High Low Close Adj Close Volume
> 2021/1/4 111.470001 114.099998 110.449997 111.699997 105.145065 11262100

🎧 在貼上文字的上方，加上「幫我轉成數據表格」的語法。此外，欄位「Adj Close」可在兩字中間額外加上 - 符號，變成「Adj-Close」，來確保 AI 辨識為相同欄位標題

05. 成功轉成數據表格。

此步驟主要是確認 ChatGPT 是否有順利輸入資料，可稍微閱覽檢查。

> 這裡是台積電股價資料的數據表格：
>
> | Date | Open | High | Low | Close | Adj Close | Volume |
> |---|---|---|---|---|---|---|
> | 2021-01-04 | 111.470001 | 114.099998 | 110.449997 | 111.699997 | 105.145065 | 11262100 |
> | 2021-01-05 | 112.410004 | 114.949997 | 112.010002 | 112.769997 | 106.152275 | 10583600 |
> | 2021-01-06 | 113.849998 | 116.389999 | 112.550003 | 115.610001 | 108.825630 | 10609300 |
> | 2021-01-07 | 119.339996 | 122.940002 | 117.589996 | 121.430000 | 114.304100 | 13556100 |
> | 2021-01-08 | 125.910004 | 126.290001 | 116.980003 | 118.690002 | 111.724884 | 18976800 |
> | 2021-01-11 | 119.739998 | 123.599998 | 118.800003 | 122.599998 | 115.405441 | 12006800 |
> | 2021-01-12 | 125.160004 | 125.199997 | 121.680007 | 123.000000 | 115.781867 | 14163200 |
>
> 這是部分數據的示例，包括每日開盤價（Open）、最高價（High）、最低價（Low）、收盤價（Close）、調整後收盤價（Adj Close）和成交量（Volume）。如需進一步分析或其他操作，請隨時告訴我！

🎧 貼上資料後，請 ChatGPT 轉成表格

技巧九：輸入資料後輔助發想商業問題

⟨DEMO⟩ AI 輔助發想商業問題

◆ 使用效益

透過提問者提供的資料，讓 AI 開始展開發想，這樣可使 AI 根據上傳的範圍做思考，而比較不會跳到太遠的方向上。

◆ 範例提示（Prompt）

請告訴我這些資料可能有什麼商業數據分析問題？我現在要進行 成交量分析 ，給我詳細的分析方法與步驟。

◆ 輸入（Input）

- 成交量分析：延伸追問 ChatGPT 提供的分析建議執行細節。

◆ 範例結果

> **ChatGPT**
> 這些台積電股價資料可以用於許多商業數據分析問題，包括但不限於以下幾個方面：
>
> 1. 趨勢分析：
>   - 長期趨勢：分析股價的長期趨勢，以了解台積電股票的整體表現。
>   - 季節性趨勢：檢視不同季度或不同月份台積電股價的變化，是否存在季節性模式。
> 2. 波動性分析：
>   - 股價波動：評估台積電股價的波動性，以制定風險管理策略。
>   - 波動性趨勢：分析股價波動的趨勢，以預測未來的波動程度。
> 3. 相關性分析：
>   - 產業相關性：分析台積電股價與半導體行業指標或其他相關公司股價之間的相關性。
>   - 公司事件相關性：檢視台積電公告或公司事件對股價的影響程度。
> 4. 技術指標分析：
>   - 移動平均線：計算股價的移動平均線，以識別趨勢的轉折點。
>   - 相對強弱指標：評估台積電股價的相對強勢程度，以判斷買賣時機。
> 5. 事件驅動分析：
>   - 公司事件影響：分析台積電公告的重大事件或業績報告對股價的影響程度。
>   - 外部事件影響：檢視全球經濟、政治事件等對股價的影響。
> 6. 市場情緒分析：
>   - 新聞情感分析：分析新聞事件對市場情緒的影響，以了解市場的情緒走向。
> 7. 量化模型建立：
>   - 股價預測：建立時間序列模型或機器學習模型，預測未來台積電股價的走勢。
>
> 這些問題將幫助您深入了解台積電股票的表現，並能夠更好地指導您的投資決策和風險管理策略。

◎ 貼上資料後，請 ChatGPT 發想分析問題

> 進行成交量分析可以幫助你理解股票市場中的交易活動和市場參與者的情緒。以下是進行成交量分析的詳細方法和步驟:
>
> **成交量分析方法與步驟:**
>
> 1. 收集資料:確保你有完整的台積電股票成交量資料,通常包括日期和對應的每日成交量數據。
> 2. 計算平均成交量:計算每日或每週的平均成交量,以了解市場的整體交易活動水平。
> 3. 成交量趨勢分析:
>   - 使用折線圖或柱狀圖顯示每日成交量的變化趨勢。
>   - 比較成交量的變化與股價變動之間的關係,探索是否存在相關性。
> 4. 成交量與價格的關係:
>   - 研究成交量變動對股價波動的影響,例如成交量增加時股價是否有顯著變動。
>   - 使用散點圖或線性迴歸分析來檢測成交量和股價之間的相關性。

🎧 針對相關的分析方向,請 AI 進一步提供分析方法與步驟

🔴 技巧十:輔助發想量化分析指標

〈DEMO〉AI 輔助發想量化分析指標

◆ **使用效益**

針對上傳的資料集,直接在指令加入「指標」兩個字,就可幫助我們初步建構資料的量化分析方向,例如:提供股價波動性趨勢觀測的不同指標。

◆ **範例提示(Prompt)**

可否告訴我有哪些指標可以觀測 股價波動性趨勢?

◆ **輸入(Input)**

- **股價波動性趨勢**:可以替換為相關的指標主題。

◆ 範例結果

> **ChatGPT**
> 觀測股價波動性趨勢時，可以使用以下指標來幫助分析：
>
> 1. **標準差（Standard Deviation）**：標準差是衡量股價波動性的常用指標之一。通常情況下，標準差越大，股價波動性越高。
> 2. **平均真實範圍（Average True Range, ATR）**：ATR是另一種用於衡量股價波動性的指標，它考慮了股價的波動幅度和價格變動的幅度。
> 3. **波動率指標（Volatility Index）**：波動率指標是一個整體的指標，可以提供對股價波動性的整體視圖。例如，CBOE Volatility Index (VIX) 是衡量美國股市波動性的指標。
> 4. **動量指標（Momentum Oscillator）**：動量指標可以衡量股價變化的速度和幅度，從而提供對股價波動性的一些洞察。
> 5. **布林帶（Bollinger Bands）**：布林帶由三條線組成，包括一條中心線和上下兩條標準差線。布林帶的寬度可以提供股價波動性的信息，當布林帶擴大時，表示波動性增加。
> 6. **相對強弱指標（Relative Strength Index, RSI）**：RSI可以衡量股價的強度和速度，從而提供對波動性的一些信息。
>
> 以上指標中的任何一個或多個組合都可以用來觀測股價波動性的趨勢，這取決於您的分析目的和投資策略。

◎ 請 ChatGPT 幫忙發想量化分析指標

技巧十一：提供分析指標的計算與解讀方式

〈DEMO〉AI 輔助提供指標計算與解讀

◆ 使用效益

可以直接讓 ChatGPT 解釋特定指標的計算、應用或解讀方式。

◆ 範例提示（Prompt）

請問上面提到的 **相對強弱指標**，要如何計算與解讀呢？

◆ 輸入（Input）

- 相對強弱指標：可以更換為其他想了解的數據指標。

◆ 範例結果

> **ChatGPT**
> 相對強弱指標（Relative Strength Index, RSI）是一種用於衡量股價變化速度和幅度的技術指標，通常用於判斷股票的超買或超賣情況。以下是計算相對強弱指標的步驟以及如何解讀它：

```
計算相對強弱指標（RSI）：
1. 計算價格變化：首先，計算每日股價變化（即當日收盤價與前一日收盤價之差）。
2. 計算平均漲跌幅度：分別計算上漲日和下跌日的價格變化，然後分別計算它們的平均值，通常
   使用指數移動平均（EMA）來計算，設定一個固定的時間窗口（例如14天）。
3. 計算相對強弱指標：將平均漲幅除以平均跌幅，得到相對強弱指標的數值。公式為：RSI = 100 -
   (100 / (1 + RS))，其中RS為平均漲幅除以平均跌幅。
4. 繪製RSI曲線：將計算得到的RSI數值繪製成曲線圖。

解讀相對強弱指標（RSI）：
• RSI的數值範圍通常在0到100之間，一般認為RSI超過70表示股票處於超買狀態，RSI低於30表示
  股票處於超賣狀態。
• RSI超過70可能意味著股票價格已經上漲過快，可能會出現調整或反轉的可能性。
• RSI低於30可能意味著股票價格已經下跌過快，可能會出現反彈或反轉的可能性。
• 除了70和30之外，還可以根據具體情況調整超買和超賣的閾值。

總的來說，RSI可以幫助投資者判斷股票價格的超買和超賣情況，從而指導投資決策。然而，投資
者應該注意，RSI是一種技術指標，單獨使用時可能存在虛假信號，最好與其他指標和分析方法結
合使用。
```

🎧 請 ChatGPT 解釋指標計算與解讀方法

● 技巧十二：SMART 結構提問法

面對眾多的商業數據分析提問時，我們可以用 SMART 原則來拆解思考問題，此為知名的管理架構，可以幫助我們從不同面向發想問題，擴大思考的範圍，來針對數據議題找出更完整的報告論述。

〈DEMO〉AI 以 SMART 原則來拆解問題

◆ 使用效益

使用 SMART 框架，可以幫助提問者以結構化的方式思考數據分析策略，共有五個維度，分別為：Specific（明確的）、Measurable（可衡量的）、Achievable（可達成的）、Relevant（相關的）、Time-bound（時限）。我們可以直接讓 AI 用 SMART 原則幫忙建立數據分析目標。

◆ 範例提示（Prompt）

針對 台積電股價趨勢 的商業數據分析，請幫我用 SMART 原則提出一個數據分析問題，並用表格整理。

◆ 輸入（Input）
- 台積電股價趨勢：可以替換為其他想用 SMART 拆解的主題。

◆ 範例結果

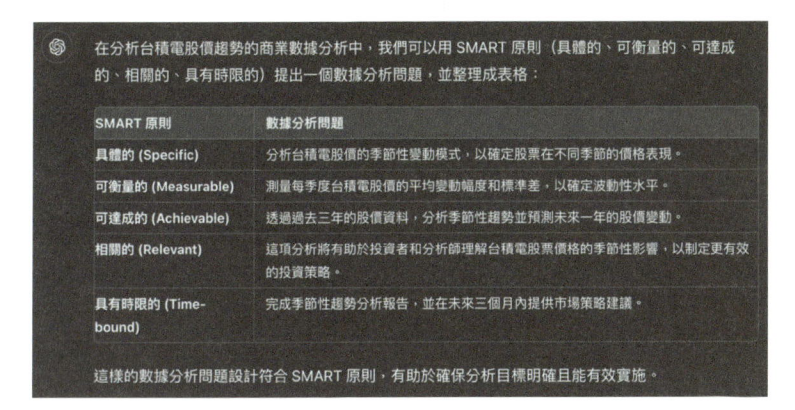

> 在分析台積電股價趨勢的商業數據分析中，我們可以用 SMART 原則（具體的、可衡量的、可達成的、相關的、具有時限的）提出一個數據分析問題，並整理成表格：
>
> | SMART 原則 | 數據分析問題 |
> |---|---|
> | 具體的 (Specific) | 分析台積電股價的季節性變動模式，以確定股票在不同季節的價格表現。 |
> | 可衡量的 (Measurable) | 測量每季度台積電股價的平均變動幅度和標準差，以確定波動性水平。 |
> | 可達成的 (Achievable) | 透過過去三年的股價資料，分析季節性趨勢並預測未來一年的股價變動。 |
> | 相關的 (Relevant) | 這項分析將有助於投資者和分析師理解台積電股票價格的季節性影響，以制定更有效的投資策略。 |
> | 具有時限的 (Time-bound) | 完成季節性趨勢分析報告，並在未來三個月內提供市場策略建議。 |
>
> 這樣的數據分析問題設計符合 SMART 原則，有助於確保分析目標明確且能有效實施。

🎧 請 ChatGPT 運用 SMART 結構提出分析問題

技巧十三：MECE 金字塔結構提問法

AI 以 MECE 結構來拆解問題

◆ 使用效益

金字塔結構是知名的管理框架，強調 MECE（Mutually Exclusive, Collectively Exhaustive）的精神，意思是「彼此獨立，互無遺漏」，目的是幫助人們思考複雜問題時能夠完整、更不遺漏重要細節。ChatGPT 能夠參考這樣的關鍵字，並且幫忙拆解分析的面向，有助於確保所有問題都是互相獨立且全面覆蓋相關領域，並避免重疊或遺漏，可更有利於建構更有效和全面的數據分析議題。

◆ 範例提示（Prompt）

幫忙用金字塔結構彙整，根據 台積電股價 的數據分析問題進行彙整，提出至少 至少 12 個數據分析商業問題 ，須符合 MECE（Mutually Exclusive Collectively Exhaustive）原則。

◆ 輸入（Input）
- 台積電股價：指定的資料分析主題。
- 至少 12 個數據分析商業問題：指定靈感發想數量。

◆ 範例結果

> **ChatGPT**
> 根據台積電股價的數據分析問題，以下是符合MECE原則的12個數據分析商業問題，使用金字塔結構呈現：
>
> **整體趨勢分析**
> - **長期趨勢**：台積電股價的長期走勢如何？是否呈現穩定上升或下降趨勢？
> - **短期波動**：短期內台積電股價是否出現顯著波動？是什麼因素導致了這些波動？
>
> **市場比較分析**
> - **行業比較**：與其他半導體公司相比，台積電的股價表現如何？是否具有競爭優勢？
> - **指數比較**：與主要股票指數（如台灣加權股價指數）相比，台積電的股價表現如何？
>
> **季節性分析**
> - **季節性效應**：台積電股價是否受到特定季度或月份的影響？是否存在季節性的股價波動？
> - **季節性趨勢**：過去幾年的同一季節，台積電股價是否呈現相似的走勢？
>
> **技術指標分析**
> - **移動平均線**：台積電股價是否遵循特定移動平均線的趨勢？移動平均線交叉是否對股價有影響？
> - **相對強弱指標**：台積電股價的相對強弱程度如何？是否存在超買或超賣信號？
>
> **風險管理分析**
> - **波動性風險**：台積電股價的波動幅度如何？如何評估投資風險？

↻ 請 ChatGPT 運用金字塔結構發想分析問題

技巧十四：Data & Metrics & Indicator 框架提問法

‹DEMO› AI 以 Data & Metrics & Indicator 框架來分析問題

◆ 使用效益

Data & Metrics & Indicator 框架提問法是指針對數據分析進行資料來源（Data）、欄位（Metrics）和指標（Indicator）的盤點，其中指標（Indicator）可能是由一個或多個欄位（Metrics）組合計算而成，幫助我們發想數據的來源、資料庫、欄位、分析指標等資訊。

◆ 範例提示（Prompt）

請根據 台積電股價 的數據分析問題，拆解出可能的 Data（資料來源）、Metrics（欄位）、Indicator（指標）。幫我用表格整理，且 Data、Metrics、Indicator 都至少提供五個。

◆ 輸入（Input）
- 台積電股價：指定的資料類型描述。

◆ 範例結果

根據台積電股價的數據分析問題，這裡根據 Data（資料來源），Metrics（欄位），Indicator（指標）拆解可能的分析內容，整理如下表：

數據分析問題	Data（資料來源）	Metrics（欄位）	Indicator（指標）
長期股價趨勢分析	股價歷史資料庫、財務報表	Date, Close, Volume	年度平均收盤價, 年度總交易量, 年度波動率
短期股價波動分析	股價即時交易資料、市場新聞	Date, Open, High, Low, Close, Volume	日均價格變動, 日均波動幅度, 交易量變化率
季節性效應分析	年度股價資料	Date, Close	季節性平均價格, 季節性波動性指數
成交量與股價變動關係	交易所即時資料、歷史成交量	Date, Close, Volume	成交量變化率, 成交量與價格相關性
移動平均線（MA）分析	股價即時交易資料	Date, Close	20日移動平均, 50日移動平均, 黃金交叉/死亡交叉
相對強弱指標（RSI）分析	股價即時交易資料	Date, Close	RSI指數, 超買/超賣訊號
財報公佈對股價的影響	公司財報公佈日程表、股價即時交易資料	Date, Close	財報公佈日前後股價變化率, 市場反應程度
波動率分析	股價即時交易資料	Date, High, Low	日波動率, 週波動率, 月波動率
同行業競爭對手股價比較	同行業公司股票市場資料	Date, Close	股價比較分析, 相對強勢指標
交易活動與股票價格的時間相關性	交易所交易資料、技術指標分析工具	Date, Open, High, Low, Close, Volume	日內交易活動分析, 時間序列模式
週期性分析	股價歷史資料、市場研究報告	Date, Close	週期性高峰, 週期性低谷, 週期性變動模式
市場新聞事件分析	媒體報導、市場新聞資料庫	Date, News Impact, Close	事件相關股價波動, 新聞影響分析

請 ChatGPT 運用 Data & Metrics & Indicator 框架發想分析問題

Unit 04 AI 輔助生成統計數據與分析報告

單元導覽

本單元延續前一單元的 TSM 股價資料初步分析，將繼續帶領讀者透過生成式 AI 展開更多自動化數據分析情境，本單元會著重在「統計計算」及「產生分析報告」兩項目標。

單元提要

項目	說明
AI 輔助統計指標計算	在過去，統計分析對許多人來說，有比較高的進入門檻，尤其如果需要操作 Excel 函式、甚至是透過程式碼來計算的話，確實會有較高的學習門檻。透過與 AI 問答或是讓 AI 直接輔助計算，可以有效降低相關統計探索難度，這裡會提供一些相關提問語法（AI 會全自動進行統計計算，但建議仍需進行檢查，避免被錯誤引導）。
AI 輔助撰寫數據分析報告	生成式 AI 對於產生文章擁有不錯的能力，這裡將會引導讀者，透過生成式 AI 輔助生成數據分析報告，同時也包括資料視覺化圖表，以及分析的文字論述等，讓我們加速報告撰寫的生產力。

實作資料

本單元延伸使用單元三的「台積電歷史股價資料」進行實作練習。

AI 輔助統計指標計算

在數據任務中，統計指標的理解、計算、說明都是重要的分析能力，然而統計對許多人來說是學習數據分析的難點，透過 AI 的輔助可有機會降低其操作的門檻，幫助操作者對於統計指標擁有更好的掌握度。這裡將介紹如何透過 AI 對答，探索資料集當中的相關統計指標。

技巧一：上傳資料並同時設定分析人格

‹DEMO› 上傳資料並設定分析人格

◆ **使用效益**

在建立統計相關提問前，先將原始資料上傳 ChatGPT，並建議可同時建立其 AI 的分析人格設定，讓 AI 在處理資料時，用更相關的背景知識進行後續任務（指令中使用了「繁體中文」，主要希望後續產出分析報告的時候，可以儘量使用繁體中文進行撰寫）。

◆ **範例提示（Prompt）**

請扮演我的 Tableau Desktop 資料分析顧問，並請用 **繁體中文** 回答。這是一份 **台積電歷史股價資料** 的 CSV 檔案。你是一個 **數據分析高手，精通統計學**，不管交給你什麼原始資料，你都可以快速掌握資料核心重點。以下回應全部都用 **繁體中文** 回覆我。

◆ **輸入（Input）**

- 台積電歷史股價資料：簡述上傳的資料名稱，可以讓 AI 更明確知道資料要搭配哪方面的背景人格。
- 數據分析高手，精通統計學：指定 AI 人格與設定專業知識背景。
- 繁體中文：指定 AI 回答的語言。

實作步驟

01. 選擇要上傳的檔案。

🎧 點擊對話輸入欄位左方的「附加檔案」圖示，操作的介面長相可能會有差異，不過後期的 ChatGPT 大多有這項功能

🎧 在「附加檔案」功能列中選擇資料上傳的方式

> **TIPS!** 現在，許多的生成式 AI 都有支援檔案上傳功能（不同服務支援的程度可能存在差異），而 ChatGPT 也有開放免費帳號可限量上傳檔案，但如果是使用 ChatGPT 的免費帳號，在上傳資料時可能會遇到額度限制，讀者要多加留意。

02. 送出指令。

上傳資料後，可以送出本技巧的指令，通常會收到 ChatGPT 的相關處理回覆，可在此步驟確認檔案與指令都有確實送出。

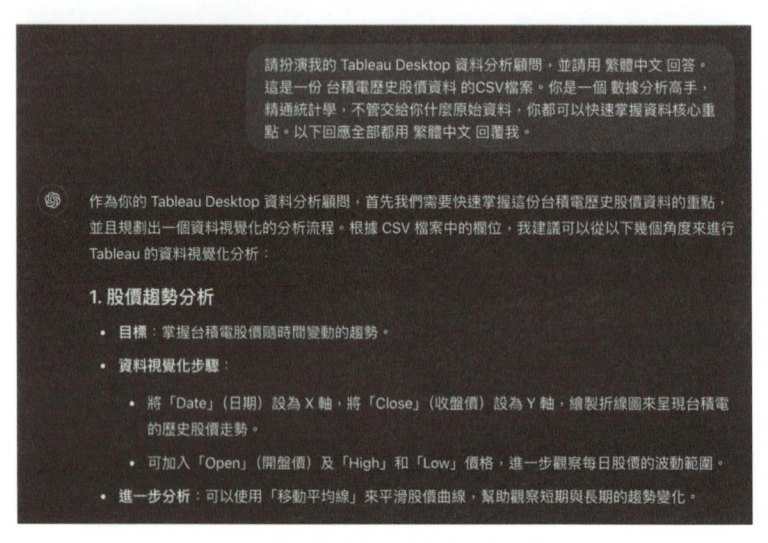

> 請扮演我的 Tableau Desktop 資料分析顧問，並請用 繁體中文 回答。
> 這是一份 台積電歷史股價資料 的CSV檔案。你是一個 數據分析高手，精通統計學，不管交給你什麼原始資料，你都可以快速掌握資料核心重點。以下回應全部都用 繁體中文 回覆我。

作為你的 Tableau Desktop 資料分析顧問，首先我們需要快速掌握這份台積電歷史股價資料的重點，並且規劃出一個資料視覺化的分析流程。根據 CSV 檔案中的欄位，我建議可以從以下幾個角度來進行 Tableau 的資料視覺化分析：

1. 股價趨勢分析
- 目標：掌握台積電股價隨時間變動的趨勢。
- 資料視覺化步驟
  - 將「Date」（日期）設為 X 軸，將「Close」（收盤價）設為 Y 軸，繪製折線圖來呈現台積電的歷史股價走勢。
  - 可加入「Open」（開盤價）及「High」和「Low」價格，進一步觀察每日股價的波動範圍。
- 進一步分析：可以使用「移動平均線」來平滑股價曲線，幫助觀察短期與長期的趨勢變化。

🎧 資料上傳完成，並同時送出指令

⬤ 技巧二：提供數據的統計特徵

< DEMO > AI 輔助進行統計數據計算

◆ **使用效益**

資料上傳至 ChatGPT 後，可讓 AI 輔助針對上傳資料進行統計數據計算，並用表格更結構化彙整結果。

◆ **範例提示（Prompt）**

我需要快速瞭解這份資料的基礎統計數據，用 表格 整理給我。

◆ 輸入（Input）
- 表格：整理資料的方式。

◆ 範例結果

指標	開盤價 (Open)	最高價 (High)	最低價 (Low)	收盤價 (Close)	調整後收盤價 (Adj Close)	成交量 (Volume)
數據筆數	835	835	835	835	835	835
平均值	103.78	104.98	102.46	103.68	100.35	11,508,740
標準差	18.89	19.11	18.47	18.73	17.81	6,083,064
最小值	59.96	60.89	59.43	60.28	58.56	3,888,200
25分位數	88.90	90.04	88.15	89.22	86.89	7,861,700
中位數	101.52	103.04	100.50	101.67	100.23	10,196,400
75分位數	118.47	119.55	117.06	118.33	112.52	13,277,650
最大值	153.90	158.40	145.26	149.20	148.60	60,793,200

這些數據涵蓋了從2021年到2024年4月23日的台積電股價表現。是否還需要進一步的分析或特定的統計指標？

🎧 透過 AI 可協助快速整理、理解資料的基本統計數據

> **TIPS!** 雖然透過 AI 全自動計算統計數值很方便，但仍然可能出現錯誤的計算結果，建議自己仍需具備一定程度的統計正確性判斷能力為佳。

技巧三：AI自動提供統計計算公式與結果

‹DEMO› AI 輔助提供統計計算公式與結果

◆ 使用效益

直接提問指定的統計指標關鍵字，請 AI 提供計算公式，並嘗試讓 AI 直接將結果計算出來。

◆ 範例提示（Prompt）

計算 成交量變化率 給我，並附上計算方式。

◆ 輸入（Input）
- 成交量變化率：可替換為其他想要進一步瞭解的統計指標。

◆ 範例結果

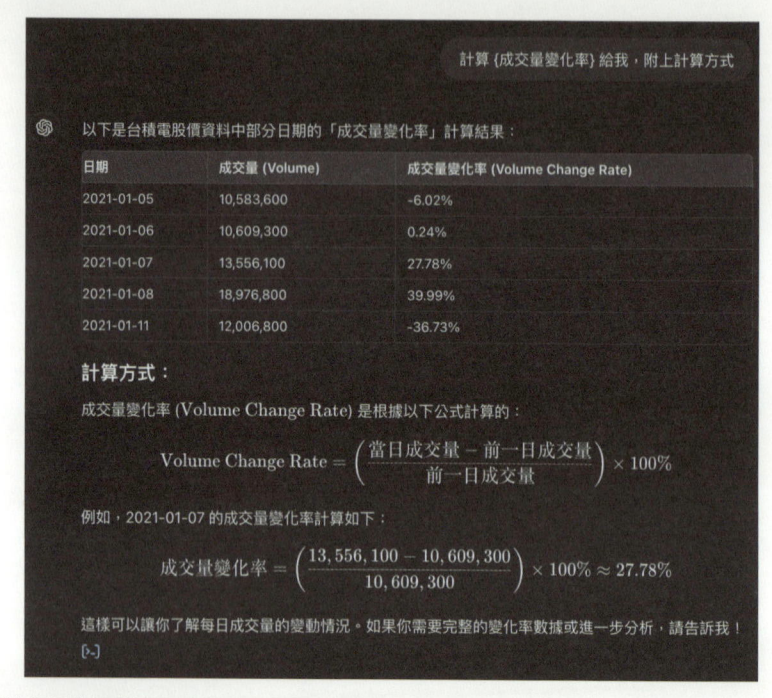

> 計算 {成交量變化率} 給我，附上計算方式

以下是台積電股價資料中部分日期的「成交量變化率」計算結果：

日期	成交量 (Volume)	成交量變化率 (Volume Change Rate)
2021-01-05	10,583,600	-6.02%
2021-01-06	10,609,300	0.24%
2021-01-07	13,556,100	27.78%
2021-01-08	18,976,800	39.99%
2021-01-11	12,006,800	-36.73%

計算方式：

成交量變化率 (Volume Change Rate) 是根據以下公式計算的：

$$\text{Volume Change Rate} = \left(\frac{\text{當日成交量} - \text{前一日成交量}}{\text{前一日成交量}} \right) \times 100\%$$

例如，2021-01-07 的成交量變化率計算如下：

$$\text{成交量變化率} = \left(\frac{13,556,100 - 10,609,300}{10,609,300} \right) \times 100\% \approx 27.78\%$$

這樣可以讓你了解每日成交量的變動情況。如果你需要完整的變化率數據或進一步分析，請告訴我！

◐ AI 提供分析指標數據與計算方式（建議參考用，而非完全信任結果），大多時候 ChatGPT 會自動生成 Python 程式碼並執行分析，所以若具備程式碼閱覽能力者，也可雙重檢查其生成的語法是否正確

◯ 技巧四：嘗試進行統計指標追問與解釋

‹DEMO› AI 輔助分析與解釋原因

◆ 使用效益

可以讓 AI 嘗試解釋特定統計指標提升或下降的可能原因，並協助進一步分析，作為分析上的參考。

◆ 範例提示（Prompt）

一月十一日的成交量變化驟減，解讀五個可能原因給我。

◆ 輸入（Input）

- 一月十一日的成交量變化驟減：可更換為想要理解的指標變化、現象，也可加入時間或是其他的資料區段描述，此技巧的目的在於「用極短的時間來讓 AI 擴大我們思考的視野」。

◆ 範例結果

> 2021年1月11日，台積電的成交量相比前一天驟減了36.73%。這樣的變化可能由多種因素造成，以下是五個可能的原因解讀：
>
> 1. **市場情緒變化：**
>   - 在1月8日出現了成交量的急劇上升後，投資者可能認為股價已達到短期高點，選擇獲利了結或觀望，導致1月11日成交量驟減。市場情緒的轉變會直接影響交易活躍度。
>
> 2. **重大事件的影響消退：**
>   - 1月8日的高成交量可能是由於某個重大新聞或事件的影響，如新產品發佈、企業財報、政府政策等。然而，當這些事件的影響消退後，市場回歸正常，成交量隨之下降。
>
> 3. **投資者的避險行為：**
>   - 投資者可能對市場的不確定性感到擔憂，例如政治、經濟或地緣政治風險增加。為了避險，他們可能選擇減少交易活動，尤其是在一個交易週開始的時候，這會導致成交量驟減。
>
> 4. **技術性調整：**
>   - 股價在前幾天大幅上漲後，可能出現了技術性回調。這種調整會導致交易量的減少，因為投資者等待股價穩定後再進行新的買賣決策。
>
> 5. **市場週期性因素：**
>   - 某些時間段內，市場通常會有較低的交易量，特別是在假期後或重要事件過後。1月11日可能處於這樣的一個週期性低谷，因此導致了成交量的驟減。
>
> 這些因素可能共同作用，導致了當日成交量的明顯下滑。如果有更詳細的市場背景信息，這些原因可以進一步細化和驗證。

🎧 指定特定統計指標的變化進行解讀，雖然並非全部都正確，但依然有機會快速拓展分析者的思考範圍

AI 輔助撰寫數據分析報告

延續前面的練習，既然都可取得統計指標了，是否可透過生成式 AI 來全自動撰寫分析報告呢？答案是可以的，而且寫得還不錯，這裡將介紹如何透過 AI 的輔助來全自動生成資料分析報告，並在其中引導生成報告中的資料視覺化圖表，產出報告的架構與故事。

技巧五：AI 引導產生分析方法說明

AI 輔助提供資料分析方法建議

◆ **使用效益**

根據提供的資料分析方法建議，並用簡單的語言快速解釋優缺點與適用場景，此階段尚未生成報告，而是先透過 AI 給予的分析方向來篩選，針對期待的主題才去生成報告。

◆ **範例提示（Prompt）**

一月十一日的成交量變化驟減，解讀五個可能原因給我。針對這份 **TSM 歷史股價資料**，請建議我五種簡單的股價分析與視覺化方向，並跟我白話解釋這些方法優缺點及特色，用表格整理。

◆ **輸入（Input）**

- TSM 歷史股價資料：描述資料的名稱與輪廓。

◆ **範例結果**

> 針對這份 {TSM 歷史股價資料}，請建議我五種簡單的股價分析與視覺化方向，並跟我白話解釋這些方法優缺點以及特色，用表格整理。

以下是五種針對台積電歷史股價資料的簡單分析與視覺化方向，並附上優缺點與特色的白話解釋：

分析方法	視覺化方向	優點	缺點	特色
1. 股價趨勢分析	折線圖 (Line Chart)	清楚顯示股價隨時間的變化，適合長期趨勢分析。	無法顯示細節如成交量或短期波動，難以識別短期變化。	直觀地展現股價走勢，適合追蹤總體趨勢。
2. 移動平均線 (MA) 分析	繪製移動平均線圖 (Moving Average Chart)	平滑波動，揭示長期趨勢，有助於辨識買賣時機。	需要選擇合適的時間窗，對短期波動不敏感。	可以將短期波動過濾，突顯長期趨勢，適合技術分析。
3. 成交量與股價比較	股價與成交量的雙軸圖 (Dual-Axis Chart)	同時展示股價與成交量，能夠分析價格與市場活躍度的關聯。	雙軸圖可能讓圖表變得複雜，不易直觀理解。	對於理解市場動能與股價變化關係非常有用。
4. 最高價與最低價範圍分析	繪製箱型圖 (Box Plot)	顯示股價分布範圍及波動區間，直觀地展示極值與異常值。	只能提供範圍，不適合展示隨時間的變化。	強調股價的分布範圍和異常點，適合識別極端波動。
5. 每月平均股價變化分析	長條圖 (Bar Chart)	可以顯示不同月份的股價變動，易於比較不同月份的表現。	只適合展示月份或季度，對於短期變動無法深入分析。	適合展示季度或月份的總體變化，簡單易懂，適合比較不同時段。

白話解釋：

1. **股價趨勢分析**使用折線圖能簡單直觀地追蹤股價隨著時間的變化。它的優點是很容易看到股價的長期趨勢，缺點則是對於短期的波動和成交量變化無法深入展現。
2. **移動平均線分析**能平滑波動，讓你看出更穩定的長期趨勢，但需要選擇合適的時間窗（如10天或50天的平均）。優點是讓波動更平滑，但缺點是對短期變化不敏感。
3. **成交量與股價比較**使用雙軸圖可以同時觀察股價變動和成交量的變化，幫助你了解交易活躍度和價格變動的關聯。缺點是圖表可能會變得複雜，讓人不易理解。

> 4. **最高價與最低價範圍分析** 用箱型圖來顯示股價的上下波動範圍，特別適合展示股價的極端值和異常波動，但缺點是它無法顯示隨時間變化的細節。
> 5. **每月平均股價變化分析** 用長條圖來比較不同月份的股價表現，特別適合了解季度或月份的變動，但對於短期的波動無法做深入分析。
>
> 這些方法各有特色，能根據你的需求選擇合適的分析方式。你對哪一種分析感興趣？

🎧 AI 建議的資料視覺化方向與圖表特色說明

技巧六：AI 提供相關的分析步驟資訊

< DEMO > AI 逐步提供分析步驟

◆ **使用效益**

根據提供的資料分析方法建議，並用簡單的語言快速解釋優缺點與適用場景。透過「先一步一步思考」的語法，引導 AI 逐步思考，來提升後續生成數據分析報告時的品質。

◆ **範例提示（Prompt）**

請幫我進行 移動平均線 MA 的 TSM 歷史股價分析 ，先一步一步思考與規劃分析步驟，並將分析結果用圖表呈現。

◆ **輸入（Input）**

- 移動平均線 MA：希望進行的分析方法，讀者可自由替換為喜歡的方向。
- TSM 歷史股價分析：希望推導的分析目標。

◆ **範例結果**

> 要進行「移動平均 (MA)」的 TSM 歷史股價分析，我們可以按照以下步驟來進行。這個過程將一步一步地展示如何規劃分析，並最終用表格和圖表來呈現結果。
>
> **分析步驟規劃**
>
> 1. **資料清理與前處理**：
>   - 檢查日期格式，將其轉換為適當的日期時間格式。
>   - 檢查是否有缺失值或異常值，並進行適當的處理。
> 2. **選擇分析指標**：
>   - 選擇 `Close`（收盤價）作為計算移動平均線的基礎指標。
> 3. **選擇移動平均線週期**：
>   - 一般來說，我們會計算短期（如 10 日）、中期（如 50 日）和長期（如 200 日）的移動平均線，以分別觀察短期、中期和長期趨勢。

> 4. 計算移動平均線：
>   - 計算不同周期的移動平均線（如 10 日、50 日、200 日）。
> 5. 視覺化移動平均線：
>   - 繪製股價與不同周期的移動平均線，觀察趨勢。
> 6. 結果分析與解讀：
>   - 解釋移動平均線的交叉點、發散與收斂情況，並分析其對未來價格走勢的可能影響。

🎧 AI 提供的分析步驟結果畫面，可拓展分析者的想法，並提早確認生成報告的內容輪廓

在與 AI 的對話過程中，如果是比較複雜的回覆（例如：撰寫特定的分析結果文章），建議可加入「Step By Step」或是「先一步一步思考」等引導文字，能夠更了解 AI 的思考順序，有效提供操作者更多的分析脈絡，也能提升分析出結果的機率。

如果順利的話，AI 也會自動在後續回覆中產生數據分析的圖表，然而繪製圖表的過程較容易遇到問題，因為 ChatGPT 運作的邏輯主要是透過 Python 產生程式碼，並直接在對話的介面顯示結果，過程中可能會出現錯誤的程式碼，導致無法順利繪圖，此時可以再次送出指令即可。

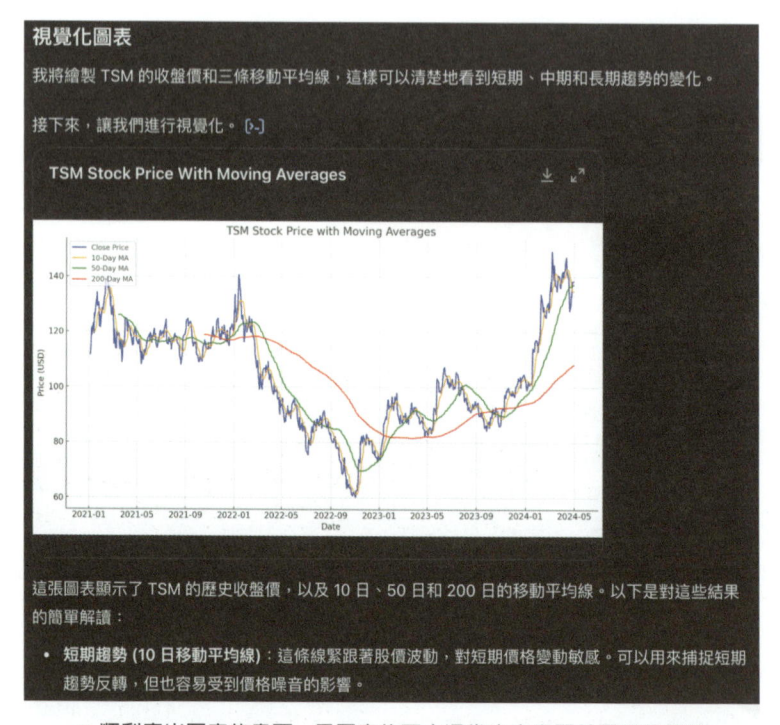

> 視覺化圖表
> 我將繪製 TSM 的收盤價和三條移動平均線，這樣可以清楚地看到短期、中期和長期趨勢的變化。
>
> 接下來，讓我們進行視覺化。[>_]
>
> TSM Stock Price With Moving Averages
>
> 這張圖表顯示了 TSM 的歷史收盤價，以及 10 日、50 日和 200 日的移動平均線。以下是對這些結果的簡單解讀：
>
> - **短期趨勢 (10 日移動平均線)**：這條線緊跟著股價波動，對短期價格變動敏感。可以用來捕捉短期趨勢反轉，但也容易受到價格噪音的影響。

🎧 順利產出圖表的畫面，且圖表的下方通常也會有關於圖表的解釋

技巧七：調整生成圖表風格

AI 輔助調整圖表風格

◆ 使用效益

讓 ChatGPT 依據期望風格描述來調整生成的圖表風格。

◆ 範例提示（Prompt）

幫我將 移動平均分析 結果的圖表配色風格改成 深色底色的專業風格 。

◆ 輸入（Input）

- 移動平均分析：想要進行的分析方法。
- 深色底色的專業風格：圖表風格描述。

◆ 範例結果

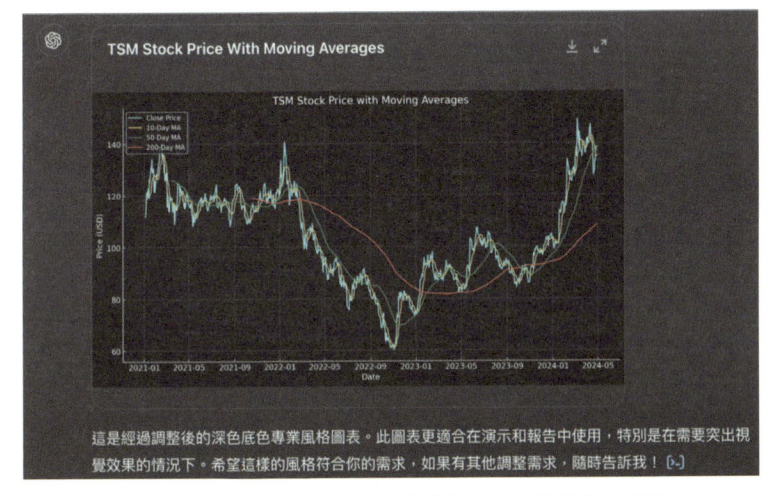

順利按照指令的描述，將原本的圖表改成是深色的風格

> **TIPS!** AI 在設計風格上也擁有一定程度的理解能力，可使用一些色彩或是設計風格的形容詞送出看看，有時會得到許多意外有趣的結果。

04　AI 輔助生成統計數據與分析報告　　067

技巧八：產生數據分析報告架構與草稿

＜DEMO＞ AI 輔助生成數據分析報告大綱

◆ 使用效益

根據分析的結果提供分析報告草稿，提供快速的文章脈絡與摘要。

◆ 範例提示（Prompt）

針對以上的分析結果，請幫我 **用專業投資分析師語氣** 撰寫 200 字摘要後，接著生成數據分析報告大綱。

◆ 輸入（Input）

- 用專業投資分析師語氣：指定資料相關領域的語句。

◆ 範例結果

> 針對以上的分析結果，請幫我用 {用專業投資分析師語氣} 撰寫200 字摘要後，接著生成數據分析報告大綱。

專業投資分析師語氣的摘要：

根據台積電近期歷史股價的移動平均線分析，我們觀察到 5 日與 50 日移動平均線的多次交叉點，這表明短期內可能出現買入或賣出機會。在近期的波動中，5 日移動平均線顯示出一定的短期上升趨勢，並且黃金交叉的出現提供了買入信號。然而，需注意的是，市場的不確定性依然存在，未來可能有波動風險。建議投資者根據長期與短期移動平均線的變化，謹慎選擇進場時機，並且密切關注成交量與外部宏觀經濟指標的影響。

🎧 用指定專業語氣提供分析摘要，若不喜歡可以重新生成

數據分析報告大綱：

1. 前言
   - 分析背景與目的
   - 台積電股價概述
2. 資料準備
   - 資料來源與篩選
   - 清理與處理缺失值
3. 移動平均線計算
   - 短期與長期移動平均線的選擇
   - 計算方法與公式

```
4. 移動平均線視覺化
   • 股價與移動平均線圖表
   • 黃金交叉與死亡交叉解釋
5. 趨勢分析與預測
   • 移動平均線交叉點的分析
   • 近期股價趨勢預測
6. 風險與機會
   • 成交量與外部市場因素
   • 短期波動風險與長期投資機會
7. 結論與建議
   • 綜合分析結果
   • 操作建議與風險管理策略
```

自動建立的分析報告大綱草稿

技巧九：產生數據分析報告

‹DEMO› AI 輔助生成數據分析報告

◆ 使用效益

直接生成指定字數的數據分析報告，並將報告生成檔案，可直接點選下載。我們可以注意到語法下方的部分內容有被三個引號「"""」包夾著，此語法的目的在於明確告訴 AI 要參照的文字範圍在哪裡。

◆ 範例提示（Prompt）

根據你提供的摘要大綱以及本資料的數據分析結果，用以下分析方式寫 1000 字的**繁體中文分析報告** 給我：

"""

移動平均線分析

- 短期趨勢（10 日 MA）分析

- 中期趨勢（50 日 MA）分析

- 長期趨勢（200 日 MA）分析

趨勢交叉點解讀
- 短期與中期交叉
- 短期與長期交叉
- 這些交叉的市場信號解讀
"""

將報告產出 Word 檔案 給我。

◆ 輸入（Input）
- 1,000 字的**繁體**中文分析報告：指定產出的報告字數與語言。
- Word 檔案：產出的檔案類型。

◆ 範例結果

> 根據你提供的摘要大綱，還有本資料的數據分析結果，用以下分析方式寫 1000 字的繁體中文分析報告給我：
> """
> 移動平均線分析
> - 短期趨勢（10 日 MA）分析
> - 中期趨勢（50 日 MA）分析
> - 長期趨勢（200 日 MA）分析
>
> 趨勢交叉點解讀
> - 短期與中期交叉
> - 短期與長期交叉
> - 這些交叉的市場信號解讀
> """

台積電股價移動平均線分析報告

移動平均線分析

移動平均線（MA）是技術分析中的一項重要工具，透過平滑股價的波動，幫助投資者更清晰地觀察趨勢。在本報告中，我們將針對台積電的短期（10 日）、中期（50 日）和長期（200 日）移動平均線進行深入分析，並討論趨勢交叉點所釋放的市場信號。

短期趨勢（10 日 MA）分析

短期移動平均線（10 日 MA）常用於捕捉股價的即時變化，特別是短期交易者會參考這條線來決定買入或賣出時機。在分析台積電的股價資料時，我們發現 10 日 MA 能夠快速反映股價的波動。例如，當台積電的股價在某一段期間內快速上升時，10 日 MA 會相應向上移動，這是短期買入的信號。然而，由於短期 MA 易受到市場噪音的干擾，其反應速度雖然快，但也可能產生較多的虛假信號。

在 10 日 MA 的分析中，我們觀察到台積電的股價在特定時段內呈現出明顯的波動，而短期 MA 線則多次上穿和下穿股價，表現出市場情緒的快速變化。對於短期投資者來說，這樣的波動可以提供靈活的進場和出場機會，但同時也伴隨著較高的風險。因此，投資者在依賴 10 日 MA 做出投資決策時，應結合其他技術指標，如 RSI（相對強弱指標）或 MACD（移動平均線指數平滑異同指標）來確認信號的準確性。

◐ **AI 全自動輸出而成的報告內容**

我們可以任由 AI 自動生成報告結果，但在此技巧中可以看到本書直接引導 AI 書寫指定的文章段落，例如：移動平均線分析、短期趨勢、中期趨勢、長期趨勢、趨勢交叉點解讀等。直接放上關鍵字的好處，是能夠結合分析者的思路，引導 AI 結合上傳的數據，完成指定的文章段落，但是指定較多字數時，容易遇到生成到一半中斷卡住的問題，這時可以將文字拆分為多段進行提問書寫。

此外，因為在指令中有引導 AI 提供下載連結，指令為「將報告產出 Word 檔案給我」，這樣 AI 也真的會將回覆的文字轉換為 Word 檔案格式來供提問者下載。

↑ 將分析報告直接產出 Word 檔案來直接下載

↑ AI 產出的 Word 檔案內容帶有格式與排版

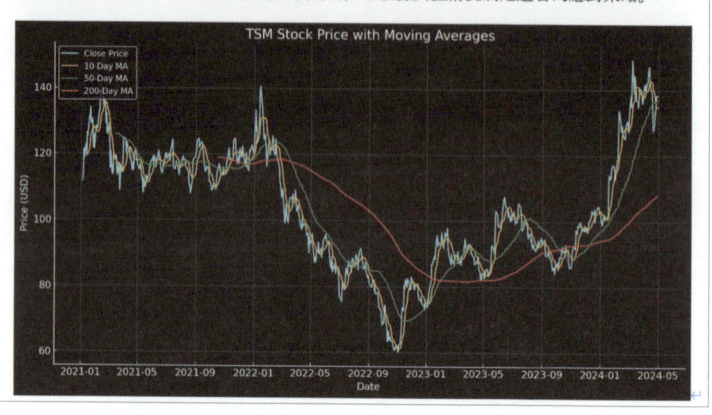

⌒ AI 產出的 Word 檔案內容帶有格式與排版（續）

> **TIPS!** 若生成失敗，可再次送出指令，並明確指定需要報告與圖表，確保 AI 重新生成的內容中包含報告與圖表。

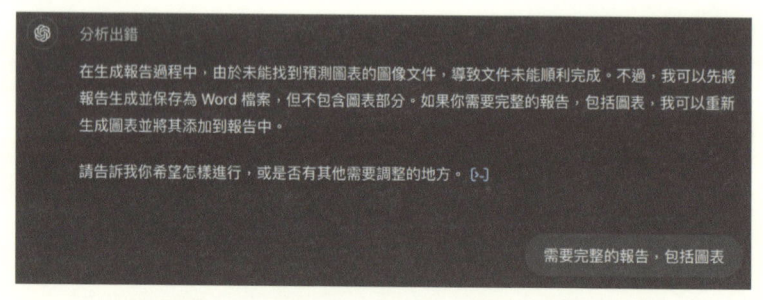

⌒ 生成失敗時，可明確指定生成報告與圖表，並再次送出指令

PART

02

Excel×AI 數據分析

※圖片來源：https://unsplash.com/photos/macbook-pro-on-black-wooden-table-PNbDkQ2DDgM

本篇主要以 Excel 與 AI 的混合應用場景探討為主，共分為四個單元如下：

◑ 本篇提要

單元	單元名稱	說明
單元五	入門應用：AI 輔助進行 Excel 資料格式整理	針對數據常見的資料雜亂場景進行嘗試，例如：字串的切割、取代等，過往大多需要透過軟體來處理，但 AI 已經可以輔助進行部分的快速整理流程。
單元六	入門應用：AI 輔助 Excel 入門操作與函式撰寫	根據 Excel 的常見分析情境，例如：軟體操作、函式撰寫、樞紐分析等，提出 AI 可以協助的技巧。
單元七	進階應用：AI 輔助建立 Excel VBA 自動化分析	針對部分進階場景進行案例練習，可透過 ChatGPT 幫助撰寫 VBA，並自動執行分析任務。
單元八	進階應用：AI 輔助建立 Google Sheets 自動化分析	針對類似於 Excel 的雲端分析工具—Google Sheets 進行練習，透過 AI 的輔助撰寫 Google Sheets 專屬的 Apps Script 分析語法。

AI + Excel 是絕佳組合，生成函數超級好用。此外，許多人對於 VBA 與 Apps Script 都有一定的抗拒感，認為自己並非程式好手，然而透過 AI 的幫助，可以降低使用這些技巧的難度，希望能透過本書的教學，引導讀者順利完成對應的技能學習。

Unit 05　入門應用：AI 輔助進行 Excel 資料格式整理

單元導覽

　　本單元將引導讀者練習使用生成式 AI 工具。內容示範如何透過自然語言語法，請 ChatGPT 輔助進行 Excel 檔案的資料整理任務，並區分為二類型的函式語法：「字串處理類型」、「資料呈現與排列」，引導讀者操作對應的資料清洗練習。讀者可將範例提示（Prompt）內容貼上對話，並複製部分練習資料後，貼入 AI 環境進行練習。

單元提要

項目	說明
字串處理類型的 AI 修改語法	引導練習透過 AI 工具進行字串處理，包含切割（Split）、上傳檔案切割（Upload & Split）、修剪（Trim）、補值（Append）、取代（Replace）、萃取（Extract）等字串清理情境。
資料呈現與排列類型的 AI 修改語法	引導透過 AI 工具執行：移除重複列（Remove）、格式轉換（Format）、合併（Merge）、排序（Sort）、篩選（Filter）及轉置（Transposing/pivoting）等資料呈現方式修改情境。

實作資料

　　讀者可於「CH5｜案例：AI 輔助進行 Excel 資料整理」資料夾中，取得本單元的練習資料：「AI 輔助 Excel 資料整理練習_題目」。此資料原始來源為警政署所提供的「歷史交通事故資料」開放資料集（URL https://data.gov.tw/dataset/12197），筆者摘錄該資料集內容，並整理為適合進行資料清洗練習用途之資料。

字串處理類型的 AI 修改語法

以下技巧將分享如何利用生成式 AI 工具對 Excel 格式資料進行字串處理。過往我們通常依賴軟體進行字串的處理，但透過 AI 可以快速清理出更符合需求的資料格式。

◯ 技巧一：切割（Split）

< DEMO >　切割技巧

◆ **使用效益**

「切割」技巧是指將資料依據指定規則分割成多個部分。此範例提示可以幫助提問者清洗包含死亡人數和受傷人數的「文字」與「數值」資料，將它們從原始格式中切割出來，並整理成表格，使得資料更易於分析和理解。

◆ **範例提示（Prompt）**

以下資料幫我將 死亡人數 與 受傷人數 切割成 兩欄，並整理成表格。

◆ **輸入（Input）**

- 死亡人數、受傷人數：請 AI 鎖定的欄位。
- 兩欄：強化 AI 認知，明確指定切割兩欄位。

◆ **練習資料**

- AI 輔助 Excel 資料整理練習.xlsx 的「切割（Split）」工作表。

實作步驟

01. 開啟本單元練習檔案中的「切割（Split）」工作表。

◐ 開啟練習工作表

02. 請框選並複製「切割（Split）」工作表中的「**A3 至 D10**」儲存格範圍。

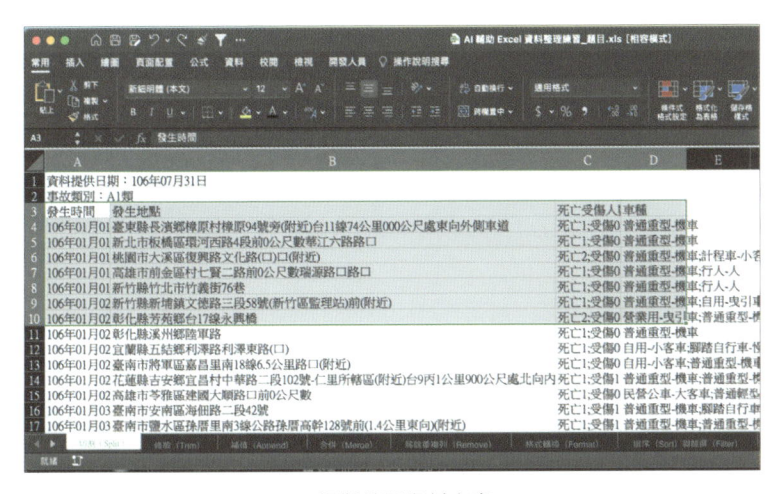

◐ 複製練習資料內容

03. 將複製的內容貼入到 ChatGPT 的對話框，輸入指令後送出，得到 ChatGPT 協助資料整理後的結果。

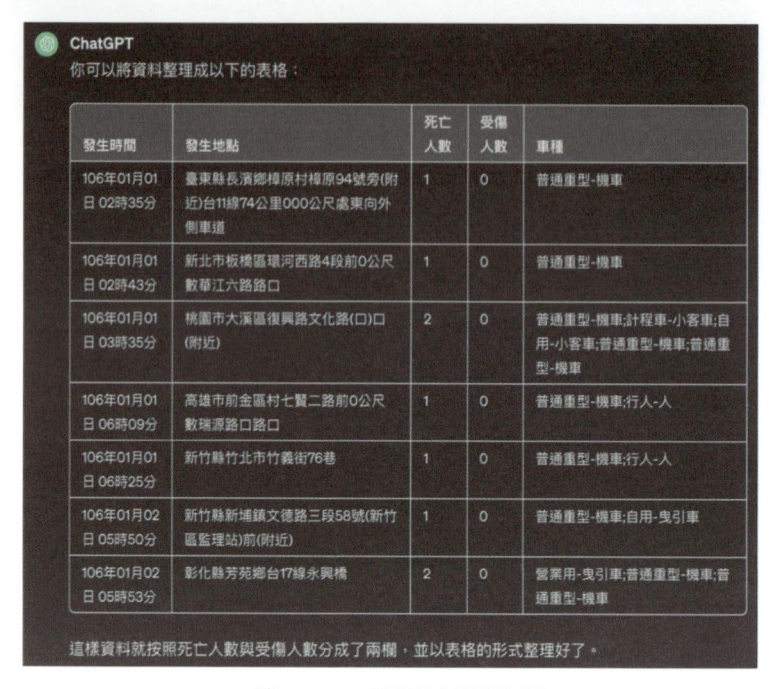

● 請 ChatGPT 協助進行資料切割

04. 可將資料處理結果貼回到 Excel，取代原本的資料內容來完成練習。

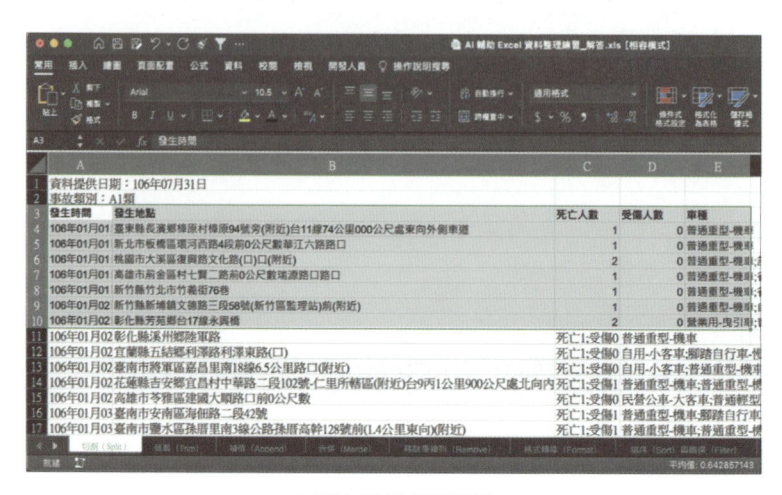

● 貼上資料處理結果

技巧二：上傳檔案切割（Upload & Split）

‹DEMO› 上傳檔案切割技巧

◆ **使用效益**

「切割」技巧是指將資料依據指定規則分割成多個部分，搭配此範例提示可以幫助提問者進行資料切割。此語法需要搭配特定可支援上傳功能的 AI（例如：ChatGPT4.0）。

◆ **範例提示（Prompt）**

幫我將此份檔案中的 死亡人數 與 受傷人數 切割成 兩欄，並將處理結果匯出為 Excel 檔案。

◆ **輸入（Input）**

- 死亡人數：指定 AI 處理的欄位。
- 受傷人數：指定 AI 處理的欄位。
- 兩欄：明確告知 AI 切割為兩欄。
- Excel：指定格式用，也可更換為 pdf 等格式。

◆ **練習資料**

- AI 輔助 Excel 資料整理練習 _ 題目 _ 切割（上傳）.csv。

實作步驟

01. 將 CSV 檔案上傳至 ChatGPT 對話框，輸入指令後送出。

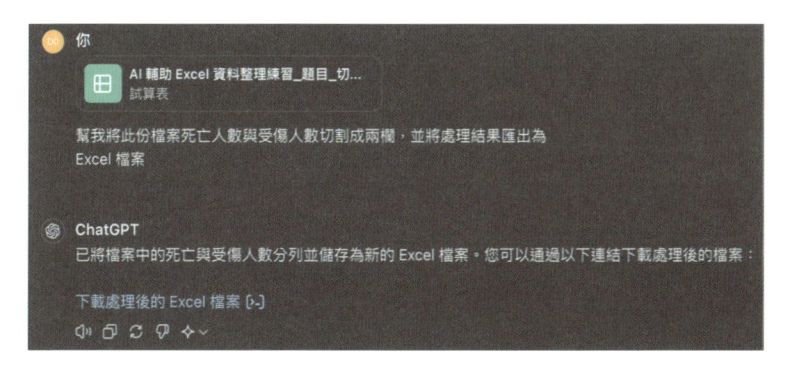

🎧 請 ChatGPT 協助進行資料切割

02. 下載 ChatGPT 協助資料整理後生成的新檔案。

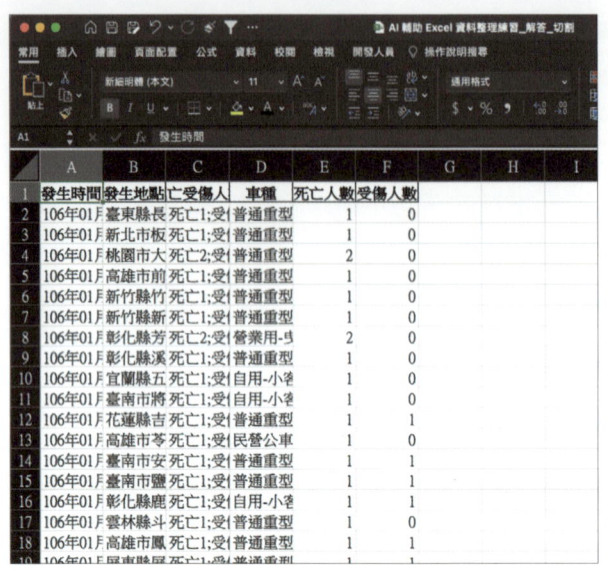

🎧 ChatGPT 資料切割後生成的檔案

> **TIPS!** 生成式 AI 存在一定的隨機性與不穩定性，不論是針對少量資料或直接上傳大量數據進行資料處理，由於難以確保 ChatGPT（或其他生成式 AI 工具）能夠進行百分之百正確的資料整理，本書建議讀者仍應針對處理結果進行再次驗證，例如：抽查部分結果是否符合預期，以確保資料正確性。

◯ 技巧三：修剪（Trim）

‹DEMO› 修剪技巧

◆ 使用效益

「修剪」技巧是指移除資料中多餘的空白、特定文字或符號，可幫助提問者清洗資料，去除其中多餘的空白，使得資料更整潔、統一，方便後續分析和視覺化呈現。

◆ 範例提示（Prompt）

以下資料幫我去除掉 多餘的空白字串，並整理成 表格 。

◆ 輸入（Input）

- 多餘的空白字串：指定清洗的目標字串。
- 表格：指定輸出的格式。

◆ 練習資料

- AI 輔助 Excel 資料整理練習 .xlsx 的「修剪（Trim）」工作表。

實作步驟

01. 開啟練習檔案中的「修剪（Trim）」工作表。

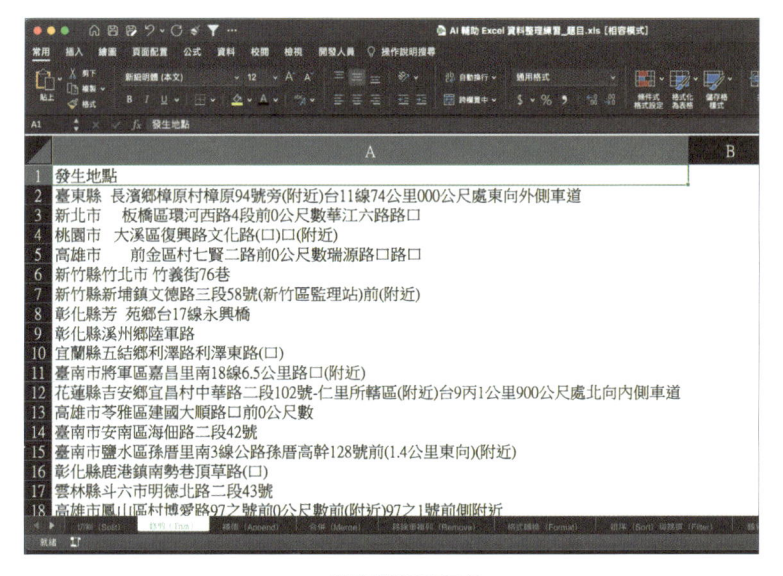

🔾 開啟練習工作表

02. 請框選並複製「修剪（Trim）」工作表中的「A3 至 A12」儲存格範圍。

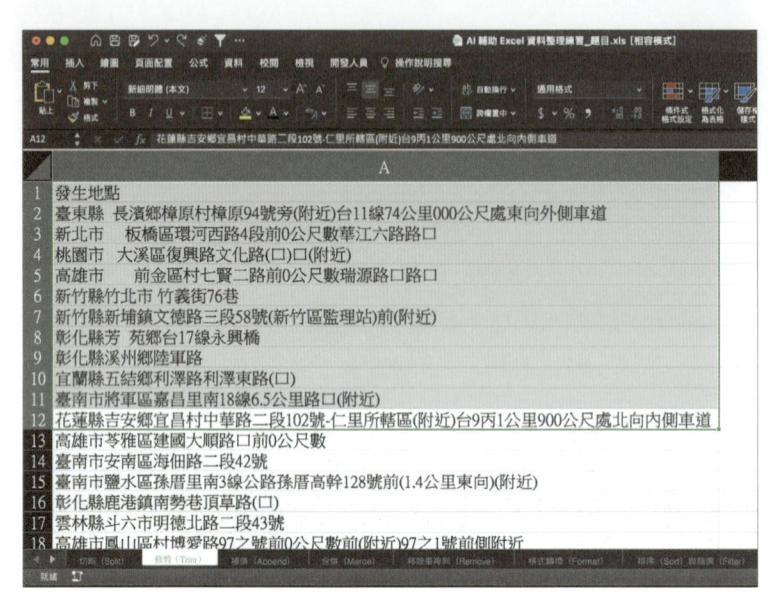

△ 複製練習資料內容

03. 將複製的內容貼入到 ChatGPT 的對話框，輸入指令後送出，得到 ChatGPT 協助資料整理後的結果。

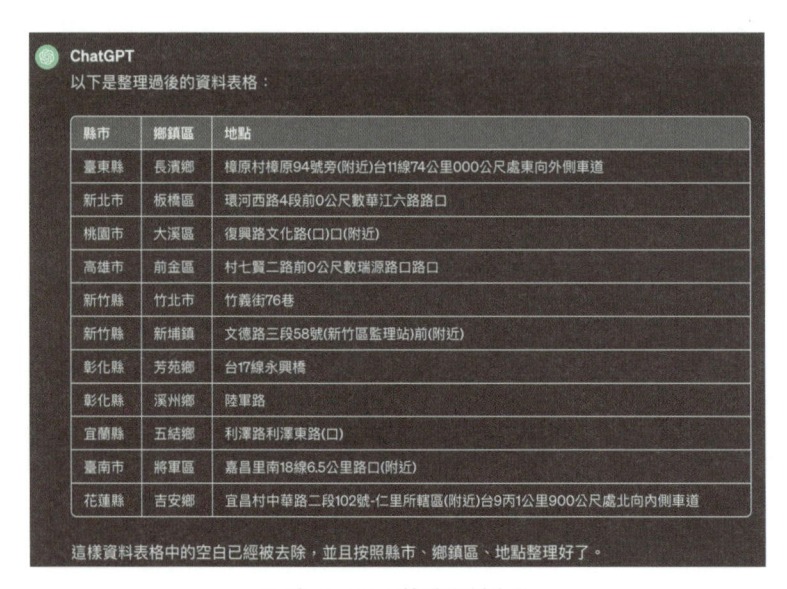

△ 請 ChatGPT 協助資料修剪

082　AI×Excel×Tableau 資料分析語法指南

04. 可將資料處理結果貼回到 Excel，並取代原本的資料內容。

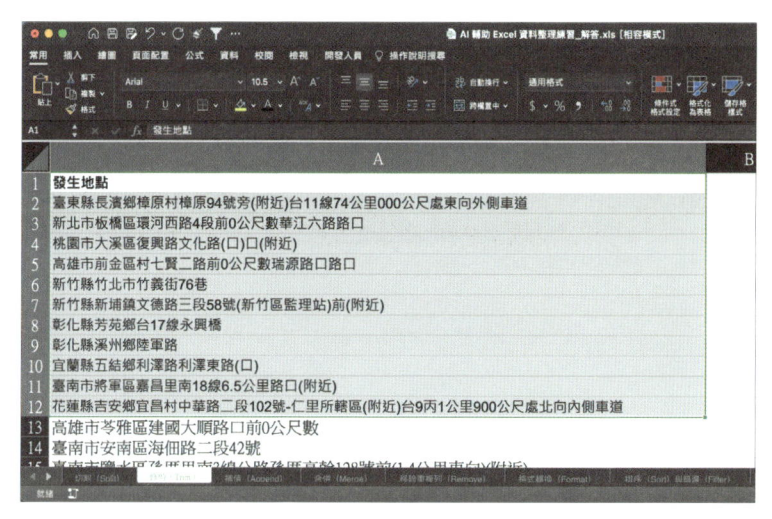

△ 貼上資料處理結果

技巧四：補值（Append）

補值技巧

◆ 使用效益

「補值」技巧是指在資料中補上缺少的值，可確保資料更一致且易於處理和比較。

◆ 範例提示（Prompt）

以下資料幫我將數值從 右邊起算 用 000 進行字串補滿 四個字元，並整理成表格。

◆ 輸入（Input）

- 右邊起算：設定條件。
- 000：設定字串處理目標。
- 四個字元：設定處理的任務。

◆ 練習資料

- AI 輔助 Excel 資料整理練習 .xlsx 的「補值（Append）」工作表。

05　入門應用：AI 輔助進行 Excel 資料格式整理　　083

實作步驟

01. 開啟練習檔案中的「補值（Append）」工作表。

∩ 開啟練習工作表

02. 請框選並複製「補值（Append）」工作表中的「A1 至 A18」儲存格範圍。

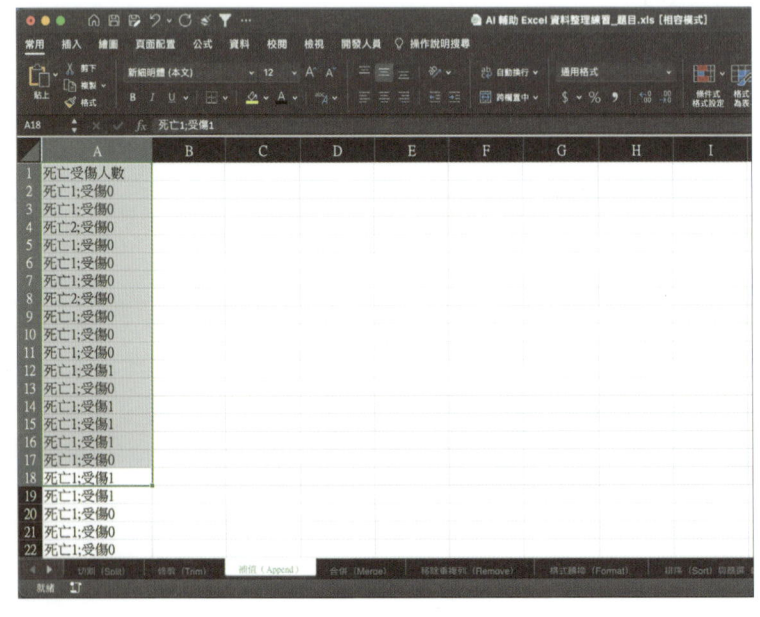

∩ 複製練習資料內容

03. 將複製的內容貼入到 ChatGPT 的對話框，輸入指令後送出，得到 ChatGPT 協助資料整理後的結果。

🎧 請 ChatGPT 協助補值

04. 可將資料處理結果貼回到 Excel，並取代原本的資料內容。

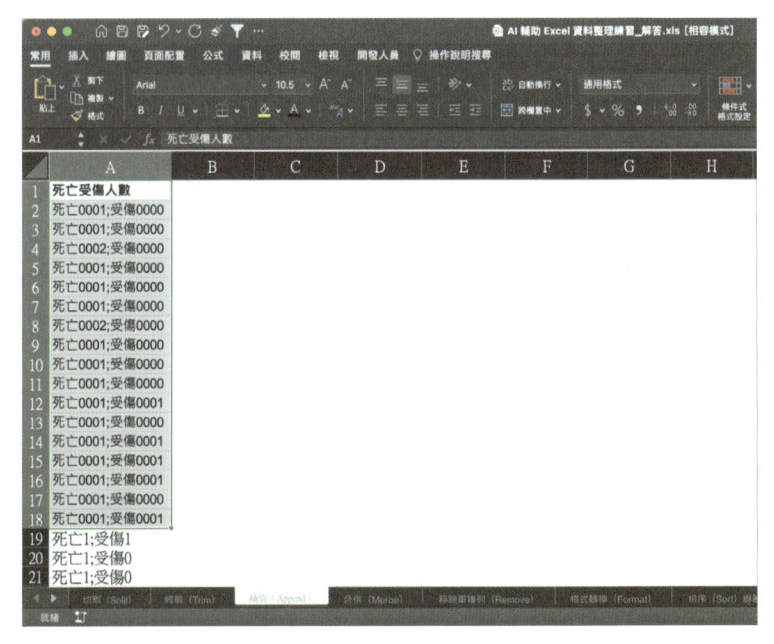

🎧 貼上資料處理結果

05　入門應用：AI 輔助進行 Excel 資料格式整理

技巧五：取代（Replace）

DEMO 取代技巧

◆ **使用效益**

「取代」技巧是指將資料中的特定值替換為其他值。

◆ **範例提示（Prompt）**

請把以下的（口）改成（路口），並用表格整理。

◆ **輸入（Input）**
- （口）
- （路口）

◆ **練習資料**
- AI 輔助 Excel 資料整理練習 .xlsx 的「取代（Replace）」工作表。

實作步驟

01. 開啟練習檔案中的「取代（Replace）」工作表。

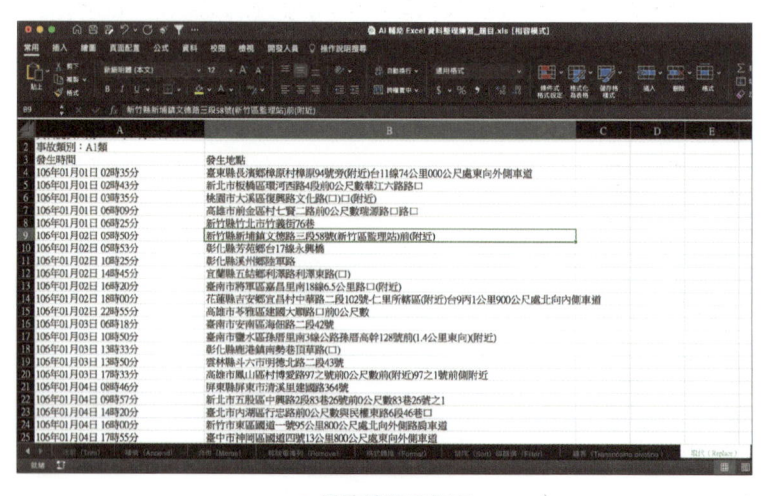

▲ 開啟練習工作表

086　AI×Excel×Tableau 資料分析語法指南

02. 請框選並複製「取代（Replace）」工作表中的「B3 至 B17」儲存格範圍。

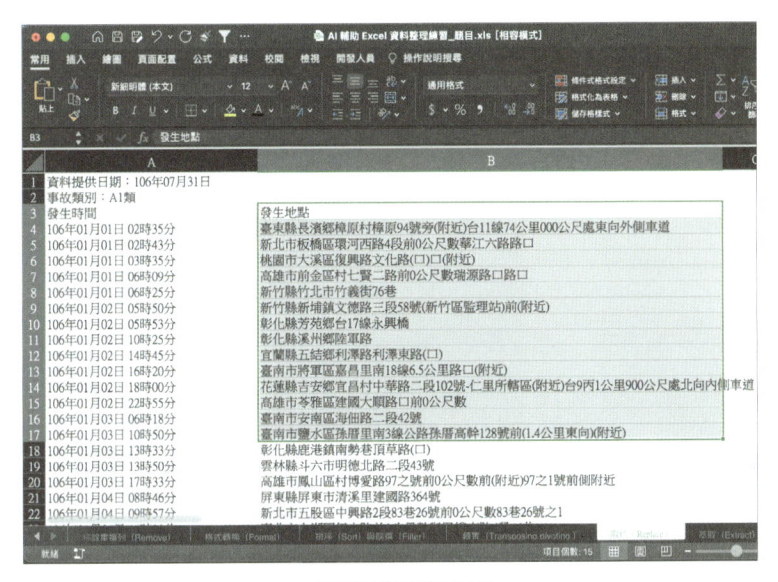

🎧 複製練習資料內容

03. 將複製的內容貼入到 ChatGPT 的對話框，輸入指令後送出，得到 ChatGPT 協助資料整理後的結果。

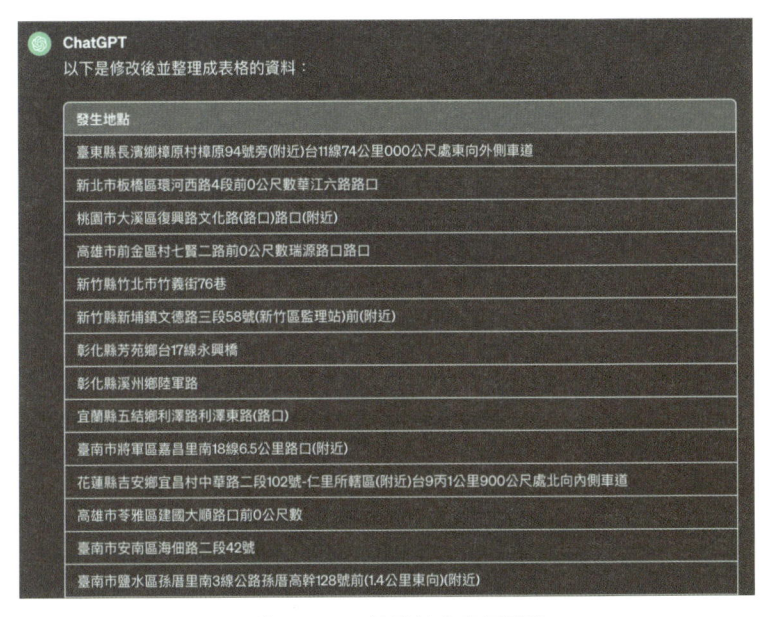

🎧 請 ChatGPT 協助特定字元取代

04. 可將資料處理結果貼回到 Excel，並取代原本的資料內容。

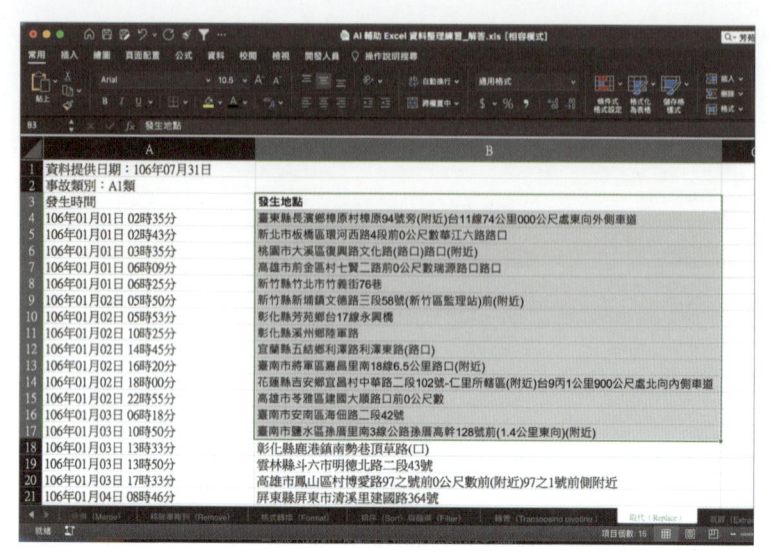

○ 貼上資料處理結果

○ 技巧六：萃取（Extract）

〈DEMO〉萃取技巧

◆ 使用效益

「萃取」技巧是指從資料中提取特定的資訊。

◆ 範例提示（Prompt）

幫我萃取每筆資料的 死亡數值，也就是 「死亡」兩個字 後面的數字，並用表格整理。

◆ 輸入（Input）

- 死亡數值：設定取出數值、數字等內容。
- 「死亡」兩個字：強化 AI 認知的強化任務文字。

◆ 練習資料

- AI 輔助 Excel 資料整理練習 .xlsx 的「萃取（Extract）」工作表。

實作步驟

01. 開啟練習檔案中的「萃取（Extract）」工作表。

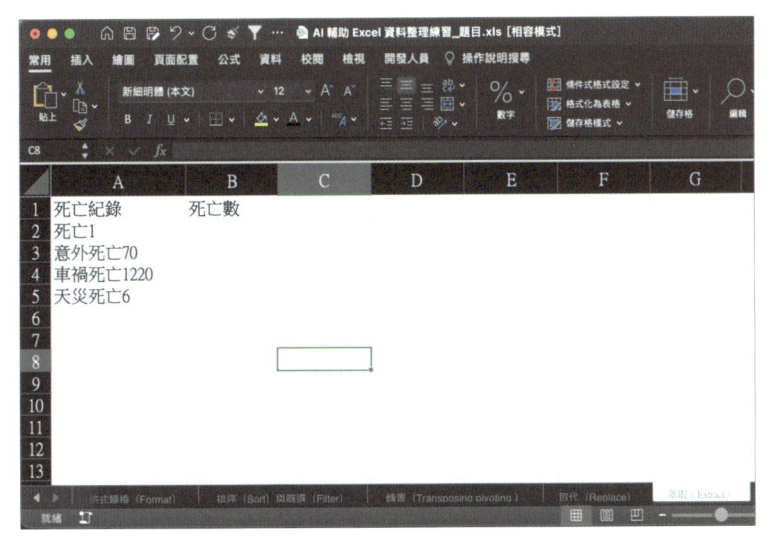

> 開啟練習工作表

02. 請框選並複製「萃取（Extract）」工作表中的「A1 至 B5」儲存格範圍。

> 複製練習資料內容

03. 將複製的內容貼入到 ChatGPT 的對話框，輸入指令後送出，得到 ChatGPT 協助資料整理後的結果。

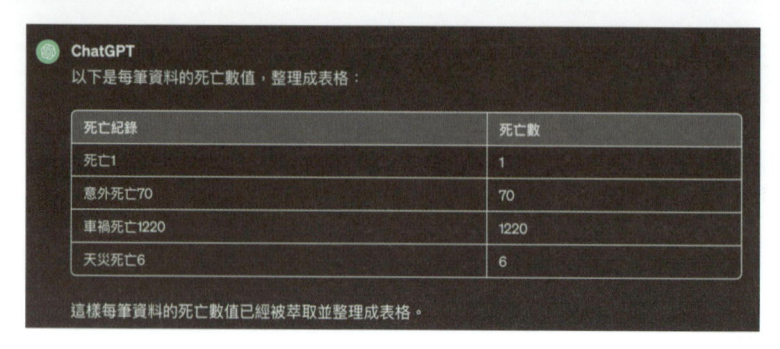

🎧 請 ChatGPT 協助資料萃取

04. 可將資料處理結果貼回到 Excel，並取代原本的資料內容。

🎧 貼上資料處理結果

資料呈現與排列類型的 AI 修改語法

　　以下技巧將分享如何利用生成式 AI 工具進行資料清理，例如：移除重複列、格式轉換、合併欄位等。這裡可以操作看看對應的練習語法，不過貼心提醒一下，在呈現轉換完成後，還是要進行檢查資料的轉換正確性。

技巧七：移除重複列（Remove）

〈DEMO〉 移除重複列技巧

◆ 使用效益

「移除重複列」技巧是指從資料中刪除重複的資料列，可幫助提問者從資料中移除重複出現的項目，只保留唯一的值，方便後續分析和使用。

◆ 範例提示（Prompt）

幫我移除 重複資料，只保留 唯一值，用表格整理。

◆ 輸入（Input）
- 重複資料：指定移除的條件，也可指定其他條件。
- 唯一值：強化 AI 完成任務的說明文字。

◆ 練習資料
- AI 輔助 Excel 資料整理練習 .xlsx 的「移除重複列（Remove）」工作表。

實作步驟

01. 開啟練習檔案中的「移除重複列（Remove）」工作表。

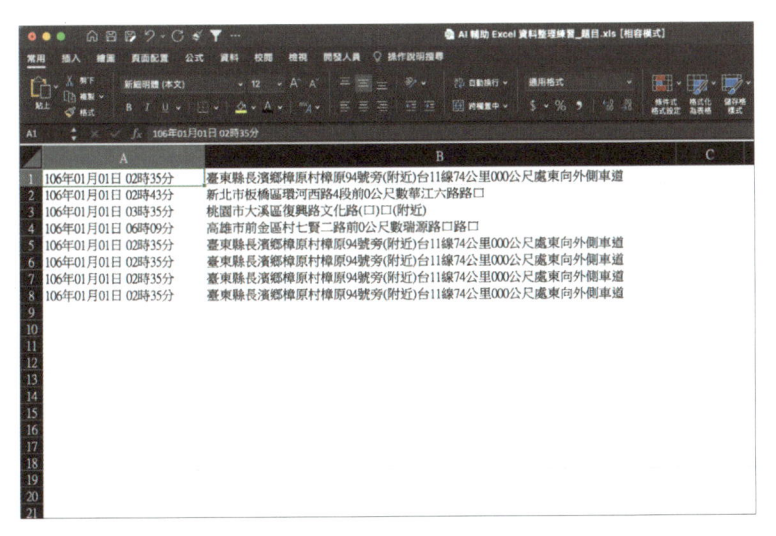

◯ 開啟練習工作表

02. 請框選並複製「移除重複列（Remove）」工作表中的「A1 至 B8」儲存格範圍。

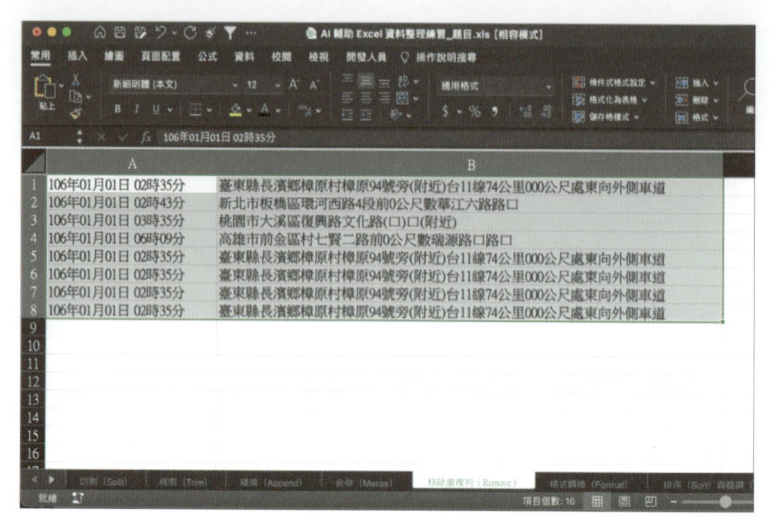

🎧 複製練習資料內容

03. 將複製的內容貼入到 ChatGPT 的對話框，輸入指令後送出，得到 ChatGPT 協助資料整理後的結果。

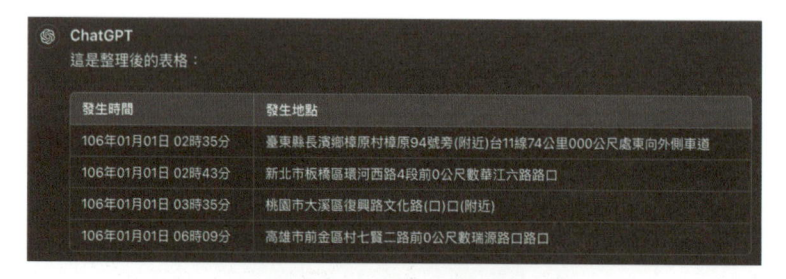

🎧 請 ChatGPT 協助排除重複列

04. 可將 Excel 原有資料刪除後，複製並貼上移除重複列後的資料處理結果。

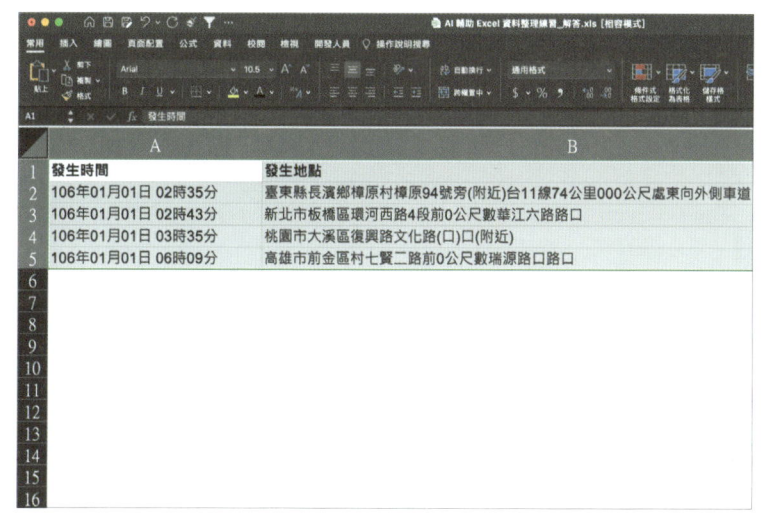

△ 貼上資料處理結果

◯ 技巧八：格式轉換（Format）

〈DEMO〉 格式轉換技巧

◆ 使用效益

「格式轉換」技巧是指將資料轉換成指定的格式。

◆ 範例提示（Prompt）

以下時間格式是 民國年，幫我改成 西元年 並用「yyyy/mm/dd hh:mm:ss」的格式呈現，用表格整理。

◆ 輸入（Input）

- 民國年：告訴 AI 目前資料的格式。
- 西元年：告訴 AI 期待處理後的時間格式。
- yyyy/mm/dd hh:mm:ss：指定的時間格式。

◆ 練習資料

- AI 輔助 Excel 資料整理練習 .xlsx 的「格式轉換（Format）」工作表。

實作步驟

01. 開啟練習檔案中的「格式轉換（Format）」工作表。

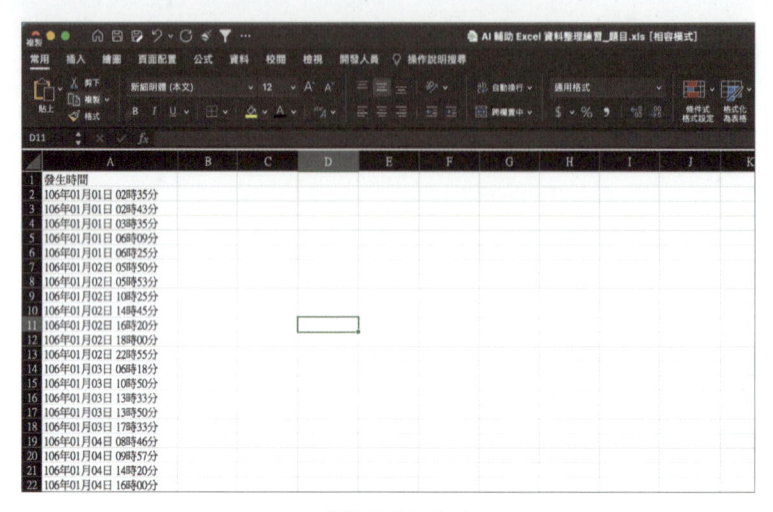

◉ 開啟練習工作表

02. 請框選並複製「格式轉換（Format）」工作表中的「A1 至 A17」儲存格範圍。

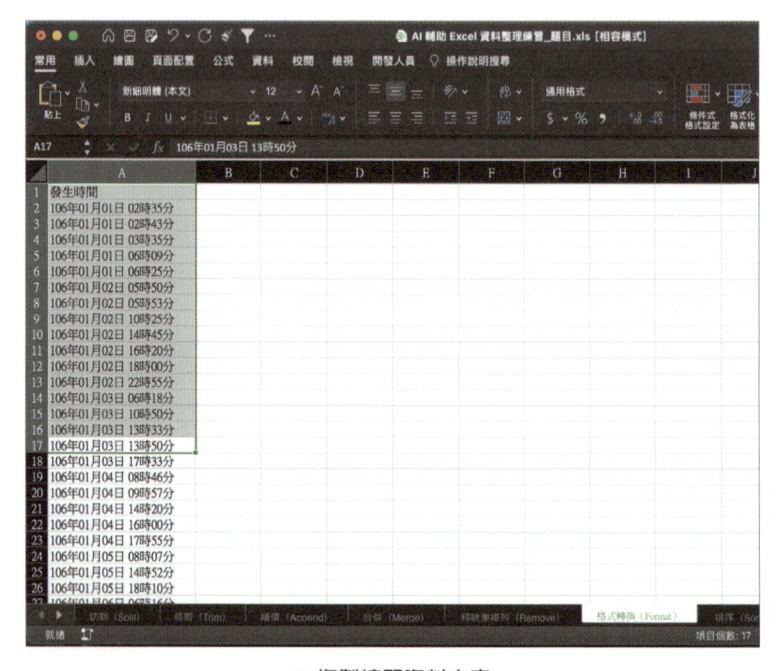

◉ 複製練習資料內容

03. 將複製的內容貼入到 ChatGPT 的對話框，輸入指令後送出，得到 ChatGPT 協助資料整理後的結果。

◔ 請 ChatGPT 協助格式轉換

04. 可將資料處理結果貼回到 Excel，並取代原本的資料內容。

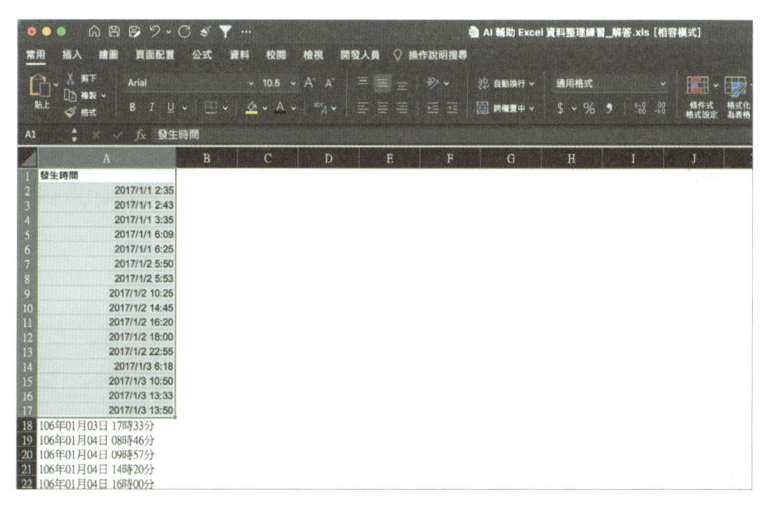

◔ 貼上資料處理結果

05　入門應用：AI 輔助進行 Excel 資料格式整理

技巧九：合併（Merge）

合併技巧

◆ 使用效益

「合併」技巧是指將多個資料集合併成一個，或將特定幾個欄位依據指定規則合併成一個欄位，可幫助提問者將資料中的不同欄位合併在一個欄位中，並以指定格式呈現。

◆ 範例提示（Prompt）

以下資料幫我將 死亡 與 死亡人數 合併為一欄，格式為（死亡 1），並整理成表格。

◆ 輸入（Input）

- 死亡：字串合併的第一個候選欄位。
- 死亡人數：字串合併的第二個候選欄位。
- （死亡 1）：指定兩欄的字串合併格式。

◆ 練習資料

- AI 輔助 Excel 資料整理練習 .xlsx 的「合併（Merge）」工作表。

實作步驟

01. 開啟練習檔案中的「合併（Merge）」工作表。

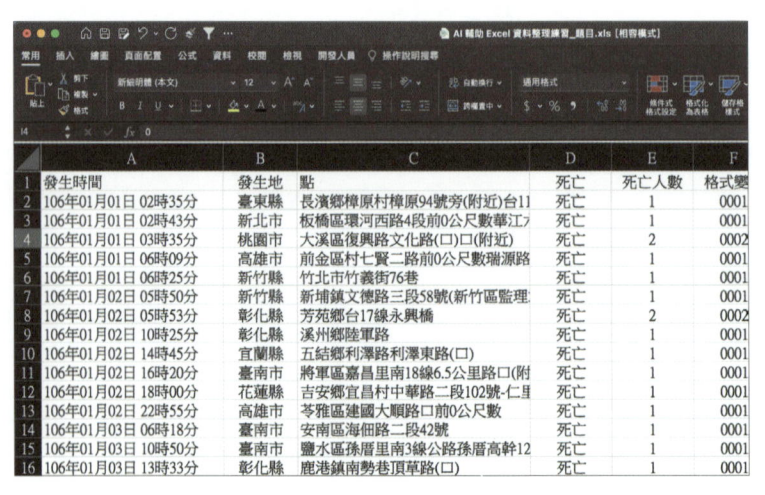

∩ 開啟練習工作表

02. 請框選並複製「合併（Merge）」工作表中的「B1 至 E15」儲存格範圍。

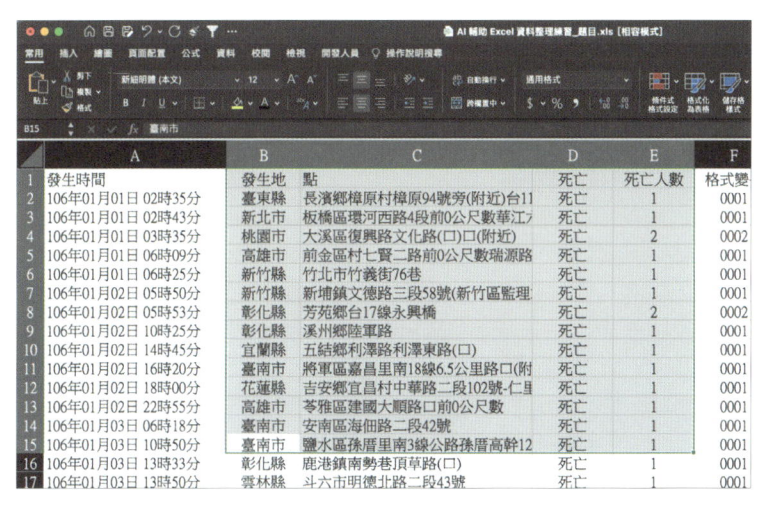

▸ 複製練習資料內容

03. 將複製的內容貼入到 ChatGPT 的對話框，輸入指令後送出，得到 ChatGPT 協助資料整理後的結果。

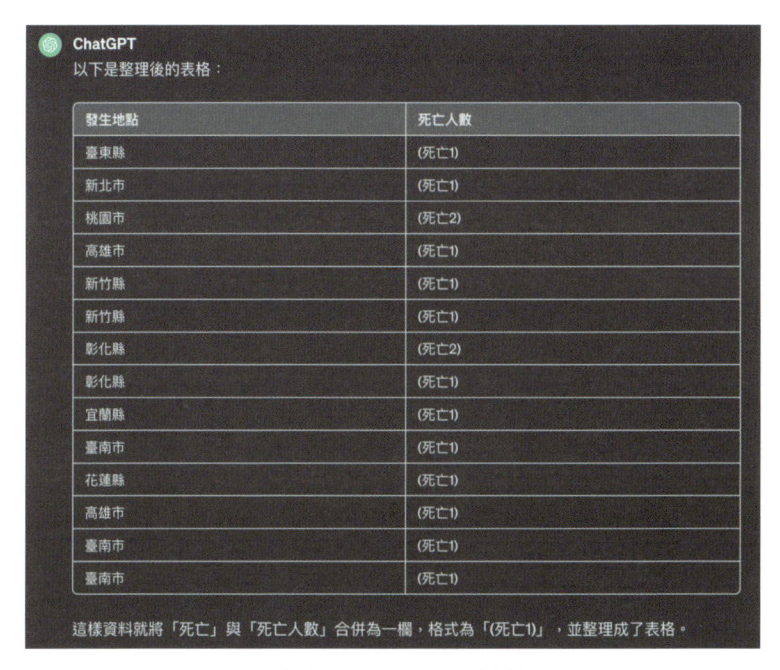

▸ 請 ChatGPT 協助資料合併

05　入門應用：AI 輔助進行 Excel 資料格式整理

04. 可將資料處理結果貼回到 Excel，並取代原本的資料內容。

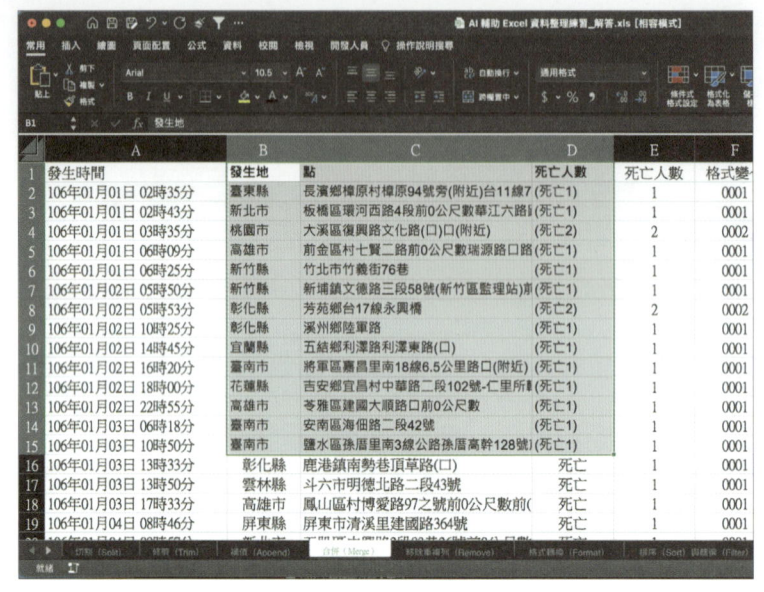

◎ 貼上資料處理結果

● 技巧十：排序（Sort）與篩選（Filter）

〈DEMO〉排序與篩選技巧

◆ 使用效益

「排序」與「篩選」技巧是指對資料進行由大到小或由小到大排序，並根據特定條件篩選，可幫助提問者從資料中篩選出特定條件的資料。

◆ 範例提示（Prompt）

以下資料請幫我篩選出 臺北市 與 新北市 的資料，並整理成表格。

◆ 輸入（Input）

- 臺北市、新北市：希望 AI 篩選後所保留的資料條件。

◆ 練習資料

- AI 輔助 Excel 資料整理練習 .xlsx 的「排序（Sort）與篩選（Filter）」工作表。

實作步驟

01. 開啟練習檔案中的「排序（Sort）與篩選（Filter）」工作表。

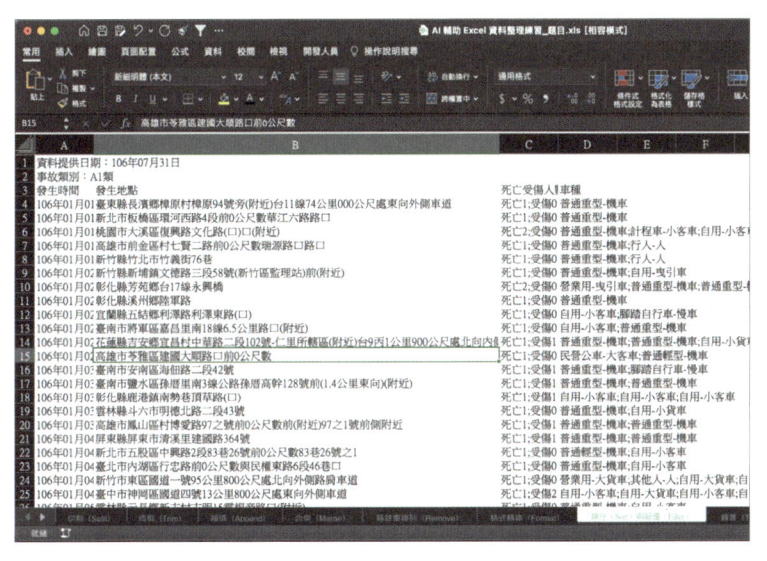

◑ 開啟練習工作表

02. 請框選並複製「排序（Sort）與篩選（Filter）」工作表中的「**A3 至 D24**」儲存格範圍。

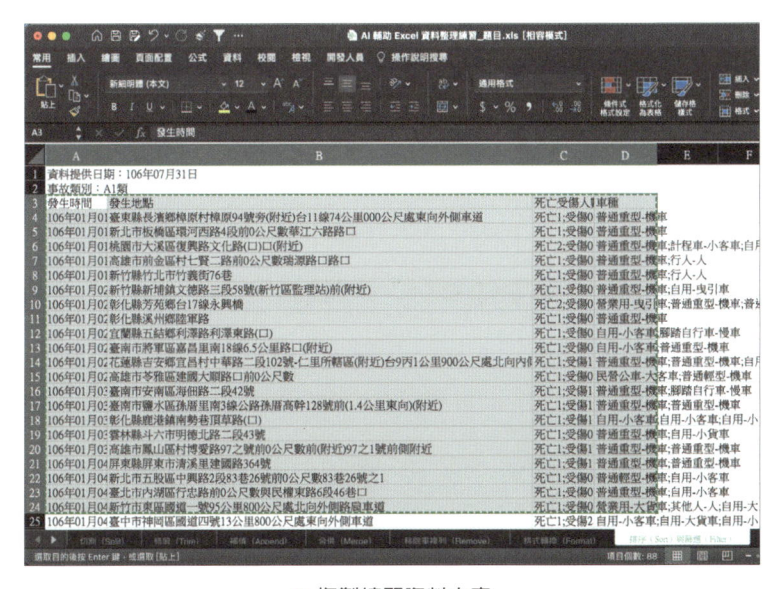

◑ 複製練習資料內容

05　入門應用：AI 輔助進行 Excel 資料格式整理

03. 將複製的內容貼入到 ChatGPT 的對話框,輸入指令後送出,得到 ChatGPT 協助資料整理後的結果。

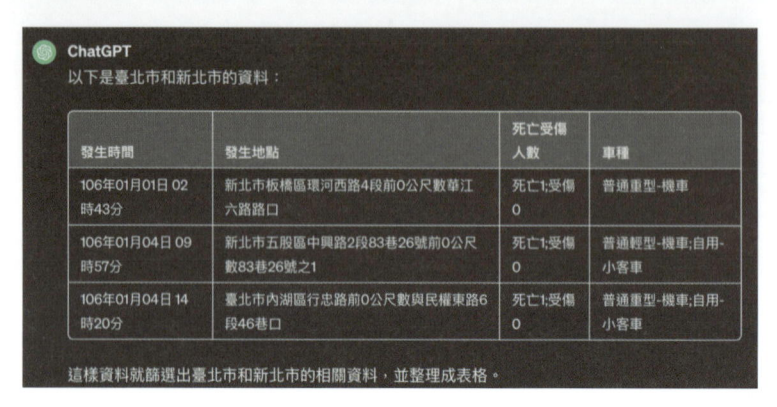

> 請 ChatGPT 協助排序與篩選

04. 可將 Excel 原有資料刪除後,複製並貼上篩選後的資料處理結果。

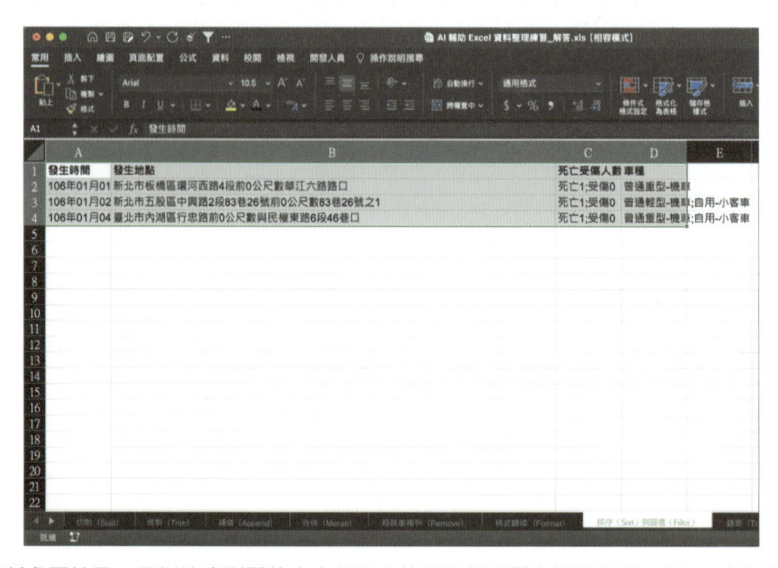

> 貼上資料處理結果,可以注意到即使字串並沒有特別切割出縣市欄位資訊,但 AI 也能夠完成對應到指令期待

技巧十一：轉置（Transposing/pivoting）

轉置技巧

◆ 使用效益

「轉置」技巧是指將資料進行「欄列」互換。

◆ 範例提示（Prompt）

幫我進行 資料轉置 Pivot，並用表格呈現。

◆ 輸入（Input）

- 資料轉置 Pivot：同時說明中英文任務，強化 AI 認知並進行轉置的任務。

◆ 練習資料

- AI 輔助 Excel 資料整理練習 .xlsx 的「轉置（Transposing/pivoting）」工作表。

實作步驟

01. 開啟練習檔案中的「轉置（Transposing/pivoting）」工作表。

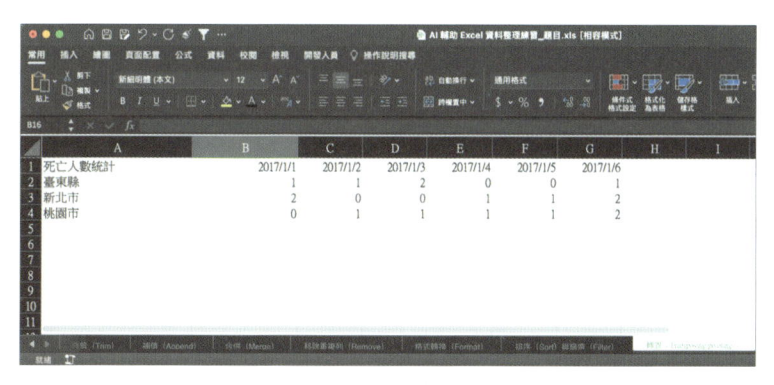

◉ 開啟練習工作表

05　入門應用：AI 輔助進行 Excel 資料格式整理　　101

02. 請框選並複製「轉置（Transposing/pivoting）」工作表中的「A1 至 G4」儲存格範圍。

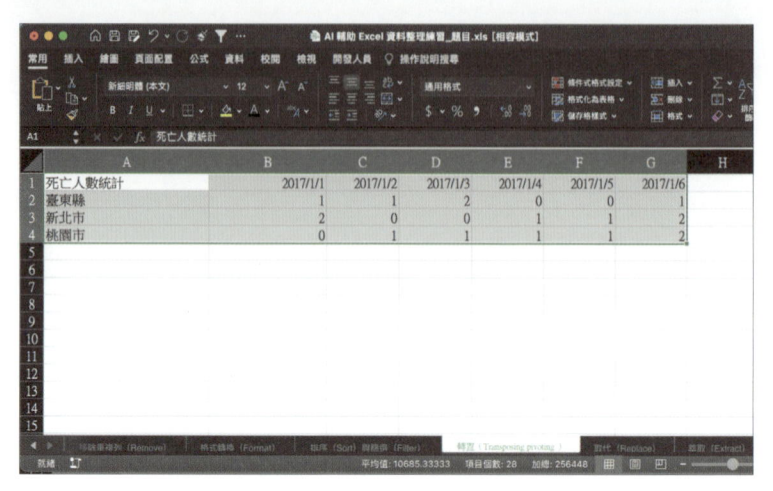

▶ 複製練習資料內容（轉置前為橫向的寬表格）

03. 將複製的內容貼入到 ChatGPT 的對話框，輸入指令後送出，得到 ChatGPT 協助資料整理後的結果。實測過程中，發現生成式 AI 在此資料轉置的成效並不是很穩定，有時需要重新送幾次指令，才能達成想要的效果。

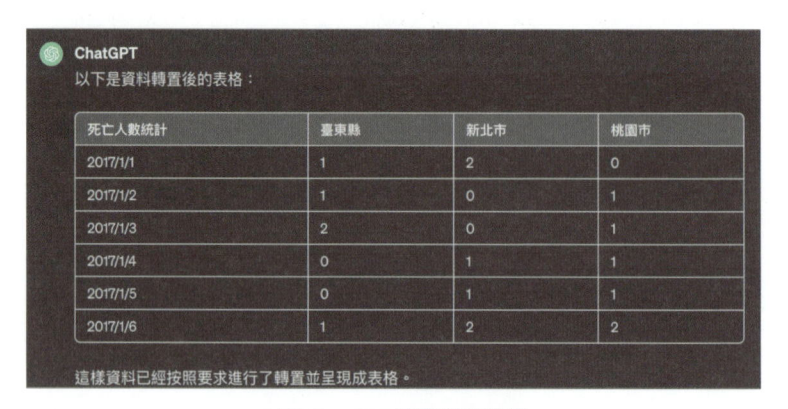

▶ 請 ChatGPT 協助資料轉置

04. 可將 Excel 原有資料刪除後，複製並貼上轉置後的資料處理結果。

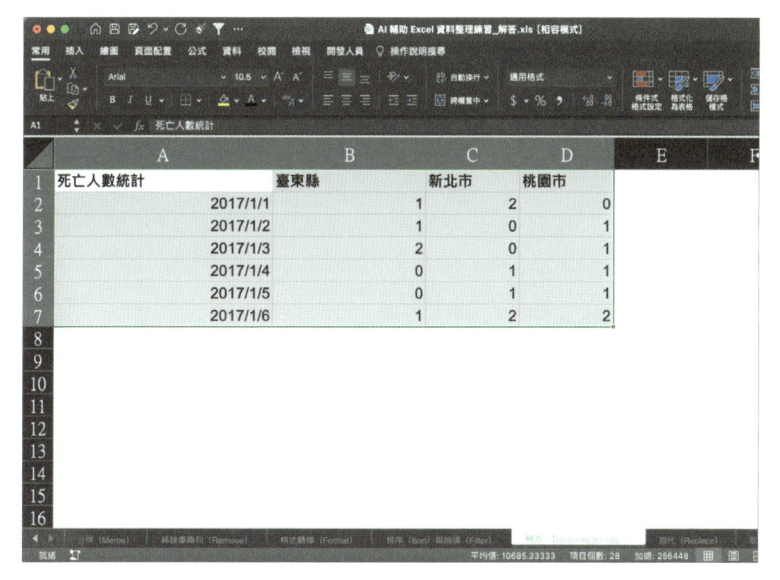

↑ 貼上資料處理結果（轉置後轉為直向表格）

Unit 06　入門應用：AI 輔助 Excel 入門操作與函式撰寫

▎單元導覽

　　本單元將引導讀者進行 AI 輔助 Excel 的入門操作練習，包含基礎 Excel 輔助學習技巧、輔助生成分析函式等任務，以及較進階的樞紐分析及資料視覺化等。本單元將分為四個部分來介紹：

▎單元提要

項目	說明
AI 輔助學習 Excel	Excel 功能豐富，AI 可以引導我們進行功能的操作，或是解釋專有名詞等，我們會帶領讀者嘗試一些技巧語法。
AI 生成 Excel 資料分析函式	Excel 的分析功能是一大特色，正好 AI 很擅長建構語法（包含程式碼與函式），很適合作為軟體輔助之用途。本單元將說明如何在指令中陳述 Excel 的使用情境，讓 AI 能夠生成符合對應情境的函式。
AI 輔助進行 Excel 樞紐分析	示範如何透過 ChatGPT 引導樞紐分析的操作步驟練習。
AI 輔助 Excel 資料視覺化及案例練習	資料視覺化是資料分析與溝通流程中重要的環節，本單元將分享如何搭配 AI 工具來生成 Excel 資料圖表。

▎實作資料

　　本單元的練習檔為「電商訂單模擬資料.xlsx」，此為透過 ChatGPT 生成的練習資料檔，主要以常見的訂單資料作為練習。在練習檔案中，有「Orders」、「Customers」及「Returns」等三個工作表，分別代表「訂單」、「客戶」、「退貨」資料，會用於資料運算分析練習及後續的跨工作表參照應用練習。

◐ 本單元練習資料的「訂單（Orders）」工作表

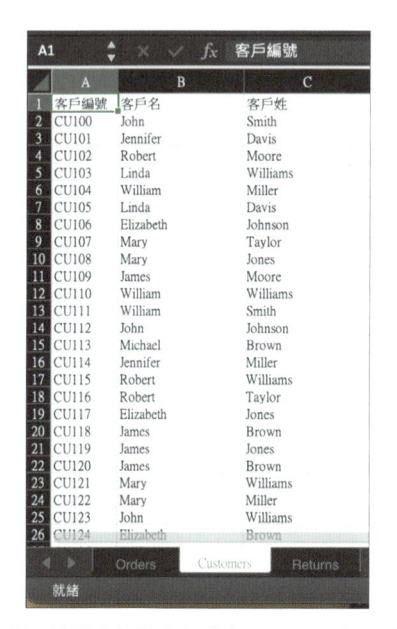

◐ 本單元練習資料的「客戶（Customers）」工作表　　◐ 本單元練習資料的「退貨（Returns）」工作表

AI 輔助學習 Excel

　　不論你是 Excel 初學者，或是希望得到幫助的專業分析師，AI 工具都可以引導我們操作 Excel，尤其面對相對複雜的功能，AI 也可以當我們的免費家教。以下技巧將透過幾個案例介紹如何使用 AI 工具協助學習 Excel。

技巧一：AI 輔助介紹 Excel 資料格式

‹DEMO› AI 輔助介紹資料格式

◆ 使用效益

認識 AI 的超基礎問答，直接針對 Excel 常見的資料格式提問，去探討數值、日期、文字等不同類型，有助於進行更複雜的數據處理與分析工作，例如：條件格式設定、數據驗證等。

◆ 範例提示（Prompt）

可以跟我介紹一下什麼是 資料格式 嗎？Excel 中有哪些 資料格式 呢？

◆ 輸入（Input）

- 資料格式：想請 AI 說明的特定主題或關鍵字。

◆ 範例結果

> **ChatGPT**
>
> 資料格式是指在 Excel 中用於表示數字、日期、文字等類型的方式。正確的資料格式可以確保數據的準確性，並影響到 Excel 對這些數據的處理方式。
>
> 在 Excel 中，常見的資料格式包括：
>
> 1. **數字格式**：用於顯示數字，包括整數、小數、百分比等。您可以根據需要指定小數位數、千位分隔符號等。
> 2. **日期格式**：用於表示日期和時間。日期格式可以包括年、月、日，時間格式可以包括小時、分鐘、秒。您可以根據需要選擇不同的日期時間格式。
> 3. **文字格式**：用於顯示純文字，這些文字不會被 Excel 視為數字或日期。文字格式通常用於標題、標籤等。
> 4. **百分比格式**：用於將數字表示為百分比形式，例如將 0.5 顯示為 50%。
> 5. **貨幣格式**：用於顯示貨幣金額，可以指定貨幣符號、小數位數等。
> 6. **科學記號格式**：用於顯示非常大或非常小的數字，以科學計數法表示，例如 1.23E+05。
> 7. **特殊格式**：還有一些特殊的格式，如時間持續格式（用於計算時間間隔）、條件格式（根據條件設置顯示格式）等。
>
> 選擇正確的資料格式可以確保數據在 Excel 中被正確顯示和計算。您可以通過選擇儲存格，然後在主選單的「首頁」選項中選擇「數字」或「日期」等選項來設置資料格式。

🎧 請 ChatGPT 說明 Excel 內的資料格式

技巧二：AI 輔助認識 Excel 運算概念

‹DEMO› AI 輔助解釋概念

◆ **使用效益**

請 AI 解釋 Excel 數據計算使用符號（運算子）的基本概念，例如：算術運算、比較運算及邏輯運算等。

◆ **範例提示（Prompt）**

什麼是 Excel 的 **運算子**？跟 Excel 關聯是什麼？可以用 **更簡單** 的方式描述嗎？

◆ **輸入（Input）**

- 運算子：可替換為想請 AI 說明的數據運算關鍵字。
- 更簡單：此為難度用語，可以調整為「五歲小孩都能懂」、「更專業」、「教授才能懂」等關鍵字，來改變 AI 回覆的吸收難度。

◆ **範例結果**

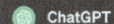

> **ChatGPT**
> 在計算機科學和數學中，運算子（Operator）是用於執行特定操作的符號或關鍵字。在 Excel 中，運算子通常用於公式中，用於指定數學、邏輯或字串操作。
>
> 以下是一些常見的 Excel 運算子及其用途：
>
> 1. **數學運算子**：用於數字之間的數學運算，如加法（+）、減法（-）、乘法（*）、除法（/）等。
> 2. **比較運算子**：用於比較兩個值之間的大小關係，如等於（=）、大於（>）、小於（<）、不等於（<>）、大於或等於（>=）、小於或等於（<=）等。
> 3. **邏輯運算子**：用於對邏輯值（TRUE 或 FALSE）進行邏輯運算，如 AND（且）、OR（或）、NOT（非）等。
> 4. **字串運算子**：用於連接、提取和處理文字字串，如連接（&）、提取（MID、LEFT、RIGHT）等。
>
> 這些運算子在 Excel 公式中使用，可以實現對數據的計算、比較和處理，從而進行數據分析和相關任務。通過組合不同的運算子和函數，可以實現複雜的數據處理和分析操作。

> **您**
> 可以用更簡單的方式描述嗎
> ‹ 2/2 ›

> **ChatGPT**
> 運算子是用於執行特定操作的符號或詞語。在 Excel 中，它們通常用於公式中，用於執行數學計算、比較值的大小、處理文本等。比如，加號（+）用於將數字相加，等號（=）用於指定公式的開始，大於號（>）用於比較值的大小。運算子幫助我們在 Excel 中進行各種數據操作和分析。

🎧 請 ChatGPT 說明運算子是什麼，以及透過難度用語來變化 AI 回話的難度用字

技巧三：AI 輔助制定 Excel 學習路徑

AI 輔助制定學習路徑

◆ 使用效益

生成式 AI 很適合擔任不同領域的家教或導師，例如：請它提供結構化的階段性學習計畫，透過將學習內容細分成條列形式的重點來幫助資訊整理，從基礎知識開始逐步深入到更進階的技巧和概念。

◆ 範例提示（Prompt）

若我想由淺入深學習 Excel 數據分析，請幫我用 條列 的方式規劃一下學習重點。

◆ 輸入（Input）

- **數據分析**：可以更換為想要學習的任何主題。
- **條列**：期待 AI 回覆的格式，條列會比較能提供內容縱覽，也可以換成「表格」或「詳細說明」等關鍵字。

◆ 範例結果

> **ChatGPT**
> 當然，以下是一個由淺入深學習 Excel 數據分析的條列方式規劃：
>
> **初級階段：**
> 1. **熟悉 Excel 介面和基本操作：**
>   - 學習打開、保存、新建 Excel 工作簿。
>   - 熟悉功能區、工作表和儲存格的基本操作。
>   - 瞭解如何調整列寬、行高、選擇儲存格等基本操作。
> 2. **基本數據輸入和格式設置：**
>   - 學習如何在儲存格中輸入數字、文字、日期等數據。
>   - 瞭解如何設置數字、日期、文字等不同類型的資料格式。
> 3. **基本公式和函數：**
>   - 學習使用基本的 Excel 公式，如加、減、乘、除等。
>   - 了解一些常用的函數，如 SUM、AVERAGE、MAX、MIN 等。
> 4. **排序和篩選數據：**
>   - 學習如何按照數字、文字等標準對數據進行排序。
>   - 瞭解如何使用篩選功能對數據進行篩選和過濾。
>
> **中級階段：**
> 1. **進階公式和函數：**
>   - 學習使用進階的 Excel 函數，如 VLOOKUP、IF、INDEX、MATCH 等。

- 瞭解如何進行條件判斷、查找數據等進階操作。
2. **數據透視表和圖表：**
   - 學習如何使用數據透視表（PivotTable）對數據進行匯總和分析。
   - 瞭解如何使用圖表工具創建各種類型的圖表，如柱狀圖、折線圖、圓餅圖等。
3. **數據驗證和條件格式：**
   - 學習如何使用數據驗證功能對輸入數據進行限制和驗證。
   - 瞭解如何使用條件格式功能根據條件對數據進行格式化。

高級階段：
1. **數據分析工具和技巧：**
   - 學習如何使用高級的數據分析工具和技巧，如透視表透視圖、數據表格、線性回歸等。
   - 瞭解如何應用這些工具和技巧解決實際的數據分析問題。
2. **巨集和自動化：**
   - 學習如何使用巨集錄製和編輯巨集，以實現自動化的任務處理。
   - 瞭解如何使用 VBA 編程語言進行更高級的自動化操作。
3. **數據可視化和報告：**
   - 學習如何將數據通過圖表、報表等形式進行可視化呈現。
   - 瞭解如何撰寫清晰、易懂的數據分析報告，並使用 Excel 中的圖表和圖形工具進行排版。

🎧 請 ChatGPT 說明 Excel 數據分析的學習重點

> **TIPS!** 讀者們也可以嘗試用不同的個性與語氣撰寫 Prompt 指令，例如：帶有一點任性的語氣：「我希望能成為 Excel 大師，幫我規劃學習之路。但我有點懶，能否拆解得更詳細，每次內容不要太龐大、艱深，由淺入深，用條列式的方式來設計學習重點」，當提問的方式不同時，很可能會得到不同對話風格的答覆。

AI 生成 Excel 資料分析函式

以下技巧針對「如何請 AI 輔助生成數據分析策略與 Excel 函式」為練習目標，包含 Excel 基礎計算函式、統計計算函式，以及較為複雜的條件函式或查找函式等，並提供操作步驟說明，讀者可實際操作看看。

> **TIPS!** 以下技巧有提供練習資料，可參閱本單元的實作資料，搭配進行數據的觀察與操作。

技巧四：AI 輔助生成分析策略方向

AI 輔助生成策略

◆ 使用效益

請 AI 扮演顧問，透過指定資料欄位名稱來對指定的資料集內容進行分析，並透過文字描述 Excel 欄位與數據的輪廓，在不上傳資料的情況下，讓 AI 幫忙從中發掘資料分析的策略與靈感。

◆ 範例提示（Prompt）

請扮演 Excel 資料分析顧問。我手上有一份 2023 年 1 月至 2023 年 12 月的訂單資料，資料欄位包含 訂單編號、訂單日期、客戶編號、客戶國家、客戶城市、產品類別、產品子類別、產品名稱、數量、銷售額、利潤金額，請建議我使用 Excel 進行資料分析的方向。

◆ 輸入（Input）

- Excel 資料分析顧問：此語法可指定 AI 扮演分析人格。
- 2023 年 1 月至 2023 年 12 月的訂單資料：在語法直接引導資料的時間範圍。
- 訂單編號、訂單日期、客戶編號、客戶國家、客戶城市、產品類別、產品子類別、產品名稱、數量、銷售額、利潤金額：註明資料的欄位名稱。

◆ 練習資料

- 電商訂單模擬資料.xlsx 的「Orders」工作表。

◆ 範例結果

1. **趨勢分析**：分析訂單日期與銷售額、利潤金額之間的關係，確定銷售和利潤在一年中的趨勢。這有助於識別銷售高峰和低谷，從而為庫存管理和促銷活動提供指導。
2. **客戶地域分布**：利用客戶國家和城市資料，分析客戶分布的地理模式。這可以通過創建地圖視覺化或利用樞紐分析表來實現，有助於確定主要市場和潛在新市場。
3. **產品銷售表現**：對產品類別和產品子類別進行分析，確定哪些產品或產品線的銷售表現最佳及最差。這有助於優化產品組合，提高銷售效率。
4. **客戶行為分析**：通過分析訂單數量、銷售額和利潤金額與客戶編號的關聯，識別高價值客戶以及客戶購買偏好。這有助於制定客戶忠誠計劃和個性化銷售策略。
5. **成本效益分析**：分析銷售額與利潤金額的關係，以確定銷售活動的成本效益。這有助於識別利潤率較高或較低的產品，並調整銷售策略以提高整體盈利能力。
6. **時間序列分析**：利用時間序列分析來預測未來銷售和利潤趨勢，這可以通過 Excel 的預測工具實現。
7. **異常值檢測**：識別數據中的異常值，例如異常高的銷售額或利潤，並進行原因分析。這有助於及早發現潛在的問題或欺詐行為。

請 ChatGPT 根據 Prompt 的條件，提供相關建議數據分析方向的畫面

技巧五：AI 輔助生成基礎計算函式

AI 輔助生成計算公式

◆ 使用效益

幫助提問者生成基礎計算函式，並同時說明各函式的應用情境。

◆ 範例提示（Prompt）

請用表格幫我整理 Excel 不同的資料格式可以運用的 公式 及 應用情境 說明。

◆ 輸入（Input）

- 公式：明確請 AI 生成計算公式。
- 應用情境：請 AI 連帶針對計算公式補充說明。

◆ 練習資料

- 電商訂單模擬資料 .xlsx 的「Orders」工作表。

◆ 範例結果

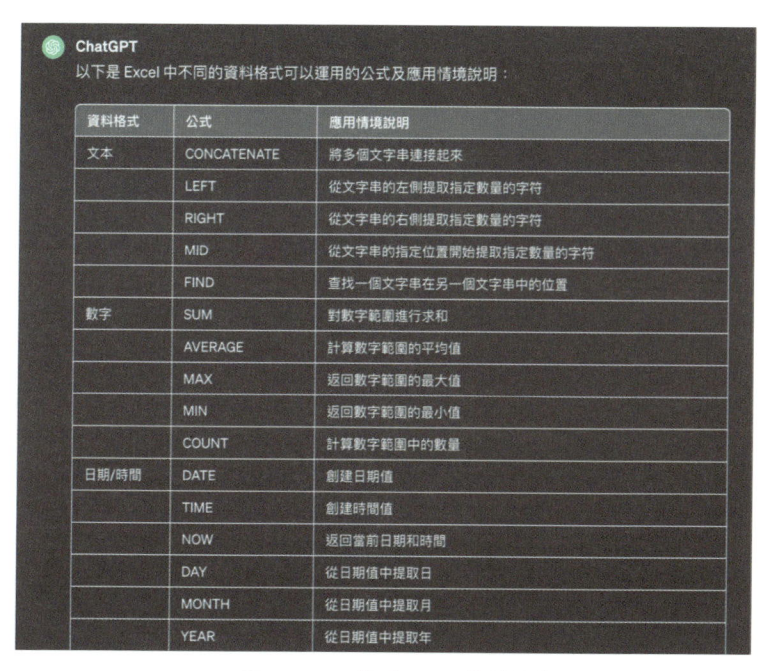

ChatGPT

以下是 Excel 中不同的資料格式可以運用的公式及應用情境說明：

資料格式	公式	應用情境說明
文本	CONCATENATE	將多個文字串連接起來
	LEFT	從文字串的左側提取指定數量的字符
	RIGHT	從文字串的右側提取指定數量的字符
	MID	從文字串的指定位置開始提取指定數量的字符
	FIND	查找一個文字串在另一個文字串中的位置
數字	SUM	對數字範圍進行求和
	AVERAGE	計算數字範圍的平均值
	MAX	返回數字範圍的最大值
	MIN	返回數字範圍的最小值
	COUNT	計算數字範圍中的數量
日期/時間	DATE	創建日期值
	TIME	創建時間值
	NOW	返回當前日期和時間
	DAY	從日期值中提取日
	MONTH	從日期值中提取月
	YEAR	從日期值中提取年

∩ 請 ChatGPT 生成 Excel 基礎公式

技巧六：AI 輔助描述統計計算

DEMO AI 輔助生成統計函式

◆ 使用效益

描述性統計是資料分析流程中，常用來說明數據分布與樣貌的技巧，包含許多種不同的統計指標，例如：透過最大值、最小值、平均數、中位數、標準差等指標來概述數據的特徵。我們可以透過 AI 幫忙提供 Excel 描述統計函式，幫助瞭解數據集的基本趨勢、分布情況、變異程度以及極端值等情形。

◆ 範例提示（Prompt）

我的資料中，J2~J1001 是銷售額、K2~K1001 是利潤金額，請幫我生成一些描述性分析運算函式，用表格呈現及說明，並讓我可以直接複製後貼到 Excel 上直接使用，J 和 K 的函式也請分開呈現。

◆ 輸入（Input）

- J2~J1001 是銷售額、K2~K1001 是利潤金額：指定生成函式所採用的資料範圍，也可嘗試直接用「J欄」與「K欄」來描述。
- J 和 K 的函式也請分開呈現：指定生成函式的格式條件。

◆ 練習資料

- 電商訂單模擬資料.xlsx 的「Orders」工作表。

◆ 範例結果

> **ChatGPT**
>
> 以下是用於描述性分析的一些常見函式，分別針對銷售額（J2:J1001）和利潤金額（K2:K1001）：
>
> **銷售額（J欄）描述性分析函式：**
>
> | 函式 | 說明 | 範例 |
> |---|---|---|
> | SUM | 計算銷售額的總和 | `=SUM(J2:J1001)` |
> | AVERAGE | 計算銷售額的平均值 | `=AVERAGE(J2:J1001)` |
> | MAX | 找出銷售額的最大值 | `=MAX(J2:J1001)` |
> | MIN | 找出銷售額的最小值 | `=MIN(J2:J1001)` |
> | COUNT | 計算銷售額的非空單元格數 | `=COUNT(J2:J1001)` |
> | MEDIAN | 計算銷售額的中位數 | `=MEDIAN(J2:J1001)` |
> | QUARTILE | 計算銷售額的四分位數 | `=QUARTILE(J2:J1001, 1)` |
> | STDEV | 計算銷售額的標準差 | `=STDEV(J2:J1001)` |
> | VAR | 計算銷售額的方差 | `=VAR(J2:J1001)` |

利潤金額（K欄）描述性分析函式：

函式	說明	範例
SUM	計算利潤金額的總和	`=SUM(K2:K1001)`
AVERAGE	計算利潤金額的平均值	`=AVERAGE(K2:K1001)`
MAX	找出利潤金額的最大值	`=MAX(K2:K1001)`
MIN	找出利潤金額的最小值	`=MIN(K2:K1001)`
COUNT	計算利潤金額的非空單元格數	`=COUNT(K2:K1001)`
MEDIAN	計算利潤金額的中位數	`=MEDIAN(K2:K1001)`
QUARTILE	計算利潤金額的四分位數	`=QUARTILE(K2:K1001, 1)`
STDEV	計算利潤金額的標準差	`=STDEV(K2:K1001)`
VAR	計算利潤金額的方差	`=VAR(K2:K1001)`

這些函式可幫助您對銷售額和利潤金額的資料進行描述性分析，以獲取有關資料分佈和統計摘要的資訊。

🎧 請 ChatGPT 生成描述性分析 Excel 公式

實作步驟

01. **開啟資料。**

下載資料後，開啟「Orders」頁籤。

02. **貼上 ChatGPT 生成的公式。**

在空白處貼上 ChatGPT 生成的公式，例如：在 M3 欄位貼上銷售額（J 欄）的描述性分析公式、在 M15 欄位貼上利潤金額（K 欄）的描述性分析公式。

🎧 在空白處貼上 ChatGPT 生成的描述性分析公式（如圖右方區域的計算結果，上方為銷售額，下方為利潤額）；讀者生成的函式應該跟筆者會有差異

06 入門應用：AI 輔助 Excel 入門操作與函式撰寫

技巧七：AI 輔助小數點處理

> **‹DEMO›** AI 輔助小數點處理

◆ 使用效益

請 AI 引導提問者在 Excel 中對公式計算結果的小數點位數進行調整，例如：透過函式調整小數位數，使計算結果符合特定的呈現要求。

◆ 範例提示（Prompt）

- =AVERAGE(K2:K1001) 這個函式計算出來的數字有小數點，如果我想要控制小數點的位數及規則，可以怎麼做呢？

◆ 輸入（Input）

- =AVERAGE(K2:K1001)：指定詢問的目標公式及採用的資料範圍。

◆ 範例結果

```
ChatGPT
若您想要在公式中控制小數點的位數及四捨五入/無條件捨去/進位規則，您可以使用 Excel 的
`ROUND`、`ROUNDUP`、`ROUNDDOWN` 函式來實現。以下是相應的步驟：

1. 四捨五入：使用 `ROUND` 函式，這將會將數字四捨五入到指定的小數位數。
   • 語法：`ROUND(number, num_digits)`
   • 例如：`{ =ROUND(AVERAGE(K2:K1001), 2) }` 將計算結果四捨五入到小數點後兩位。
2. 無條件捨去：使用 `ROUNDDOWN` 函式，這將會將數字向下捨去到指定的小數位數。
   • 語法：`ROUNDDOWN(number, num_digits)`
   • 例如：`{ =ROUNDDOWN(AVERAGE(K2:K1001), 0) }` 將計算結果無條件捨去小數點後的位數，即取整。
3. 進位：使用 `ROUNDUP` 函式，這將會將數字向上進位到指定的小數位數。
   • 語法：`ROUNDUP(number, num_digits)`
   • 例如：`{ =ROUNDUP(AVERAGE(K2:K1001), 1) }` 將計算結果進位到小數點後一位。

這樣您就可以在公式中直接控制小數點的位數及四捨五入/無條件捨去/進位規則。Excel 會根據您的公式設定來計算並顯示結果。
```

🎧 請 ChatGPT 說明 Excel 小數點控制方法

實作步驟

01. 貼上公式。

延續前一個技巧的結果，並搭配本技巧中 ChatGPT 生成的公式，來調整利潤金額平均值小數點。

請參考圖片的位置，在平均值欄位旁貼上 ChatGPT 生成的公式，下圖為在利潤金額平均值 P17 貼上「=ROUND(AVERAGE(K2:K1001),3)」公式的計算結果，此即為透過 ChatGPT 輔助生成函式的技巧，將 ChatGPT 回覆的 ROUND 與既有的 AVERAGE 函式進行整合。

◎ 貼上 ChatGPT 生成的小數點控制函式（利潤額的調整結果在 P17 儲存格）

02. 調整銷售額平均值小數點。

由於 Step1 生成的函式中，「K2:K1001」是針對利潤金額的資料範圍進行計算，如果我們想要改計算銷售額欄位，讀者可使用相同公式自行手動調整為「J2:J1001」，以進行銷售額平均值的小數點調整。

量	銷售額	利潤金額	邏輯函式	雙重條件	姓名		銷售額 | 描述性統計				
6	240.99	494.98	TRUE		Smith John		函式	說明	範例		銷售額小數點第三位
1	715.71	325.62	TRUE		Davis Jennifer		SUM	計算銷售額的	550813.52		550.814
4	130.66	55.69	TRUE		Moore Robert		AVERAGE	計算銷售額的	550.81352		
4	896.69	388.94	TRUE		Williams Linda		MAX	找出銷售額	999.87		
8	860.37	258.86	TRUE		Miller William		MIN	找出銷售額	100.05		
4	559.12	64.89	TRUE		Davis Linda		COUNT	計算銷售額	1000		
6	214.92	262.42	TRUE		Johnson Elizabeth		MEDIAN	計算銷售額的	553.235		
3	659.33	380.07	TRUE		Taylor Mary		QUARTILE	計算銷售額的	321.88		
5	315.4	67.4	TRUE		Jones Mary		STDEV	計算銷售額的	261.79939		
8	667.78	184.57	TRUE		Moore James		VAR	計算銷售額的	68538.92		
7	724.37	50.37	TRUE		Williams William						
110	195.63	84.23	TRUE	195.63	Smith William		利潤金額 | 描述性統計				
101	529.25	35.72	TRUE	529.25	Johnson John		函式	說明	範例		利潤小數點第三位
2	627.03	120.81	TRUE		Brown Michael		SUM	計算利潤金額	260300.77		260.301
7	328.26	232.57	TRUE		Miller Jennifer		AVERAGE	計算利潤金額	260.30077		
4	280.91	397.8	TRUE		Williams Robert		MAX	找出利潤金額	499.61		
8	674.07	346.29	TRUE		Taylor Robert		MIN	找出利潤金額	10.09		
9	784.67	297.89	TRUE		Jones Elizabeth		COUNT	計算利潤金額	1000		
2	423.2	493.43	TRUE		Brown James		MEDIAN	計算利潤金額	258.71		
6	738.01	237.21	TRUE		Jones James		QUARTILE	計算利潤金額	135.885		
9	628.64	458.42	TRUE		Brown James		STDEV	計算利潤金額	141.78201		
5	828.63	174.95	TRUE		Williams Mary		VAR	計算利潤金額	20102.139		
4	283.66	218.98	TRUE		Miller Mary						
1	816.76	204.66	TRUE		Williams John						
4	339.77	302.44	TRUE		Brown Elizabeth						
6	368.44	466.71	TRUE		Davis William						
1	980.35	386.21	TRUE		Williams Mary						
3	141.41	418.63	TRUE		Moore Mary						
4	270.78	398.13	TRUE		Miller Mary						

🎧 調整銷售額平均值小數點控制函式

🔵 技巧八：AI 輔助生成 Excel 邏輯函式

‹DEMO› AI 輔助生成邏輯函式

◆ 使用效益

請 AI 輔助生成邏輯函式練習。

◆ 範例提示（Prompt）

我手上有一份訂單資料，資料欄位 A-K 分別為訂單編號、訂單日期、客戶編號、客戶國家、客戶城市、產品類別、產品子類別、產品名稱、數量、銷售額、利潤金額。請幫我生成新欄位「大宗訂單」，每一列都要用 Excel 邏輯判斷函式 進行判斷，如果 **數量大於 100**，則放入 True，否則放入 False。

◆ 輸入（Input）

- 資料欄位 A-K 分別為訂單編號、訂單日期、客戶編號、客戶國家、客戶城市、產品類別、產品子類別、產品名稱、數量、銷售額、利潤金額：提供給 AI 參考的資料欄位範圍與欄位名稱。
- Excel 邏輯判斷函式：指定的函式類型描述。
- 數量大於 100：指定的函式條件描述。

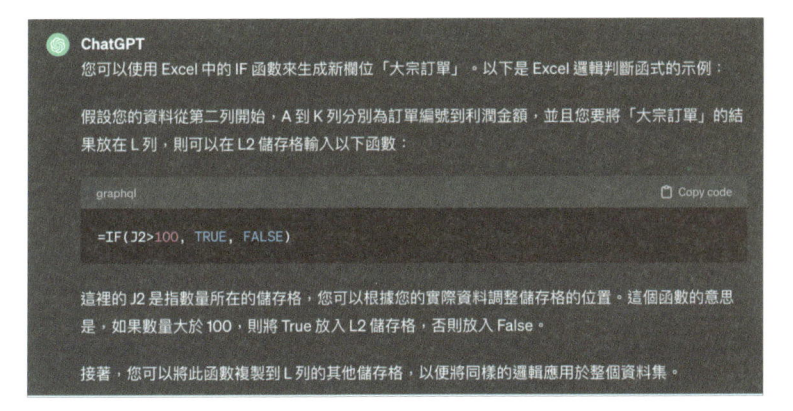

◆ 範例結果

> **ChatGPT**
> 您可以使用 Excel 中的 IF 函數來生成新欄位「大宗訂單」。以下是 Excel 邏輯判斷函式的示例：
>
> 假設您的資料從第二列開始，A 到 K 列分別為訂單編號到利潤金額，並且您要將「大宗訂單」的結果放在 L 列，則可以在 L2 儲存格輸入以下函數：
>
> ```graphql
> =IF(J2>100, TRUE, FALSE)
> ```
>
> 這裡的 J2 是指數量所在的儲存格，您可以根據您的實際資料調整儲存格的位置。這個函數的意思是，如果數量大於 100，則將 True 放入 L2 儲存格，否則放入 False。
>
> 接著，您可以將此函數複製到 L 列的其他儲存格，以便將同樣的邏輯應用於整個資料集。

🎧 請 ChatGPT 生成 Excel 邏輯函式

　　本技巧主要練習偏向複合性的技巧，不過以書中的截圖為例，有時 ChatGPT 並不會真的很精確使用正確的欄位編號，這部分常常需要人工修正。舉例來說，此技巧希望判斷的是 I 欄位的「數量」，但 AI 意外生成的是 J 欄位的「銷售額」，這裡 AI 生成的語法錯誤了，這是常發生的，並沒有符合我們起始的目標，也就是函數不一定都能直接使用，讀者需留意 Prompt 給出的欄位參數是否符合期待。

> **TIPS!** 上方圖片中的程式碼框框左上方顯示的 graphql 是一種程式語言，ChatGPT 會自動將生成的程式碼或函式包裹起來，並自動判斷內容屬於何種程式語言，有時可能判斷錯誤，像是將 Excel 函式包裹在 arduino / graphql 中，實際上不會影響函式的複製與使用，可以直接忽略。

實作步驟

01. 貼上公式。

在 L2 欄位貼上前一頁 ChatGPT 生成的邏輯函式。

[圖片:Excel 截圖,L2 欄位公式為 =IF(J2>100,TRUE,FALSE),所有列顯示 TRUE]

🔹 在 L2 欄位貼上 AI 生成的邏輯函式判斷「數量是否大於 100」,但是函式本身用了「銷售額」欄位做判斷,因此每一項都被判斷成 TRUE

02. 自動填滿規則。

將語法修正為正確語法「=IF(I2>100, TRUE, FALSE)」,並在 L2 欄位右下角連擊兩下左鍵,即可向下自動完成邏輯函式的向下套用。

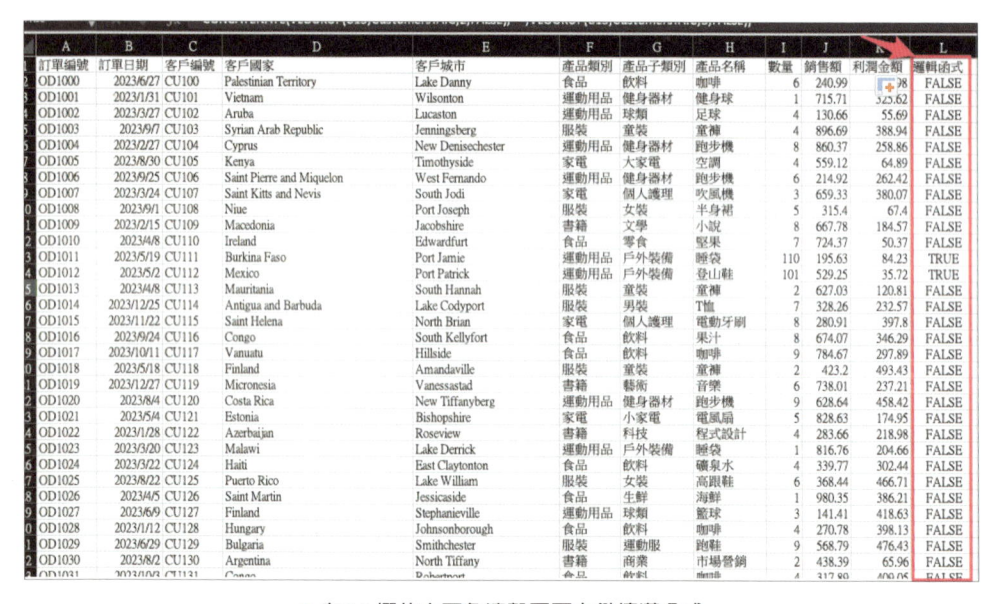

[圖片:Excel 截圖,L 欄位「邏輯語式」顯示 FALSE 與 TRUE 的結果]

🔹 在 L2 欄位右下角連擊兩下左鍵填滿公式

118　AI×Excel×Tableau 資料分析語法指南

> **TIPS!** 如果實作過程中，欄位過於接近，讀者可自行手動新增空白欄位。

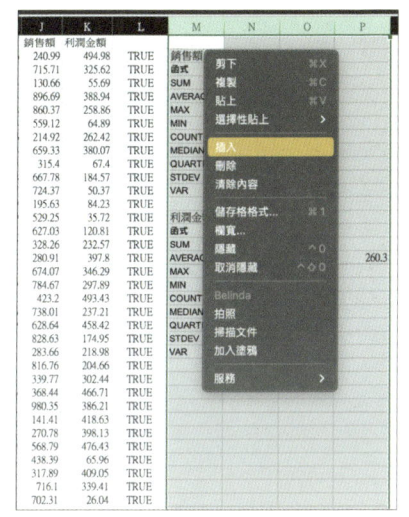

◎ 可自行判斷是否新增空白欄，提升 Excel 的可讀性

技巧九：AI 輔助生成 Excel 雙重條件函式

< DEMO > AI 輔助生成雙重條件函式

◆ 使用效益

幫助提問者透過雙重條件篩選出滿足特定條件的訂單資料，進而進行更精確的資料分析。

◆ 範例提示（Prompt）

如果希望欄位只顯示 訂單銷售額，條件是 F 欄為「運動用品」且 I 欄數值大於 100 的雙重條件，公式該怎麼寫呢？

◆ 輸入（Input）

- 訂單銷售額：指定的函式類型或欄位描述。
- 條件是 F 欄為「產品類別」且 I 欄數值大於 100：指定的函式條件描述。

06 入門應用：AI 輔助 Excel 入門操作與函式撰寫　119

◆ 範例結果

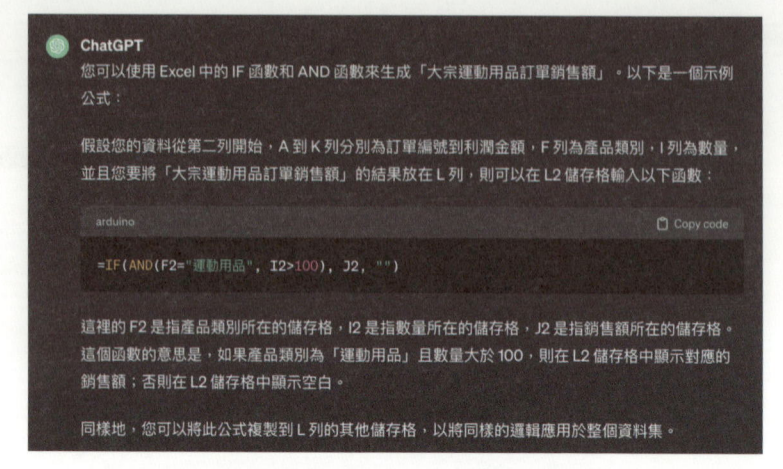

> **ChatGPT**
> 您可以使用 Excel 中的 IF 函數和 AND 函數來生成「大宗運動用品訂單銷售額」。以下是一個示例公式：
>
> 假設您的資料從第二列開始，A 到 K 列分別為訂單編號到利潤金額，F 列為產品類別，I 列為數量，並且您要將「大宗運動用品訂單銷售額」的結果放在 L 列，則可以在 L2 儲存格輸入以下函數：
>
> ```arduino
> =IF(AND(F2="運動用品", I2>100), J2, "")
> ```
>
> 這裡的 F2 是指產品類別所在的儲存格，I2 是指數量所在的儲存格，J2 是指銷售額所在的儲存格。這個函數的意思是，如果產品類別為「運動用品」且數量大於 100，則在 L2 儲存格中顯示對應的銷售額；否則在 L2 儲存格中顯示空白。
>
> 同樣地，您可以將此公式複製到 L 列的其他儲存格，以將同樣的邏輯應用於整個資料集。

▲ 請 ChatGPT 生成 Excel 雙重條件函式

實作步驟

01. 在 M2 欄位貼上函式。

在第一列 M2 欄位貼上公式：「=IF(AND(F2=" 運動用品 ",I2>100), J2,"")」，但可能會發現欄位呈現空白，這是因為 ChatGPT 生成語法的原因為產品類別不符合「同時是運動用品且數量大於 100」的情形。

▲ 在 M2 欄位貼上雙重條件函式

02. 在 M2 欄位右下角連擊兩下左鍵填滿公式。

> 在 M2 欄位右下角連擊兩下左鍵填滿公式，畫面有出現兩列符合條件並顯示出金額

技巧十：AI 輔助生成 Vlookup 函式與合併文字

DEMO AI 輔助生成 Vlookup 函式與合併文字

◆ 使用效益

引導提問者在 Excel 中進行數據查找與整合，從兩份不同的工作表中尋找、提取，並合併資料生成新的欄位。

◆ 範例提示（Prompt）

我手上有兩份 Excel。

第一份是訂單資料(Orders)，資料欄位 A-K 分別為訂單編號、訂單日期、客戶編號、客戶國家、客戶城市、產品類別、產品子類別、產品名稱、數量、銷售額、利潤金額 。

第二份是客戶資料(Customers)，資料欄位 A-C 分別為客戶編號、客戶名、客戶姓 。

我想在訂單資料中 新增「客戶姓名」欄位 ，並 將客戶資料表中的「客戶名」與「客戶姓」合併，請幫我生成公式。

06 入門應用：AI 輔助 Excel 入門操作與函式撰寫　121

◆ 輸入（Input）

- 第一份是訂單資料，資料欄位 A-K 分別為訂單編號、訂單日期、客戶編號、客戶國家、客戶城市、產品類別、產品子類別、產品名稱、數量、銷售額、利潤金額。第二份是客戶資料，資料欄位 A-C 分別為客戶編號、客戶名、客戶姓：提供給 AI 參考的資料欄位範圍與欄位名稱。
- 新增「客戶姓名」欄位 、 將客戶資料表中的「客戶名」與「客戶姓」合併：請 AI 協助的任務描述。

◆ 範例結果

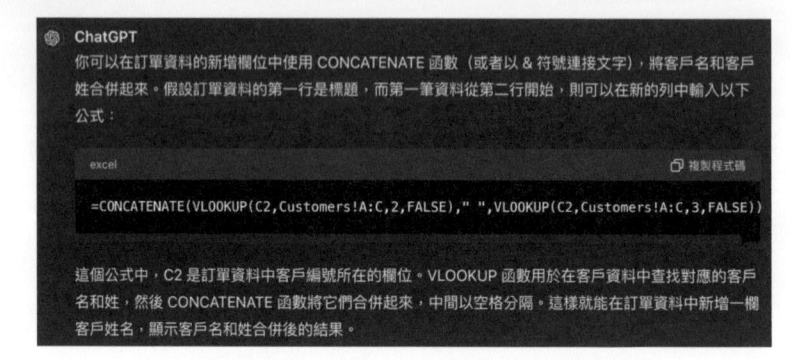

> **ChatGPT**
> 你可以在訂單資料的新增欄位中使用 CONCATENATE 函數（或者以 & 符號連接文字），將客戶名和客戶姓合併起來。假設訂單資料的第一行是標題，而第一筆資料從第二行開始，則可以在新的列中輸入以下公式：
>
> ```excel
> =CONCATENATE(VLOOKUP(C2,Customers!A:C,2,FALSE)," ",VLOOKUP(C2,Customers!A:C,3,FALSE))
> ```
>
> 這個公式中，C2 是訂單資料中客戶編號所在的欄位。VLOOKUP 函數用於在客戶資料中查找對應的客戶名和姓，然後 CONCATENATE 函數將它們合併起來，中間以空格分隔。這樣就能在訂單資料中新增一欄客戶姓名，顯示客戶名和姓合併後的結果。

🎧 請 ChatGPT 生成 Excel 查找與文字合併函式

實作步驟

01. 在 N2 欄位貼上函式。

🎧 在 N2 欄位貼上函式

◆ 公式

```
=CONCATENATE(VLOOKUP(C2,Customers!A:C,2,FALSE)," ",VLOOKUP(C2,Customers!A:C,3,FALSE))
```

02. 在 **N2** 欄位右下角連擊兩下左鍵填滿公式。

🔘 在 N2 欄位右下角連擊兩下來自動填滿，即可完成較複雜的 **Vlookup** 函式

AI 輔助進行 Excel 樞紐分析

樞紐分析是 Excel 所提供的強大數據分析功能，能夠快速組織、彙整、探索資料，並整理出報表。以下技巧將示範 AI 輔助進行樞紐分析的應用情境探索。

⬤ 技巧十一：AI 輔助進行樞紐分析 - 分組加總

〈DEMO〉 **AI 輔助進行樞紐分析 - 分組加總**

◆ 使用效益

引導提問者使用 Excel 的樞紐分析功能進行數據分組和加總，特別是針對具有多維度（例如：國家和產品類別）的數據進行彙總分析，這種分析有助於識別數據在不同維度組合之下的表現與差異。

06 入門應用：AI 輔助 Excel 入門操作與函式撰寫 | 123

◆ **範例提示（Prompt）**

我手上有一份訂單資料，資料欄位 A-K 分別為訂單編號、訂單日期、客戶編號、客戶國家、客戶城市、產品類別、產品子類別、產品名稱、數量、銷售額、利潤金額。若我想要透過樞紐分析生成不同國家、不同產品類別的銷售額加總，可以怎麼做呢？

◆ **輸入（Input）**

- 資料欄位 A-K 分別為訂單編號、訂單日期、客戶編號、客戶國家、客戶城市、產品類別、產品子類別、產品名稱、數量、銷售額、利潤金額：提供給 AI 參考的資料欄位範圍與欄位名稱。
- 生成不同國家、不同產品類別的銷售額加總：請 AI 協助的任務描述。

◆ **範例結果**

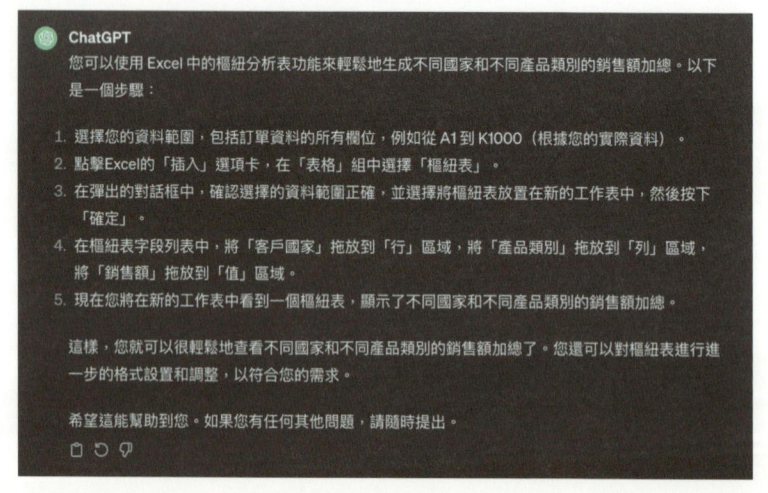

> **ChatGPT**
>
> 您可以使用 Excel 中的樞紐分析表功能來輕鬆地生成不同國家和不同產品類別的銷售額加總。以下是一個步驟：
>
> 1. 選擇您的資料範圍，包括訂單資料的所有欄位，例如從 A1 到 K1000（根據您的實際資料）。
> 2. 點擊 Excel 的「插入」選項卡，在「表格」組中選擇「樞紐表」。
> 3. 在彈出的對話框中，確認選擇的資料範圍正確，並選擇將樞紐表放置在新的工作表中，然後按下「確定」。
> 4. 在樞紐表字段列表中，將「客戶國家」拖放到「行」區域，將「產品類別」拖放到「列」區域，將「銷售額」拖放到「值」區域。
> 5. 現在您將在新的工作表中看到一個樞紐表，顯示了不同國家和不同產品類別的銷售額加總。
>
> 這樣，您就可以很輕鬆地查看不同國家和不同產品類別的銷售額加總了。您還可以對樞紐表進行進一步的格式設置和調整，以符合您的需求。
>
> 希望這能幫助到您。如果您有任何其他問題，請隨時提出。

🎤 請 ChatGPT 教學樞紐分析、進行分組加總，並留意「列」、「行」、「欄」等用語可能會有錯誤

實作步驟

01. **選擇資料。**

按下 `command` / `Ctrl` + `A` 鍵選取，並複製「Orders」工作表中的「A1 至 N1001」儲存格範圍。

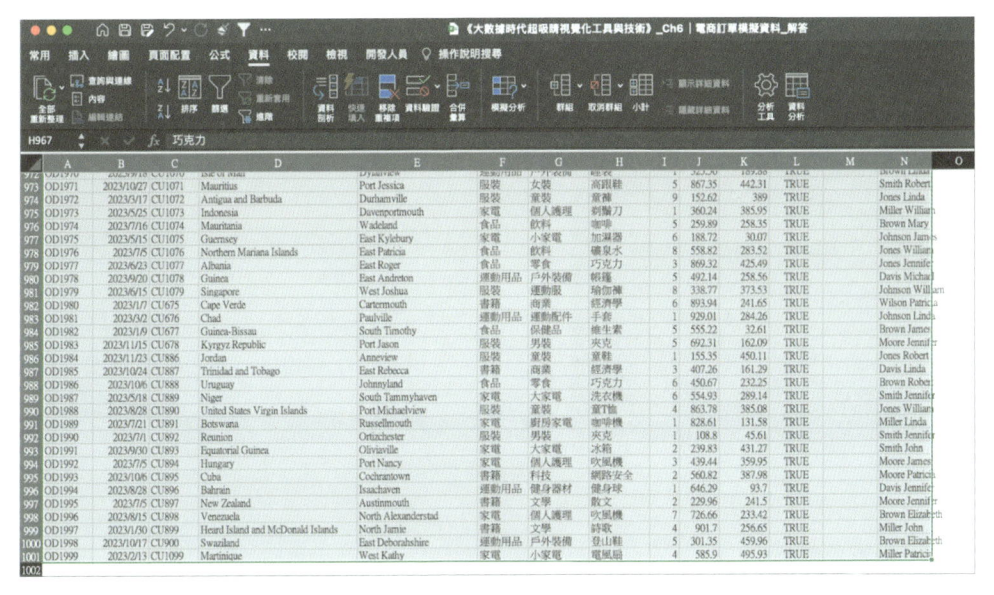

⋒ 複製資料

02. 插入資料。

點選「插入→樞紐分析表」，並將樞紐分析表放置在「新工作表」，然後點擊「確定」按鈕。

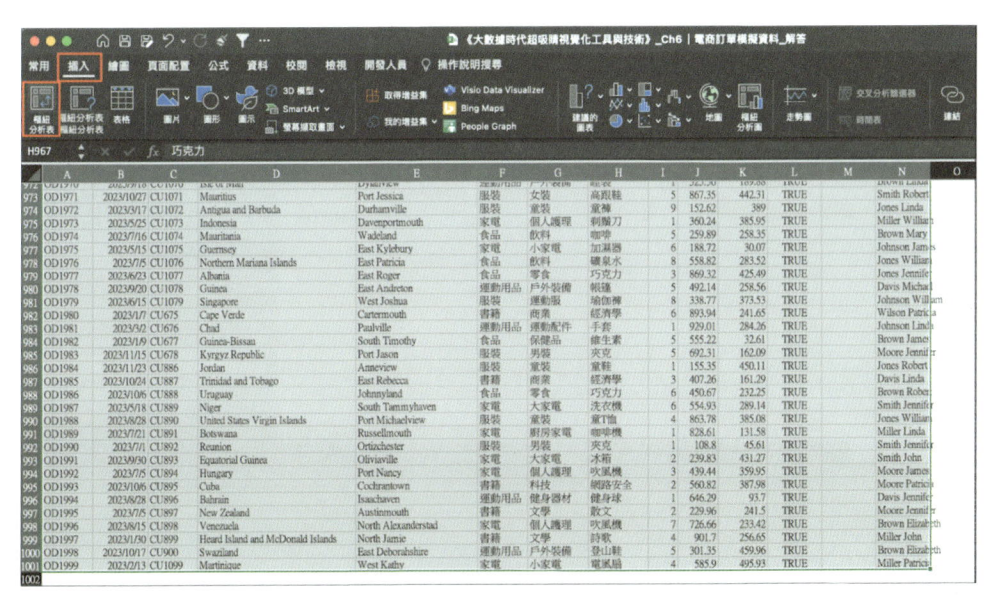

⋒ 新增樞紐分析表

06 入門應用：AI 輔助 Excel 入門操作與函式撰寫

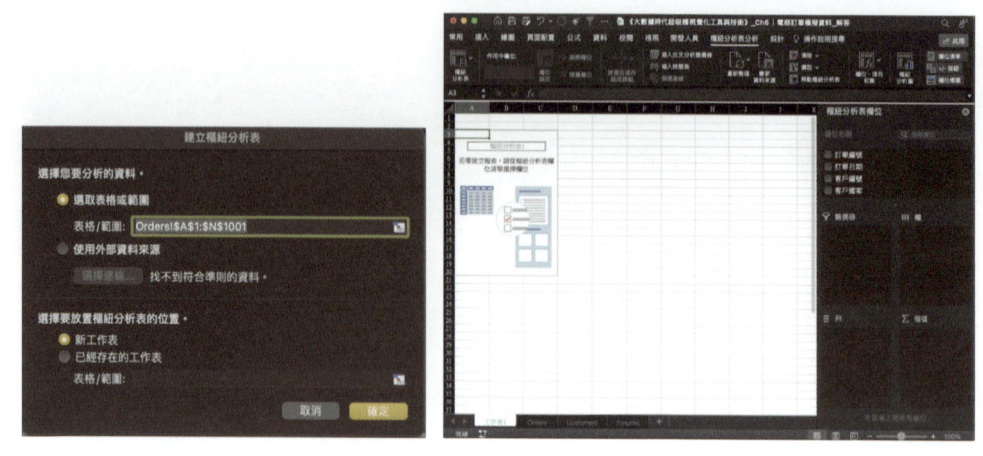

🎧 在新工作表新增樞紐分析表

03. 拖拉樞紐欄位。

在 Excel 右邊的「樞紐分析表欄位」中，將「客戶國家」拖放到「欄」、「產品類別」拖放到「列」，再將「銷售額」拖放到「值」中，完成樞紐分析表製作。

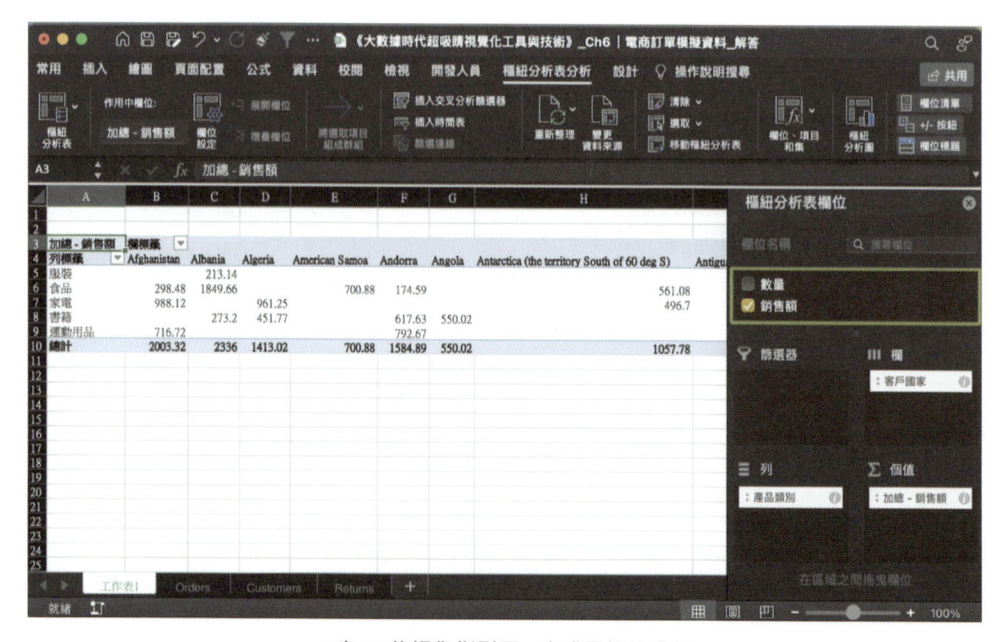

🎧 在 AI 的操作指引下，完成了樞紐分析

技巧十二：AI 輔助進行樞紐分析 - 按月份統計

ᐸDEMOᐳ AI 輔助進行樞紐分析 – 按月份統計

◆ 使用效益

使用 Excel 的樞紐分析表功能對訂單資料進行時間序列分析，快速對數據進行分組、排序、計數和總結，不需要使用複雜的公式。

◆ 範例提示（Prompt）

我有一份訂單資料 Excel，資料欄位包含 訂單日期、銷售額、利潤金額 。請教我如何 使用樞紐分析表整理出每月份的銷售額與利潤金額 。

◆ 輸入（Input）

- 訂單日期、銷售額、利潤金額：提供給 AI 參考的資料欄位範圍與欄位名稱。
- 使用樞紐分析表整理出每月份的銷售額與利潤金額。

◆ 範例結果

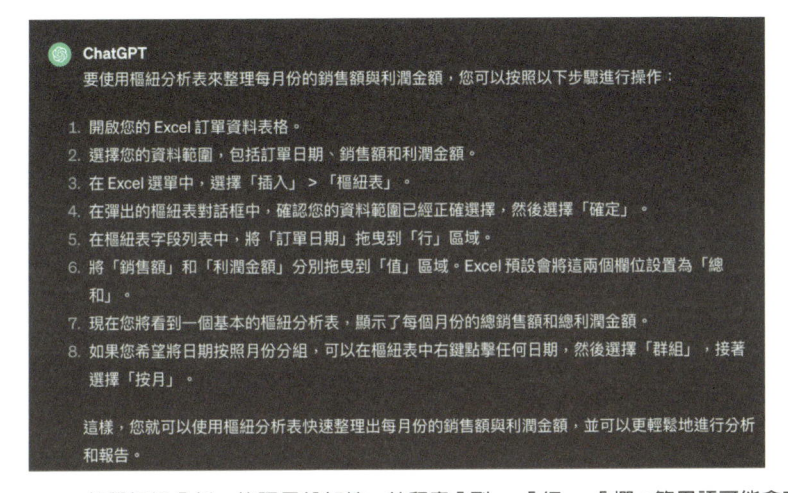

> **ChatGPT**
> 要使用樞紐分析表來整理每月份的銷售額與利潤金額，您可以按照以下步驟進行操作：
> 1. 開啟您的 Excel 訂單資料表格。
> 2. 選擇您的資料範圍，包括訂單日期、銷售額和利潤金額。
> 3. 在 Excel 選單中，選擇「插入」>「樞紐表」。
> 4. 在彈出的樞紐表對話框中，確認您的資料範圍已經正確選擇，然後選擇「確定」。
> 5. 在樞紐表字段列表中，將「訂單日期」拖曳到「行」區域。
> 6. 將「銷售額」和「利潤金額」分別拖曳到「值」區域。Excel 預設會將這兩個欄位設置為「總和」。
> 7. 現在您將看到一個基本的樞紐分析表，顯示了每個月份的總銷售額和總利潤金額。
> 8. 如果您希望將日期按照月份分組，可以在樞紐表中右鍵點擊任何日期，然後選擇「群組」，接著選擇「按月」。
>
> 這樣，您就可以使用樞紐分析表快速整理出每月份的銷售額與利潤金額，並可以更輕鬆地進行分析和報告。

🔗 請 ChatGPT 教學樞紐分析、依照月份加總，並留意「列」、「行」、「欄」等用語可能會有錯誤

實作步驟

01. 選取資料。

按下 ⌘command / Ctrl + A 鍵選取「Orders」工作表中的「A1 至 N1001」儲存格範圍。

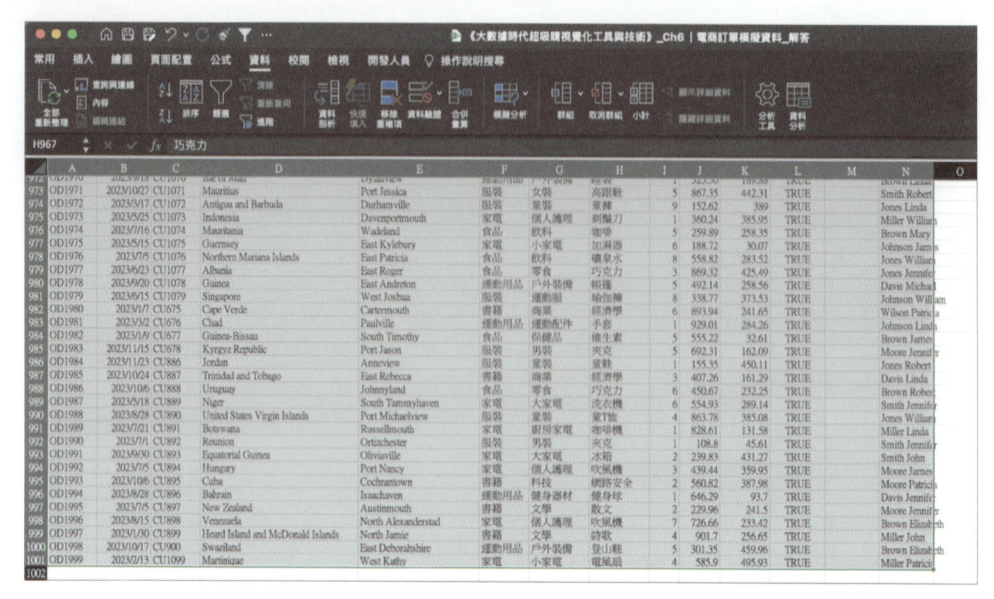

⊙ 選取資料範圍

02. 插入樞紐分析表。

點選「插入→樞紐分析表」，並將樞紐分析表放置在「新工作表」，然後點選「確定」按鈕。

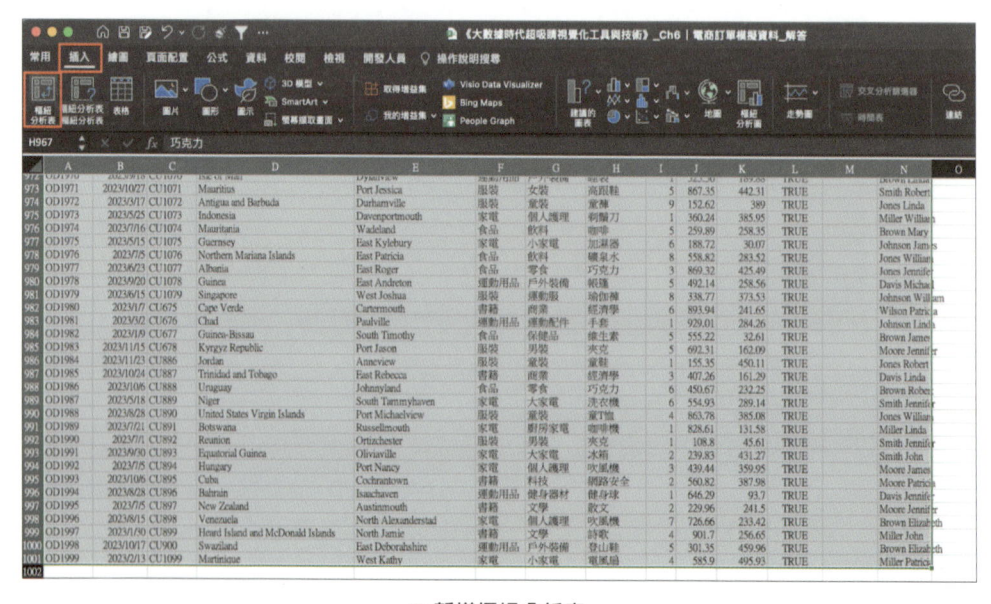

⊙ 新增樞紐分析表

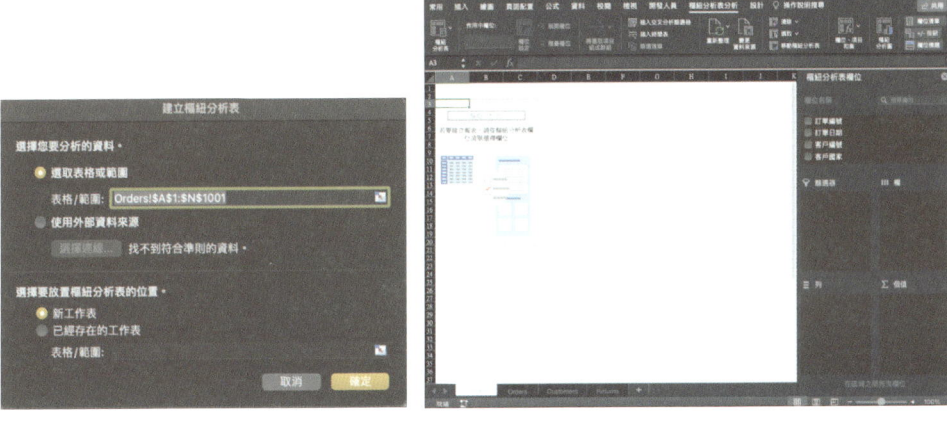

⊙ 在新工作表新增樞紐分析表

03. 拖拉樞紐欄位。

在 Excel 右邊的「樞紐分析表欄位」中，將「訂單日期」拖放到「列」，再將「銷售額」及「利潤金額」拖放到「值」中，完成按月統計的樞紐分析表製作。

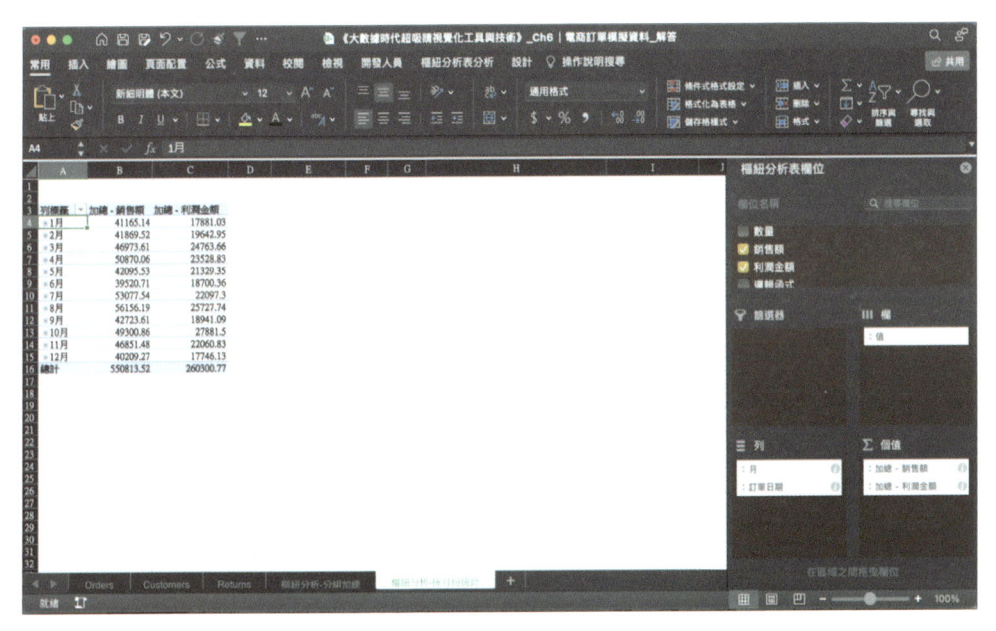

⊙ 完成樞紐分析表

AI 輔助 Excel 資料視覺化及案例練習

資料視覺化是數據溝通的重要方法，Excel 除了可以進行資料整理及資料分析以外，也可以進行基礎的資料視覺化。以下技巧會請 AI 輔助提供圖表建議以及圖表製作的詳細步驟說明，讀者可以參考操作步驟說明來一起進行操作。

技巧十三：AI 輔助圖表建議

‹DEMO› AI 輔助圖表建議

◆ 使用效益

請 AI 根據資料，建議可以使用的視覺化圖表。

◆ 範例提示（Prompt）

針對訂單資料，我目前整理出了 不同國家及不同產品類別的銷售額加總 ，可以推薦我一些 Excel 適合的資料視覺化圖表嗎？

◆ 輸入（Input）

- 不同國家及不同產品類別的銷售額加總：提供給 AI 參考的資料欄位描述。

◆ 範例結果

> **ChatGPT**
>
> 當您已經整理出了不同國家及不同產品類別的銷售額加總後，您可以使用 Excel 中的各種資料視覺化圖表來更直觀地呈現這些資訊。以下是幾種常見的圖表類型，您可以根據自己的需求來選擇適合的圖表：
>
> 1. **柱狀圖**：用於比較不同項目的數值大小，適合展示不同國家或不同產品類別的銷售額加總。
> 2. **圓餅圖**：用於顯示各項目在整體中的佔比情況，適合展示不同國家或不同產品類別的銷售額佔比。
> 3. **折線圖**：用於展示數據的趨勢變化，適合展示不同時間點的銷售額變化情況。
> 4. **散點圖**：用於展示兩個變數之間的關係，適合展示不同國家或產品類別之間的銷售額與其他變數的關係。
> 5. **堆疊柱狀圖或堆疊面積圖**：用於比較多個項目的總量以及各個項目在總量中的佔比情況。
> 6. **雷達圖**：用於展示多個變數的相對大小，適合展示多個國家或產品類別的銷售額加總比較。
>
> 您可以根據自己的需求和資料的特性，選擇適合的圖表類型進行資料視覺化。在 Excel 中，您可以透過選擇資料後點擊「插入」選項卡，然後選擇適合的圖表類型來創建資料視覺化圖表。隨後，您可以通過調整圖表的格式、樣式和佈局，使其更直觀地展示資料。

請 ChatGPT 建議合適的圖表

技巧十四：AI 輔助製作圖表 - 走勢圖（Sparkline Chart）

< DEMO > AI 輔助製作走勢圖

◆ 使用效益

請 AI 幫忙解釋圖表的用途，例如：走勢圖（Sparkline），並指導提問者在 Excel 中建立該圖表，例如：建立走勢圖來進行數據的視覺化。

◆ 範例提示（Prompt）

請說明什麼是 Sparkline，並教我怎麼用 Excel 製作 Sparkline，我的資料中 B4-B15 是每個月份的銷售額加總 、 C4-C15 是每個月份的利潤金額加總 。

◆ 輸入（Input）

- Sparkline：指定製作的圖表類型。
- B4-B15 是每個月份的銷售額加總 、C4-C15 是每個月份的利潤金額加總：提供給 AI 參考的資料欄位描述。

◆ 範例結果

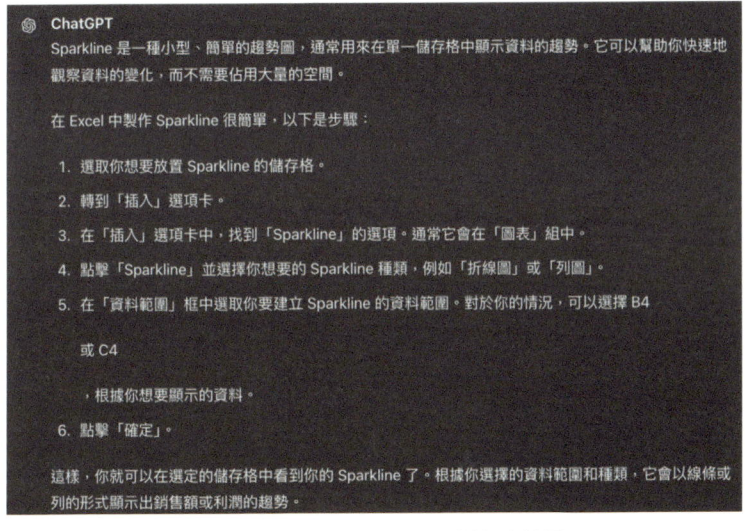

> **ChatGPT**
> Sparkline 是一種小型、簡單的趨勢圖，通常用來在單一儲存格中顯示資料的趨勢。它可以幫助你快速地觀察資料的變化，而不需要佔用大量的空間。
>
> 在 Excel 中製作 Sparkline 很簡單，以下是步驟：
>
> 1. 選取你想要放置 Sparkline 的儲存格。
> 2. 轉到「插入」選項卡。
> 3. 在「插入」選項卡中，找到「Sparkline」的選項。通常它會在「圖表」組中。
> 4. 點擊「Sparkline」並選擇你想要的 Sparkline 種類，例如「折線圖」或「列圖」。
> 5. 在「資料範圍」框中選取你要建立 Sparkline 的資料範圍。對於你的情況，可以選擇 B4 或 C4 ，根據你想要顯示的資料。
> 6. 點擊「確定」。
>
> 這樣，你就可以在選定的儲存格中看到你的 Sparkline 了。根據你選擇的資料範圍和種類，它會以線條或列的形式顯示出銷售額或利潤的趨勢。

🔊 請 ChatGPT 教學在 Excel 製作走勢圖

實作步驟

01. 選取資料並設定圖表類型。

點選 B17 欄位後,點選「插入」索引標籤的「走勢圖」,並選擇「折線」。在「建立走勢圖」對話方塊中,將資料範圍設定為「B4:B15」後,點選「確定」按鈕。

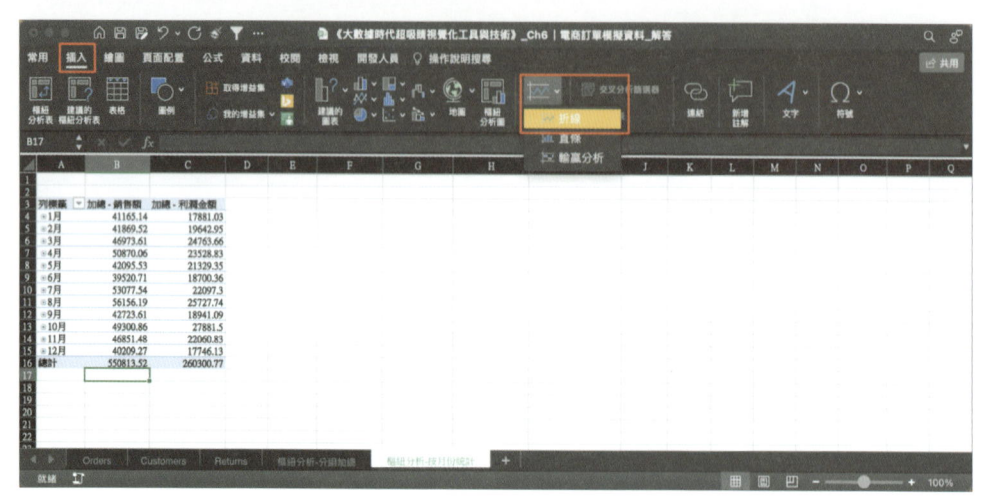

🎧 新增折線走勢圖(有時生成的範圍不是 B4:B15 的話,也可自行手動調整)

🎧 設定資料範圍

02. 產出圖表。

完成製作銷售額的走勢圖(Sparkline)。

🔊 根據 AI 的步驟引導，製作出銷售額走勢圖

03. 產出第二張圖表。

依照上述步驟，進行「利潤金額」的走勢圖製作，資料範圍設定為「C4:C15」後，將走勢圖放置於 C17。

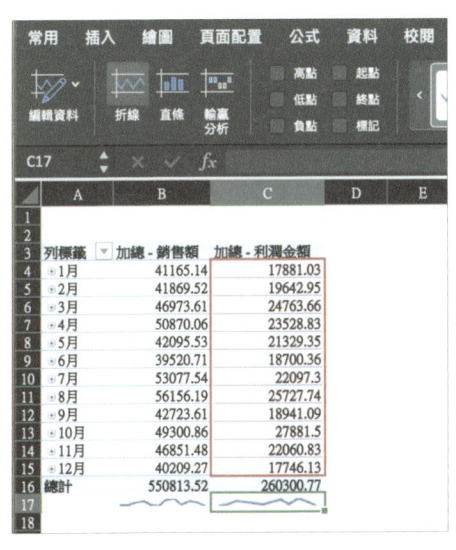

🔊 透過 AI 步驟引導，生成銷售額與利潤金額走勢圖

技巧十五：AI 輔助製作圖表－雙軸折線圖（2-Axis Line Chart）

‹DEMO› AI 輔助製作雙軸折線圖

◆ 使用效益

引導提問者在 Excel 中建立雙軸折線圖，使用兩個不同的 Y 軸來同時展示、比較與分析兩組數值欄位間的關係。

◆ 範例提示（Prompt）

針對訂單資料，我目前整理出了 每個月份的銷售額（B4-B15）及利潤金額的加總金額（C4-C15），可以教我如何用 Excel 製作 雙軸折線圖 嗎？

◆ 輸入（Input）

- 每個月份的銷售額（B4-B15）及利潤金額的加總金額（C4-C15）：提供給 AI 參考的資料描述。
- 雙軸折線圖：指定製作的圖表類型。

◆ 範例結果

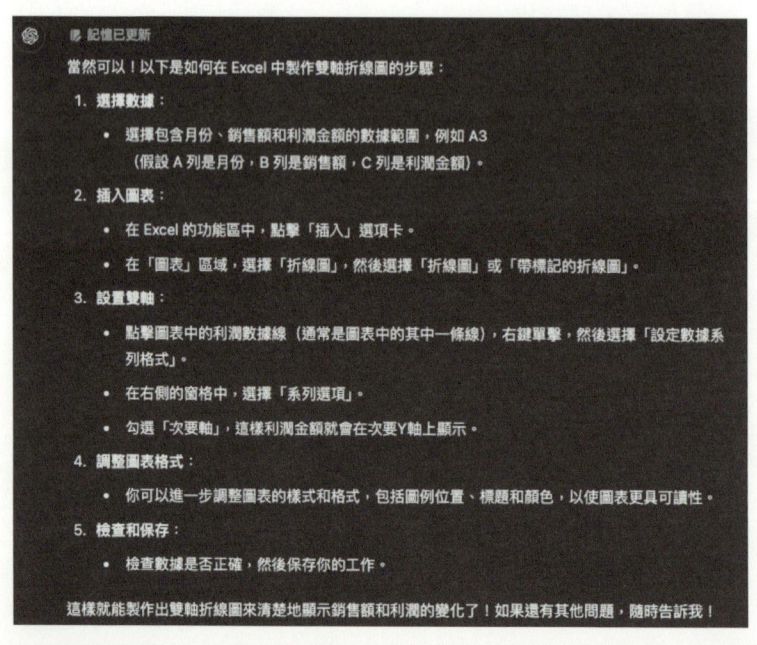

> 記憶已更新
>
> 當然可以！以下是如何在 Excel 中製作雙軸折線圖的步驟：
>
> 1. **選擇數據**：
>   - 選擇包含月份、銷售額和利潤金額的數據範圍，例如 A3
>   （假設 A 列是月份，B 列是銷售額，C 列是利潤金額）。
>
> 2. **插入圖表**：
>   - 在 Excel 的功能區中，點擊「插入」選項卡。
>   - 在「圖表」區域，選擇「折線圖」，然後選擇「折線圖」或「帶標記的折線圖」。
>
> 3. **設置雙軸**：
>   - 點擊圖表中的利潤數據線（通常是圖表中的其中一條線），右鍵單擊，然後選擇「設定數據系列格式」。
>   - 在右側的窗格中，選擇「系列選項」。
>   - 勾選「次要軸」，這樣利潤金額就會在次要Y軸上顯示。
>
> 4. **調整圖表格式**：
>   - 你可以進一步調整圖表的樣式和格式，包括圖例位置、標題和顏色，以使圖表更具可讀性。
>
> 5. **檢查和保存**：
>   - 檢查數據是否正確，然後保存你的工作。
>
> 這樣就能製作出雙軸折線圖來清楚地顯示銷售額和利潤的變化了！如果還有其他問題，隨時告訴我！

🎧 請 ChatGPT 教學如何在 Excel 製作特定圖表（雖然有時介面用語會有點差異，但確實可以一定程度的提供製作順序的參考）

實作步驟

01. 選取資料與圖表。

選取 A3-C15 資料範圍後,點選「插入→折線圖」。

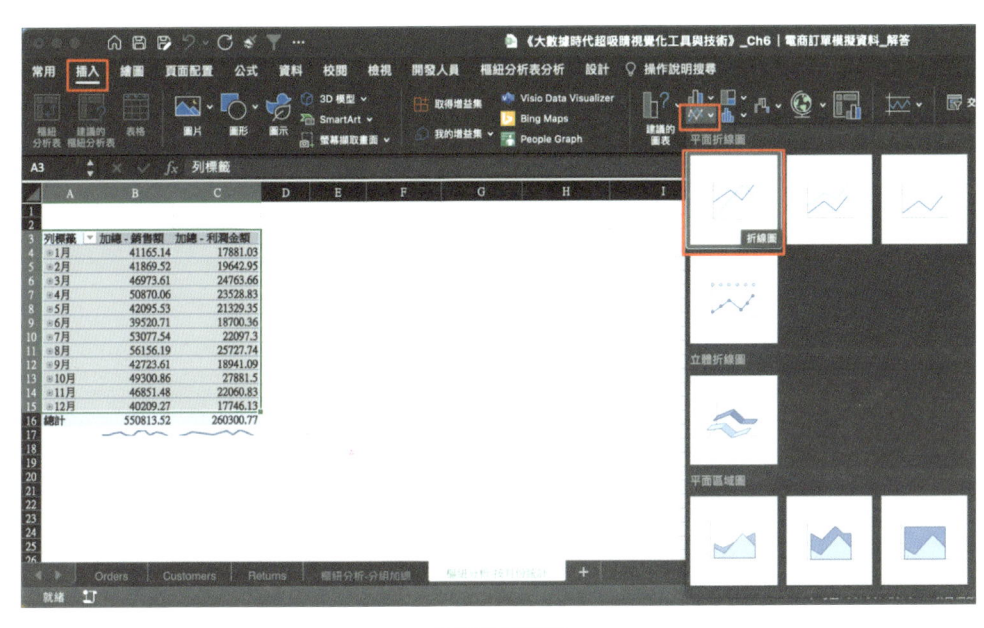

◎ 插入折線圖

02. 調整數列格式。

生成折線圖後,接著點選其中一條折線,並按右鍵選擇「資料數列格式」,然後將右方的「數列資料繪製於」由「主座標軸」改為「副座標軸」,即完成繪製雙軸折線圖。

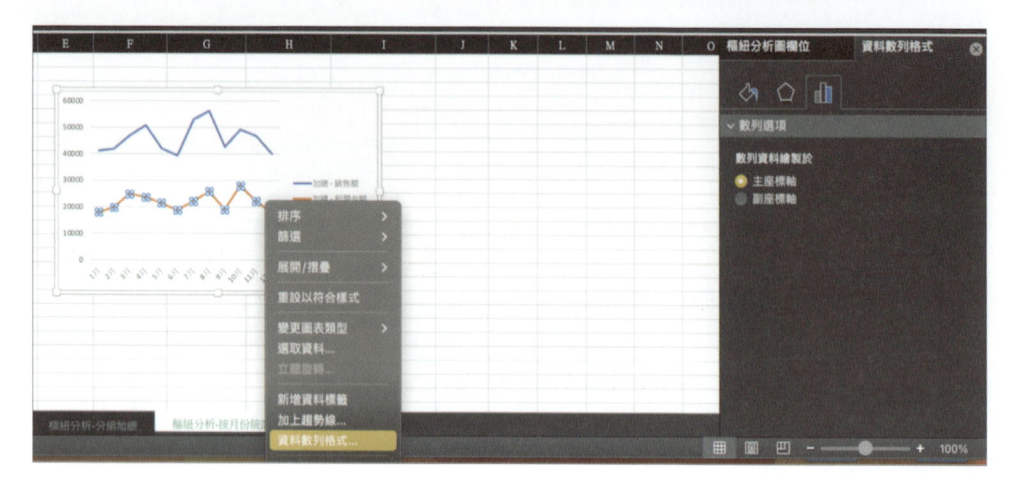

調整其中一條折線的數列格式

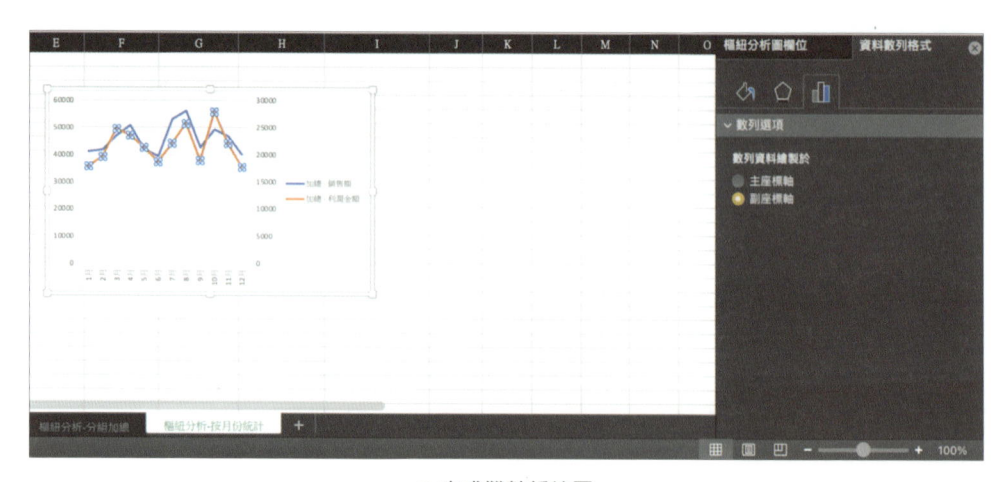

完成雙軸折線圖

Unit 07　進階應用：AI 輔助建立 Excel VBA 自動化分析

單元導覽

　　本單元練習透過 AI 輔助 VBA 語法撰寫任務，VBA 為「Visual Basic for Applications」的縮寫，主要是搭配 Microsoft Excel 及 Word 等應用程式的自動化語法，例如：在 Excel 中進行自動化報表生成、資料處理和分析等情境。

　　VBA 是強大的自動化輔助工具，但對於「無程式碼基礎／程式碼基礎較弱」的人來說，操作門檻較高，但現在有了生成式 AI 輔助，能有效降低許多人操作 VBA 的門檻，透過生成基礎內容或第一版語法，或是請 AI 進行解釋，可軟化並降低從零開始撰寫語法的痛苦感。

　　本單元分享如何透過生成式 AI 的輔助學習與應用 VBA，將以三個部分來介紹：

單元提要

項目	說明
AI 輔助入門 VBA	這裡希望從零開始引導進行 VBA 操作，包括 AI 輔助認識關於 VBA 的基礎資訊，或是引導讀者在 Excel 軟體開啟相關功能、並說明適合協助的任務等。
實作案例：AI 輔助生成第一個 VBA	開啟 Excel 中的 VBA 功能後，這裡將引導 AI 協作生成入門的程式語法，並在 Excel 試算表中呈現文字資訊，藉此學習關於 VBA 的結構與語法意涵，再接著嘗試撰寫基礎的邏輯判斷程式，循序漸進來學習與練習 VBA 功能。
實作案例：AI 輔助建立 VBA 自動化分析	到此讀者應該對於 VBA 較為熟悉了，這裡嘗試引導更多 VBA 資料分析應用案例練習，像是幫助進行自動化分析、生成圖表、匯出報表等情境。

> **TIPS!** 如果讀者真的是完全無程式碼基礎，無法了解寫程式的最基礎概念，或是在本單元的閱讀過程中感到吃力，可以考慮暫時跳過本單元的練習；VBA 相對偏向程式碼工作者所使用之技巧，AI 雖然確實能夠降低操作門檻，但仍然有一定的使用難度。

實作資料

　　進行本單元較後面內容的「實作案例：AI 輔助建立 VBA 自動化分析」時，請開啓「電商訂單模擬資料.xlsx」，此為筆者透過 ChatGPT 生成的練習資料檔，我們將以此電商訂單模擬資料來進行練習，讀者可先下載資料檔案，並跟著操作練習。在此檔案中，共有五個工作表，其中「Orders」、「Customers」及「Returns」工作表，分別代表訂單、客戶資料、退貨資料，而「Practice」與「Customer Summary」目前為空白試算表，將於後續技巧中放入 VBA 輔助產生的統計分析結果。

🔊「訂單（Orders）」工作表

◯「客戶（Customers）」工作表　　　◯「退貨（Returns）」工作表

AI 輔助入門 VBA

這裡從最基礎的概念開始逐步介紹 VBA 基礎觀念，並透過幾個 AI 語法來逐步熟悉 VBA 的環境。

◯ 技巧一：請 AI 說明什麼是 Excel VBA

‹DEMO› 了解 Excel VBA

◆ 使用效益

幫助了解 Excel VBA 是什麼，以及如何使用它來進行 Excel 資料分析和自動化任務，並幫助提問者列出 Excel VBA 的應用場景，透過表格彙整來提供情境及難易程度。

◆ 範例提示（Prompt）

什麼是 Excel VBA？怎麼使用？Excel VBA 可以用來做些什麼？幫我用表格整理一些應用情境，並區分難易程度。

◆ 範例結果

ChatGPT

Excel VBA是指Microsoft Excel的Visual Basic for Applications，它是一種用於自動化和自訂Excel功能的程式語言。VBA可以讓用戶撰寫腳本來執行各種任務，從簡單的數據處理到複雜的報告生成，使Excel更加靈活和強大。

使用Excel VBA可以實現以下功能：

1. 自動執行重複性任務，如數據整理、格式化和報告生成。
2. 創建自定義函數和公式，擴展Excel的功能。
3. 與外部數據源集成，從其他應用程序中提取數據並在Excel中進行處理。
4. 創建交互式的使用者界面，使用戶可以通過按鈕、下拉列表等進行操作。

要使用Excel VBA，可以按照以下步驟進行：

1. 打開Excel並選擇要編輯的工作簿。
2. 點擊"開發人員"選項卡（如果沒有顯示，可以在Excel選項中啟用）。
3. 點擊"Visual Basic"按鈕，這將打開Visual Basic for Applications編輯器。
4. 在編輯器中，可以創建新的模塊（Module）並開始編寫VBA代碼。
5. 編寫完代碼後，可以返回Excel，並使用快捷鍵或按鈕來運行VBA代碼。

為了更好地學習和使用Excel VBA，建議閱讀相關的教程和參考文檔，並通過實踐不斷熟練掌握。

🎧 **請 ChatGPT 介紹 Excel VBA**

ChatGPT

當然，以下是一些Excel VBA可以處理的常見應用情境，我們可以將它們按照難易程度分類：

難易程度	應用情境	說明
初級	自動化數據輸入	創建腳本來自動填充表格或工作表中的數據，從其他源頭或者根據特定規則輸入數據。
初級	格式化數據	使用VBA代碼來自動格式化單元格、行、列或整個工作表中的數據，以使其符合特定的要求或標準。
初級	數據篩選與排序	撰寫腳本來自動篩選數據，或根據特定條件對數據進行排序。
中級	創建自定義函數	使用VBA編寫自定義函數，使其能夠執行特定的數學計算、數據處理或其他任務，並將其應用於Excel工作表中。
中級	生成報告	使用VBA自動創建報告，從Excel數據中提取信息，並將其格式化為可讀取的格式，例如表格、圖表或PDF。
中級	數據驗證	編寫腳本來驗證數據的完整性和準確性，並在檢測到錯誤時提供警告或修復選項。
高級	自動化工作流程	將VBA與其他應用程序集成，例如Outlook或Access，以自動執行完整的工作流程，包括數據提取、處理和報告生成。
高級	交互式用戶界面	創建自定義的用戶界面，例如對話框或表單，使用戶可以通過填寫表單或點擊按鈕來與VBA代碼進行交互。

🎧 **請 ChatGPT 列舉 VBA 應用情境**

關於以上 AI 的回覆，有提到以下的項目：
- 自動執行重複性任務，如資料整理、格式化和報告生成。
- 建立自定義函數和公式，擴展 Excel 的功能。
- 與外部資料來源集成，從其他應用程式中提取資料，並在 Excel 中進行處理。
- 建立互動式的使用者介面，讓使用者可以透過按鈕、下拉式選單等進行操作。

也就是說，有些操作過往我們需要連續點選 Excel 的多個按鈕，來組合完成一系列的流程，然而透過 VBA 語法的執行，便能夠自動化完成這些操作。

技巧二：請 AI 輔助舉例 VBA 的使用情境

AI 輔助了解 VBA

◆ **使用效益**

透過真實的情境介紹來更認識 VBA，語法中加入「五歲小孩」的技巧，可以讓回覆的語感上更適合於初學入門者。

◆ **範例提示（Prompt）**

在 VBA 應用中，對於 **格式化數據**，我要如何設計 VBA 來處理？用五歲小孩都可以理解的方式說明、舉例。

◆ **輸入（Input）**
- **格式化數據**：指定 AI 針對使用者指定的情境，請 ChatGPT 舉例說明，可嘗試變化此關鍵字。

◆ **範例結果**

> 簡單理解的方式說明：
>
> 例子 1: 五歲小孩可以理解的方式
>
> 假設你有一個 Excel 表格，裡面有一列是日期，但是日期的格式不統一，有的是 "2024/07/02"，有的是 "02-07-2024"，你想把它們統一成 "YYYY-MM-DD" 的格式。
>
> 1. **問題**: 日期格式不統一。
> 2. **解決方法**: 使用 Excel VBA 編寫一個簡單的腳本，將所有的日期格式轉換成統一的 "YYYY-MM-DD" 格式。

07　進階應用：AI 輔助建立 Excel VBA 自動化分析　141

```
簡單的 VBA 程式碼示例：

vba                                          複製程式碼

Sub 格式化日期()
    Dim rng As Range
    Dim cell As Range
    
    ' 將範圍設定為你要處理的日期列
    Set rng = Range("A2:A100")
    
    ' 遍歷每個單元格，將日期格式設置為 YYYY-MM-DD
    For Each cell In rng
        cell.Value = Format(cell.Value, "yyyy-mm-dd")
    Next cell
End Sub

這個腳本將範圍 A2
中的所有日期，不管原本是什麼格式，都轉換成統一的 "YYYY-MM-DD" 格式。
```

請 ChatGPT 用五歲小孩都可以理解的方式說明 VBA

　　由於 AI 的隨機性，讀者所生成的結果必然跟本書不同，有時 AI 會舉例出好理解又經典的例子，但有時卻會生產出過度複雜的案例，如果讀者看不懂 AI 的舉例，可直接重新生成即可。

實作案例：AI 輔助生成第一個 VBA

　　這裡將展示如何透過 AI 輔助撰寫 VBA 入門語法，並詢問 AI 語法的意義與情境。要特別注意的是，不同的 Excel 版本可能有不同的 VBA 功能啟用與操作位置。

技巧三：AI 輔助開啟 VBA 功能

‹DEMO› AI 輔助啟用 VBA

◆ 使用效益

請 AI 引導入門使用者，依步驟學習如何啟用 Excel 的 VBA 功能。

◆ 範例提示（Prompt）

請教我如何在 MacOS 及 Windows 電腦的 Excel 中開啟 VBA 功能。

◆ 範例結果

```
ChatGPT
在MacOS和Windows電腦上，要使用Excel的VBA功能，需要先啟用"開發人員"選項卡。以下是在兩個平台上啟用VBA功能的步驟：

在Windows上啟用VBA功能：
 1. 打開Excel。
 2. 點擊頂部菜單欄中的"文件"。
 3. 選擇"選項"。
 4. 在Excel選項對話框中，選擇"自訂功能區"。
 5. 在右側"主選項卡"列表中找到"開發人員"，勾選它。
 6. 點擊"確定"。

現在，你將在Excel的頂部菜單欄中看到"開發人員"選項卡，你可以在其中訪問VBA編輯器和其他開發人員工具。

在MacOS上啟用VBA功能：
 1. 打開Excel。
 2. 點擊頂部菜單欄中的"Excel"。
 3. 選擇"偏好設定"。
 4. 在"偏好設定"對話框中，選擇"通用"。
 5. 確保"顯示開發人員選項卡"已勾選。
 6. 關閉"偏好設定"。
```

🎧 **ChatGPT 引導開啓 VBA 功能（區分 MacOS 與 Windows）的 Excel 版本**

> **TIPS!** 此技巧展示的是如何透過 ChatGPT 來解釋開啓 VBA 的操作步驟，但因為 AI 的隨機性因素，有時會生成很好理解的步驟，但有時給出的內容卻不好閱讀，因此也可於 Google 搜尋「尋找 Visual Basic 編輯器」的關鍵字，便可以連結到微軟官方提供的「如何開啓 Visual Basic 編輯器」的說明文件連結。

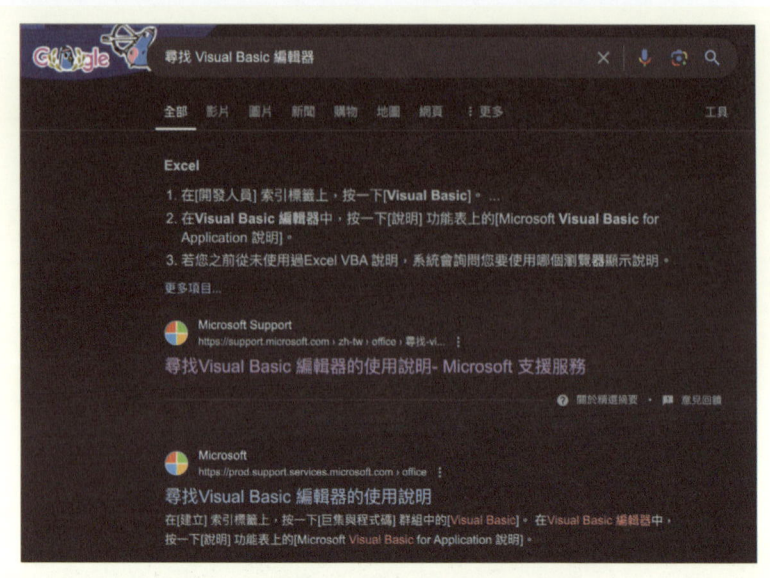

🎧 Google 搜尋關鍵字，應可找到微軟官方的說明文件

實作步驟

以下彙整了如何在 MacOS 或是 Windows 開啟 VBA 編輯器，並且用步驟化的方式呈現。

- **VBA 開啟步驟：Windows**

01. 開啟選單。

點選 Excel 的「檔案→其他→選項」（有些 Excel 版本不需要點選「其他」，就可以直接點選「選項」）。

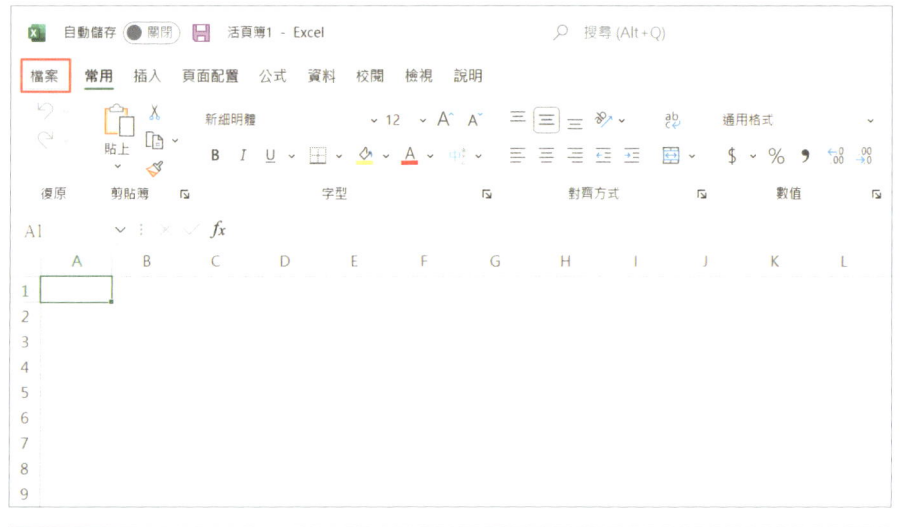

在「選項」中進行 Excel 功能選單的設定

02. 開啟「開發人員」選項。

切換到「自訂功能區」，從清單中勾選「開發人員」選項，然後點選「確定」按鈕，即可完成設定。

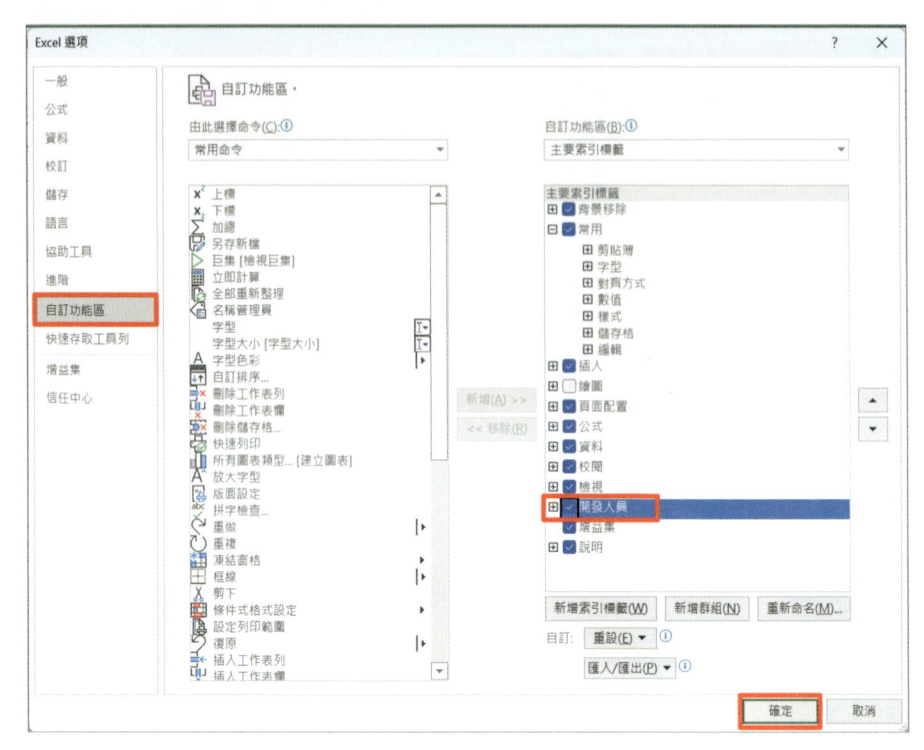

◐ 開啟「開發人員」功能設定

03. 開啟 VBA 編輯器。

回到 Excel 主畫面，如果設定成功，應該可以看到功能頁籤中出現「開發人員」選單，點選後左方會有「Visual Basic」VBA 程式語言編輯器，本單元後續所分享的 VBA 程式語言，都可在這裡進行開啟、撰寫、編輯、執行。

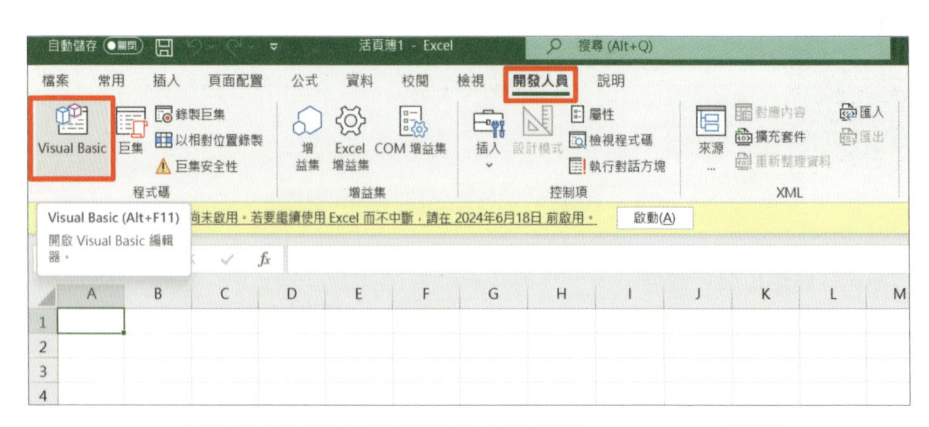

◐ 本單元的實作將需要使用到開發人員頁籤的 Visual Basic 編輯器

- **VBA 開啓步驟：MacOS**

01. 開啓喜好設定。

開啓 MacOS 版本 Excel 的上方工具列，並點選「Excel → 喜好設定」選項。

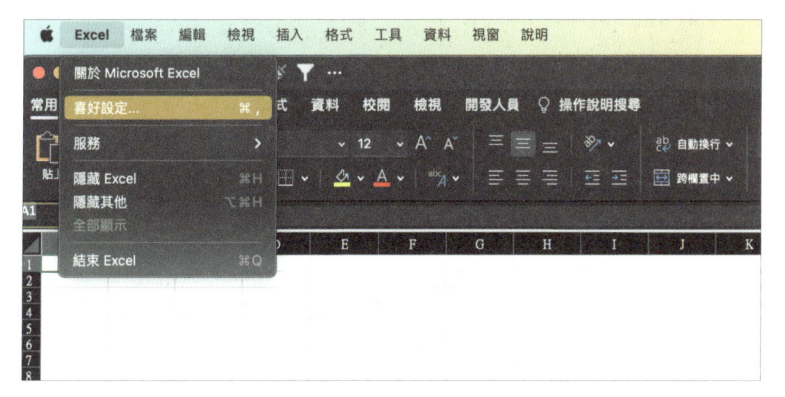

  點選「Excel → 喜好設定」

02. 勾選開發人員索引標籤。

 點選「檢視」，並勾選「[開發人員] 索引標籤」選項（介面中點選按鈕時，可能會與 ChatGPT 說明的步驟文字有差異，常出現的問題是名稱翻譯的差異等）。

  點選「檢視」

07　進階應用：AI 輔助建立 Excel VBA 自動化分析　　147

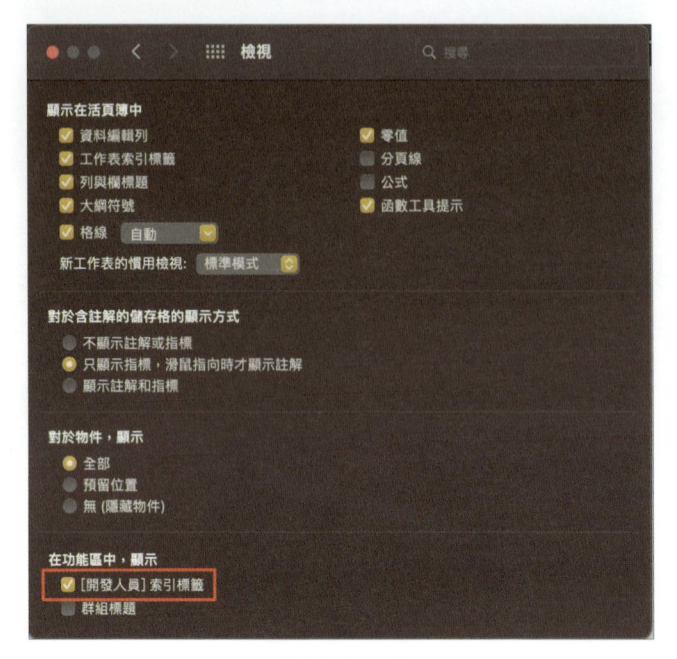

⚑ 勾選後完成設定

03. 開啟 VBA 編輯器。

　　回到 Mac 版本的 Excel 主畫面，會發現多了「開發人員」的選單，在其子選單中可以找到「Visual Basic」按鈕，點選後即可開始進行 VBA 程式撰寫。

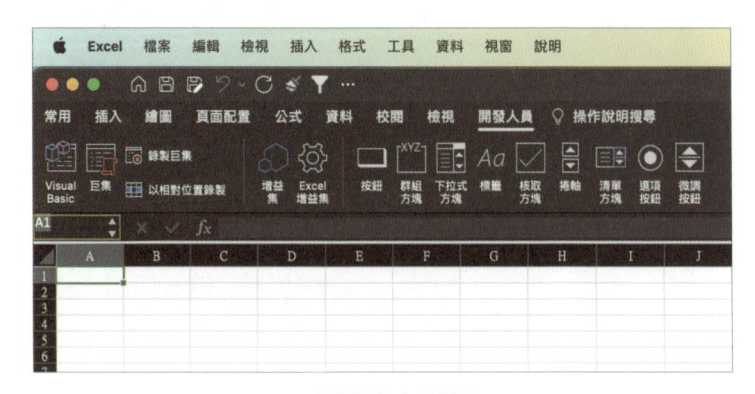

⚑ 出現開發人員選單

148　AI×Excel×Tableau 資料分析語法指南

技巧四：第一個 VBA「Hello World!」

〈DEMO〉編寫第一個 VBA

◆ **使用效益**

學習如何使用 VBA 編寫第一個程式碼，並透過 AI 輔助解釋程式語法，來理解每一行程式碼的作用和意義。

◆ **範例提示（Prompt）**

請幫我用 VBA 寫一個 入門的程式碼 ，幫忙自動新增一個 Excel 工作表，並輸出及顯示 "Hello World!"，接著一行一行跟我解釋程式語法。

◆ **輸入（Input）**

- 入門的程式碼：指定生成的程式碼難度或類型。
- "Hello World!"：指定要在畫面上呈現的文字內容。

◆ **範例結果**

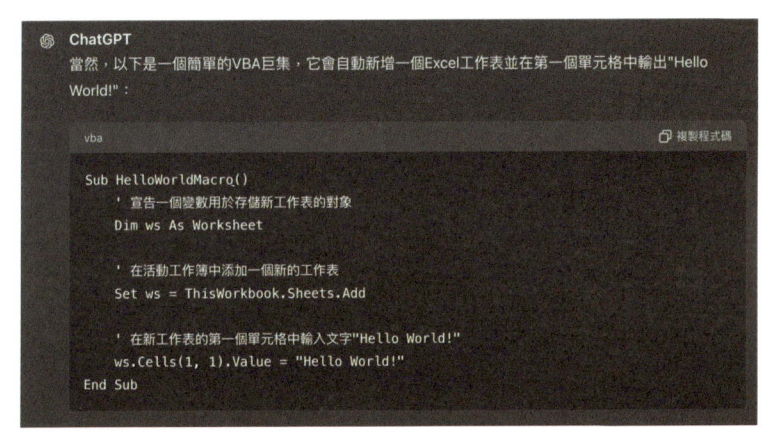

```vba
Sub HelloWorldMacro()
    ' 宣告一個變數用於存儲新工作表的對象
    Dim ws As Worksheet
    
    ' 在活動工作簿中添加一個新的工作表
    Set ws = ThisWorkbook.Sheets.Add
    
    ' 在新工作表的第一個單元格中輸入文字"Hello World!"
    ws.Cells(1, 1).Value = "Hello World!"
End Sub
```

○ 請 ChatGPT 協助撰寫第一個 VBA 程式碼所得到的回覆

實作步驟

01. **開啟 VBA 編輯器。**

點選「開發人員」，並開啟「Visual Basic」（由於作者使用的是 MacOS 電腦，操作畫面會以 MacOS 的介面顯示為主，不過操作方式與 Windows 大同小異）。

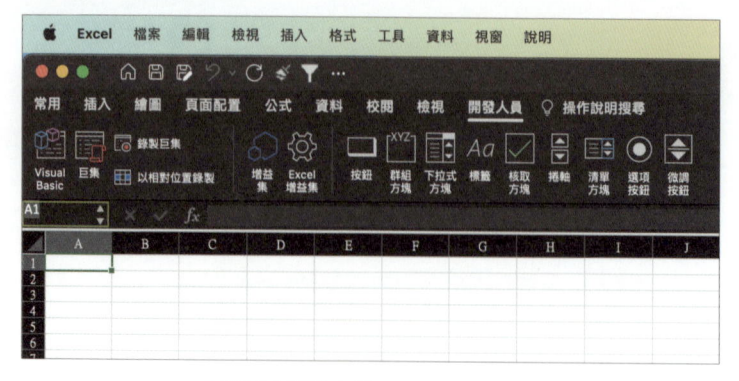

🎧 點選「開發人員→Visual Basic」

02. 進入 VBA 編輯區。

在「工作表 1」上雙擊左鍵,可開啓該工作表的 VBA 程式碼編輯區(右方白色的空白區塊)。

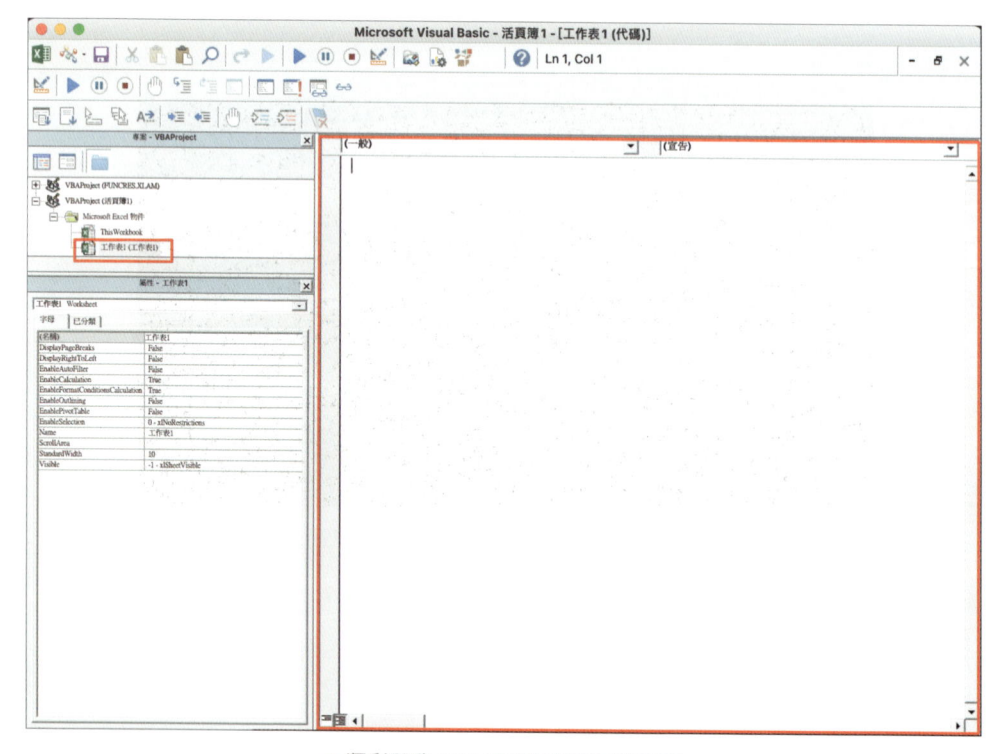

🎧 順利開啓 VBA 程式碼撰寫區的畫面

03. 貼上 VBA 程式碼並執行。

貼上 ChatGPT 生成的程式碼後，按上方的「執行」按鈕。

◆ 程式碼

```
Sub HelloWorldMacro()
    '宣告一個變數用於存儲新工作表的對象
    Dim ws As Worksheet

    '在活動工作簿中增加一個新的工作表
    Set ws = ThisWorkbook.Sheets.Add

    '在新工作表的第一個單元格中輸入文字 "Hello World!"
    ws.Cells(1, 1).Value = "Hello World!"
End Sub
```

> **TIPS!** 由於 AI 每次生成的結果都不同，如果讀者希望直接參閱本書所列出來的程式碼結果，可直接手動輸入，或是前往本書專屬網頁進行瀏覽或複製。本書的網址可於最前面的「關於本書」中找到。

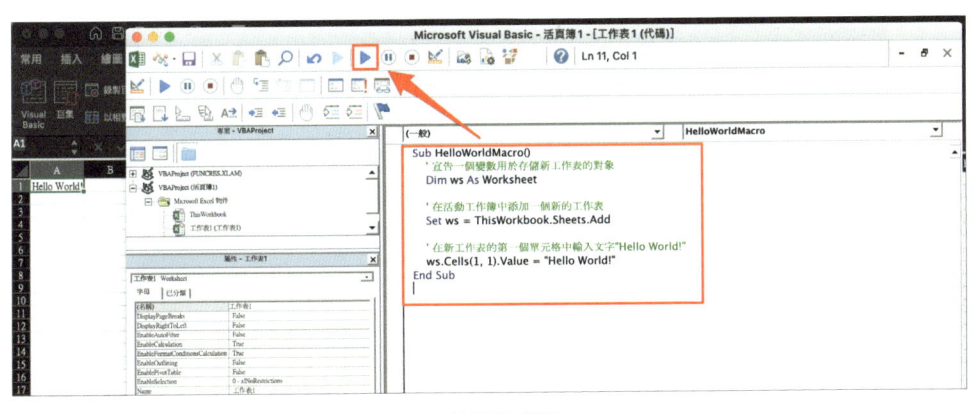

○ 執行程式碼

04. 瀏覽執行結果。

回到 Excel，順利的話會看到已經自動在 Excel 中新增「工作表 2」，且在「A1」欄位中出現了「Hello World!」的字串，恭喜完成第一個 VBA 程式碼。

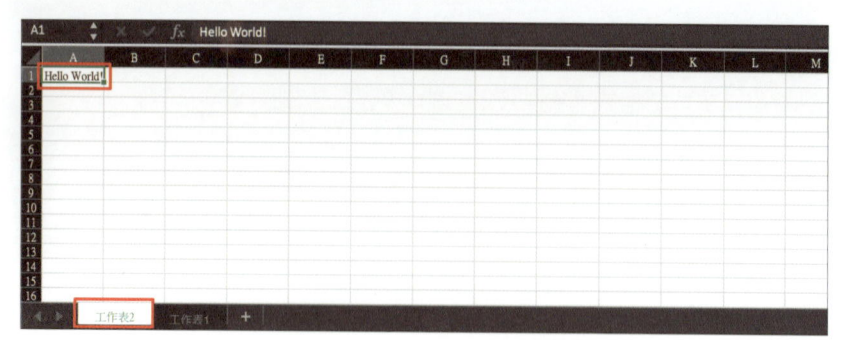

🎧 Hello World! 程式碼執行結果

05. 瀏覽 ChatGPT 解釋的程式碼意義。

　　ChatGPT 是絕佳的程式碼解釋人員，由於在提示中提問時，我們加入了「接著一行一行跟我解釋程式語法」的語法，AI 在提供程式碼之後，還會一步步解釋它給出的程式碼意義。

　　如果讀者是第一次操作 VBA，可以閱覽 AI 給出的 Sub、Dim、Set 等關鍵字的意思，也可以嘗試手動修改部分程式碼，例如：修改「Hello World!」文字，並再次執行看看 Excel VBA，觀察結果會有哪些改變。

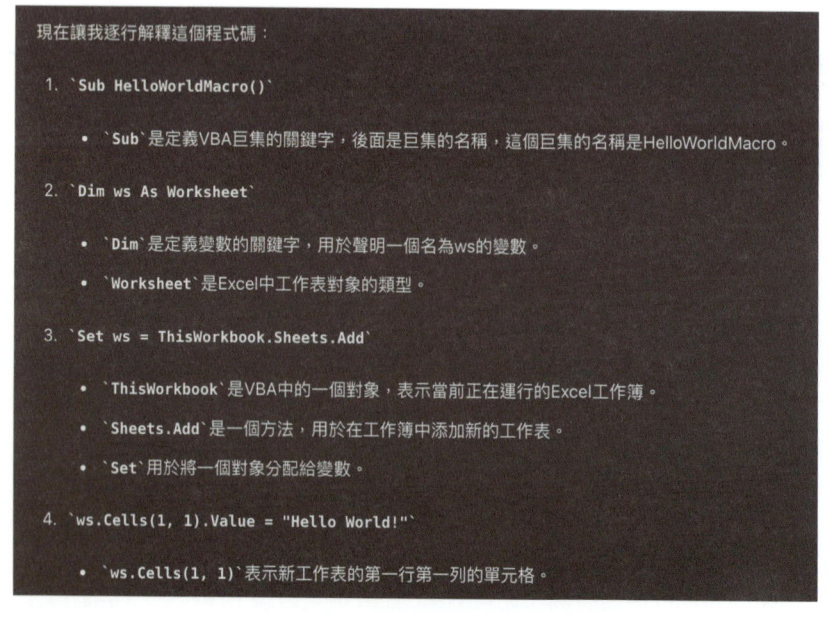

現在讓我逐行解釋這個程式碼：

1. `Sub HelloWorldMacro()`
   - `Sub` 是定義VBA巨集的關鍵字，後面是巨集的名稱，這個巨集的名稱是HelloWorldMacro。

2. `Dim ws As Worksheet`
   - `Dim` 是定義變數的關鍵字，用於聲明一個名為ws的變數。
   - `Worksheet` 是Excel中工作表對象的類型。

3. `Set ws = ThisWorkbook.Sheets.Add`
   - `ThisWorkbook` 是VBA中的一個對象，表示當前正在運行的Excel工作簿。
   - `Sheets.Add` 是一個方法，用於在工作簿中添加新的工作表。
   - `Set` 用於將一個對象分配給變數。

4. `ws.Cells(1, 1).Value = "Hello World!"`
   - `ws.Cells(1, 1)` 表示新工作表的第一行第一列的單元格。

🎧 ChatGPT 會輔助解釋程式碼的意思

AI×Excel×Tableau 資料分析語法指南

- `.Value` 表示單元格的值。
- 將文字 "Hello World!" 分配給這個單元格。

🎧 ChatGPT 會輔助解釋程式碼的意思（續）

◯ 技巧五：請 AI 列出 VBA 入門基礎語法

‹DEMO› AI 列出 VBA 入門基礎語法

◆ 使用效益

請 AI 幫忙列出學習 VBA 的常用語法關鍵字，提供關鍵字案例作為參考，並讓 AI 以難度分類，來幫助辨識學習與應用的難易度。

◆ 範例提示（Prompt）

除了前一個技巧練習所提到的 Sub、Dim、Set 等基礎函式，對於想學習 VBA 的入門者而言，會建議需要認識哪些語法關鍵字呢？請用表格整理，一個關鍵字一列，並依照入門難度分類。

◆ 範例結果

為了學習 VBA 的入門者，以下整理了一些重要的 VBA 語法關鍵字，按照入門難度分類：

難度	關鍵字	說明
基礎	Sub	宣告和定義巨集或函數的開始
基礎	Dim	宣告變數或對象
基礎	Set	將對象變數設置為特定對象
基礎	If...Then...Else	條件語句，根據條件執行不同的代碼
基礎	For...Next	迴圈，用於按指定次數重複執行代碼
基礎	Do...Loop	迴圈，根據條件重複執行代碼
基礎	Select Case	根據不同條件值執行不同的代碼
基礎	Exit Sub	結束巨集或函數的執行
基礎	MsgBox	彈出消息框顯示信息或提示
基礎	InputBox	彈出輸入框接收用戶輸入
基礎	Range	Excel 中的儲存格或範圍對象
基礎	Cells	Excel 中的儲存格或範圍對象（以行列索引訪問）
基礎	Worksheets	Excel 中的工作表對象集合
基礎	With...End With	簡化對多個對象進行多次操作
基礎	Comment	添加註解或說明
中級	Error Handling	錯誤處理，如 On Error Resume Next 和 On Error GoTo 0

🎧 ChatGPT 輔助列舉了許多 VBA 語法關鍵字，並說明其用途

技巧六：AI 輔助生成邏輯判斷 VBA 語法

> **DEMO** AI 輔助生成邏輯判斷 VBA 語法

◆ 使用效益

我們來學習 VBA 的更多變化，同樣是請 AI 幫忙生成程式碼。這裡引導讀者透過 if-else 條件語句，來自動檢查 Excel 工作簿中是否存在指定條件，並根據檢查結果執行對應操作，且同樣請 AI 逐行解釋程式語法來幫助理解與學習。

◆ 範例提示（Prompt）

請幫我用 VBA 寫一個入門的 Excel if-else 程式應用，這個程式會 檢查工作簿 是否已存在「Practice」工作表。如果不存在，則自動新增一個「Practice」工作表；如果已存在，則跳出「已有 Practice 工作表」訊息，接著一行一行跟我解釋程式語法。

◆ 輸入（Input）

- Excel if-else 程式應用：請 AI 幫忙生成的應用描述。
- 檢查工作簿：請 AI 幫忙執行的動作。
- 「Practice」工作表：指定程式碼讀取，並檢查是否存在的工作表。

> **TIPS!** if-else 條件語句是指程式語言可以根據是否符合指定的條件來執行對應的動作，例如：若判斷分數高於 60 分（IF）則顯示「及格」，若不高於 60 分（ELSE）則顯示「不及格」。

實作步驟

01. 複製 ChatGPT 程式碼。

複製 ChatGPT 生成的程式碼後，可在 Visual Basic 編輯器現有的程式碼下方，按 Enter 鍵換行後，點選「右鍵→貼上」，Visual Basic 編輯器會自動判別有兩組不同的程式碼。

◆ 程式碼

```
Sub CheckAndAddSheet ()
    Dim ws As Worksheet
```

```vba
    Dim sheetExists As Boolean

    SheetExists = False

    ' 檢查工作簿中是否存在名為 "Practice" 的工作表

    For Each ws In ThisWorkbook.Sheets
        If ws.Name = "Practice" Then
            SheetExists = True
            Exit For
        End If

    Next ws

    ' 如果 "Practice" 工作表不存在,則增加一個新的工作表

    If Not sheetExists Then
        Set ws = ThisWorkbook.Sheets.Add
        ws.Name = "Practice"
        MsgBox "已新增新的 'Practice' 工作表。"
    Else
        MsgBox "已有 'Practice' 工作表。"
    End If
End Sub
```

請 ChatGPT 生成邏輯判斷 VBA,可於 ChatGPT 對話框複製使用

△ 請 ChatGPT 生成邏輯判斷 VBA，可於 ChatGPT 對話框複製使用（續）

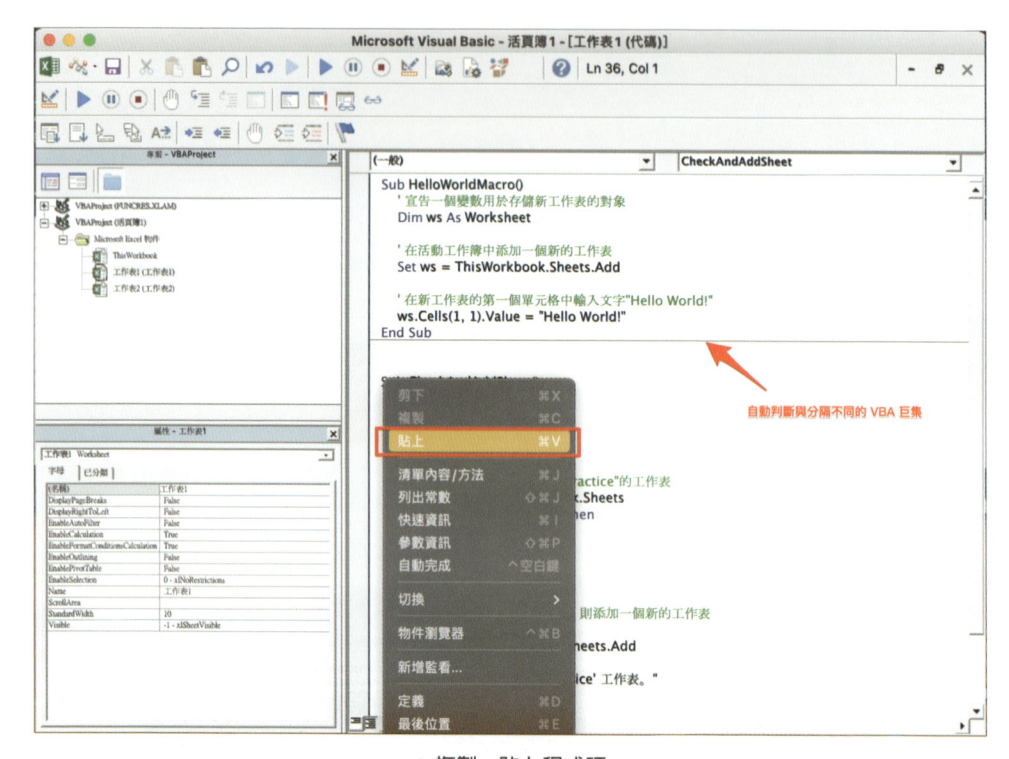

△ 複製、貼上程式碼

02. 執行程式碼。

反白想要執行的程式碼段落，按下編輯器中間上方的「執行」按鈕來執行程式碼（若是有反白特定區域程式碼，則會全部執行；有多組程式碼的話，曾執行過的程式碼仍會再次執行）。

> **TIPS!** MacOS 作業的時候，點選該段程式碼後，按下「執行」按鈕就可以作業了，不需要反白。

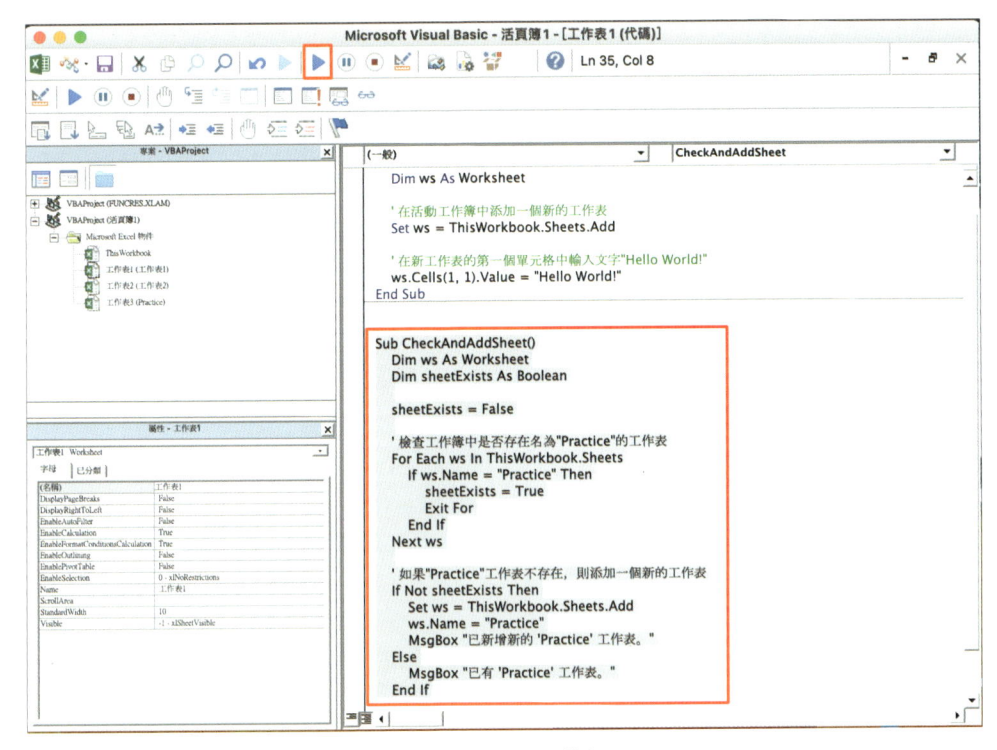

[VBA 編輯器畫面]

```
Dim ws As Worksheet

' 在活動工作簿中添加一個新的工作表
Set ws = ThisWorkbook.Sheets.Add

' 在新工作表的第一個單元格中輸入文字"Hello World!"
ws.Cells(1, 1).Value = "Hello World!"
End Sub

Sub CheckAndAddSheet()
    Dim ws As Worksheet
    Dim sheetExists As Boolean
    
    sheetExists = False
    
    ' 檢查工作簿中是否存在名為"Practice"的工作表
    For Each ws In ThisWorkbook.Sheets
        If ws.Name = "Practice" Then
            sheetExists = True
            Exit For
        End If
    Next ws
    
    ' 如果"Practice"工作表不存在，則添加一個新的工作表
    If Not sheetExists Then
        Set ws = ThisWorkbook.Sheets.Add
        ws.Name = "Practice"
        MsgBox "已新增的 'Practice' 工作表。"
    Else
        MsgBox "已有 'Practice' 工作表。"
    End If
```

⋒ 反白程式碼後執行

03. 觀察結果。

執行完畢後，會依照程式碼所設計的條件，進行對應的行為。例如：程式會先檢查工作簿中是否存在名為「Practice」的工作表，若不存在，則會自動新增一個；若存在，則會跳出「已有 'Practice' 工作表。」的對話框。

TIPS! 「MsgBox」是跳出對話彈跳視窗，呈現特定訊息的 VBA 語法。

07　進階應用：AI 輔助建立 Excel VBA 自動化分析　　157

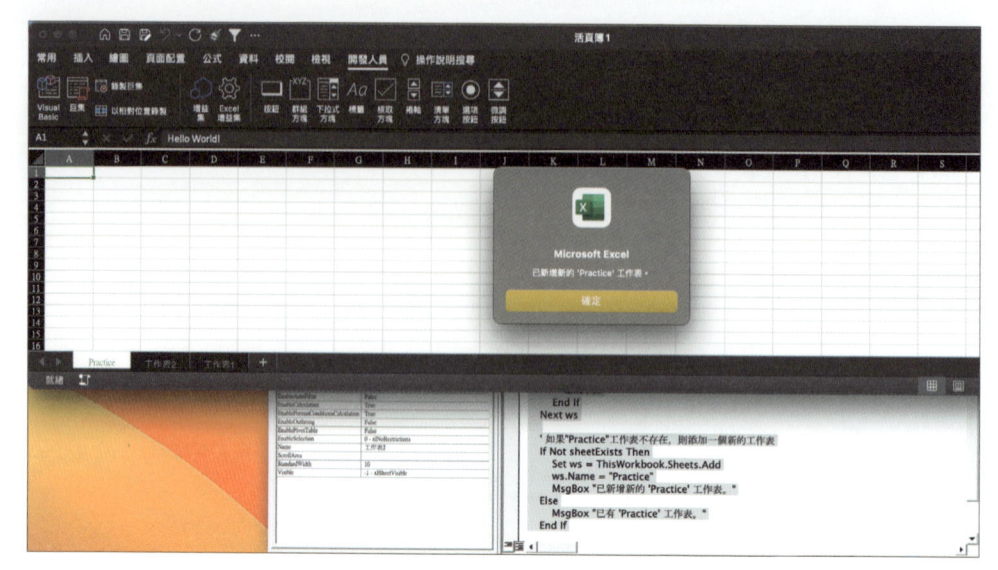

🎧 **VBA 畫面：判斷不存在符合條件的工作表，自動新增一個工作表**

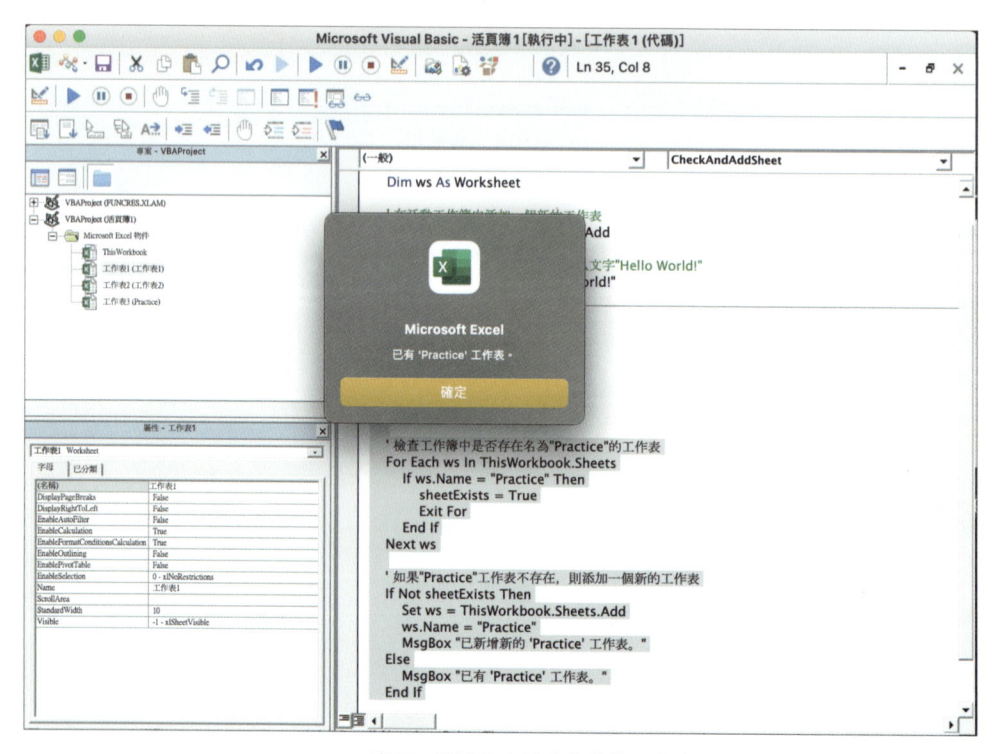

🎧 **VBA 畫面：判斷存在符合條件的工作表**

158　AI×Excel×Tableau 資料分析語法指南

現在來逐行解釋這個程式碼：

1. `Sub CheckAndAddSheet()`
   - `Sub`是定義VBA巨集的關鍵字，後面是巨集的名稱，這個巨集的名稱是 CheckAndAddSheet。

2. `Dim ws As Worksheet`
   - `Dim`是定義變數的關鍵字，用於聲明名為ws的工作表對象變數。

3. `Dim sheetExists As Boolean`
   - `sheetExists`是一個布林類型的變數，用於記錄是否存在名為"Practice"的工作表。

4. `sheetExists = False`
   - 初始化`sheetExists`變數為False，表示一開始假設不存在"Practice"工作表。

5. `For Each ws In ThisWorkbook.Sheets`
   - `For Each ... In ...`是VBA的迴圈結構，用於遍歷`ThisWorkbook`中的所有工作表，將每個工作表分配給`ws`變數。

6. `If ws.Name = "Practice" Then`
   - 判斷當前工作表`ws`的名稱是否等於"Practice"。

⋂ ChatGPT 逐行解釋程式碼，可參考閱覽

實作案例：AI 輔助建立 VBA 自動化分析

這裡將實作一個較為進階的 VBA 案例，將請 AI 針對 Excel 的資料，建立 VBA 自動化分析語法，產出報表並生成一份 PDF 檔案，請開啟本單元提供的「電商訂單模擬資料 .xlsx」。

技巧七：AI 輔助自動化統計分析

‹DEMO› AI 輔助自動化統計分析

◆ 使用效益

透過生成式 AI 所提供的語法，建立 VBA 並進行自動化的基礎統計指標分析；「描述性分析」關鍵字是一些統計指標的統稱，透過這個關鍵字，引導 AI 瞭解我們現在要探索的數據指標。

◆ **範例提示（Prompt）**

我的 Excel 中有一個「Orders」工作表，其中 J2-J1001 是 銷售額、K2-K1001 是 利潤額，請幫我用 VBA 在「Practice」工作表 中進行「銷售額」與「利潤額」的 描述性分析。

◆ **輸入（Input）**

- 「Orders」工作表：指定工作表。
- J2-J1001、銷售額：指定資料範圍，並引導 AI 理解資料意義。
- K2-K1001、利潤額：指定資料範圍，並引導 AI 理解資料意義。
- 「Practice」工作表：指定程式碼讀取的工作表
- 描述性分析：指定要進行的資料分析方式。

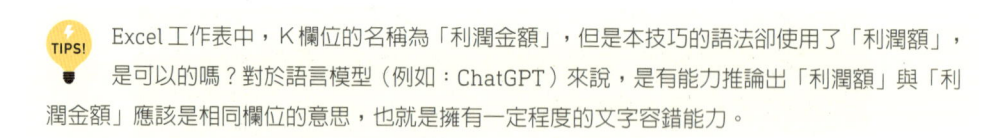

> **TIPS!** Excel 工作表中，K 欄位的名稱為「利潤金額」，但是本技巧的語法卻使用了「利潤額」，是可以的嗎？對於語言模型（例如：ChatGPT）來說，是有能力推論出「利潤額」與「利潤金額」應該是相同欄位的意思，也就是擁有一定程度的文字容錯能力。

實作步驟

01. 開啟編輯器。

開啟練習資料後，點選「開發人員→Visual Basic」，開啟 VBA 編輯器。

🎧 打開練習檔案並開啟編輯器

02. 編輯程式碼並執行。

在「工作表1(Orders)」工作表上雙擊左鍵，開啟VBA程式碼編輯區，然後貼上ChatGPT生成的程式碼後，按上方的「執行」按鈕。

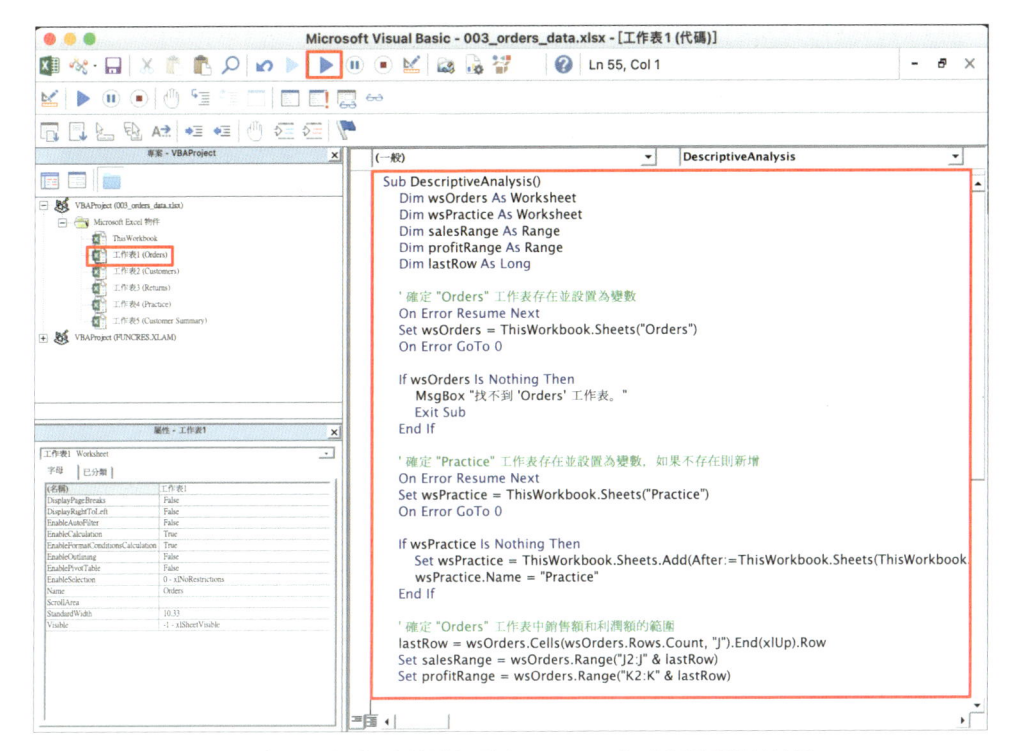

∩ 開啟 VBA 程式碼編輯器，貼上 ChatGPT 生成的程式碼並執行

> **TIPS!** 由於本案例的程式碼較長，建議讀者可先複製自己透過 AI 所生成的程式碼操作看看。如果 AI 反覆生成的程式碼都無法順利運作，則可參閱本書專屬網頁進行程式碼語法的瀏覽或複製，本書的網址可在本書最前面的「關於本書」中找到。

∩ 貼上並執行 ChatGPT 生成的統計分析 VBA 語法，完成後會跳出的視窗

07　進階應用：AI 輔助建立 Excel VBA 自動化分析　　161

03. 查看結果。

回到 Excel 中查看「Practice」工作表，已出現 VBA 自動計算完畢的統計分析結果（讀者呈現的畫面可能跟本書的畫面會有些許差異，因為 AI 每次產生的結果都不太一樣）。

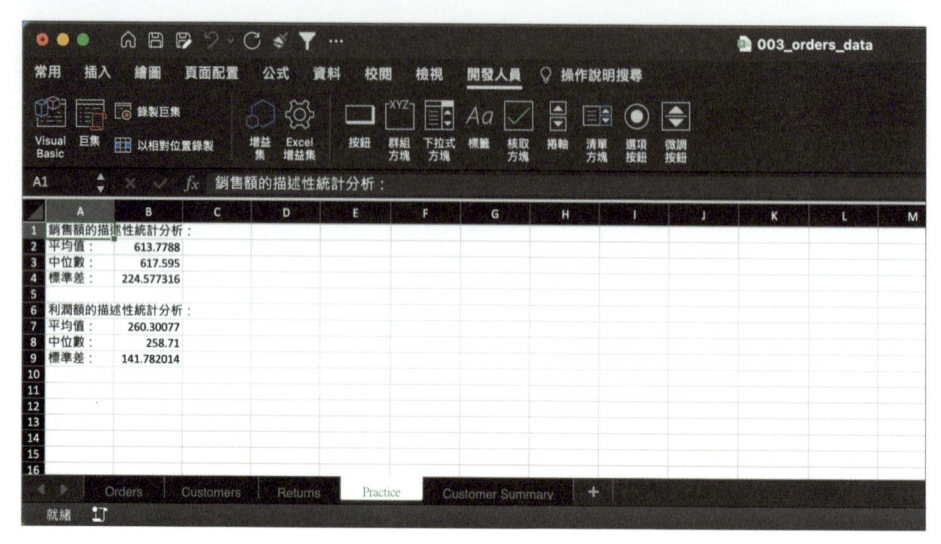

◎ 執行完畢的畫面參考（讀者產生的結果與本書不需要相同）

◉ 技巧八：AI 輔助建立趨勢圖表資料視覺化

< DEMO > **AI 輔助建立趨勢圖表資料視覺化**

◆ 使用效益

請 AI 幫忙依據特定規則撰寫 VBA 語法，輔助在 Excel 中自動化進行趨勢分析，並生成對應的趨勢圖表資料視覺化。

◆ 範例提示（Prompt）

我有一份銷售紀錄 Excel 資料，資料表名稱為 Orders，資料範圍為 A1-K1001，表頭以及第一筆資料參考：

訂單編號　訂單日期　客戶編號　客戶國家　客戶城市　產品類別　產品子類別　產品名稱　數量　銷售額　利潤金額

OD1000　2023/6/27　CU100　Palestinian Territory　Lake Danny　食品　飲料　咖啡　6　942.15　494.98

請幫我生成能用 Excel 進行 **時序分析** 的 VBA 語法，並以 **月為單位** 生成圖表。

◆ 輸入（Input）

- Orders：宣告要取用的資料表名稱。
- A1-K1001：指定資料範圍。
- 時序分析：指定使用的統計方法。
- 月為單位：指定資料取用的日期時間以月為單位。

◆ 範例結果

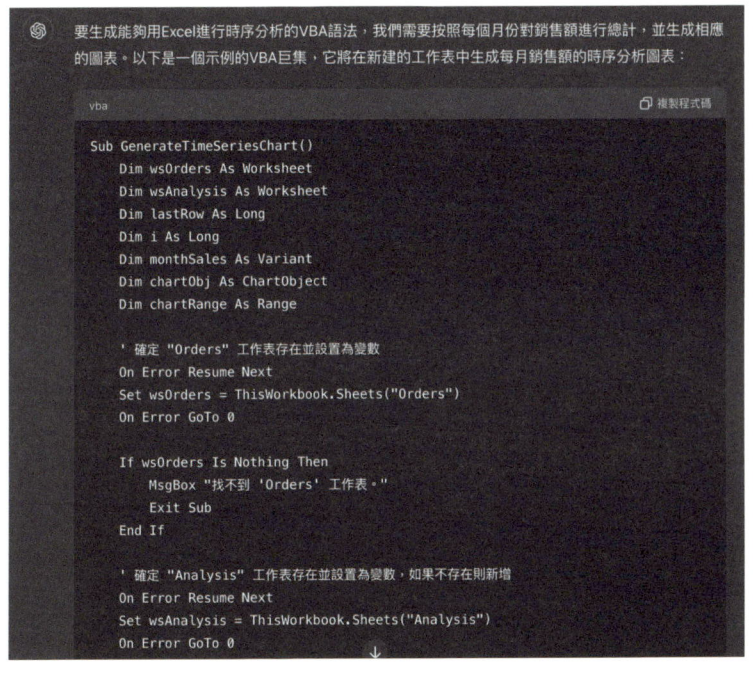

```
Sub GenerateTimeSeriesChart()
    Dim wsOrders As Worksheet
    Dim wsAnalysis As Worksheet
    Dim lastRow As Long
    Dim i As Long
    Dim monthSales As Variant
    Dim chartObj As ChartObject
    Dim chartRange As Range

    ' 確定 "Orders" 工作表存在並設置為變數
    On Error Resume Next
    Set wsOrders = ThisWorkbook.Sheets("Orders")
    On Error GoTo 0

    If wsOrders Is Nothing Then
        MsgBox "找不到 'Orders' 工作表。"
        Exit Sub
    End If

    ' 確定 "Analysis" 工作表存在並設置為變數，如果不存在則新增
    On Error Resume Next
    Set wsAnalysis = ThisWorkbook.Sheets("Analysis")
    On Error GoTo 0
```

🎧 **請 ChatGPT 生成圖表製作 VBA 語法**（讀者生成的結果應該與本書的語法會不太一樣，但如果能順利執行，結果應該是類似的）

> **實作步驟**

01. **貼上程式碼。**

複製 ChatGPT 生成的程式碼後，可在 Visual Basic 編輯器現有的程式碼下方（同樣使用「Orders」頁籤），按 Enter 鍵換行後，點選「右鍵→貼上」，Visual Basic 編輯器會自動判別有兩組不同的程式碼（中間用線條分隔）。

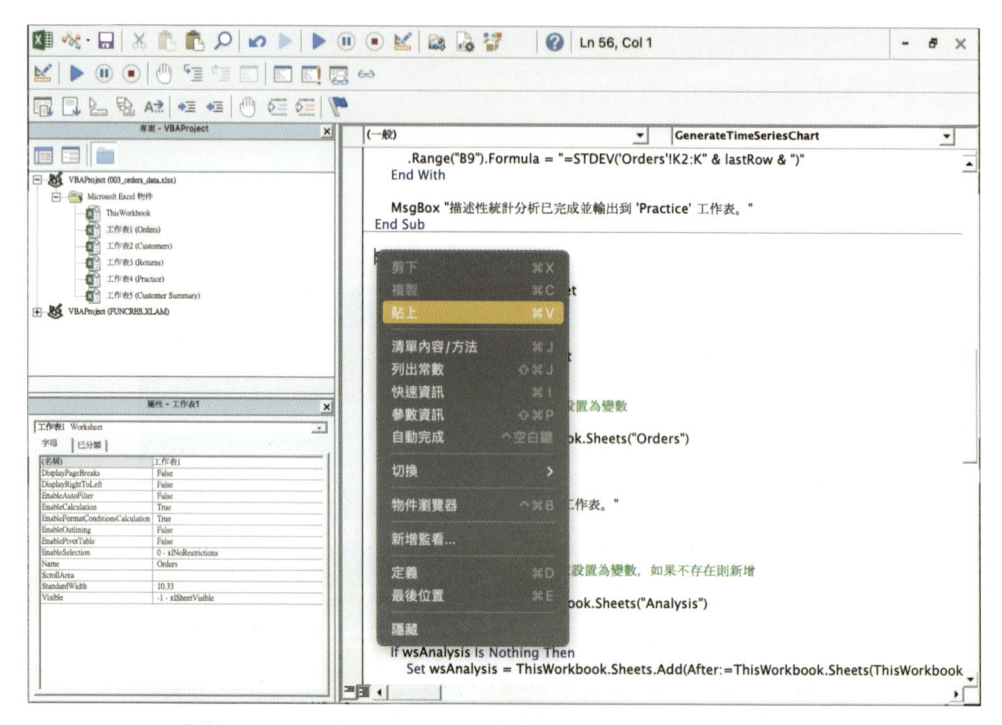

↑ 複製、貼上程式碼，上方會出現一條線，可用於區分不同的程式碼段落

02. **執行程式碼。**

反白想要執行的程式碼段落後，點選編輯器上方的「執行」按鈕來執行程式碼。

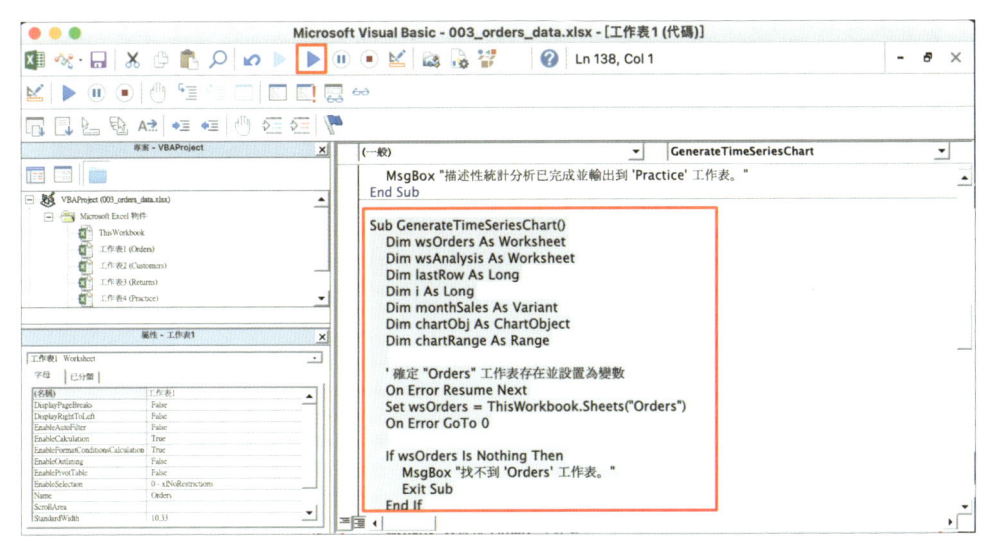

◐ 反白程式碼後執行

◐ 貼上並執行 ChatGPT 生成的 VBA 語法，完成後會跳出的視窗

03. 觀察趨勢圖表結果。

可以先看一下 AI 輔助生成的圖表，如果順利的話，代表 VBA 可順利運作；反之，若沒有成功，則可請 AI 重新生成。如果希望詳細了解程式語法，可請 ChatGPT 進行程式碼解釋。

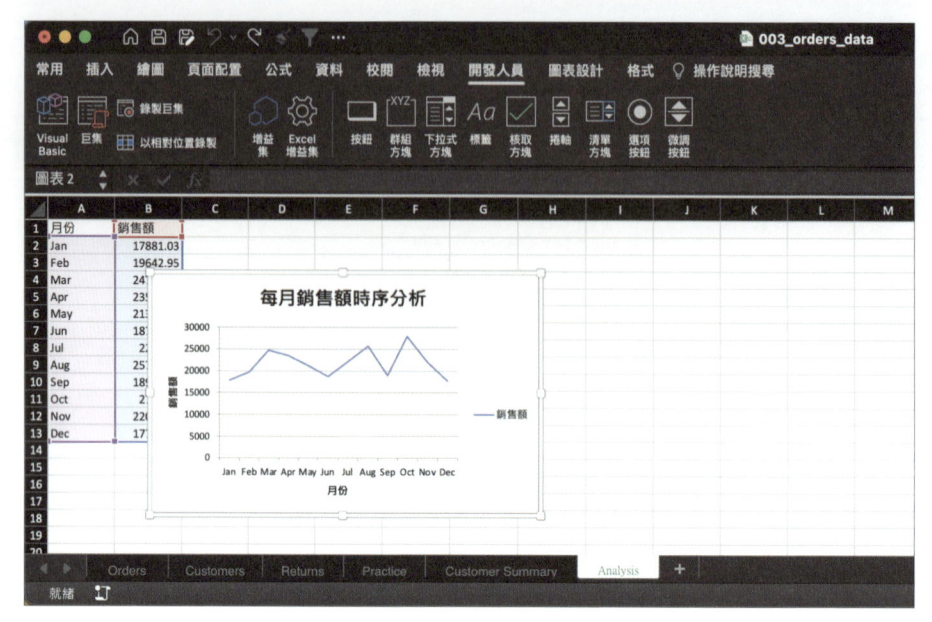

↑ 執行 ChatGPT 生成的 VBA 所製成的圖表

技巧九：AI 輔助建立自動化報表分析

‹DEMO› AI 輔助建立自動化報表分析

◆ 使用效益

請 AI 輔助建立更複雜的 Excel VBA 語法，越是複雜的需求，AI 生成的程式碼也有較高機率出錯，因此本技巧示範將需求直接拆分不同組程式碼，以減少出錯的機率。

◆ 範例提示（Prompt）

我的 Excel 中工作表「Customers」記錄客戶資訊，A2-A1001 是「客戶編號」、B2-B1001 是「Customer Last Name」、C2-C1001 是「Customer First Name」；工作表「Orders」記錄訂單資訊，A2-A1001 是「訂單編號」、C2-C1001 是「客戶編號」、J2-J1001 是「銷售額」。

請幫我撰寫兩組 VBA 程式碼：

第一組程式碼：在「Customers」工作表中彙整來自「Orders」的資訊，在 D 欄新增「訂單數量」、「訂單總額」欄位。

第二組程式碼：在「Customer Summary」工作表幫我總結一下十個「訂單總額」最大的客戶編號、客戶姓名與訂單總額及排名。

不用逐行解釋語法。

◆ 輸入（Input）

此技巧需要將手邊資料的細節資訊（Input）提供給 AI，以及說明期待的資料整理規則與結果，因此實際應用在自己的資料時，也建議可以參考此技巧寫法，將對應的欄位資訊與規則說明清楚，增加 AI 生成的正確率。

實作步驟

01. **新增 VBA 程式碼模組。**

這次我們使用「VBA 模組」的方式進行，即不附掛於特定工作表，而可獨立執行的程式碼模組。可在左方視窗的空白處，按右鍵後選擇「插入→模組」，即可在 Excel 在工作簿中新增 VBA 程式碼模組（Module）。

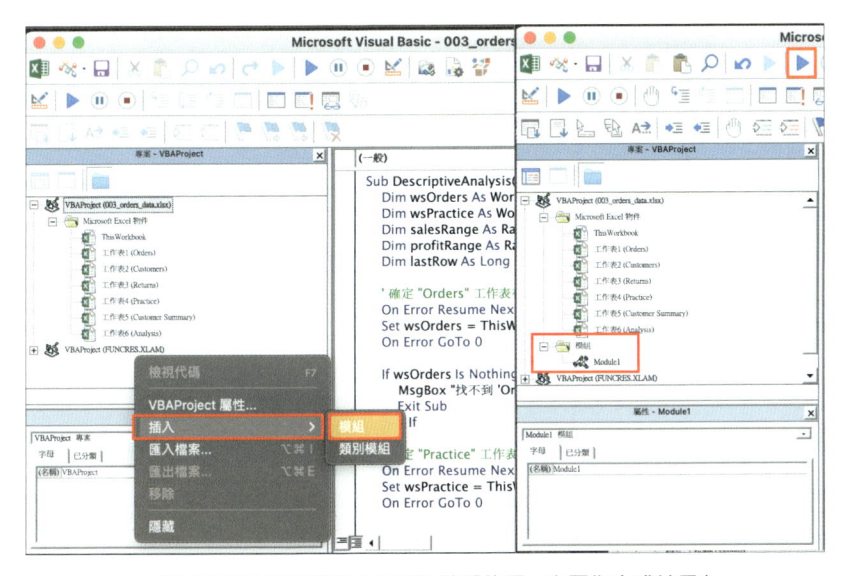

🎧 在工作簿中新增模組（左圖為點選位置，右圖為完成結果）

02. **貼上程式碼並執行。**

複製並貼上 ChatGPT 生成的程式碼到模組中，依序反白第一組 VBA 程式碼（以 Sub 開始、End Sub 結尾為一組程式碼），並按上方的「執行」按鈕；完成後，再執行第二組 AI 生成的 VBA 程式碼。

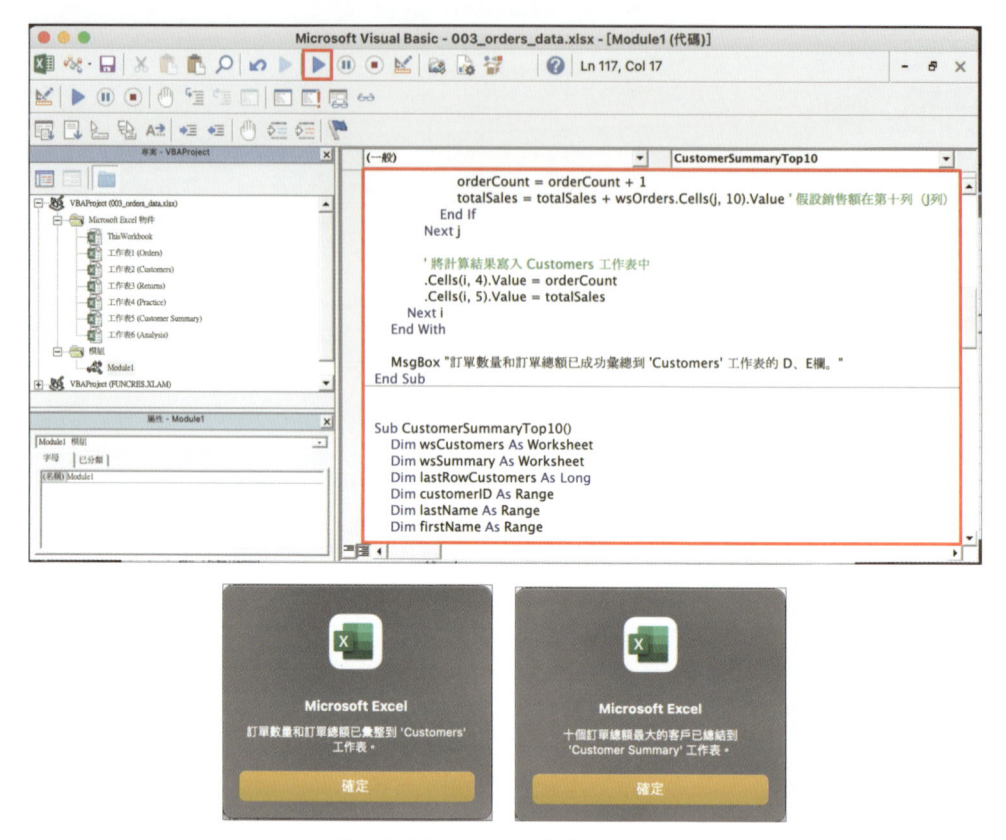

```
                orderCount = orderCount + 1
                totalSales = totalSales + wsOrders.Cells(j, 10).Value  ' 假設銷售額在第十列 （J列）
            End If
        Next j

        ' 將計算結果寫入 Customers 工作表中
        .Cells(i, 4).Value = orderCount
        .Cells(i, 5).Value = totalSales
    Next i
End With

MsgBox "訂單數量和訂單總額已成功彙總到 'Customers' 工作表的 D、E欄。"
End Sub


Sub CustomerSummaryTop10()
    Dim wsCustomers As Worksheet
    Dim wsSummary As Worksheet
    Dim lastRowCustomers As Long
    Dim customerID As Range
    Dim lastName As Range
    Dim firstName As Range
```

🎧 貼上並執行 ChatGPT 生成的 VBA 語法

03. 查看結果。

執行語法後，可切換到「Customers」及「Customer Summary」，查看是否有順利執行。如果成功的話，應該可看到成功計算的結果畫面。

	A	B	C	D	E
1	客戶編號	Customer Last Na	Customer First Na	訂單數量	訂單總額
2	CU100	Smith	John	6	3937.87
3	CU101	Davis	Jennifer	6	4291.73
4	CU102	Moore	Robert	6	2829.39
5	CU103	Williams	Linda	6	4919.63
6	CU104	Miller	William	6	3924.96
7	CU105	Davis	Linda	6	3575.39
8	CU106	Johnson	Elizabeth	6	2897.42
9	CU107	Taylor	Mary	6	3798.94
10	CU108	Jones	Mary	6	3004.07
11	CU109	Moore	James	6	2932.22
12	CU110	Williams	William	6	4195.86
13	CU111	Smith	William	6	2755.11
14	CU112	Johnson	John	6	3064.59
15	CU113	Brown	Michael	6	4578.55

🎧 第一組 VBA 語法順利執行後，會生成資料匯總結果（最後一欄「訂單總額」）

AI×Excel×Tableau 資料分析語法指南

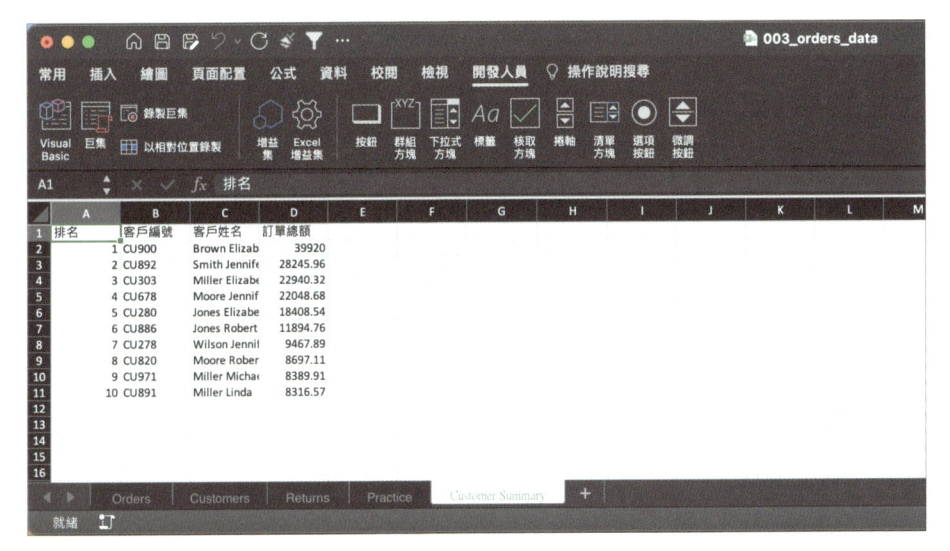

🎧 第二組 VBA 語法會生成客戶排名（若結果與預期不同，也可重新生成語法來重新計算正確的結果）

TIPS! 由於此技巧所執行的步驟較複雜，生成程式碼的出錯機率會比較高，可以多嘗試幾次生成，或是也可以直接提供錯誤訊息，請 ChatGPT 幫忙找出語法的問題（除錯）。

🎧 此為 ChatGPT 生成程式碼常見的錯誤畫面，若發生可嘗試重新生成或挑戰手動修正

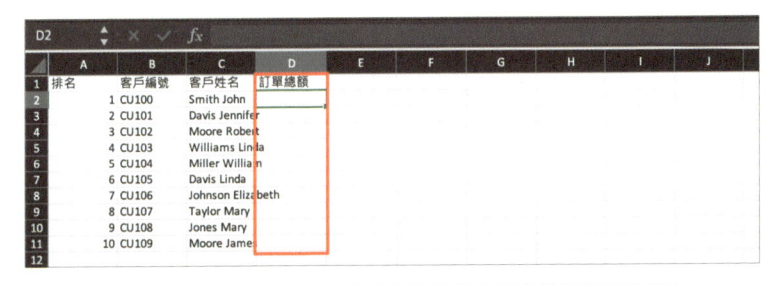

🎧 ChatGPT 生成的程式碼錯誤畫面範例（訂單總額應有數值）

07 進階應用：AI 輔助建立 Excel VBA 自動化分析　169

```
' 將該客戶信息寫入 Summary 工作表中
.Cells(i + 1, 1).Value = i
.Cells(i + 1, 2).Value = customerData(maxIndex, 1)
.Cells(i + 1, 3).Value = customerData(maxIndex, 2) & " " & customerData
.Cells(i + 1, 4).Value = customerData(maxIndex, 4)

' 將已找到的客戶總額設置為 0，以找以下一名
customerData(maxIndex, 4) =    That even So
```

重新生成

可請 ChatGPT 重新生成

技巧十：AI 生成自動化 PDF 匯出流程

‹DEMO› AI 生成自動化 PDF 匯出

◆ 使用效益

請 AI 輔助完成進階情境「匯出 PDF 報告」的自動化語法，可將指定範圍的內容指定格式轉檔輸出，然後儲存到指定的目錄位置中。

◆ 範例提示（Prompt）

請幫我撰寫一段 VBA 程式碼，把「Customer Summary」工作表 的 A1-D11 匯出成 PDF，放到我的 「/Users/ ○○○ /Downloads」路徑資料夾中。

◆ 輸入（Input）

- 「Customer Summary」工作表：指定程式碼讀取的工作表。
- A1-D11：指定資料範圍。
- 匯出成 PDF：指定程式碼進行的動作。
- /Users/ ○○○ /Downloads：指定檔案匯出後存放的目錄位置，記得要修改。

◆ 範例結果

```
以下是將「Customer Summary」工作表的範圍匯出成PDF並保存到指定路徑的VBA巨集：

vba                                                     ● 解釋

Sub ExportToPDF()
    Dim wsSummary As Worksheet
```

170　AI × Excel × Tableau 資料分析語法指南

```
Dim pdfFilePath As String

' 確定 "Customer Summary" 工作表存在並設置為變數
On Error Resume Next
Set wsSummary = ThisWorkbook.Sheets("Customer Summary")
On Error GoTo 0

If wsSummary Is Nothing Then
    MsgBox "找不到 'Customer Summary' 工作表。"
    Exit Sub
End If

' 設置 PDF 文件保存路徑
pdfFilePath = "/Users/        /Downloads/CustomerSummary.pdf"

' 將工作表的 A1:D11 範圍匯出為 PDF
With wsSummary.PageSetup
    .PrintArea = "A1:D11"    ' 設置要打印的範圍
    .Orientation = xlPortrait  ' 設置打印方向為直向
End With

wsSummary.ExportAsFixedFormat Type:=xlTypePDF, Filename:=pdfFilePath, Quality:=
```

△ 請 ChatGPT 匯出 PDF 的 VBA 語法

實作步驟

01. 新增 **VBA** 程式碼模組。

在 Visual Basic 編輯器左方空白處，點選「右鍵→插入→模組」，即可在 Excel 在工作簿中新增 VBA 程式碼模組（Module）。

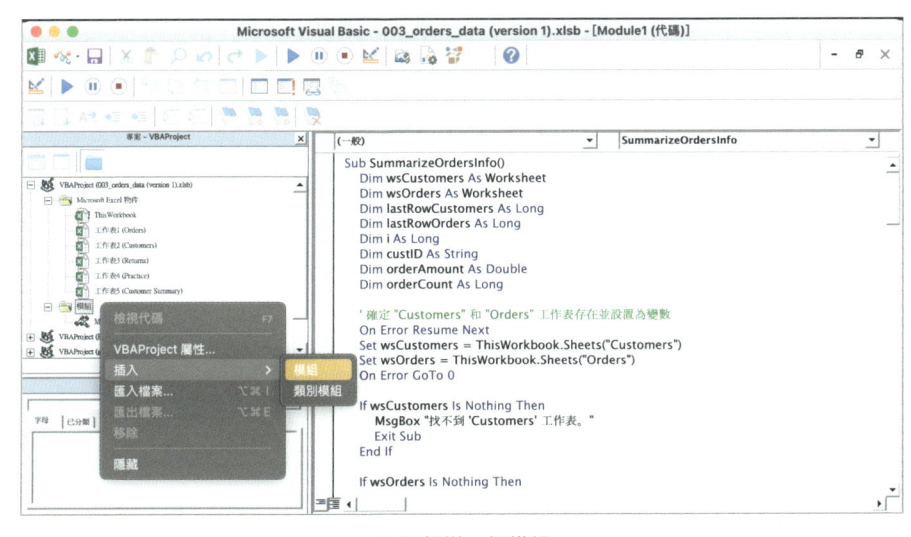

△ 再新增一個模組

02. 貼上程式碼並執行。

複製並貼上 ChatGPT 生成的程式碼到模組中，再按上方的「執行」按鈕（若跳出授權視窗，請手動點選想要授權的資料夾即可，因 VBA 預設不一定有存取資料夾的權限）。

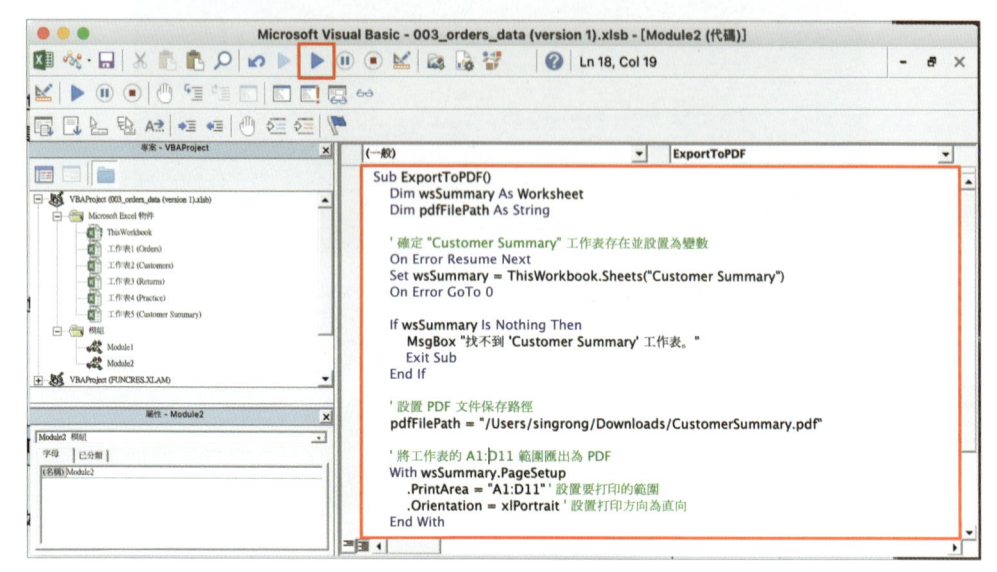

🎧 貼上並執行 ChatGPT 生成的 VBA 語法

03. 查看結果。

到下載資料夾查看生成的 PDF 檔案成果，即完成本單元的 VBA 自動化語法生成練習。

Unit 08 進階應用：AI 輔助建立 Google Sheets 自動化分析

> **單元導覽**

　　本單元練習的場景是 Google Sheets（類似 Excel 的雲端服務），而 Google Sheets 可以搭配 Google Apps Script 來完成許多自動化流程。Google Apps Script 是一種可以用來進行自動化 Google 應用程式操作的程式碼工具，例如：自動寄信、插入文字進入試算表等任務。

　　本單元的核心目標是引導讀者透過 AI 的輔助來學習 Apps Script，並成功建立 Google Sheets 的資料分析與視覺化自動化流程；與 VBA 的核心差異在於，Google Sheets 能夠更彈性地應用於雲端的環境，或是可多人共編 Script 語法，非常方便。本單元將以兩個部分來介紹：

> **單元提要**

項目	說明
認識 Apps Script	這裡將帶領讀者嘗試透過 AI 生成 Apps Script 的基礎程式碼，除了 Hello World 的練習之外，也會嘗試生成自動判斷基礎邏輯判斷函式，逐步熟悉 AI 輔助 Google Sheets 以及 Apps Script 編輯的互動流程。
案例實作：AI 輔助自動化分析並轉檔輸出 PDF 報表	這裡以「電商訂單資料分析」為案例，進行 Apps Script 的自動化分析實作，包含資料探索、分析與視覺化，最後引導讀者建立「匯出 PDF」的自動化流程。

> **實作資料**

　　本單元在第二部分的練習中，將以電商公開資料（URL https://www.kaggle.com/datasets/olistbr/brazilian-ecommerce）進行示範，為了讓讀者在操作實作練習時可以更加直覺，因此從這份資料節錄局部 200 筆資料來作為練習檔案。此檔案中共有七個工作表，分別是 2017 年第一季至 2018 年第三季的電商訂單資料，以「季」為單位來區分。

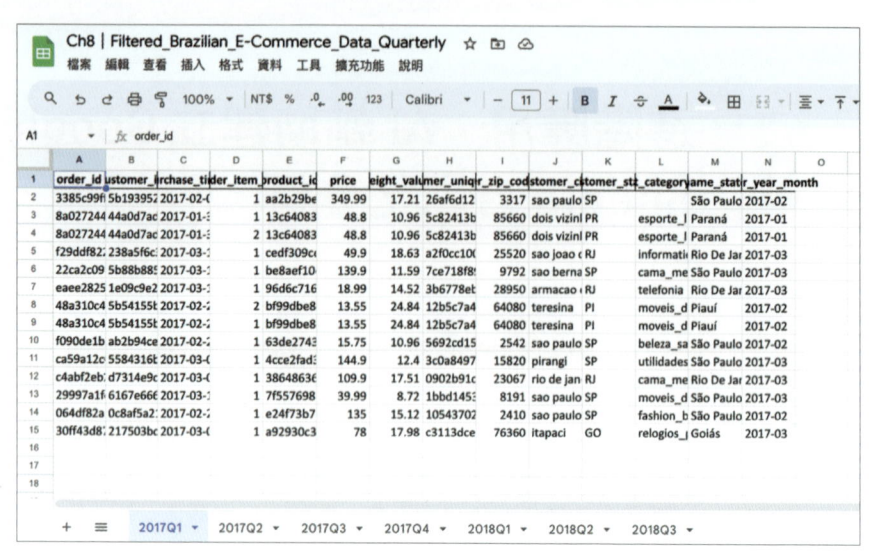

本單元練習資料的電商訂單資料（請從本書資料集取得）

認識 Apps Script

　　Google Apps Script 是一款雲端 JavaScript 平台，可整合及自動執行各項 Google 產品的工作，常見應用包含流程自動化、自訂函式、外掛程式等，而我們生活中常會接觸到的 Line 聊天機器人（Line Chatbot），也有部分是利用 Google Apps Script 所寫出來的。

　　本單元將 Apps Script 與 Google Sheets 進行組合搭配，建立雲端的分析自動化流程。這個流程與 VBA 的使用情境有些相似，藉由 AI 的幫助，讓對於程式碼相對較低信心的人也能夠撰寫並完成這份進階練習應用。

● 技巧一：AI 引導學習 Google Apps Script

DEMO　AI 輔助學習 Google Apps Script

◆ 使用效益

幫助了解 Apps Script 是什麼，以及如何使用它來進行數據相關任務。

◆ **範例提示（Prompt）**

什麼是 Apps Script？若我想結合 **數據** 相關任務的話，可以怎麼應用呢？如何開始使用 Google Apps Script？

◆ **輸入（Input）**

- **數據**：可更換為想與 Apps Script 結合的任務屬性名稱。

◆ **範例結果**

> Apps Script 是由 Google 提供的一種基於 JavaScript 的開發工具，用來自動化和擴展 Google App 的功能。它可以應用於各種數據相關任務，特別是那些涉及 Google Sheets、Google Docs、Google Forms 等應用程式的自動化和增強功能。
>
> 以下是一些你可以應用 Apps Script 的例子：
>
> 1. **自動化報告生成**：你可以使用 Apps Script 從 Google Sheets 中提取數據，並生成定期報告。這包括數據分析、生成圖表、計算統計數據等。
>
> 2. **表單和調查處理**：通過 Apps Script 可以自動處理 Google Forms 收集的數據，例如自動將回應添加到指定的 Google Sheets 表格，或者根據回應觸發後續操作。
>
> 3. **自定義功能**：你可以使用 Apps Script 編寫自定義函數，這些函數可以嵌入到 Google Sheets 中，擴展其內置功能，使其更適合你的特定需求，如計算複雜的數據、應用自定義格式或標準化數據輸入。
>
> 4. **與外部 API 連接**：透過 Apps Script，你可以輕鬆地與外部 API 進行集成，從而擴展 Google Apps 的能力，例如從其他網站或服務中提取數據。
>
> 5. **工作流自動化**：透過 Google Workspace 中的各種應用程式（如 Gmail、Calendar 等）與 Apps Script 結合，可以自動化常見的工作流程，如發送郵件通知、更新日曆事件等。
>
> 總之，Apps Script 是一個功能強大且靈活的工具，特別適合於需要自動化處理數據和定製 Google Apps 功能的任務。通過簡單的 JavaScript 編程，你可以實現許多自動化和增強功能，大大提高工作效率和精確度。

🎧 **ChatGPT 回覆的 Apps Script 說明**

> 要開始使用 Google Apps Script，您可以按照以下步驟進行：
>
> **1. 開啟 Google Apps Script 編輯器**
>
> - Google 文件或試算表：
>   1. 開啟 Google 文件或 Google 試算表。
>   2. 點選「擴充功能」>「Apps Script」，這會開啟 Google Apps Script 編輯器。
>
> - Google Apps Script 網站：
>   1. 前往 Google Apps Script 網站。
>   2. 點擊「新建專案」來建立一個新的腳本專案。

2. 編寫您的第一個腳本

- 在編輯器中，您將看到一個名為 `Code.gs` 的檔案，這是您的腳本檔案。
- 您可以在這裡編寫 JavaScript 代碼，例如，以下是打印訊息到記錄檔的簡單範例：

```javascript
function myFirstScript() {
  Logger.log('Hello, world!');
}
```

3. 保存與執行

- 保存：點擊左上角的「檔案」>「保存」，並為您的專案命名。
- 執行：選擇函數 `myFirstScript` 並點擊工具欄中的執行按鈕（像播放鍵的圖示）。

🎧 ChatGPT 針對「如何開始使用 Google Apps Script」的回覆說明

實作步驟

01. 開啟 Google Sheets。

如果要開啟一個 Apps Script，可先在 Google Sheets 試算表中（🔗 https:/docs.google.com/spreadsheets）新增一個空白的試算表。

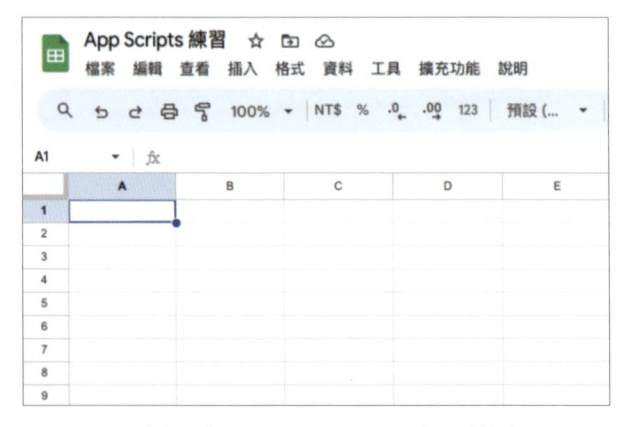

🎧 請先開啟一個 Google Sheets 空白試算表

02. 開啟擴充功能。

點選上方的「擴充功能」頁籤，並選擇「Apps Script」，即可進入編輯的畫面。

◯ Google Apps Script 編輯區開啓方式

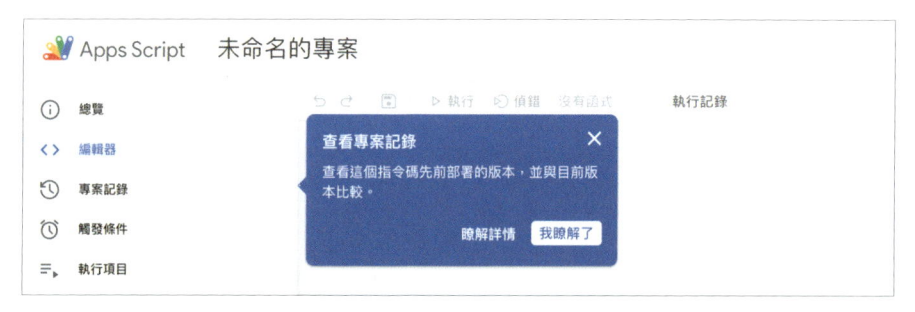

◯ 成功進入 Google Apps Script 的畫面

◯ 技巧二：生成第一個 Apps Script 腳本「Hello World!」

進入 Apps Script 編輯器畫面後，就可以透過 AI 來協助我們建立第一個腳本。在 Apps Script 當中，每一組程式碼也可稱為「巨集」。

〈DEMO〉 AI 輔助生成巨集

◆ **使用效益**

學習如何使用 Apps Script 編寫入門級別的巨集，並透過解釋程式語法來理解每一行程式碼的作用和意義。

◆ **範例提示（Prompt）**

請幫我用 Apps Script 寫一個 入門的程式語法 ，這個巨集會在 Google Sheets 中呈現 "Hello World!"，接著一行一行跟我解釋程式語法。

◆ **輸入（Input）**

- 入門的程式語法：指定生成的程式語法難度或類型。

實作步驟

01. ChatGPT 生成 Apps Script。

送出指令後,可得到一組程式碼:

◆ 程式碼

```javascript
function sayHello() {
    var sheet = SpreadsheetApp.getActiveSpreadsheet().getActiveSheet();
    sheet.getRange('A1').setValue('Hello World!');
}
```

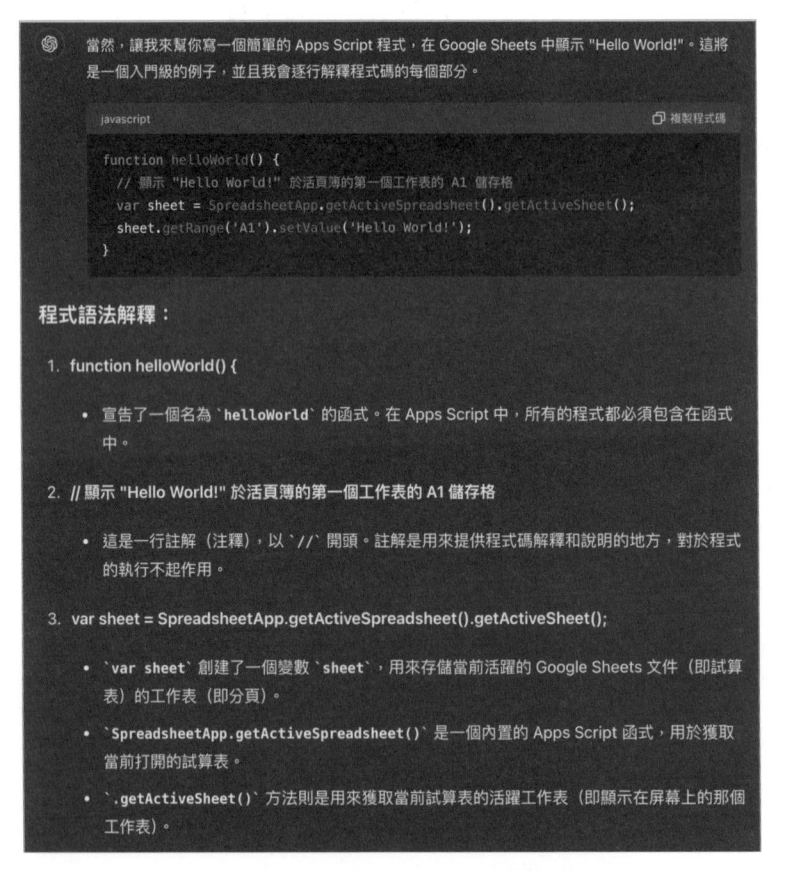

當然,讓我來幫你寫一個簡單的 Apps Script 程式,在 Google Sheets 中顯示 "Hello World!"。這將是一個入門級的例子,並且我會逐行解釋程式碼的每個部分。

```javascript
function helloWorld() {
    // 顯示 "Hello World!" 於活頁簿的第一個工作表的 A1 儲存格
    var sheet = SpreadsheetApp.getActiveSpreadsheet().getActiveSheet();
    sheet.getRange('A1').setValue('Hello World!');
}
```

程式語法解釋:

1. function helloWorld() {
    - 宣告了一個名為 `helloWorld` 的函式。在 Apps Script 中,所有的程式都必須包含在函式中。

2. // 顯示 "Hello World!" 於活頁簿的第一個工作表的 A1 儲存格
    - 這是一行註解(註釋),以 `//` 開頭。註解是用來提供程式碼解釋和說明的地方,對於程式的執行不起作用。

3. var sheet = SpreadsheetApp.getActiveSpreadsheet().getActiveSheet();
    - `var sheet` 創建了一個變數 `sheet`,用來存儲當前活躍的 Google Sheets 文件(即試算表)的工作表(即分頁)。
    - `SpreadsheetApp.getActiveSpreadsheet()` 是一個內置 Apps Script 函式,用於獲取當前打開的試算表。
    - `.getActiveSheet()` 方法則是用來獲取當前試算表的活躍工作表(即顯示在屏幕上的那個工作表)。

🎧 **ChatGPT 生成的 Hello World 程式碼與解釋**

02. **貼上程式語法。**

在 Apps Script 專案中，貼上 ChatGPT 生成的程式語法後，點選「儲存」按鈕（或使用 command / Ctrl + S 鍵）後，再點選「執行」按鈕（或使用 command / Ctrl + R 鍵）來執行程式語法。

🎧 貼上程式語法

03. **授權專案存取資料。**

第一次執行時，必須授權程式碼專案存取你的資料，點選「審查權限」按鈕後，選擇用來審查並使用與執行該程式碼專案的 Google 帳戶。

🎧 授權程式碼專案存取資料

08　進階應用：AI 輔助建立 Google Sheets 自動化分析　179

04. 跳過驗證程序。

因為是自己寫的程式碼，所以不會有安全性的問題，然而 Google 還是有一些安全性的審查驗證機制，只需手動允許即可。點選「進階→前往『未命名的專案』（不安全）」，接著點選「允許」按鈕。

🎧 設定授權程式碼專案存取帳戶的操作畫面

180　AI✕Excel✕Tableau 資料分析語法指南

05. 瀏覽執行結果。

　　授權完畢並執行程式碼後，下方「執行紀錄」區塊會呈現執行結果。若成功的話，會顯示「執行完畢」；若執行失敗，則會出現「錯誤」的訊息，此時可嘗試重新生成程式碼，或將錯誤訊息提供給 ChatGPT 幫忙除錯。

🎧 執行程式碼（左上角的「未命名專案」可手動修改專案名稱）

06. 儲存格自動寫入文字訊息。

　　執行成功並回到 Google 試算表畫面時，會發現儲存格自動寫入了「Hello World!」文字訊息，代表有順利執行。

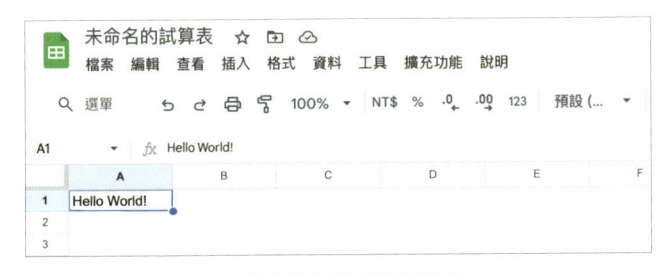

🎧 成功執行程式碼的畫面

技巧三：AI 輔助探索更多 Apps Script 語法

在上一技巧中，AI 生成的程式碼包含 function、var、getActiveSheet 等 Apps Script 語法，我們也可以讓 AI 依語法入門難度，整理出常用的語法來進一步學習。

‹DEMO› AI 輔助探索 Apps Script 語法

◆ 使用效益

請 AI 列出學習 Apps Script 重點認識的語法關鍵字，並先提供一些先前看到的關鍵字案例為參考，並讓 AI 依難度分類，幫助辨識學習與應用的難易度。

◆ 範例提示（Prompt）

除了上方提到的 function、var、getActiveSheet 之外，對於想學習 Apps Script 的入門者而言，會建議需要認識哪些語法關鍵字呢？請用表格整理，一個關鍵字一列，並依照入門難度分類。

◆ 範例結果

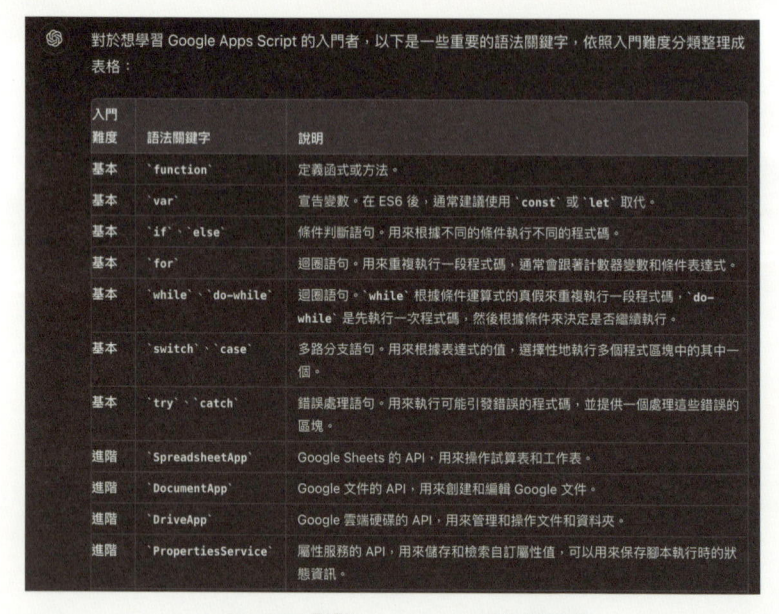

對於想學習 Google Apps Script 的入門者，以下是一些重要的語法關鍵字，依照入門難度分類整理成表格：

入門難度	語法關鍵字	說明
基本	`function`	定義函式或方法。
基本	`var`	宣告變數。在 ES6 後，通常建議使用 `const` 或 `let` 取代。
基本	`if`、`else`	條件判斷語句。用來根據不同的條件執行不同的程式碼。
基本	`for`	迴圈語句。用來重複執行一段程式碼，通常會跟著計數器變數和條件表達式。
基本	`while`、`do-while`	迴圈語句。`while` 根據條件運算式的真假來重複執行一段程式碼，`do-while` 是先執行一次程式碼，然後根據條件來決定是否繼續執行。
基本	`switch`、`case`	多路分支語句。用來根據表達式的值，選擇性地執行多個程式區塊中的其中一個。
基本	`try`、`catch`	錯誤處理語句。用來執行可能引發錯誤的程式碼，並提供一個處理這些錯誤的區塊。
進階	`SpreadsheetApp`	Google Sheets 的 API，用來操作試算表和工作表。
進階	`DocumentApp`	Google 文件的 API，用來創建和編輯 Google 文件。
進階	`DriveApp`	Google 雲端硬碟的 API，用來管理和操作文件和資料夾。
進階	`PropertiesService`	屬性服務的 API，用來儲存和檢索自訂屬性值，可以用來保存腳本執行時的狀態資訊。

🎧 ChatGPT 列舉 Apps Script 語法關鍵字

技巧四：AI 輔助撰寫邏輯判斷函數

現在我們可以從入門級別的語法開始嘗試，例如：撰寫邏輯判斷函數，可直接請 AI 生成範例練習語法。

‹DEMO› AI 輔助撰寫邏輯判斷函式

◆ 使用效益

透過 Apps Script 的簡單邏輯判斷函式範例，來逐步熟悉語法的結構。

◆ 範例提示（Prompt）

給我一個 if / else 的邏輯判斷語法，判斷儲存格 A3 中的數字是奇數還是偶數，並將判斷結果寫入在儲存格 B3。條列式告訴我如何執行這個語法。

◆ 範例結果

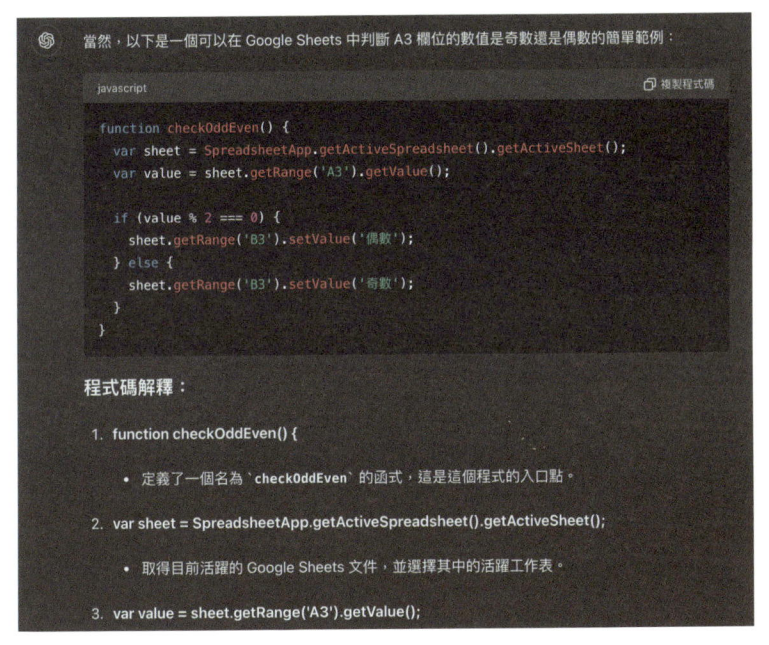

> 當然，以下是一個可以在 Google Sheets 中判斷 A3 欄位的數值是奇數還是偶數的簡單範例：
>
> ```javascript
> function checkOddEven() {
>   var sheet = SpreadsheetApp.getActiveSpreadsheet().getActiveSheet();
>   var value = sheet.getRange('A3').getValue();
>
>   if (value % 2 === 0) {
>     sheet.getRange('B3').setValue('偶數');
>   } else {
>     sheet.getRange('B3').setValue('奇數');
>   }
> }
> ```
>
> 程式碼解釋：
>
> 1. function checkOddEven() {
>   - 定義了一個名為 `checkOddEven` 的函式，這是這個程式的入口點。
> 2. var sheet = SpreadsheetApp.getActiveSpreadsheet().getActiveSheet();
>   - 取得目前活躍的 Google Sheets 文件，並選擇其中的活躍工作表。
> 3. var value = sheet.getRange('A3').getValue();

🎧 **請 ChatGPT 生成邏輯判斷函式**

實作步驟

01. 建立新的指令碼輸入區塊。

先建立一個新的編輯環境來區別不同用途的程式碼。在介面左上角檔案右方點選「＋」按鈕，並選擇「指令碼」，以建立一個新的 Apps Script 編輯檔。

▶ 新增指令碼的方式

02. 重新命名指令碼。

將新的指令碼重新命名，可以更加理解每一個程式碼的用途。這裡重新命名為「邏輯函式」，並按下 Enter 鍵，即可完成命名。

▶ 變更指令碼名稱

03. 輸入數字。

這裡主要想寫出基礎邏輯判斷函式，在試算表的「A3」位置隨意輸入一個數字，例如：「100」。

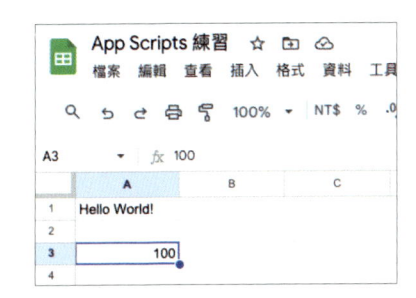

🔸 在 A3 位置輸入一個數字，等待套用稍後的邏輯判斷函式

04. 貼上程式碼並執行。

接著，複製 ChatGPT 輔助生成的程式碼，在「邏輯函式」指令碼中貼上，儲存後並執行。確認執行完畢後，就可以看到邏輯判斷結果自動寫回 Google Sheets 中。

◆ 程式碼

```
function checkOddEven() {
    var sheet = SpreadsheetApp.getActiveSpreadsheet().getActiveSheet();
    var value = sheet.getRange('A3').getValue();

    if (value % 2 === 0) {
        .getRange('B3').setValue('偶數');
    } else {
        sheet.getRange('B3').setValue('奇數');
    }
}
```

🎧 貼上程式碼後儲存並執行，於試算表可看到執行結果（效果為輸入數字後，判斷是奇數還是偶數）

案例實作：AI 輔助自動化分析並轉檔輸出 PDF 報表

前面我們透過 AI 的介紹認識了 Apps Script 基礎語法，並且實際練習入門級別的邏輯函式。這裡我們來看比較進階的情境，透過指定 Google Drive 中的 Google Sheets 雲端工作表，撰寫 Apps Script 對其進行指定的任務自動化作業。

我們使用開放資料（來源：Kaggle 平台）進行實作練習，透過 AI 來生成「對指定工作表進行指定操作」的程式碼，並進一步完成資料探索、分析資料、資料視覺化、程式碼除錯等練習。

◉ 技巧五：透過 Apps Script 合併多個 Google Sheets 工作表

DEMO 使用 Apps Script 合併工作表

◆ 使用效益

指定檔案路徑後，要求 ChatGPT 提交指定操作內容的 Apps Script 程式碼。而提示（Prompt）使用的資料夾路徑與檔案名稱，需調整為讀者自己電腦的路徑與檔名（指令中加入 openByUrl 的目的是引導 AI 生成更容易成功的語法）。

◆ **範例提示（Prompt）**

我有一個 Google Sheets 檔案，裡頭的資料為一個季度一個工作表，請幫我生成 Apps Script 將這些工作表們合併成一個新的工作表並命名為「Orders」；最前面需要使用到 SpreadsheetApp. openByUrl 函式來幫助我開啟檔案。

◆ **輸入（Input）**

- 裡頭資料為一個季度一個工作表：針對檔案中的工作表做敘述。
- 將這些工作表們合併成一個新的工作表並命名為「Orders」：指定 Apps Script 腳本的作業步驟與目標，可以按照其他需求做變更並進行調整。

實作步驟

01. 上傳練習檔案到雲端環境。

這裡使用「Filtered_Brazilian_E-Commerce_Data_Quarterly.xlsx」檔案，我們先從本書官網取得資料檔案，並自行上傳到 Google Drive，並參考以下圖片，將檔案轉換為 Google 試算表的雲端格式。

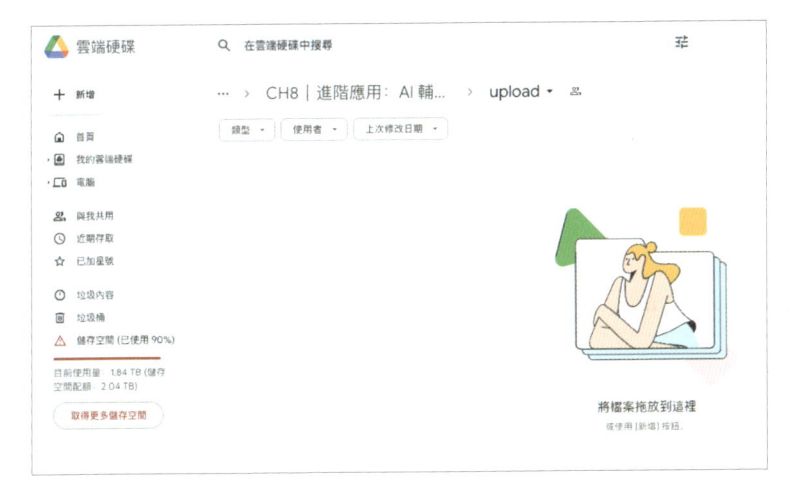

請開啟 Google Drive 雲端環境，將本單元 Excel 練習資料上傳

[圖示：Google Drive 中選擇開啟工具 → Google 試算表]

🔹 檔案上傳後，點選右鍵會有「Google 試算表」選項，點選後即會進行轉換為雲端檔案（類似於 Excel，但在瀏覽器操作）

02. 建立新的 Apps Script 專案。

轉換完成後，點選上方工具列的「擴充功能→Apps Script」，以建立新的 Apps Script 專案。

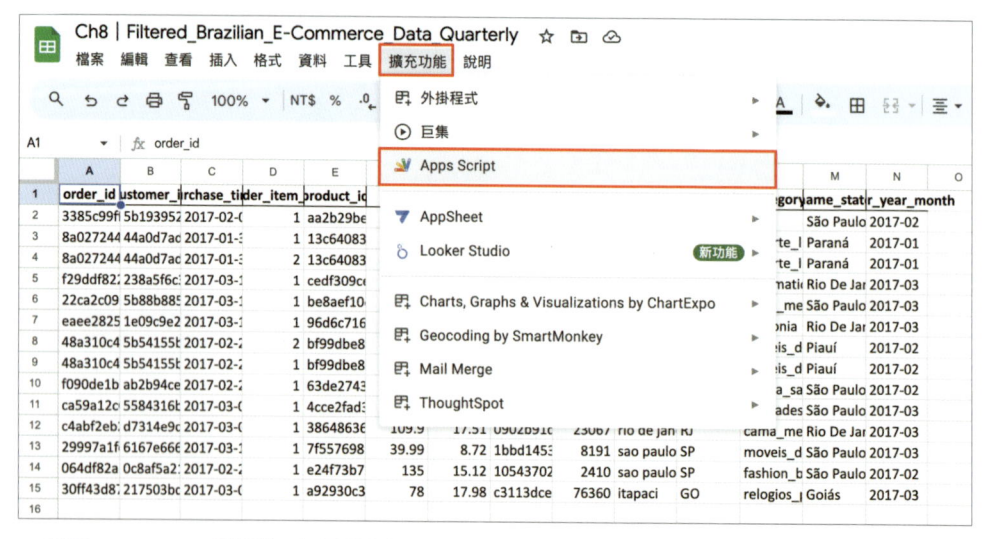

[圖示：Google 試算表擴充功能選單中的 Apps Script 選項]

🔹 開啟 Apps Script 編輯器，如果讀者無此選項，請檢查是否前一步驟有確實透過 Google Sheets 格式開啟，而非使用 Excel 格式

188　AI×Excel×Tableau 資料分析語法指南

03. 複製雲端網址。

將 Google Sheets 上方網址複製下來，等待與後面 ChatGPT 生成的程式碼組合進行使用。

⋂ 請先複製 Google Sheets 的網址

04. 生成程式碼，並修改檔名。

複製 ChatGPT 生成的合併工作表 Apps Script 程式碼後，依照 ChatGPT 的指示說明進行程式碼調整。以本技巧截圖的 ChatGPT 生成的合併工作表 Apps Script 紅框處為例，需將 'URL_OF_YOUR_SPREADSHEET_HERE' 兩個單引號之間的參數，替換成讀者自己的 Google Sheets 雲端網址（建議讀者可優先使用自己生成的語法，若真的一直失敗，也可參考以下筆者生成的結果）。

◆ 程式碼

```
function mergeSheets() {
    // 取得目標 Google Sheets 文件
    var spreadsheet = SpreadsheetApp.openByUrl('https://docs.google.com/spreadsheets/d/xxxxx(請更換為讀者的 Google Sheets 雲端網址 )');

    // 建立一個新的工作表用來存放合併後的數據
    var mergedSheet = spreadsheet.insertSheet('Orders');

    // 取得目標文件的所有工作表
```

```
    var sheets = spreadsheet.getSheets();

    // 迭代每個工作表，將數據合併到新工作表中
    sheets.forEach(function(sheet) {
    if (sheet.getName() !== 'Orders') { // 排除目標工作表本身
      var sourceData = sheet.getDataRange().getValues();
      var lastRow = mergedSheet.getLastRow();

    if (lastRow > 0) {
        // 如果新工作表已經有數據，則不包括標題列
        mergedSheet.getRange(lastRow + 1, 1, sourceData.length - 1, sourceData[0].length).setValues(sourceData.slice(1));
      } else {
        // 如果新工作表還沒有數據，則包括全部數據
        mergedSheet.getRange(1, 1, sourceData.length, sourceData[0].length).setValues(sourceData);
      }
    }
});

    // 提示合併完成
    SpreadsheetApp.getActiveSpreadsheet().toast('工作表已成功合併到 "Orders" 工作表！');
}
```

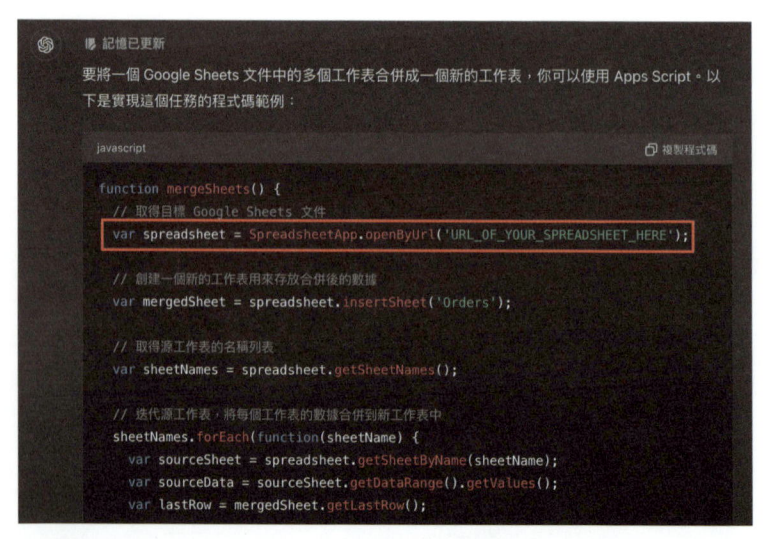

🎧 ChatGPT 生成的合併工作表 Apps Script，須留意可能需調整部分程式碼，例如：指定檔案 URL 或 Google Sheets ID

> **TIPS!** 讀取指定的 Google Sheets 檔案的方式
>
> 在 Google Apps Script 中，有以下常見的方式可以讓程式碼知道要讀取或寫入（更新）哪個指定的 Google Sheets 檔案：

- 透過檔案的 URL

語法是 SpreadsheetApp.openByUrl()，本技巧所生成的示範語法是採用此方法。

- 透過檔案的 ID

語法是 SpreadsheetApp.openById()，若你生成的語法採用此方法的話，則可在網址中找到檔案的 ID。

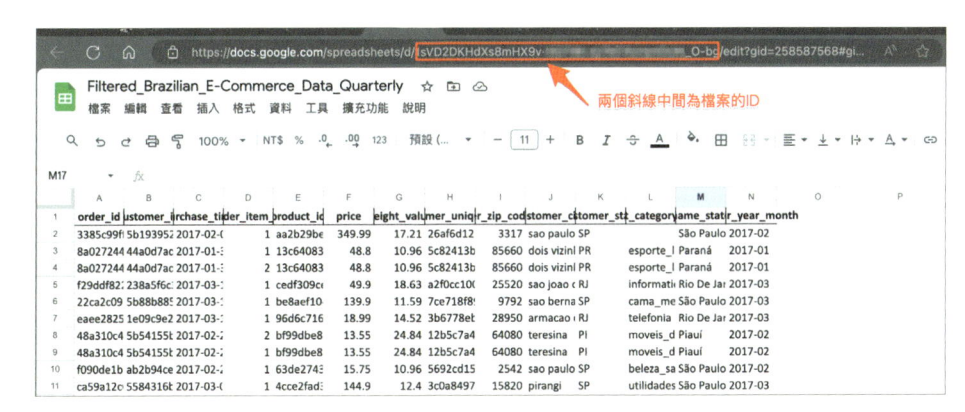

（圖：Google Sheets 網址中兩個斜線中間為檔案的 ID）

- 目前使用中的試算表

若你先開啟 Google Sheets 後，再透過上方工具列的「擴充功能→Apps Script」進入 Apps Script 專案的話，則 Apps Script 程式碼會自動取得該試算表直接進行讀取或寫入。本單元技巧九與技巧十的示範語法即為此作法。

　　由於 ChatGPT 生成的文字有一定的隨機性，中間程式碼的參數名稱也會有差異，例如：'URL_OF_YOUR_SPREADSHEET_HERE' 也可能會是 'YOUR_SPREADSHEET_URL' 或 'YOUR_GOOGLESHEETS_ID' 等。

🎧 於 Apps Script 編輯區，貼上並調整程式碼，主要是網址的部分一定需要修改

05. 儲存程式碼並執行。

點選「儲存」按鈕（或使用 command / Ctrl + S 鍵）後，再點選「執行」按鈕（或使用 command / Ctrl + R 鍵）執行程式語法。由於此處需要讓程式碼存取 Google 硬碟中的檔案，須再次進行授權，有時會跳出安全性警告的訊息，但由於程式碼是讀者自己所撰寫，較無安全的疑慮。

🎧 儲存後執行程式碼

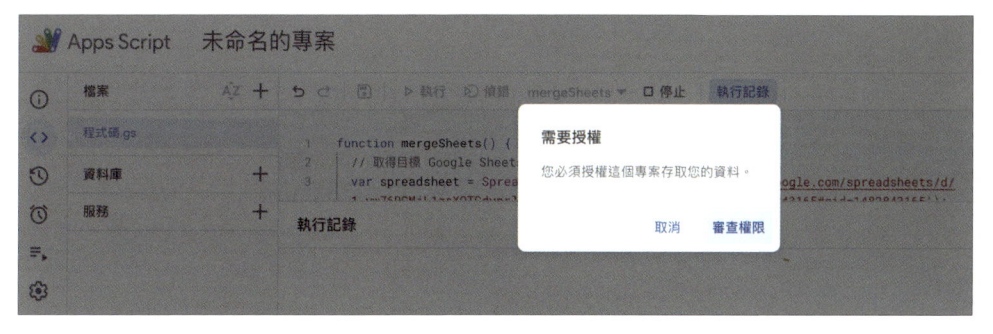

🔉 需要授權後才能執行

🔉 由於執行程式碼會收到警告通知，可直接點選進階並前往即可（因為是自己的程式碼，無安全的疑慮）

06. 確認執行結果。

若程式碼沒有錯誤，執行完畢後，即可在 Google 試算表中，看到自動新增了一個「Orders」工作表，且裡頭共有 201 列資料（包含表頭）；若無法成功，則可嘗試重新生成，或是直接使用本書的程式碼。

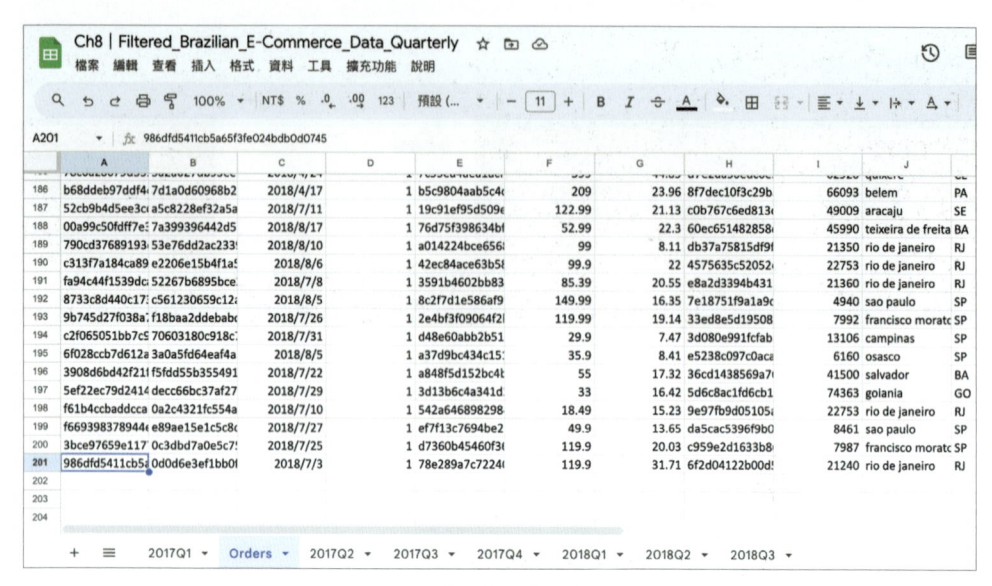

程式碼執行成功畫面

技巧六：協助修正 Apps Script 語法

AI 輔助修正 Apps Script 語法

◆ 使用效益

當程式碼執行遇到錯誤訊息，可以直接提交錯誤訊息給 ChatGPT，讓它判斷錯誤發生原因，或是提交修正的程式碼。若程式碼執行成功，但是執行結果不如預期，也可以請 ChatGPT 將程式碼進一步優化，讀者不一定會遇到 AI 給的語法無法順利執行的狀況，此技巧主要提供可以修正的步驟。

◆ 範例提示（Prompt）

情境一：執行時直接出現錯誤訊息

上方語法執行後出現錯誤，錯誤訊息為：TypeError: spreadsheet.getSheetNames is not a function。

情境二：雖然成功執行，但結果不對

我按照你給的程式碼執行了，執行完畢，成功將資料合併到新的工作表「Orders」中，但是資料筆數不對，我發現每一季的第一列欄位名稱也被合併進去了，你把前面給我的程式碼按照以下的要求進行優化：

- 當「Orders」工作表存在時，將「Orders」工作表刪除，並建立一個新的工作表「Orders」。
- 將資料合併時，要排除「Orders」這個工作表。
- 每一季資料的第一列都是欄位名稱，合併資料的時候，欄位名稱不要重複合併。

◆ 輸入（Input）
- 錯誤訊息可以替換為 Apps Script 程式碼執行報錯訊息，讓 ChatGPT 直接引導我們進行除錯。
- 當執行結果不符合預期，可以將執行結果不符合期待的部分做描述，並要求程式碼進一步按照要求做優化，再將要求條列式列出。

本技巧的運用情境會因實際作業時需要修正的內容有所不同，以下將用兩種情境來示範如何讓 ChatGPT 來協助進一步修正語法。

情境一：執行後出現錯誤訊息

將錯誤訊息直接複製，並提供給 ChatGPT，它會依據你提供的錯誤訊息試著進行修正，或是提供排除錯誤的建議操作步驟。讀者可以複製修正後的程式碼來調整程式細節，並再次執行程式。

🎧 請 ChatGPT 幫忙排除程式碼錯誤

08 進階應用：AI 輔助建立 Google Sheets 自動化分析

情境二：執行結果不符合預期

以下圖為例，AI 語法的隨機性也可能會發生以下情況：「即使執行成功，但發現成果不符合預期」，此時可以回到 ChatGPT 頁面，重新生成一組程式碼來看看結果是否不同，或者將不符合預期的部分詳加描述後，讓 ChatGPT 幫忙修正。

🎧 每一季的第一列欄位名稱也被合併進去的情形（中間有一列明顯與其他列格式有差異），所以針對生成結果仍然需要再次檢查

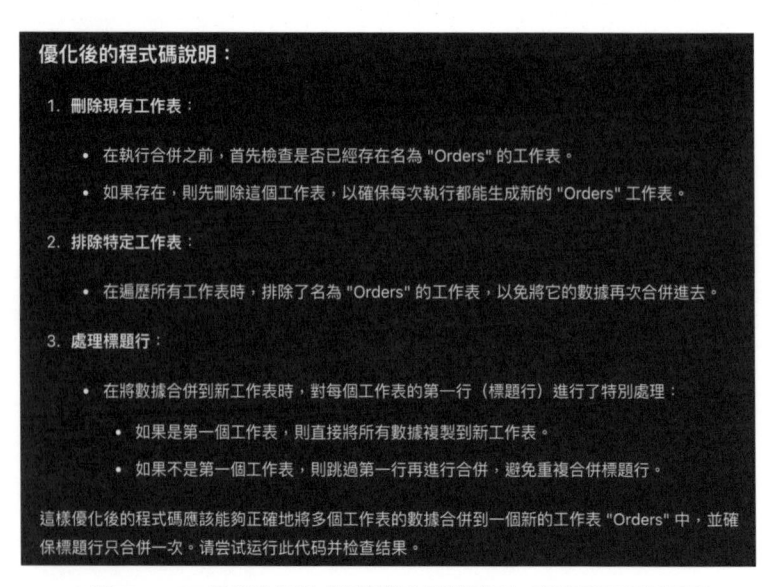

優化後的程式碼說明：

1. **刪除現有工作表：**
   - 在執行合併之前，首先檢查是否已經存在名為 "Orders" 的工作表。
   - 如果存在，則先刪除這個工作表，以確保每次執行都能生成新的 "Orders" 工作表。

2. **排除特定工作表：**
   - 在遍歷所有工作表時，排除了名為 "Orders" 的工作表，以免將它的數據再次合併進去。

3. **處理標題行：**
   - 在將數據合併到新工作表時，對每個工作表的第一行（標題行）進行了特別處理：
     - 如果是第一個工作表，則直接將所有數據複製到新工作表。
     - 如果不是第一個工作表，則跳過第一行再進行合併，避免重複合併標題行。

這樣優化後的程式碼應該能夠正確地將多個工作表的數據合併到一個新的工作表 "Orders" 中，並確保標題行只合併一次。请尝试运行此代码并检查结果。

🎧 請 ChatGPT 再次進行程式碼調整的問答畫面，有時需要反覆提問

技巧七：輔助探索合併後的資料

AI 輔助探索合併後的資料

◆ 使用效益

請 ChatGPT 生成探索資料的程式語法，常見的資料探索包含：查看表頭欄位名稱、秀出前／末五筆、資料筆數、資料類型等，幫助資料使用者思考後續分析應用。

◆ 範例提示（Prompt）

針對 剛剛合併的「Orders」工作表 ，我想用它來進行資料分析，請幫我生成 Apps Script，告訴我這份檔案總共有幾筆資料，以及讓我看一下表頭和前五筆資料的樣貌 。請使用 openByUrl 的語法。

◆ 輸入（Input）

- 剛剛合併的「Orders」工作表：預計採用的資料。
- 告訴我這份檔案總共有幾筆資料，以及讓我看一下表頭和前五筆資料的樣貌：指定 Apps Script 腳本的作業目標。

實作步驟

01. 生成程式碼。

使用本技巧的提示來取得以下的 AI 回傳結果。

◆ 程式碼

```
function analyzeOrdersSheet() {
    // 使用 URL 開啟指定的 Spreadsheet
    var spreadsheetUrl = 'xxxx';   // 替換為你的 Google Sheets 檔案的 URL
    var spreadsheet = SpreadsheetApp.openByUrl(spreadsheetUrl);

    // 獲取 "Orders" 工作表
    var ordersSheet = spreadsheet.getSheetByName("Orders");

    // 如果工作表不存在則報錯
    if (!ordersSheet) {
        Logger.log("Orders 工作表不存在。請確認合併步驟已經完成。");
```

```
        return;
    }
    
    // 獲取所有資料
    var data = ordersSheet.getDataRange().getValues();
    
    // 總資料筆數
    var totalRows = data.length - 1;   // 扣除表頭的資料筆數
    
    // 獲取表頭和前五筆資料
    var header = data[0];    // 表頭
    var firstFiveRows = data.slice(1, 6);   // 前五筆資料（不包括表頭）
    
    // 輸出結果
    Logger.log("總共 " + totalRows + " 筆資料");
    Logger.log("表頭： " + header);
    Logger.log("前五筆資料：");
    firstFiveRows.forEach(function(row, index) {
        Logger.log("第 " + (index + 1) + " 筆： " + row);
    });
}
```

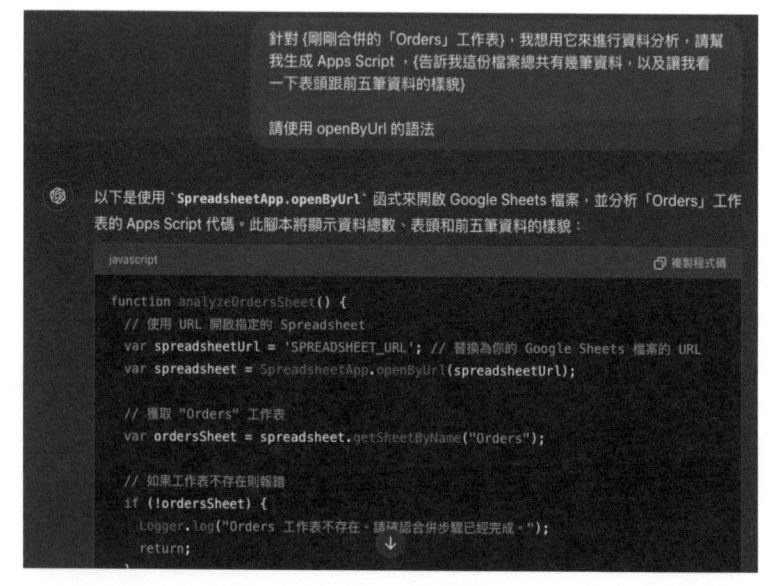

🎧 ChatGPT 生成語法畫面（記得後續執行時，要取代 openByUrl 裡面的網址）

02. 建立新的指令碼區域。

　建立一個新的編輯環境來區別不同用途的程式碼。在介面左上角檔案右方點選「＋」按鈕，並選擇「指令碼」。

◯ 新增指令碼的方式

03. 重新命名指令碼。

　將新的指令碼命名為「資料探索」後，按下 Enter 鍵來完成新增。

◯ 改變指令碼檔案名稱

04. 貼上程式碼並執行。

　複製 ChatGPT 生成的程式碼至該 Apps Script 檔案中貼上，儲存程式碼並執行。可以在下方的「執行紀錄」中，看到資料筆數及前五筆的資料摘錄。

08　進階應用：AI 輔助建立 Google Sheets 自動化分析　199

```
function analyzeOrdersSheet() {
  // 使用 URL 開啟指定的 Spreadsheet
  var spreadsheetUrl = 'https://docs.google.com/spreadsheets.
  ▓▓▓▓▓▓▓▓▓▓▓▓▓▓▓▓▓▓▓'; // 替換為你的 Google Sheets 檔案的 URL
  var spreadsheet = SpreadsheetApp.openByUrl(spreadsheetUrl);

  // 獲取 "Orders" 工作表
  var ordersSheet = spreadsheet.getSheetByName("Orders");
```

執行記錄

上午11:28:13	資訊	前五筆資料：
上午11:28:13	資訊	第 1 筆： 3385c99ff53af3e0f1115d79f6165d6f,5b1939524fc66b1be29160f5dea0055d,Sun Feb 05 2017 04:58:55 GMT+0800 (Taipei Standard Time),1,aa2b29bee083c3eb3779f39fc09527b7,349.99,17.21,26af6d121da6876736d5105e98baed9f,3317,sao paulo,SP,,São Paulo,Wed Feb 01 2017 16:00:00 GMT+0800 (Taipei Standard Time)
上午11:28:13	資訊	第 2 筆： 8a027244dea2edca1449d9150e74eb45,44a0d7ad2e2ae7517322fcfb0f51ae48,Wed Feb 01 2017 09:57:18 GMT+0800 (Taipei Standard Time),1,13c6408395db73f81805ef46fa6ac926,48.8,10.96,5c82413b70d65c90e4f9e465c303fc82,85660,dois vizinhos,PR,esporte_lazer,Paraná,Sun Jan 01 2017 16:00:00 GMT+0800 (Taipei Standard Time)
上午11:28:13	資訊	第 3 筆： 8a027244dea2edca1449d9150e74eb45,44a0d7ad2e2ae7517322fcfb0f51ae48,Wed Feb 01 2017 09:57:18 GMT+0800 (Taipei Standard Time),2,13c6408395db73f81805ef46fa6ac926,48.8,10.96,5c82413b70d65c90e4f9e465c303fc82,85660,dois vizinhos,PR,esporte_lazer,Paraná,Sun Jan 01 2017 16:00:00 GMT+0800 (Taipei Standard Time)
上午11:28:13	資訊	第 4 筆： f29ddf8225b83634a61798046455ce8a,238a5f6c34460fd3626df27cfb0d0ab9,Sat Mar 11 2017 07:09:40 GMT+0800 (Taipei Standard Time),1,cedf309ce95b4a69d153dd219dd1cef8,49.9,18.63,a2f0cc1002e7b9182fc9eaed0b8f153d,25520,sao joao de meriti,RJ,informatica_acessorios,Rio De Janeiro,Wed Mar 01 2017 16:00:00 GMT+0800 (Taipei Standard Time)
上午11:28:13	資訊	第 5 筆： 22ca2c0914d6a325764b5d09f54c1c00,5b88b885457237b574a2496d634bb905,Sun Mar 12 2017 01:44:32 GMT+0800 (Taipei Standard Time),1,be8aef10cd8c8a52fa98f5f7f71bb373,139.9,11.59,7ce718f89c67398367c2c8661bd6fb0b,9792,sao bernardo do campo,SP,cama_mesa_banho,São Paulo,Wed Mar 01 2017 16:00:00 GMT+0800 (Taipei Standard Time)
上午11:28:13	通知	執行完畢

🎧 執行結果。在下方的「執行紀錄」中看到資料筆數及前五筆資料摘錄，文字上雖然有點像是亂碼，但確實是原始資料的前五筆資訊

⬤ 技巧八：輔助執行資料描述性分析

〈DEMO〉 AI 輔助執行資料描述性分析

◆ 使用效益

了解資料的欄位、大致的樣貌之後，亦可透過描述性分析延伸瞭解資料的分布情形，可讓 ChatGPT 生成自動進行分析的程式語法。

◆ 範例提示（Prompt）

針對這份 Google Sheets 資料，請幫我生成 Apps Script 程式碼，針對「price」欄位進行描述性分析，並在 Google Sheets 中新增一個工作表名為「描述性分析」，將計算結果放入該工作表。請使用 openByUrl 的語法。

◆ 輸入（Input）

- 針對這份 Google Sheets 資料：預計採用的資料。

- 針對「price」欄位進行描述性分析，並在 Google Sheets 中新增一個工作表名為「描述性分析」，將計算結果放入該工作表：指定 Apps Script 腳本的作業步驟與目標，可以按照實際需求進行調整。

實作步驟

01. 生成程式碼。

使用本技巧的提示來取得 AI 回傳結果。

◆ 程式碼

```
function analyzePriceColumn() {
    // 使用 URL 開啟指定的 Spreadsheet
    var spreadsheetUrl = 'SPREADSHEET_URL'; // 替換為你的 Google Sheets 檔案的 URL
    var spreadsheet = SpreadsheetApp.openByUrl(spreadsheetUrl);

    // 獲取 "Orders" 工作表
    var ordersSheet = spreadsheet.getSheetByName("Orders");

    // 如果工作表不存在則報錯
    if (!ordersSheet) {
        Logger.log("Orders 工作表不存在。請確認合併步驟已經完成。");
        return;
    }

    // 獲取所有資料
    var data = ordersSheet.getDataRange().getValues();

    // 找到 "price" 欄位的索引
    var header = data[0];
    var priceIndex = header.indexOf("price");
    if (priceIndex === -1) {
        Logger.log(" 找不到 'price' 欄位。");
        return;
    }
```

```javascript
    // 提取 "price" 欄位的數值,並過濾掉非數值的資料
    var prices = data.slice(1).map(row => parseFloat(row[priceIndex])).filter(price => !isNaN(price));

    // 計算描述性統計
    var total = prices.reduce((sum, value) => sum + value, 0);
    var count = prices.length;
    var mean = total / count;
    var min = Math.min(...prices);
    var max = Math.max(...prices);
    var variance = prices.reduce((sum, value) => sum + Math.pow(value - mean, 2), 0) / count;
    var stdDev = Math.sqrt(variance);

    // 新增 " 描述性分析 " 工作表,如果已存在則先刪除
    var analysisSheet = spreadsheet.getSheetByName(" 描述性分析 ");
    if (analysisSheet) {
        spreadsheet.deleteSheet(analysisSheet);
    }
    analysisSheet = spreadsheet.insertSheet(" 描述性分析 ");

    // 將結果放入 " 描述性分析 " 工作表
    analysisSheet.getRange(1, 1).setValue(" 描述性分析 - price 欄位 ");
    analysisSheet.getRange(2, 1).setValue(" 總筆數 ");
    analysisSheet.getRange(2, 2).setValue(count);
    analysisSheet.getRange(3, 1).setValue(" 平均值 ");
    analysisSheet.getRange(3, 2).setValue(mean);
    analysisSheet.getRange(4, 1).setValue(" 最小值 ");
    analysisSheet.getRange(4, 2).setValue(min);
    analysisSheet.getRange(5, 1).setValue(" 最大值 ");
    analysisSheet.getRange(5, 2).setValue(max);
    analysisSheet.getRange(6, 1).setValue(" 標準差 ");
    analysisSheet.getRange(6, 2).setValue(stdDev);
        Logger.log(" 描述性分析已完成並儲存在 ' 描述性分析 ' 工作表中。");
}
```

○ ChatGPT 生成的描述性分析 Apps Script 語法

02. 建立指令碼。

建立一個新的編輯環境來區別不同用途的程式碼。在介面左上角檔案右方點選「＋」按鈕，並選擇「指令碼」。

○ 新增指令碼

08　進階應用：AI 輔助建立 Google Sheets 自動化分析

03. 貼上指令碼並執行。

將新的指令碼命名為「描述性分析」後，按下 Enter 鍵來完成新增。複製 ChatGPT 生成的程式碼，至該 Apps Script 檔案中貼上，儲存程式碼後並執行。程式碼若成功執行完畢，即可回到 Google Sheets 中檢查計算結果。

```
function analyzePriceColumn() {
  // 使用 URL 開啟指定的 Spreadsheet
  var spreadsheetUrl = 'https://docs.google.com/spreadsheets/d/1mqfs
  ██████████████████████'; // 替換為你的 Google Sheets 檔案的 URL
  var spreadsheet = SpreadsheetApp.openByUrl(spreadsheetUrl);

  // 獲取 "Orders" 工作表
  var ordersSheet = spreadsheet.getSheetByName("Orders");

  // 如果工作表不存在則報錯
  if (!ordersSheet) {
    Logger.log("Orders 工作表不存在。請確認合併步驟已經完成。");
    return;
  }

  // 獲取所有資料
  var data = ordersSheet.getDataRange().getValues();

  // 找到 "price" 欄位的索引
  var header = data[0];
```

執行記錄

上午11:41:22	通知	開始執行
上午11:41:23	資訊	描述性分析已完成並儲存在「描述性分析」工作表中。
上午11:41:23	通知	執行完畢

🔹 完成指令碼名稱修改 + 貼上並執行指令碼的畫面（再次提醒讀者，需手動修改 Google Sheets 的 url 連結）

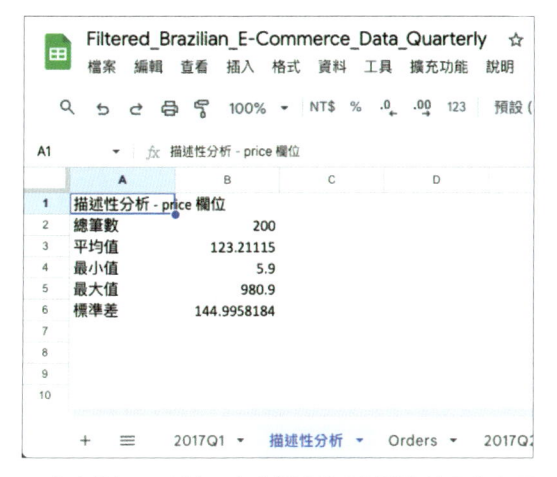

○ 成功執行 AI 語法，完成描述性分析計算結果的畫面

技巧九：輔助生成資料視覺化 - 長條圖

〈DEMO〉 AI 輔助生成長條圖

◆ 使用效益

讓 AI 依據指定順序自動進行多個步驟，並依據特定條件生成資料視覺化。

◆ 範例提示（Prompt）

針對這份資料，我想用另一段 Apps Script 程式碼進行資料視覺化。

- 在同一個 Google Sheets 檔案新增一個頁籤，命名為「Bar Chart」。
- 在 Bar Chart 試算表中，彙整每個「product_category_name」的「Price」加總。
- 再依據加總結果畫一個長條圖，X 軸為「price」，Y 軸為「product_category_name」，依照 Price 大到小排序。

◆ 輸入（Input）

若步驟較多或細節較多的情形之下，也可以直接在提示（Prompt）中說明順序，並利用括號將指定的欄位名稱註記來方便 ChatGPT 理解。此外，AI 輔助資料視覺化的重點是需要將 X 軸、Y 軸、排序等細節說明清楚，亦可先生成之後，再依需求回頭調整提示。

實作步驟

01. 生成程式碼。

參考以下的語法來生成結果。

◆ 程式碼

```
function drawBarChart() {
    var spreadsheet = SpreadsheetApp.getActiveSpreadsheet();
    var ordersSheet = spreadsheet.getSheetByName('Orders');

    // 如果不存在名為「Bar Chart」的工作表，則新增一個
    var barChartSheet = spreadsheet.getSheetByName('Bar Chart');
    if (!barChartSheet) {
        barChartSheet = spreadsheet.insertSheet('Bar Chart');
    }

    // 獲取 product_category_name 和 price 欄位的數據範圍
    var dataRange = ordersSheet.getRange('F2:L'); // 假設 product_category_name 在 L 欄位，price 在 M 欄位，從第二行開始
    var dataValues = dataRange.getValues();

    // 建立空白物件來存放加總結果
    var categoryTotal = {};

    // 遍歷每一行，彙整每個 product_category_name 的 price 加總
    dataValues.forEach(function(row) {
        var category = row[6]; // product_category_name 欄位
        var price = parseFloat(row[0]); // price 欄位轉換為浮點數

        if (!isNaN(price)) {
            if (!categoryTotal[category]) {
                categoryTotal[category] = 0;
            }
            categoryTotal[category] += price;
        }
    });

    // 將加總結果按照 price 大到小排序
    var sortedCategories = Object.keys(categoryTotal).sort(function(a, b) {
        return categoryTotal[b] - categoryTotal[a];
```

```
    });

    // 準備資料繪製長條圖
    var chartData = [];
    chartData.push(['product_category_name', 'price']);
    sortedCategories.forEach(function(category) {
        chartData.push([category, categoryTotal[category]]);
    });

    // 清空原有資料並寫入新的資料
    barChartSheet.clear();
    var range = barChartSheet.getRange(1, 1, chartData.length, 2);
    range.setValues(chartData);

    // 繪製長條圖
    var chart = barChartSheet.newChart()
        .setChartType(Charts.ChartType.BAR)
        .addRange(range)
        .setPosition(1, 4, 0, 0)
        .build();
    barChartSheet.insertChart(chart);
}
```

◐ **ChatGPT 生成的資料視覺化 Apps Script 語法**

08 進階應用：AI 輔助建立 Google Sheets 自動化分析　　207

> **TIPS!** 這個技巧有使用到一個語法是 getActiveSpreadsheet()，此語法的使用情境是抓取該 Apps Script 跟隨的 Google Spreadsheets 雲端檔案，但有時會因為流程差異，而導致無法抓取到該 Google SpreadSheets，此時可以考慮修改回前幾個技巧使用的 openByUrl 的語法，有時會比較穩定。

02. 建立指令碼。

　　建立一個新的編輯環境來區別不同用途的程式碼。在介面左上角檔案右方點選「＋」按鈕，並選擇「指令碼」。

↑ 新增指令碼

03. 重新命名指令碼。

　　將新的指令碼命名為「長條圖」後，按下 Enter 鍵完成新增。

↑ 改變指令碼檔案名稱，並於右方區塊貼上稍早生成的程式碼

04. 運作並查看結果。

複製 ChatGPT 生成的程式碼，至該 Apps Script 檔案中貼上，儲存程式碼後並執行。程式碼若成功執行完畢，即可回到 Google Sheets 中查看執行結果，發現已可正確生成產品類別與總金額的長條圖。

下圖中的執行結果生成了兩張長條圖，可直接手動刪除一張圖，也可試著檢查程式碼進行調整。

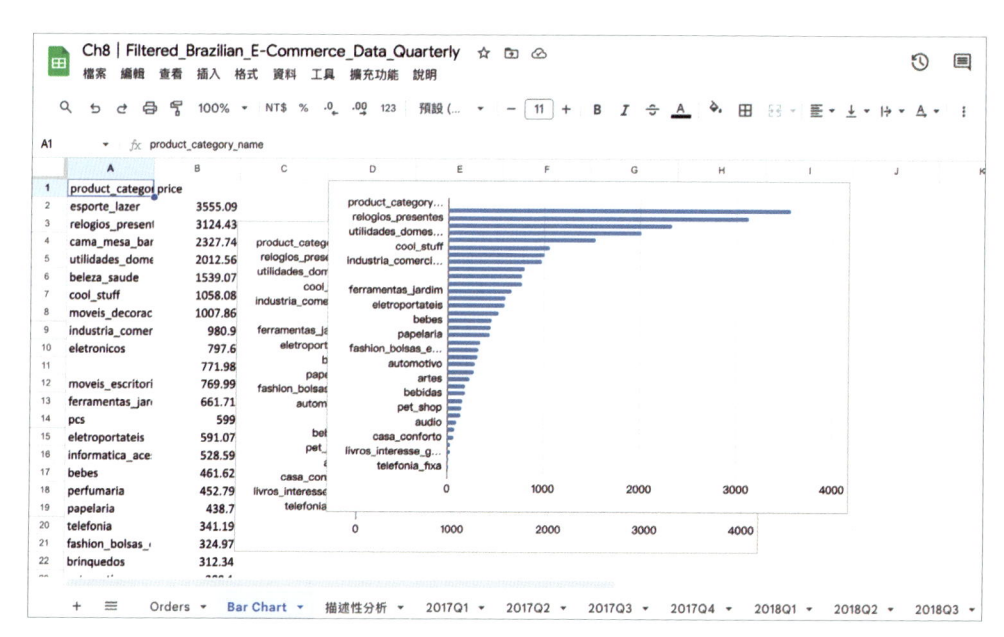

生成長條圖

05. 修正錯誤的操作方式。

由於此階段的案例與程式碼比較複雜，筆者執行第一次生成的程式碼後發現錯誤，先嘗試重新讓 AI 生成看看，但如果無法順利取得結果，則檢查一下程式碼是否發生常見的「帶錯欄位」錯誤，以下示範筆者修正錯誤程式碼的操作順序。

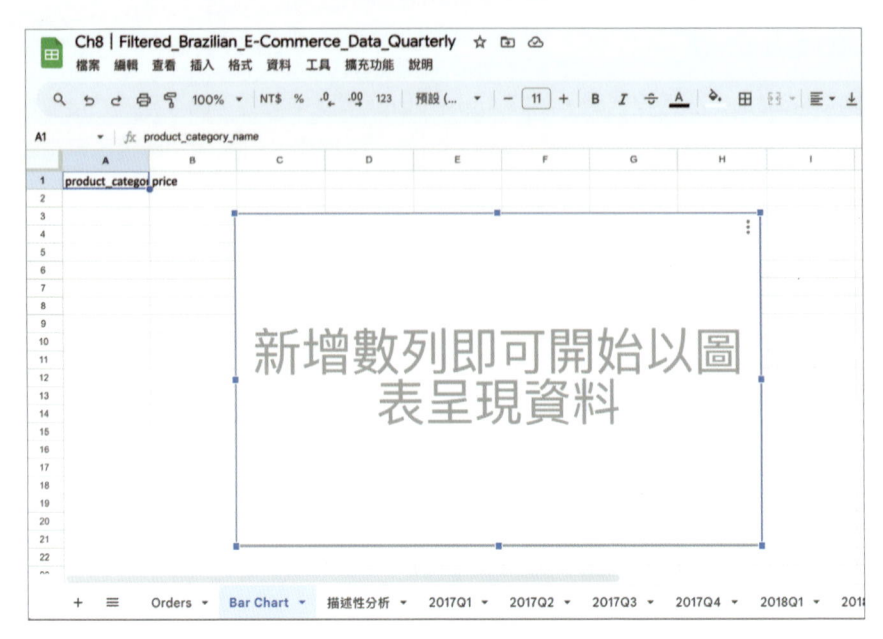

[圖片：Google Sheets 畫面，顯示 Ch8 | Filtered_Brazilian_E-Commerce_Data_Quarterly 試算表，中間有「新增數列即可開始以圖表呈現資料」的提示，下方分頁包含 Orders、Bar Chart、描述性分析、2017Q1、2017Q2、2017Q3、2017Q4、2018Q1 等]

🎧 有時程式碼無法順利執行（當圖表無法呈現時，需重新生成或是修正語法）

　　閱讀程式碼文字，發現 ChatGPT 給的欄位抓取語法是假設 product_category_name 在 L 欄位、price 在 M 欄位，但實際上 product_category_name 在 L 欄位、price 在 F 欄位，因此 getRange('L2:M') 應修正為 getRange('F2:L')。

[圖片：Apps Script 程式碼畫面，顯示 drawBarChart 函數，紅框標示 getRange('L2:M')、row[0]、row[1] 等需修正處]

🎧 修正前的程式碼

　　接著，下方針對 F2 到 L 中取得兩欄位的相對位置也有誤；以筆者生成的語法來說，目前 product_category_name 取 row[0]、price 取 row[1]，實際上在 Google Sheets 中，price 在第 0 個位置，應修正為 row[0]，而 product_category_name 在第 6 個位置，應修正為 row[6] 才對。

210　AI×Excel×Tableau 資料分析語法指南

◎ 欄位相對位置示意圖

◎ 修正後的程式碼

> **TIPS!** 以下表格列出一些常見的 AI 生成程式碼卻抓取位置錯誤的範例，這會導致無法順利運作。在 AI 提供的程式碼中，「欄位名稱」與「資料計算範圍」的語法描述上有很多種。筆者的實驗過程中，若 ChatGPT 生成程式碼所引用的資料範圍有誤，可能導致計算錯誤，因此讀者還是需要稍作檢查後進行修正。請注意，Apps Script 程式碼中的「//」雙斜線符號表示註解，也就是 ChatGPT 對於該行程式碼的筆記，程式碼實際執行過程中會忽略雙斜線後方的註解文字。

◎ **ChatGPT 生成函數的常見錯誤類型案例整理**

類型	語法範例	可能出現的錯誤
欄位的絕對位置錯誤	`var priceRange = ordersSheet.getRange('F2:F');` // 假設 price 欄位在 F 欄位，從第二行開始	('F2:F') 表示 F2 至 F 欄結束，ChatGPT 可能會生成錯誤的範圍，例如：('G2:G') 或 ('A2:A')。

08 進階應用：AI 輔助建立 Google Sheets 自動化分析

類型	語法範例	可能出現的錯誤
欄位的相對位置錯誤	`var price = parseFloat(data[i][2]); // 假設 Price 在第三欄，這裡要轉換成數值`	在許多程式語言中，計數的開始是從零開始，0 表示第一個位置、1 表示第二個位置。data[i][2] 中的「2」表示第三欄，因此我們要手動修正成「5」，才能正確採用 price 欄位。相對位置編號的生成，也常常會出現錯誤。
欄位的名稱錯誤	`var priceIndex = headerRow.indexOf('price') + 1; // 找到 "price" 欄位的索引`	透過欄位名稱找到欄位的位置。常見的生成錯誤包含拼錯字或大小寫跟真實資料不一致。

技巧十：輔助轉檔成 PDF 檔案

‹DEMO› AI 輔助轉檔成 PDF 檔案

◆ 使用效益

透過 AI，快速生成 Google Sheet 的操作語法，可協助進行資料轉換、檔案轉換的自動化程式碼；有時結合雲端文件會很方便，可建立團隊可重複使用且共用的自動化流程。

◆ 範例提示（Prompt）

幫我生成 Apps Script 程式碼，將 Google Sheets 的「描述性分析」與「Bar Chart」兩個工作表轉成 PDF，命名為「訂單分析.pdf」，內容一個工作表一頁，並把生成的 PDF 放到 Google Sheets 的「PDF Exports」資料夾中。

◆ 輸入（Input）

- 「描述性分析」與「Bar Chart」兩個工作表轉成 PDF，命名為「訂單分析.pdf」：指定執行程式碼的對象與匯出的檔案命名。
- 內容一個工作表一頁，並把生成的 PDF 放到 Google Sheets 的「PDF Exports」資料夾中：指定程式碼的執行步驟。

實作步驟

01. 生成程式碼

可參考以下的語法來生成結果。

◆ 程式碼

```javascript
function exportSheetsToPDF() {
    var spreadsheet = SpreadsheetApp.getActiveSpreadsheet();

    // 設定要保存 PDF 的資料夾名稱
    var folderName = "PDF Exports";
    var folder;

    // 檢查是否存在指定名稱的資料夾，若不存在則建立
    var folders = DriveApp.getFoldersByName(folderName);
    if (folders.hasNext()) {
        folder = folders.next();
    } else {
        folder = DriveApp.createFolder(folderName);
    }

    // 將「描述性分析」工作表轉成 PDF
    var descriptiveSheet = spreadsheet.getSheetByName("描述性分析");
    if (descriptiveSheet) {
        var pdfBlobDescriptive = exportSheetToPDF(descriptiveSheet);
        pdfBlobDescriptive.setName("描述性分析.pdf");
        folder.createFile(pdfBlobDescriptive);
    } else {
        Logger.log("找不到名稱為「描述性分析」的工作表。");
    }

    // 將「Bar Chart」工作表轉成 PDF
    var barChartSheet = spreadsheet.getSheetByName("Bar Chart");
    if (barChartSheet) {
        var pdfBlobBarChart = exportSheetToPDF(barChartSheet);
        pdfBlobBarChart.setName("Bar Chart.pdf");
        folder.createFile(pdfBlobBarChart);
    } else {
        Logger.log("找不到名稱為「Bar Chart」的工作表。");
    }
```

```
}

// 將指定工作表轉換成 PDF Blob
function exportSheetToPDF(sheet) {
    var spreadsheetId = sheet.getParent().getId();
    var sheetId = sheet.getSheetId();
    var url = "https://docs.google.com/spreadsheets/d/" + spreadsheetId
 + "/export" + "?format=pdf" + "&gid=" + sheetId;
    var response = UrlFetchApp.fetch(url, {
        headers: {
            Authorization: 'Bearer ' + scriptApp.getOAuthToken()
        }
    });
    return response.getBlob();
}
```

> 以下是生成 Apps Script 程式碼的方法，來將 Google Sheets 的「描述性分析」和「Bar Chart」兩個工作表轉換成 PDF，命名為「訂單分析.pdf」，並生成的 PDF 放到 Google Sheets 的「PDF Exports」資料夾中。

```javascript
function exportSheetsToPDF() {
  var spreadsheet = SpreadsheetApp.getActiveSpreadsheet();

  // 設定要保存 PDF 的資料夾名稱
  var folderName = "PDF Exports";
  var folder;

  // 檢查是否存在指定名稱的資料夾，若不存在則創建
  var folders = DriveApp.getFoldersByName(folderName);
  if (folders.hasNext()) {
    folder = folders.next();
  } else {
    folder = DriveApp.createFolder(folderName);
  }

  // 將「描述性分析」工作表轉成 PDF
```

◎ **ChatGPT 生成的資料視覺化 Apps Script 語法**

02. **建立指令碼。**

建立一個新的編輯環境來區別不同用途的程式碼。在介面左上角檔案右方點選「＋」按鈕，並選擇「指令碼」。

△ 新增指令碼

03. **重新命名指令碼**。

將新的指令碼命名為「生成 PDF」後，按下 Enter 鍵來完成新增。

△ 改變指令碼檔案名稱

04. **執行與授權**。

複製 ChatGPT 幫忙生成的程式碼，至該 Apps Script 檔案中貼上，儲存程式碼後並執行。由於此處需要將生成的 PDF 放到特定資料夾中，須再次進行授權。

△ 需要授權後才能執行

08　進階應用：AI 輔助建立 Google Sheets 自動化分析

05. 查看結果。

程式碼若成功執行完畢,即可回到 Google 硬碟中查看執行結果,應該會預設建立,並放入「PDF Exports」資料夾。

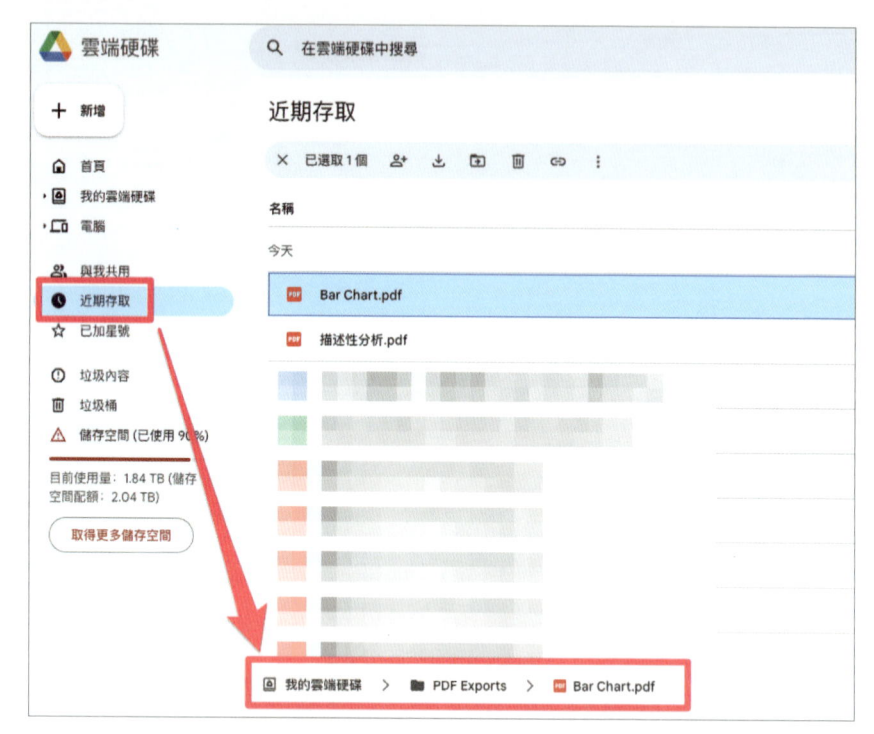

△ 程式碼執行結果,輸出了新的 PDF 檔案

> **TIPS!** 眼尖的讀者可能會發現最原始對 AI 提問的語法寫的是「Google Sheets 資料夾」,這其實是筆者的筆誤,最後卻依然可以輸出到 Google Drive 中?這是因為 ChatGPT 擁有一定的容錯能力(指雖然語法不精確,但依然能夠解讀下指令者的任務),故在此我們依然可順利將 PDF 輸出到雲端硬碟中。

PART
03

Tableau×AI 數據分析

※圖片來源：https://unsplash.com/photos/red-and-white-heart-illustration-no2blyVyoJw

Tableau 是另一款非常多人喜愛的數據分析工具。Tableau 提供了直觀的視覺化分析方式，只要利用「拖拉放」就能完成豐富的圖表，並且可對圖表進行各類客製化調整。然而新手在操作時，在進階操作中依然容易遭遇到許多困難，例如：圖表優化、函式撰寫、預測性分析、建構表計算、LOD 計算等，這部分就適合透過 AI 來協助。

第三篇主要針對 Tableau 與 AI 的綜合性應用為主，由淺入深，分為四個單元如下：

◎ **本篇提要**

單元	單元名稱	說明
單元九	AI 與 Tableau 基礎協作心法	從基礎的場景開始探討，針對生成式 AI 可以如何輔助 Tableau 操作提出對應輔助技巧。
單元十	AI 輔助 Tableau 進行地理視覺化	接下來是進階操作的部分；運用 AI 建立地理資訊視覺化，並應用參數進行更進階的空間分析。
單元十一	GPT 機器人助力：優化 Tableau 操作效率	透過專屬的 AI 助手 GPT 機器人，來輔助 Tableau 的資料整理方式、圖表實作與優化。
單元十二	透過 AI 輔助 Tableau 進行進階數據分析	透過 AI 輔助引導，帶領分析者學習 Tableau 較進階的「表計算」與「LOD」功能。

Unit 09　AI 與 Tableau 基礎協作心法

單元導覽

本單元將介紹 AI 與 Tableau 協作技巧，從基礎的操作指導到專家角色的建立，引導讀者入門 Tableau 的核心概念。透過 AI 的輔助，使用者可以有效規劃學習路徑，並迅速上手 Tableau 進行數據處理和分析。本單元將以三個部分來介紹：

單元提要

項目	說明
如何啟動 AI 輔助 Tableau 任務	這裡讓讀者了解 Tableau 的用途，用 AI 輔助 Tableau 的常見語法。例如：初次的專家角色建立，到學習路徑的安排，以及提問 AI 可以在哪些面向輔助 Tableau 進行數據分析和視覺化。
案例實作：AI 輔助 Tableau 進行航空數據分析	這裡將練習透過 AI 進行案例分析，應用 Tableau 工具來分析，並進行資料視覺化，並透過實際案例獲得實踐經驗。
案例實作：AI 輔助 Tableau 進行載客率分析	這裡引導讀者透過 AI 進行案例分析，有效應用 Tableau 工具來分析和視覺化數據，並透過實際案例獲得實踐經驗。

> **TIPS!** 接下來的幾個單元，主要介紹 AI + Tableau 的綜合性技巧案例為主，如果讀者沒有操作過 Tableau 的經驗，也可參考本書作者之前的兩本 Tableau 入門書籍：《Excel+Tableau 成功晉升資料分析師》、《Tableau 打造 30 個經典數據圖表》，先對於此工具有一定程度的熟悉後，會更容易理解相關 AI 輔助技巧。

實作資料

本單元的練習資料為交通部民航局所提供的「國際及兩岸定期航線班機載客率：按航線及航空公司分」開放資料集（URL https://www.caa.gov.tw/article.aspx?a=1752&lang=1），筆者摘錄並設計為適合進行分析用途的資料；請參考「Taiwan_Flights_PAX-Load_2009-2023_.csv」檔案。

日期(年月)	序號	航線	航空公司	入出境	座位總數(位)	載客人數(人)	飛行架次(次)
2009-01-01	1	大阪	中華	入境	9134	4679	30
2009-01-01	1	大阪	中華	出境	9447	6470	31
2009-01-01	10	仁川	泰國	入境	11998	8671	31
2009-01-01	10	仁川	泰國	出境	11998	8655	31
2009-01-01	100	檀香山	中華	入境	2484	2248	9
2009-01-01	100	檀香山	中華	出境	2484	1931	9
2009-01-01	101	濟州島	復興	入境	3880	2712	20
2009-01-01	101	濟州島	復興	出境	4074	2902	21
2009-01-01	102	檳城	中華	入境	4384	2474	27
2009-01-01	102	檳城	中華	出境	4384	2946	27

範例資料畫面：2009－2023 桃園機場各航線／航空公司載客量資料

如何啟動 AI 輔助 Tableau 任務

Tableau 是一款強大且受歡迎的資料視覺化工具，資料分析簡單且有效率，而透過互動式儀表板，可輕鬆建立多種圖表和資料視覺化，即時更新和互動分析，迅速發現趨勢和異常。此外，Tableau 也支援多種資料來源連接，如 Excel、SQL、Google Sheets 等來進行數據整合。

Tableau 也提供了強大的計算功能、標記設計以及地理資訊視覺化等工具，但對於沒有程式背景的使用者來說，可能不太清楚該如何選擇和使用各種公式，特別是當需要使用更進階的 LOD（Level of Detail）表達時，往往成為學習上的一大挑戰。

有了 ChatGPT，就好像多了一位隨時可討論的線上導師，不僅可以回答各種關於 Tableau 使用的問題，還能在操作過程中提供即時協助。透過 AI 輔助 Tableau，不僅降低了學習門檻，還能提升數據分析的效率和品質，以下彙整了透過 AI 輔助 Tableau 操作的幾種常見場景。

ChatGPT 與 Tableau 協作場景整理

功能	協作場景
公式建構與選擇	• 協助選擇適合的計算公式，並解釋公式的使用方法與目的。 • 引導使用者建立基本到進階的計算，例如：總和、平均、LOD 計算等。
進階計算	• 提供進階計算的使用範例，並逐步指導如何應用於特定分析需求。 • 協助排除進階計算中可能遇到的錯誤，提升公式正確性。

功能	協作場景
圖表設計與建議	● 根據資料特性和分析目標，建議合適的圖表類型，例如：折線圖、樹狀圖、熱點地圖等。 ● 提供視覺化設計建議，使圖表更具說服力。
地理資訊視覺化	● 協助處理地理資訊資料，並建議適合的地圖視覺化類型，例如：地理熱點圖、區域分布圖等。 ● 輔助地理分析，例如：兩點連線、距離計算等。
資料清理與預處理	● 輔助處理原始資料中的異常值、缺失值，並提供資料清理的最佳方法。 ● 指導進行資料轉換與整理，讓資料更容易在 Tableau 中進行視覺化。
學習與技能提升	● 在 Tableau 操作過程中提供即時協助，例如：遇到無法生成圖表、計算錯誤等情況時提供解決方案。 ● 作為學習 Tableau 的輔助工具，提供資源、教學範例和實戰演練指導。 ● 回答使用者在學習 Tableau 時的各種疑問，提供持續的技能提升建議。
資料洞察	● 協助從資料中找出關鍵洞察，並建議如何將資料轉化為易於理解的故事。 ● 引導使用者建立具說服力的資料故事，提高視覺化的影響力。

技巧一：建立 AI 為 Tableau 顧問的人格設定

‹DEMO› 建立 AI 的人格設定

◆ 使用效益

將 ChatGPT 設定為專業的 Tableau 顧問，可以確保 AI 以更聚焦且專業的角度來回應提問者的請求。這種設定能有效減少模糊不清的回答或偏離主題的回應，從而提升整體的互動效率與準確性。

◆ 範例提示（Prompt）

請扮演我的 Tableau Desktop 資料分析顧問，並請用 **繁體中文** 回答。

◆ 輸入（Input）

- Tableau Desktop：可以替換成想請 AI 說明的特定主題或關鍵字，例如：Tableau Prep、Tableau Server。

- **繁體中文**：要求使用的語言，通常 AI 會更傾向使用指令語言回覆，但有時還是會用簡體中文或是英文回覆。

◆ 範例結果

> 請扮演我的 {Tableau Desktop} 資料分析顧問，並請用繁體中文回答
>
> 當然，我會盡力幫助你。你有什麼關於 Tableau Desktop 資料分析的問題或需求？

🎧 設定 ChatGPT 的角色

◯ 技巧二：AI 協助規劃 Tableau 學習路徑

‹DEMO› AI 輔助規劃 Tableau 學習路徑

◆ 使用效益

ChatGPT 能夠輔助規劃學習路徑，涵蓋從入門到進階的所有關鍵學習項目。透過 ChatGPT 的指導，你可以獲得一個有系統的學習計畫，幫助你逐步掌握 Tableau 的各項技能。

◆ 範例提示（Prompt）

針對 Tableau 的學習路徑，幫我安排一系列從初階到進階的學習重點項目；請用 表格 呈現，並提供相關資源與連結。

◆ 輸入（Input）

- Tableau：想請 AI 說明的特定主題或關鍵字。
- 表格：期待 AI 回覆的格式；表格能提供結構化的內容。

◆ 範例結果

> 好的，以下是針對Tableau的學習路徑的建議，從初階到進階的學習重點項目，以及相關資源與連結：
>
> | 階段 | 重點項目 | 相關資源與連結 |
> |---|---|---|
> | 初階 | 1. 熟悉Tableau介面 | Tableau 官方文檔 |
> | | 2. 資料連接與準備 | Tableau Desktop 入門課程 (Coursera) |
> | | 3. 創建基本靜態視覺化 | Tableau 官方教學影片 |
> | | 4. 使用濾鏡和參數 | Tableau 社群論壇 |

	5. 建立基本報表	
進階	1. 使用計算欄位和表計算	Tableau Desktop 專業版功能介紹
	2. 使用群組和結合	Tableau Desktop 官方說明文件
	3. 創建互動式視覺化	Tableau Public 示例和範本
	4. 使用儀表板和故事	Tableau 認證培訓課程
	5. 地理空間分析	
進階	1. 使用表格計算和腳本	Tableau Desktop 技術支持文件
	2. 整合外部資料源和API	Tableau 社群論壇
	3. 優化和提升效能	Tableau 技術支援
	4. 使用高級視覺化技巧	
	5. 部署和共享分析結果	

◯ **AI 幫忙彙整的 Tableau 學習路徑推薦與相關資源**

> 💡 **TIPS!** 在回答內容的呈現方式上,可以根據不同的使用場景,將要求置換成「步驟式」、「清單式」、「矩陣式」、「故事式」等關鍵字。以了解資料分析流程為例,如果直接詢問「請簡單說明資料分析流程的步驟」,且沒有指定特定的呈現格式時,通常會以清單式來呈現。

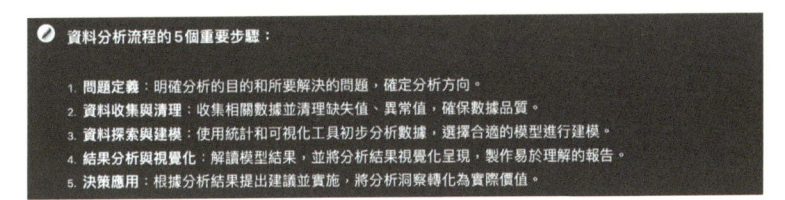

資料分析流程的5個重要步驟:
1. 問題定義:明確分析的目的和所要解決的問題,確定分析方向。
2. 資料收集與清理:收集相關數據並清理缺失值、異常值,確保數據品質。
3. 資料探索與建模:使用統計和可視化工具初步分析數據,選擇合適的模型進行建模。
4. 結果分析與視覺化:解讀模型結果,並將分析結果視覺化呈現,製作易於理解的報告。
5. 決策應用:根據分析結果提出建議並實施,將分析洞察轉化為實際價值。

◯ **一般清單式結果**

這時我們可以嘗試使用矩陣式、故事式來調整呈現方式,如下圖所示。

矩陣式

步驟	說明	目標
問題定義	明確分析的目的和要解決的問題,確定分析方向。	確保分析工作有清晰的目標和方向。
資料收集與清理	收集相關數據,並清理缺失值和異常值。	提高數據品質,為後續分析做好準備。
資料探索與建模	使用統計和可視化工具初步分析數據,選擇合適模型。	找出數據特徵,建立準確的分析模型。
結果分析與視覺化	解讀模型結果,並將其視覺化呈現。	將分析結果轉化為易於理解的圖表和報告。
決策應用	根據分析結果提出建議並實施。	將數據洞察轉化為實際價值,支持決策制定。

◯ **矩陣式結果**

> **故事式**
>
> 在數據分析的旅程中，首先需要**問題定義**。假設一家零售商希望提高銷售額，他們需要明確分析的目標和要解決的問題，如找出哪些產品最受歡迎。接著進入**資料收集與清理**階段，團隊從銷售記錄中收集相關數據，並對數據進行清理，處理掉異常值和缺失值，確保資料的準確性。
>
> 隨後，進入**資料探索與建模**，團隊利用統計分析和可視化工具初步探索數據，尋找出與銷售表現相關的特徵，並選擇適當的模型進行建模，預測未來的銷售趨勢。模型完成後，進行**結果分析與視覺化**，將分析結果通過圖表和報告呈現，提供清晰易懂的洞察，比如哪些產品在特定時期最受歡迎。

⚆ 故事式結果

如果需要流程圖的格式，則可以使用另一個 AI 工具— Napkin AI。只要輸入內容，它就能自動整理並生成一張合適的流程圖，可參考以下圖片（此工具超過了本書討論範圍，有興趣的讀者可在網路上找到延伸介紹）。

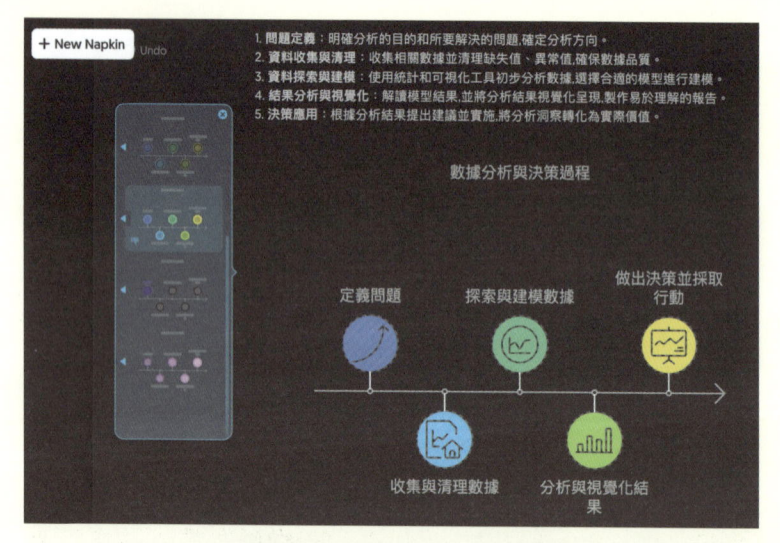

⚆ 使用 Napkin AI 產出流程圖的結果

　　接下來，我們將深入探討 Tableau 的優勢，並了解它在製作圖表方面與 Excel 的主要差異。

技巧三：AI 協助了解 Tableau 建立圖表的優勢與 Excel 的差異

< DEMO > AI 輔助了解 Tableau 與 Excel 的差異

◆ 使用效益

初步了解 Tableau 與 Excel 的差異。

◆ 範例提示（Prompt）

介紹用 Tableau 建立圖表的好處，還有與 Excel 的差異。

◆ 輸入（Input）

- Tableau / Excel：可更改為比較的對象。

◆ 範例結果

> 使用Tableau建立圖表相比Excel有許多好處，主要包括以下幾點：
>
> 1. **互動性和動態性**：Tableau提供了強大的互動性功能，使得使用者可以透過點擊、拖曳等操作，即時探索數據背後的資訊。這種互動性讓使用者可以更深入地了解數據，發現數據中的趨勢和關聯性。
>
> 2. **視覺化的豐富性**：Tableau支援多種視覺化圖表類型，包括柱狀圖、折線圖、散點圖、地圖等，使用者可以根據需要輕鬆創建出漂亮且具有吸引力的圖表。同時，Tableau還支援定製化程度高的圖表設計，使用者可以自由調整顏色、樣式、標籤等。
>
> 3. **自動化和更新**：Tableau可以與各種數據源進行連接，並實現自動化數據更新。這意味著使用者可以在數據源更新後，輕鬆地更新相應的報表和圖表，而無需手動進行修改和更新。
>
> 4. **大數據處理能力**：Tableau具有強大的大數據處理能力，能夠處理龐大的數據集，並在數秒內生成相應的視覺化圖表。這使得使用者可以快速地進行數據分析和探索，而無需擔心性能問題。
>
> 與Excel相比，Tableau的主要差異在於其更專注於數據分析和視覺化方面的功能和特點。具體來說，與Excel相比，Tableau有以下優勢：
>
> - **互動性**：Tableau的互動性更強，能夠讓使用者更靈活地探索數據，發現更深層次的關聯性和趨勢。
> - **專業的視覺化**：Tableau提供了更多種類、更靈活的視覺化圖表，使得使用者能夠更容易地創建出具有專業水準的報表和圖表。
> - **自動化和更新**：Tableau能夠實現自動化數據更新，而Excel則需要手動進行更新。
> - **大數據處理能力**：Tableau處理大數據的能力更強，能夠處理龐大的數據集而無需擔心性能問題。

◎ 簡介 Tableau 的優勢以及與 Excel 的差異

案例實作：AI 輔助 Tableau 進行航空數據分析

了解 Tableau 與 Excel 的差異後，接下來就讓我們進入實作階段，了解如何透過 AI 的輔助，在 Tableau 中快速建立圖表。

在資料分析的過程中，特別是針對特定資料集（如航空資料）或是不熟悉的資料時，通常最大的挑戰是如何選擇適當的分析場景和圖表類型，這時可以主動向 ChatGPT 提供資料集的簡單描述與欄位名稱，讓 AI 更清楚了解資料的內容。

技巧四：AI 對於指定資料集（航空資料）的分析場景推薦

‹DEMO› AI 推薦資料集的分析場景

◆ 使用效益

針對指定的資料集進行分析時，可以根據資料的特性和業務需求提出各種不同的分析場景。主動告知 ChatGPT 資料欄位之間使用空白作為間隔，能有效避免 ChatGPT 在解讀資料時出現欄位拆解錯誤，確保 AI 提供的建議更為精確。

◆ 範例提示（Prompt）

目前手邊有一個 **臺灣桃園機場，各航空公司在不同航點的載客量表現** 的資料，欄位與資料如下；請用空白作為間隔。

入出境 日期（年月）航空公司 航線 序號 座位總數 載客人數 飛行架次

1. 可以在 Tableau Desktop 中嘗試哪些數據分析場景。
2. 請推薦各題目適合的圖表類型。
3. 提供會用到的欄位，請從我的資料中挑選。

以上內容請用表格呈現。

◆ 輸入（Input）

- 臺灣桃園機場...載客量表現：簡單描述資料的內容。
- 入出境 日期（年月）...飛行架次：註明資料的欄位名稱。

◆ 範例結果

題目	分析場景	圖表類型推薦	使用的欄位
1. 不同航空公司在不同航點上的載客量比較	比較各航空公司在各航點上的載客量	柱狀圖	入出境、航空公司、航線、載客人數
2. 不同時間段的載客量趨勢分析	分析不同時間段內的載客量趨勢	折線圖	日期(年月)、載客人數
3. 航空公司載客量與座位總數的相關性分析	探討航空公司的載客量與座位總數之間的相關性	散點圖	座位總數、載客人數
4. 各航空公司的載客人數排名分析	比較各航空公司的載客人數排名	條形圖	航空公司、載客人數
5. 不同航點的載客量地理分佈分析	展示各航點的載客量地理分佈	地圖	入出境、航線、載客人數

↻ 指定資料集的分析場景推薦

技巧五：使用 AI 將資料範例轉換為分析表格

〈DEMO〉 **AI 將資料轉換為分析表格**

◆ 使用效益

直接向 ChatGPT 提供範例資料，可以讓它更了解資料內容與結構，就能提供更精準的解決方案。

◆ 範例提示（Prompt）

日期(年月) 序號 航線 航空公司 入出境 座位總數(位) 載客人數(人) 飛行架次(次) 2009-01-01 1 大阪 中華 入境 9134 4679 30 2009-01-01 1 大阪 中華 出境 9447 6470 31 2009-01-01 10 仁川 泰國 入境 11998 8671 31 2009-01-01 10 仁川 泰國 出境 11998 8655 31 2009-01-01 100 檀香山 中華 入境 2484 2248 9 2009-01-01 100 檀香山 中華 出境 2484 1931 9 2009-01-01 101 濟州島 復興 入境 3880 2712 20 2009-01-01 101 濟州島 復興 出境 4074 2902 21

以上是我的資料節錄，請先整理為表格

◆ 輸入（Input）

- **以上是我的資料節錄**：明確主動告知資料的範圍與性質。主動提供這樣的資訊，可以幫助 ChatGPT 理解所提供的資料是要處理的核心內容，避免混淆或誤解其他可能出現的非相關內容。
- **請先整理為表格**：具體說明下一步的操作是要將這些資料整理為表格形式，也可以幫助確認 ChatGPT 的欄位拆解是否正確。

◆ 範例結果

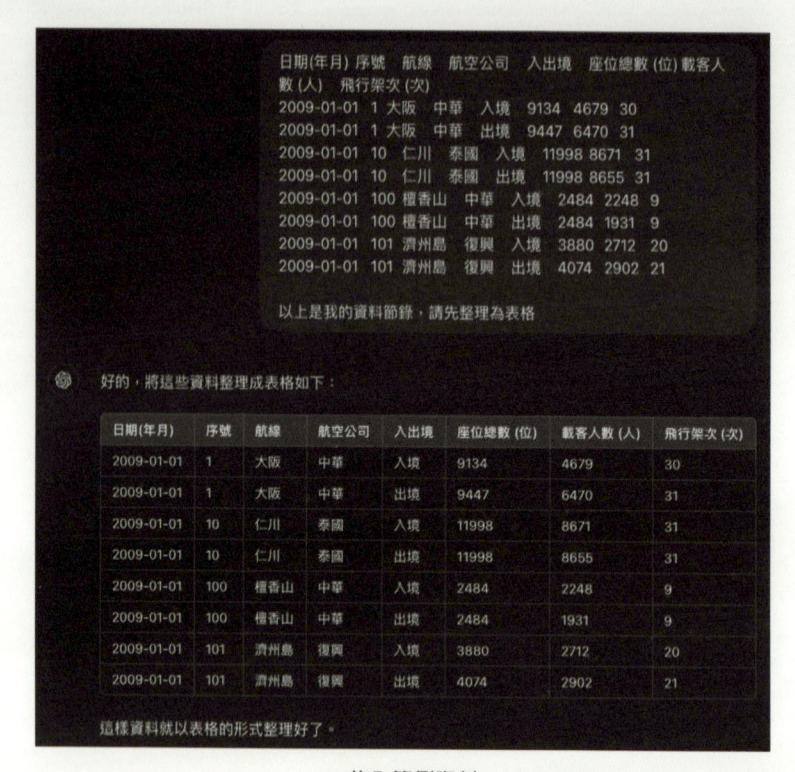

```
日期(年月) 序號  航線   航空公司  入出境  座位總數(位) 載客人
數(人)  飛行架次(次)
2009-01-01  1   大阪   中華    入境    9134    4679   30
2009-01-01  1   大阪   中華    出境    9447    6470   31
2009-01-01  10  仁川   泰國    入境    11998   8671   31
2009-01-01  10  仁川   泰國    出境    11998   8655   31
2009-01-01  100 檀香山  中華    入境    2484    2248   9
2009-01-01  100 檀香山  中華    出境    2484    1931   9
2009-01-01  101 濟州島  復興    入境    3880    2712   20
2009-01-01  101 濟州島  復興    出境    4074    2902   21
```

以上是我的資料節錄，請先整理為表格

好的，將這些資料整理成表格如下：

日期(年月)	序號	航線	航空公司	入出境	座位總數(位)	載客人數(人)	飛行架次(次)
2009-01-01	1	大阪	中華	入境	9134	4679	30
2009-01-01	1	大阪	中華	出境	9447	6470	31
2009-01-01	10	仁川	泰國	入境	11998	8671	31
2009-01-01	10	仁川	泰國	出境	11998	8655	31
2009-01-01	100	檀香山	中華	入境	2484	2248	9
2009-01-01	100	檀香山	中華	出境	2484	1931	9
2009-01-01	101	濟州島	復興	入境	3880	2712	20
2009-01-01	101	濟州島	復興	出境	4074	2902	21

這樣資料就以表格的形式整理好了。

🎧 放入範例資料

在使用 Tableau 進行資料分析時，初學者常常會對該如何開始分析感到困惑，所以接下來將嘗試詢問 ChatGPT，獲得一些具體的分析方向，並要求推薦一些關鍵指標的分析流程建議。

◉ 技巧六：AI 輔助引導進行 Tableau 分析流程

〈DEMO〉 **AI 輔助進行 Tableau 分析流程**

◆ 使用效益

提供在 Tableau 內如何展開分析流程的建議；通常會很有系統性給予操作的引導與靈感。

◆ 範例提示（Prompt）

我現在要開始在 Tableau 中分析這個資料，請 建議我該如何分析 ；請用 條列式 表示。

◆ 輸入（Input）

- 建議我該如何分析：指示分析方向，明確要求獲得關於如何進行資料分析的建議，而不是直接的數據處理或視覺化步驟。
- 條列式：期待 AI 回覆的格式，關於其他方式可以參考技巧。

◆ 範例結果

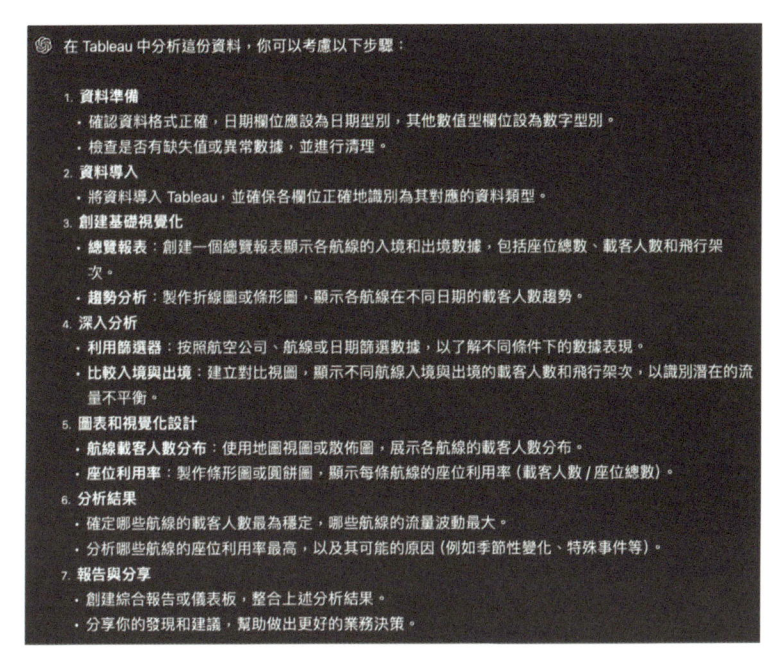

```
在 Tableau 中分析這份資料，你可以考慮以下步驟：

1. 資料準備
   • 確認資料格式正確，日期欄位應設為日期型別，其他數值型欄位設為數字型別。
   • 檢查是否有缺失值或異常數據，並進行清理。
2. 資料導入
   • 將資料導入 Tableau，並確保各欄位正確地識別為其對應的資料類型。
3. 創建基礎視覺化
   • 總覽報表：創建一個總覽報表顯示各航線的入境和出境數據，包括座位總數、載客人數和飛行架次。
   • 趨勢分析：製作折線圖或條形圖，顯示各航線在不同日期的載客人數趨勢。
4. 深入分析
   • 利用篩選器：按照航空公司、航線或日期篩選數據，以了解不同條件下的數據表現。
   • 比較入境與出境：建立對比視圖，顯示不同航線入境與出境的載客人數和飛行架次，以識別潛在的流量不平衡。
5. 圖表和視覺化設計
   • 航線載客人數分布：使用地圖視圖或散佈圖，展示各航線的載客人數分布。
   • 座位利用率：製作條形圖或圓餅圖，顯示每條航線的座位利用率（載客人數 / 座位總數）。
6. 分析結果
   • 確定哪些航線的載客人數最為穩定，哪些航線的流量波動最大。
   • 分析哪些航線的座位利用率最高，以及其可能的原因（例如季節性變化、特殊事件等）。
7. 報告與分享
   • 創建綜合報告或儀表板，整合上述分析結果。
   • 分享你的發現和建議，幫助做出更好的業務決策。
```

　🔊 Tableau 的分析建議

技巧七：AI 推薦特定產業常見分析指標

‹DEMO› AI 推薦特定產業的分析指標

◆ 使用效益

提供分析指標。

◆ 範例提示（Prompt）

根據 目前現有的欄位，請推薦 航空業 的 常用指標。

◆ 輸入（Input）

- 目前現有的欄位：可以請 ChatGPT 推薦或是代入指定的欄位。
- 航空業：指定的行業別；也可以替換成自己熟悉的產業，了解是否有能夠參照概念的指標。
- 常用指標：也可以替換為重要指標、財務指標等。

◆ 範例結果

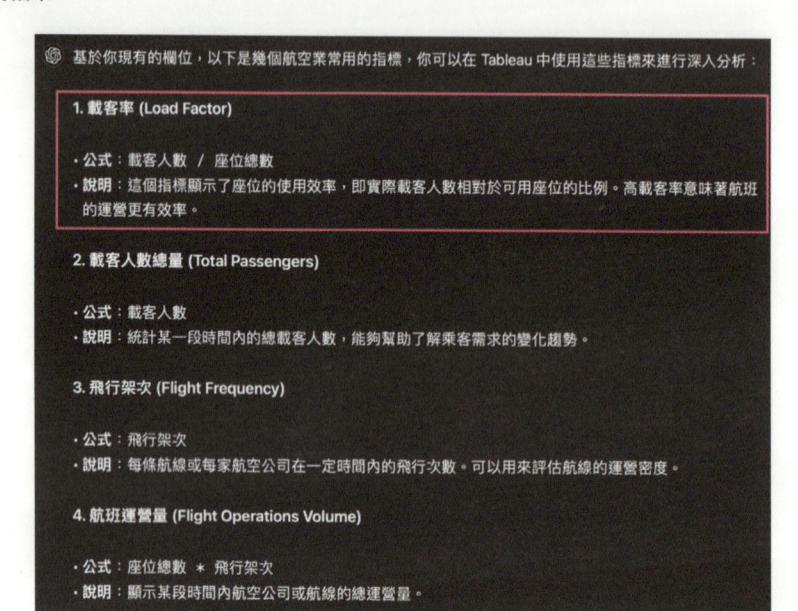

> 基於你現有的欄位，以下是幾個航空業常用的指標，你可以在 Tableau 中使用這些指標來進行深入分析：
>
> **1. 載客率 (Load Factor)**
> - 公式：載客人數 / 座位總數
> - 說明：這個指標顯示了座位的使用效率，即實際載客人數相對於可用座位的比例。高載客率意味著航班的運營更有效率。
>
> **2. 載客人數總量 (Total Passengers)**
> - 公式：載客人數
> - 說明：統計某一段時間內的總載客人數，能夠幫助了解乘客需求的變化趨勢。
>
> **3. 飛行架次 (Flight Frequency)**
> - 公式：飛行架次
> - 說明：每條航線或每家航空公司在一定時間內的飛行次數。可以用來評估航線的運營密度。
>
> **4. 航班運營量 (Flight Operations Volume)**
> - 公式：座位總數 ＊ 飛行架次
> - 說明：顯示某段時間內航空公司或航線的總運營量。

▶ 推薦的分析指標

案例實作：AI 輔助 Tableau 進行載客率分析

根據 ChatGPT 的建議，以「載客率」為主題，在 Tableau Desktop 中進行分析。透過這個指標來探索資料，了解各航線和航空公司的營運表現。

技巧八：根據 AI 建議展開分析

‹DEMO› 根據 AI 建議展開分析

◆ 使用效益

確認具體的分析項目，並提供指示進行實作，協助完成分析任務。

◆ 範例提示（Prompt）

我想要分析 載客率 的變化，並能夠按照 航線 和 航空公司 進行篩選。請按照分析步驟，一步步教我用 Tableau Desktop 進行分析。

◆ 輸入（Input）

- 載客率：可以替換為其他分析指標，如營收、乘客數量等。
- 航線：可以替換為其他篩選維度，如時間、地區等。
- 航空公司：可以替換為其他篩選條件，如航班類型、飛行時間等。

◆ 範例結果

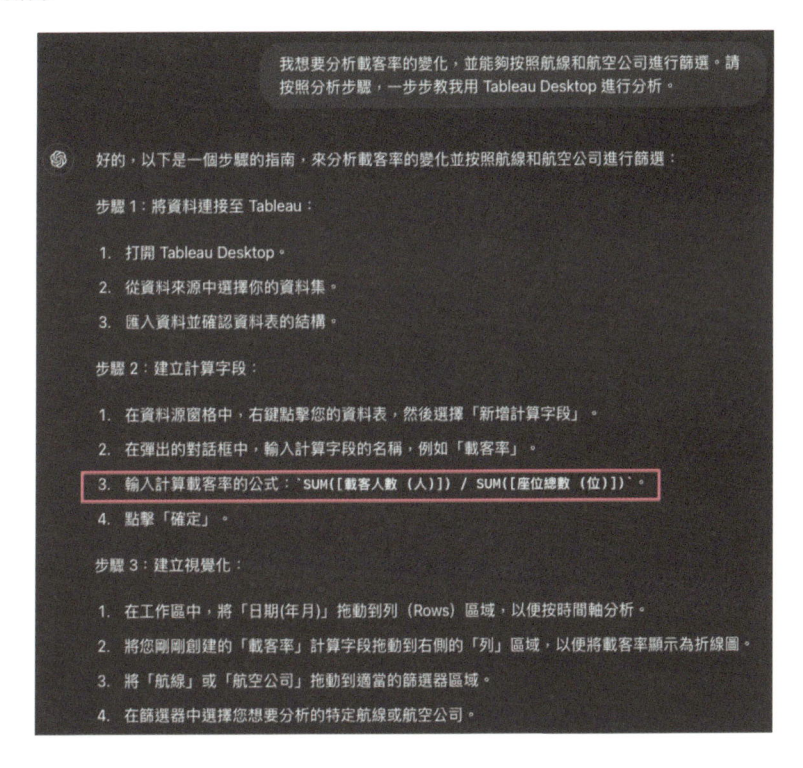

> 我想要分析載客率的變化，並能夠按照航線和航空公司進行篩選。請按照分析步驟，一步步教我用 Tableau Desktop 進行分析。
>
> 好的，以下是一個步驟的指南，來分析載客率的變化並按航線和航空公司進行篩選：
>
> 步驟 1：將資料連接至 Tableau：
> 1. 打開 Tableau Desktop。
> 2. 從資料來源中選擇你的資料集。
> 3. 匯入資料並確認資料表的結構。
>
> 步驟 2：建立計算字段：
> 1. 在資料源窗格中，右鍵點擊您的資料表，然後選擇「新增計算字段」。
> 2. 在彈出的對話框中，輸入計算字段的名稱，例如「載客率」。
> 3. 輸入計算載客率的公式：`SUM([載客人數（人）]) / SUM([座位總數（位）])`。
> 4. 點擊「確定」。
>
> 步驟 3：建立視覺化：
> 1. 在工作區中，將「日期(年月)」拖動到列（Rows）區域，以便按時間軸分析。
> 2. 將您剛剛創建的「載客率」計算字段拖動到右側的「列」區域，以便將載客率顯示為折線圖。
> 3. 將「航線」或「航空公司」拖動到適當的篩選器區域。
> 4. 在篩選器中選擇您想要分析的特定航線或航空公司。

> 步驟 4：顯示趨勢圖：
> 1. 在工作區的右上角，選擇「圖表」標籤。
> 2. 從下拉菜單中選擇「折線圖」。
> 3. 確保載客率在 y 軸上，日期在 x 軸上，這樣您就可以看到隨時間變化的載客率趨勢。

🎧 ChatGPT 建議的實作步驟

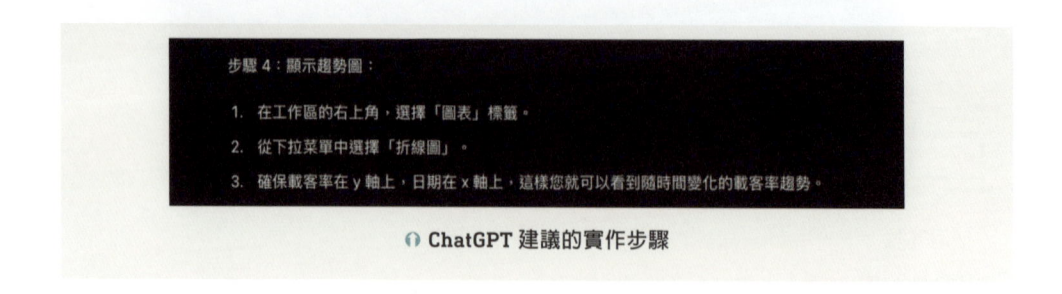

實作步驟

請開啟 Tableau 軟體開始實作，根據 ChatGPT 所建議的步驟，以下搭配圖片與實作步驟的方式，引導讀者完成此航運資料分析的分析實作。

01. **讀取資料。**

資料來源選擇「Taiwan_Flights_PAX-Load_2009-2023_.csv」檔案，並前往「工作表 1」。

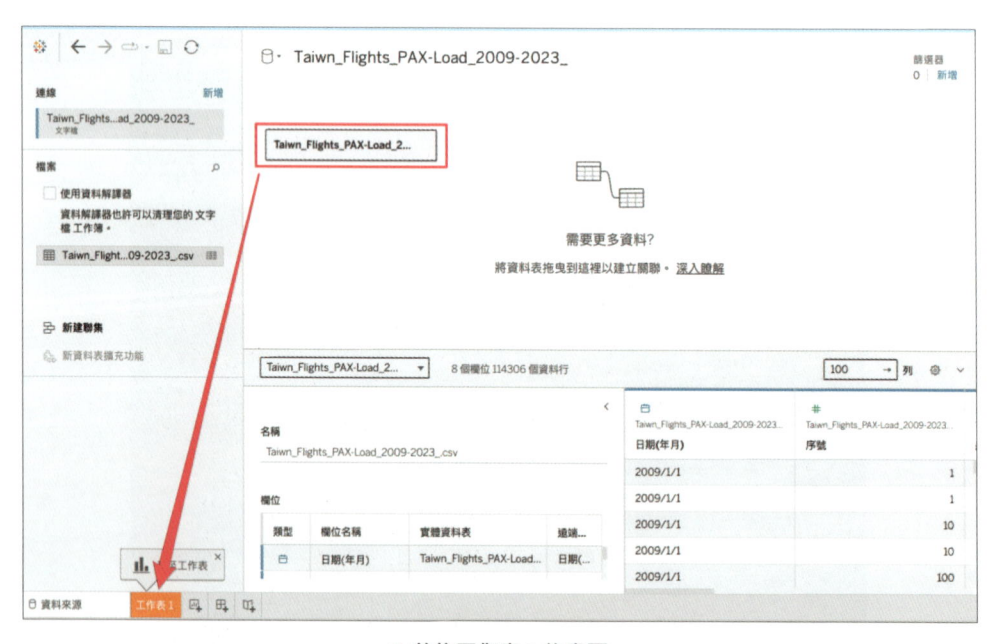

🎧 前往工作表 1 的畫面

02. 建立計算欄位。

詢問如何建立新的計算欄位。

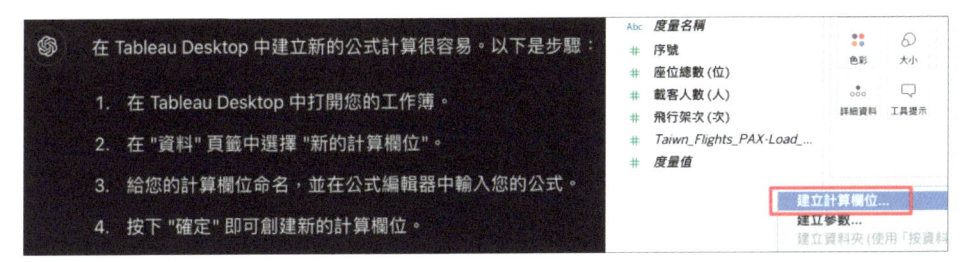

○（左）詢問如何建立新的計算欄位；（右）按右鍵建立計算欄位

建立「載客率」公式，並貼上 ChatGPT 所提供的內容。

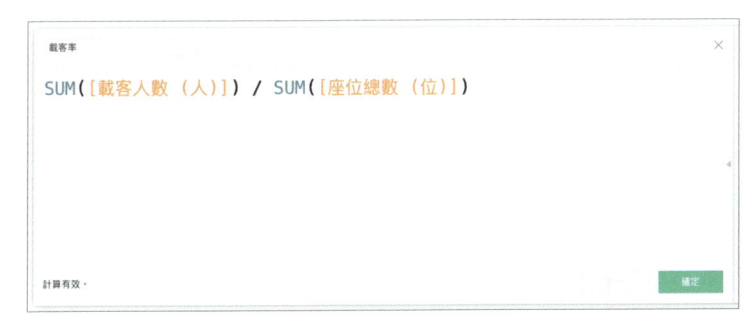

○ 貼上 ChatGPT 建議的公式（或是手動輸入也可）

TIPS! 除了透過 ChatGPT 協助產出公式外，我們也可利用 ChatGPT 來幫助理解公式用法。有時，當 ChatGPT 提供的公式與我們一般理解的公式不同時，例如：一般使用時，可能會認為「載客率」的公式應該為「[載客人數（人）/ 座位總數（位）]」，這時你可以將 ChatGPT 提供的公式輸入，並請它協助解釋兩者之間的差異，如此可以更深入了解公式的運作方式，並確保所用公式符合預期的分析結果。

範例一：
- 使用效益：透過 ChatGPT 來理解 Tableau 在計算細節層級上的差異。
- 範例提示：「[載客人數（人）] / [座位總數（位）]以及「SUM([載客人數（人）]) / SUM([座位總數（位）])」，兩個公式的差異在哪裡？

> 這兩個公式的差異在於計算的範圍。
>
> 1. 第一個公式 `[載客人數（人）] / [座位總數（位）]` 是對每個記錄進行計算，即對每個航班或航線的載客率進行單獨計算。
> 2. 第二個公式 `SUM([載客人數（人）]) / SUM([座位總數（位）])` 是對整個資料集進行計算，即將所有航班或航線的載客人數總和除以所有航班或航線的座位總數總和，得到整體的載客率。

🎧 兩公式的差異說明

範例二：

- 使用效益：透過 ChatGPT 提供的範例來加速理解。
- 範例提示：能否提供範例作為計算差異上的參考？

> 當然可以。假設我們有以下三個航班的載客數據：
>
> | 航班 | 載客人數 | 座位總數 |
> | --- | --- | --- |
> | A | 100 | 120 |
> | B | 80 | 100 |
> | C | 50 | 60 |
>
> 使用第一個公式 `[載客人數（人）] / [座位總數（位）]`，我們對每個航班的載客率進行單獨計算：
>
> - 航班 A 的載客率 = 100 / 120 ≈ 0.8333
> - 航班 B 的載客率 = 80 / 100 = 0.8
> - 航班 C 的載客率 = 50 / 60 ≈ 0.8333
>
> 使用第二個公式 `SUM([載客人數（人）]) / SUM([座位總數（位）])`，我們將所有航班的載客人數總和除以所有航班的座位總數總和：
>
> - 總載客人數 = 100 + 80 + 50 = 230
> - 總座位數 = 120 + 100 + 60 = 280
> - 整體載客率 = 230 / 280 ≈ 0.8214
>
> 這樣可以看出，第一個公式計算的是每個航班的載客率，而第二個公式計算的是整個資料集的整體載客率。

🎧 實際範例說明

03. 建立圖表。

將「日期」和「載客率」分別放到「欄」和「列」上，並將「航線」、「航空公司」放到篩選器，即可完成。

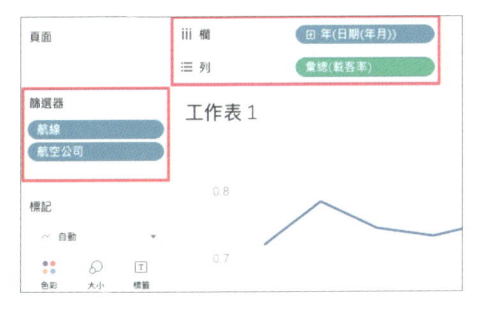

↪「日期」、「載客率」、「航線」、「航空公司」欄位在 Tableau 畫面上的擺放位置

↪載客率折線圖完成圖例

> **TIPS!** 因為 ChatGPT 中的中文字庫包含較多簡體中文資料,所以回答操作步驟時容易出現簡體中文寫法,例如:繁體中文版的「欄」及「列」,簡體版分別是「列」及「行」,所以參照欄位擺放需要注意語言的影響。

↪繁簡版的語言差異

09 AI 與 Tableau 基礎協作心法　235

技巧九：請 AI 提供儀表板的設計草稿建議

‹DEMO› 請 AI 提供儀表板的設計草稿建議

◆ 使用效益

提供儀表板的設計建議，建立儀表板構思的初始邏輯輪廓。

◆ 範例提示（Prompt）

如果要建立一份儀表板，來分析 特定航空公司的載客表現與趨勢 ；

1. 從分析維度來說，提供分析圖表的建議，並用表格呈現。
2. 請從 UX 角度，建議每張表的相對位置，並給我一個參考畫面。

◆ 輸入（Input）

- 特定航空公司的載客表現與趨勢：可以替換為其他想要設計的儀表板主題，如銷售表現、市場占有率分析、營收趨勢等。

◆ 範例結果

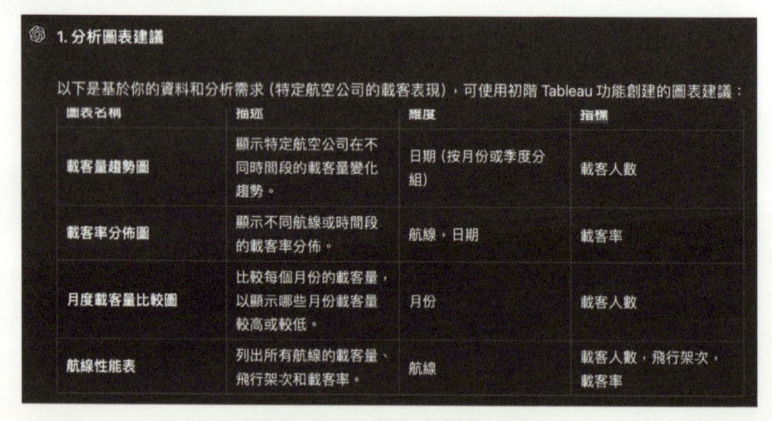

1. 分析圖表建議

以下是基於你的資料和分析需求（特定航空公司的載客表現），可使用初階 Tableau 功能創建的圖表建議：

圖表名稱	描述	維度	指標
載客量趨勢圖	顯示特定航空公司在不同時間段的載客量變化趨勢。	日期（按月份或季度分組）	載客人數
載客率分佈圖	顯示不同航線或時間段的載客率分佈。	航線，日期	載客率
月度載客量比較圖	比較每個月份的載客量，以顯示哪些月份載客量較高或較低。	月份	載客人數
航線性能表	列出所有航線的載客量、飛行架次和載客率。	航線	載客人數，飛行架次，載客率

🎧 推薦放在儀表板內的圖表清單

2. UX 角度的儀表板設計建議

以下是儀表板的相對位置建議和參考畫面設計：

儀表板參考畫面

```plaintext
| 特定航空公司的載客表現分析              | [航空公司選擇][日期範圍選擇器] |
| 左側區域                | 中央區域               | 右側區域
| 載客量趨勢圖 (Trend Chart) | 載客率分佈圖 (Load Factor Distribution) |
| [圖表]                  | [圖表]                 | [圖表]
| 航線性能表 (Route Performance Table) |
| [表格]                  |
| 數據來源說明    | 分析說明   |
```

詳細說明

1. **頂部區域 (Header)**
   - **內容**：儀表板標題（如「特定航空公司的載客表現分析」）、選擇器（航空公司選擇下拉選單）和日期範圍選擇器。
2. **左側區域 (Left Sidebar)**
   - **載客量趨勢圖 (Trend Chart)**：
     - 顯示特定航空公司在不同月份或季度的載客量變化。
     - X 軸：日期（按月份或季度分組）
     - Y 軸：載客人數

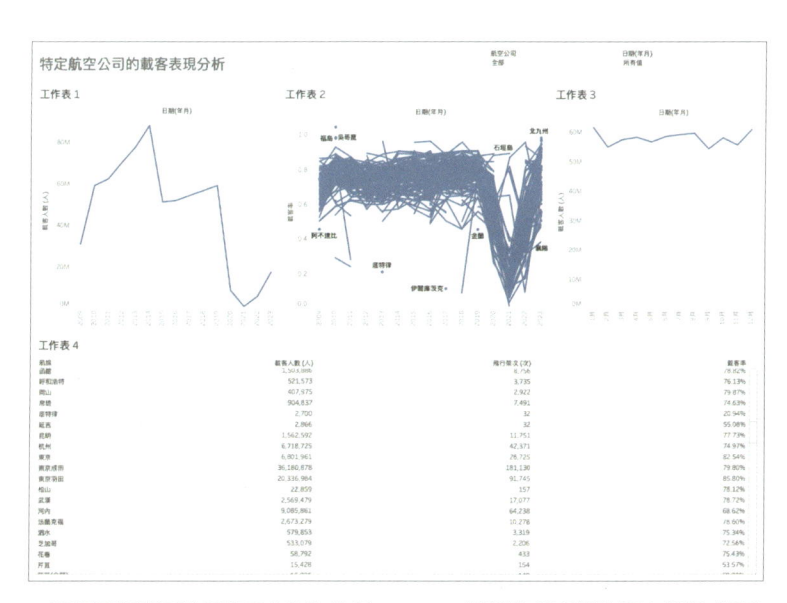

🎧 儀表板參考畫面：ChatGPT 透過文字的方式提供大概的圖表擺放建議

🎧 儀表板草稿的試作畫面（此為參考 ChatGPT 建議的儀表板佈局之實作成果）

技巧十：AI 輔助提供延伸 Tableau 分析方向

目前已經嘗試過載客率的時序分析以及各航線在不同年度的表現，以下將透過 ChatGPT 來發掘其他分析角度，並搭配實作來熟悉 Tableau 的更多功能。

> **‹DEMO›　AI 輔助提供延伸 Tableau 分析方向**

◆ 使用效益

透過 AI 的輔助，針對指定的分析場景提供其他潛在的分析方向，並幫助識別還需要哪些額外的資料欄位，以深入挖掘數據中的價值。

◆ 範例提示（Prompt）

針對這個資料集，還有哪些 特殊的分析面向 ？另外，上述提出的分析面向，如果需要其他額外欄位資料，請在每項間用表格提供給我，並給我 5-10 筆資料範例作為參考。

◆ 輸入（Input）

- 特殊的分析面向：透過 ChatGPT 了解其他可以延伸分析的議題，可以加速對各別專業領域的理解。

◆ 範例結果

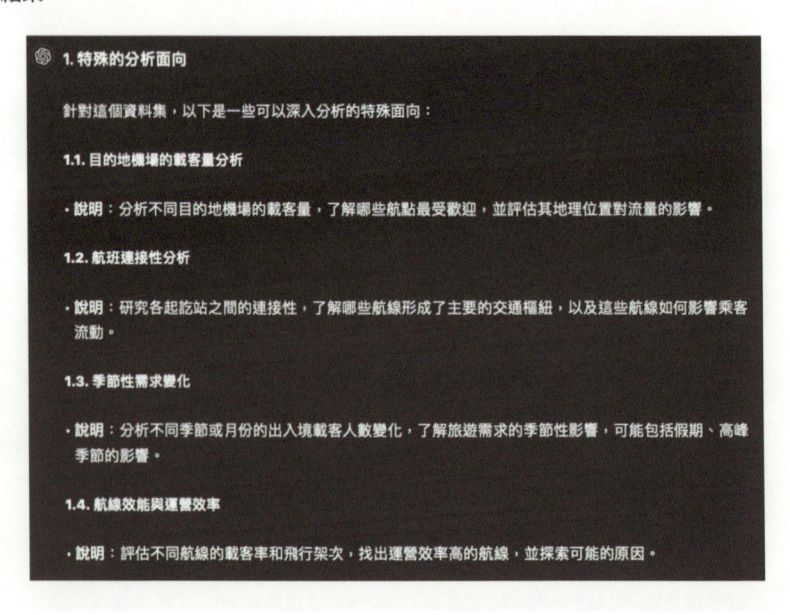

```
1. 特殊的分析面向

針對這個資料集，以下是一些可以深入分析的特殊面向：

1.1. 目的地機場的載客量分析

・說明：分析不同目的地機場的載客量，了解哪些航點最受歡迎，並評估其地理位置對流量的影響。

1.2. 航班連接性分析

・說明：研究各起訖站之間的連接性，了解哪些航線形成了主要的交通樞紐，以及這些航線如何影響乘客流動。

1.3. 季節性需求變化

・說明：分析不同季節或月份的出入境載客人數變化，了解旅遊需求的季節性影響，可能包括假期、高峰季節的影響。

1.4. 航線效能與運營效率

・說明：評估不同航線的載客率和飛行架次，找出運營效率高的航線，並探索可能的原因。
```

> **1.5. 航空公司競爭力評估**
>
> • 說明：比較不同航空公司在相同航線上的載客量，以了解市場佔有率和競爭狀況。

◊ ChatGPT 推薦的特殊分析面向建議

AI 除了提供一些分析建議之外，也提供了參考的範例資料；其中也包含了機場的經緯度數值，本書挑選作為下一個單元的分析練習。

在單元十中，我們將介紹如何利用 ChatGPT 來輔助 Tableau 的地理資訊操作，帶領讀者展開地理分析的案例練習，例如：生成地理資料、解析地理位置分布，或是分析距離遠近對於不同區域數值表現影響等。

經度	緯度	出境載客人數	入境載客人數	季節	票價	延誤時間
135.2440	34.7756	6470	4679	冬季	1200	5
135.2440	34.7756	6470	4679	冬季	1300	10
126.4500	37.4600	8655	8671	冬季	800	0
126.4500	37.4600	8655	8671	冬季	850	5
-157.9210	21.3219	1931	2248	冬季	2000	15
-157.9210	21.3219	1931	2248	冬季	2100	20
126.5310	33.5110	2902	2712	冬季	1500	5
126.5310	33.5110	2902	2712	冬季	1600	10

◊ 提供額外的資料欄位需求：ChatGPT 只提供可參考的額外資料欄位，實務以可取得的資料為主

Unit 10 AI 輔助 Tableau 進行地理視覺化

> 單元導覽

　　Tableau 的其中一個強項是地理資訊的視覺化。本單元接續前一個單元的基礎案例，延伸介紹結合 AI 輔助生成外部資料的技巧，並與既有的數據整合，完成 Tableau 的地理資訊視覺化。

　　本單元的練習技巧設計，包含：引導讀者透過 AI 輔助拆解地理經緯度資料、生成空間函數、輔助 Tableau 繪製航點位置和航班連線圖，最後透過 AI 的進階分析建議，讀者將學會如何利用參數設定和距離計算來建立客製化篩選器功能。本單元共拆分以下三個內容來展開練習：

◗ 單元提要

項目	說明
AI 輔助產出外部地理分析資料素材	介紹如何利用 AI 來生成外部資料，以解決現有數據不足的問題。透過 AI 的語法，我們可以產生符合指定格式的衍生資料，並將其進一步與現有資料整合。
AI 協同進行多資料來源串接	引導讀者利用 AI 協助串接來自不同資料來源的資訊，包含如何整合多個資料集，並運用 AI 提供的建議來解決資料欄位不一致的問題。
AI 輔助進階地理視覺化分析及參數應用	透過 AI 撰寫公式，完成航線位置的地理資訊視覺化案例實作。包含：引導生成進階空間函數、延伸介紹 AI 教學繪製連線圖的步驟、介紹透過參數進行篩選的效果。

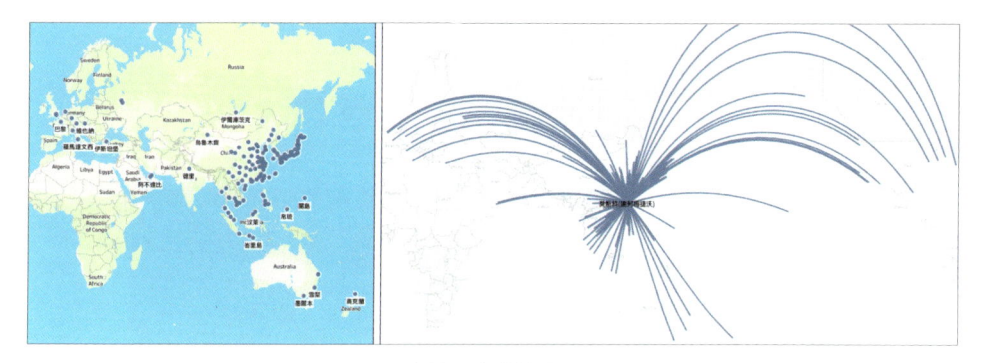

🎧 本單元完成結果畫面

> 實作資料

本單元延續單元九的資料；關於實作資料的詳細說明，可以參考該單元的說明。

AI 輔助產出外部地理分析資料素材

在前一單元的結尾，我們透過 ChatGPT 輔助進行 Tableau 的初步數據分析，並得到額外的地理分析建議。接下來將引導讀者數個使用情境，利用 ChatGPT 輔助 Tableau 的地理資訊操作，進行地理分析的案例練習。

◯ 技巧一：詢問 AI 如何在 Tableau 地圖上繪製航線的位置

‹DEMO› 詢問 AI 如何在 Tableau 上繪製航線

◆ 使用效益

請 ChatGPT 指示透過 Tableau 進行地圖視覺化的方法。

◆ 範例提示（Prompt）

我有一個包含從桃園機場出發的所有目的地的欄位「航線」（例如：**大阪、仁川、檀香山**）。希望在 Tableau 中將這些目的地 **繪製在地圖上**，呈現桃園機場飛往各地的航線分布。

◆ 輸入（Input）

- 大阪、仁川、檀香山：提供範例資料，幫助 ChatGPT 更準確理解上下文，從而給出更明確的建議。

10　AI 輔助 Tableau 進行地理視覺化　　241

- **繪製在地圖上**：明確指示需求，並指定圖表需求為地圖樣式，引導 ChatGPT 提供特定於地圖視覺化的技術指導。

◆ 範例結果

```
要在 Tableau 中將「航線」欄位繪製在地圖上，可以按照以下步驟進行：

1. 匯入資料：
   • 將包含「航線」資料的檔案匯入 Tableau。

2. 轉換為地理角色：
   • 在資料面板中，找到「航線」欄位，右鍵點擊，選擇「地理角色」>「城市」（如果是城市名稱）或「其他地理角色」，這樣 Tableau 能夠識別這些目的地。

3. 創建地圖視覺化：
   • 將「航線」欄位拖到「標記」卡片的「詳細資料」區域，這會顯示每個目的地的點。
   • 然後將「航線」欄位拖到「列」或「行」區域，這樣 Tableau 會自動生成地圖。

4. 調整地圖樣式：
   • 在「標記」卡片中，可以調整標記的樣式，如大小、顏色等，以便更清楚地顯示不同目的地。

5. 添加標籤：
   • 若希望在地圖上顯示目的地的名稱，可以將「航線」欄位拖到「標記」卡片的「標籤」區域。

6. 檢查資料：
   • 確保所有目的地都被正確標記在地圖上，並進行必要的調整或篩選。

這樣你就能在地圖上可視化從桃園機場出發的所有目的地了！如果需要進一步的幫助或有特定的問題，隨時告訴我！
```

詢問如何在 Tableau 中建立「航線」的地圖視覺化

　　ChatGPT 所提供的參考作法，並不是每次都很順利能完成任務。例如：參考上圖的 ChatGPT 說明，在「航線」欄位上按右鍵，選擇「地理角色→國家 / 地區」，再把「航線」欄位拖到「標記」區的「詳細資料」，預期會顯示每個目的地的位置，但實際上卻只出現零星點位，沒有出現全部的目的地，此時可延伸進行提問看看。

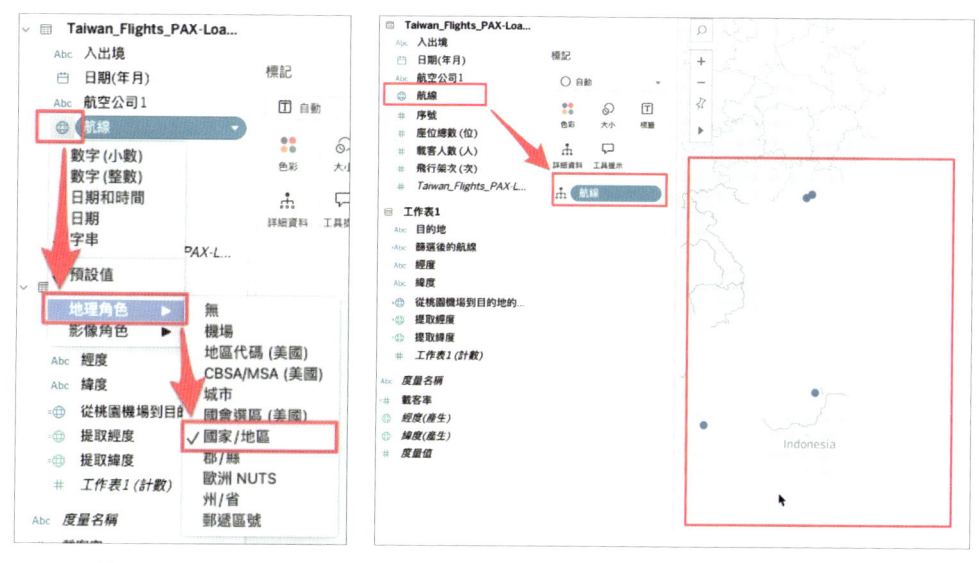

按照 ChatGPT 指引的實作畫面（左）與地圖呈現結果（右），會發現許多點位並未出現

嘗試調整不同的地理角色，還是無法將所有點位繪製出來，所以再次詢問 ChatGPT，ChatGPT 也重新提供幾種方法作為參考。

技巧二：追問延伸問題來取得替代方案

< DEMO >　追問 AI 延伸問題來取得方案

◆ 使用效益

透過 ChatGPT 產出額外資料，擴展現有資料集。

◆ 範例提示（Prompt）

無法將所有目的地呈現出來，提供幾種解決方法 作為參考。

◆ 輸入（Input）

- 無法將所有目的地呈現出來：明確告知問題點。
- 提供幾種解決方法：明確告知需求。

10　AI 輔助 Tableau 進行地理視覺化　243

◆ 範例結果

> 如果 Tableau 無法辨認某些目的地，可以考慮以下幾個步驟來解決問題：
>
> 1. **確認地名的正確性：**
>   - 確保「航線」欄位中的地名是正確的，並且與 Tableau 的地理資料庫中的名稱一致。舉例來說，可能需要將「檳城」改為「槟城」或使用正式名稱。
>
> 2. **自定義地理角色：**
>   - 如果某些地點仍然無法辨認，您可以手動添加經緯度數據。在 Excel 或其他工具中，查找這些地點的經緯度，然後將這些數據匯入 Tableau。
>   - 在資料面板中，新增兩個欄位：一個用於經度（Longitude），一個用於緯度（Latitude）。接著將這兩個欄位設置為地理角色。
>
> 3. **使用地理資料集：**
>   - Tableau 提供了一些內建的地理資料集，您可以查看這些資料集，以便確認哪些地名可以被識別。您可以在「地理角色」中檢查可用的選項。
>
> 4. **清理資料：**
>   - 有時資料中會有額外的空格或拼寫錯誤，這可能會導致辨識失敗。檢查並清理資料，確保沒有不必要的空格或錯誤拼寫。
>
> 5. **測試其他名稱：**
>   - 嘗試在「航線」欄位中使用不同的名稱（如「大阪」改為「Osaka」）來查看是否能夠成功辨認。

🎧 檢視其他呈現地理位置的方法

　　檢視建議的選項後，大部分需要逐條確認欄位內容，然而上圖中第二點提到可以使用外部的經緯度資料來協助繪製。雖然手邊沒有機場經緯度資料，但可以嘗試透過 ChatGPT，在下一個技巧中透過 AI 輔助生成「特定城市或機場的經緯度資料」，並將這些資料與原本的資料集整合，就能順利在 Tableau 內進行地理分析和視覺化展示。

◉ 技巧三：運用 AI 生成經緯度模擬地理資料

〈DEMO〉**運用 AI 生成經緯度模擬地理資料**

◆ 使用效益

透過 ChatGPT 產出額外資料，擴展現有資料集。

◆ 範例提示（Prompt）

請提供我以下目的地的經緯度，將度分秒轉為小數，並用表格呈現。

三亞

上海

上海虹橋

上海浦東

…

（後略）

- ◆ 輸入（Input）
  - 請提供我以下目的地的經緯度…（後略）：這裡可以替換為任何需要 ChatGPT 產出的資料集，例如：城市人口、GDP 數據、歷史氣象資料等。

- ◆ 範例結果

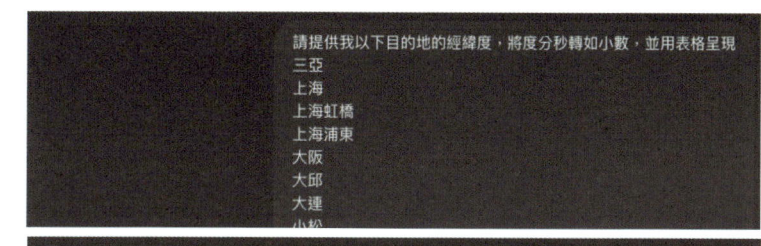

目的地	緯度	經度
三亞	18.2528° N	109.5119° E
上海	31.2304° N	121.4737° E
上海虹橋	31.1976° N	121.3363° E
上海浦東	31.1464° N	121.8032° E
大阪	34.6937° N	135.5023° E
大邱	35.8714° N	128.6014° E
大連	38.914° N	121.6147° E
小松	36.4013° N	136.4115° E

↑ 產出所有目的地的經緯度資料，可直接複製表格並貼入 Excel 使用

TIPS! 雖然 ChatGPT 可以根據背景資料產出對應目的地的經緯度資料，但無法保證都是正確的結果，建議進行檢查：這部分在之後地圖位置繪製後，可以挑選幾個已知位置的航線，在 Tableau 地圖上搭配視覺來驗證其位置的正確性。

AI 協同進行多資料來源串接

◎ 技巧四：AI 輔助完成 Tableau 資料連結技巧

> **‹DEMO›** AI 輔助完成 Tableau 資料連結

◆ 使用效益

請 AI 引導操作者學習 Tableau 的資料整合技巧；這裡使用的是關聯（Relationship）的資料連接方式。關於 Tableau 內的資料連接方式，可以參考官網資源：🔗 https://help.tableau.com/current/pro/desktop/zh-tw/datasource_prepare.htm。

◆ 範例提示（Prompt）

根據目前已有的載客量資料與前面所提供的各地點的經緯度資料，提供整合兩份資料集的有效方法，並用條列式說明。

◆ 輸入（Input）

- 已有的載客量資料與前面所提供的各地點的經緯度資料：可以替換為任何兩個或多個想要整合的資料集，也能連同欄位名稱與內容一併提供。
- 提供整合兩份資料集的有效方法：提出明確的要求。

◆ 範例結果

```
整合目前已有的載客量資料與各地點的經緯度資料，可以按照以下步驟進行：

1. 準備資料集：
   • 確保載客量資料集和地理位置資料集均以適當的格式存在，例如 CSV 或 Excel 檔案。
   • 確保兩個資料集中都有共同的欄位可用於匹配，例如目的地名稱。

2. 匹配目的地名稱：
   • 檢查載客量資料集和地理位置資料集中的目的地名稱欄位，確保名稱格式一致。
   • 如果有需要，進行清理和標準化，以確保名稱匹配的成功性。

3. 使用 Tableau 進行資料整合：
   • 打開 Tableau Desktop 軟體。
   • 在 Tableau 中建立新的工作表。
```

🎧 請 AI 提供資料整合流程的作法建議

實作步驟

接下來，我們將進行實際操作，在 Tableau 中整合已有的載客量資料與經緯度資料，並進行地理視覺化的展示。

01. **將外部資料儲存為 Excel 檔案。**

先將前面透過 ChatGPT 生成的外部地理資料，複製 ChatGPT 回覆並開啟一個空白的 Excel 貼上，儲存為「目的地經緯度 .xlsx」檔案。

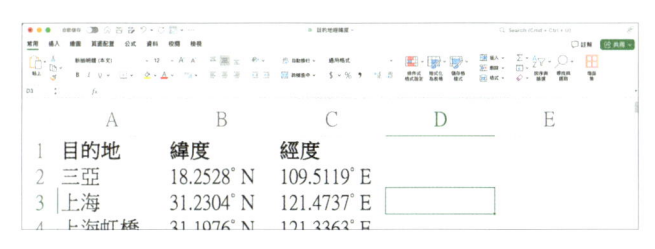

🎧 將資料複製並貼到 Excel，再將此檔案另存下來為「.xlsx」格式

> 💡 **TIPS!** 透過 AI 生成的外部數據表格，有時會省略細節，或是因為生成字數的限制，無法生成大量的數據，所以此技巧比較適合針對少量的資料進行生成。

02. **串接兩個資料來源。**

本實作案例延續單元九的練習檔案，先新增連線資料，選擇檔案格式為「Microsoft Excel」，再把剛才新增的「目的地經緯度 .xlsx」檔案讀取進來。接下來，用滑鼠左鍵按住左邊的「工作表 1」，拖移到單元九資料來源的後方，這時就能看到兩筆資料會用一條藍色的線條連接，就能開始進行資料串接。

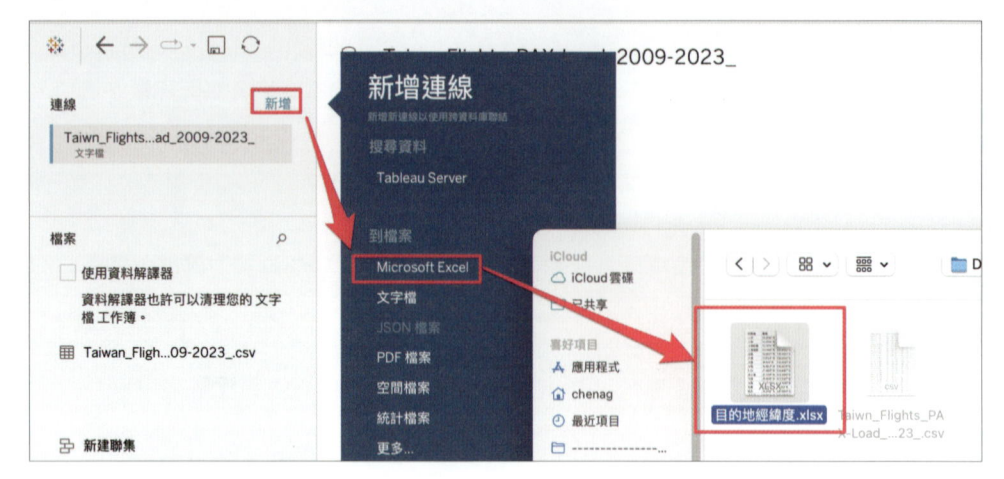

🎧 讀取要連接的檔案「目的地經緯度 .xlsx」（稍早 AI 生成的外部資料轉存檔案）

🎧 將「工作表 1」與「Taiwn_Flights_PAX-Load_2009-2023_.csv」進行串接

03. 串接兩個資料來源（以下示範修正異常的案例）。

　　完成前一步驟時，可能會遇到異常情況（但也可能很順利，AI 總是存在隨機性），而產生以下的異常結果。

🎧 資料整合異常的畫面

248　AI×Excel×Tableau 資料分析語法指南

由於 AI 所生成的資料集不一定每次欄位名稱都會相同，有時會與既有資料集的欄位名稱不同。當沒有相同的欄位名稱時，Tableau 無法自動識別並關聯兩個資料集，才導致無法正確將經緯度資料與原本的主資料集進行整合。

日期(年月)	序號	航線	目的地	緯度	經度
2009/1/1	1	大阪	三亞	18.2528° N	109.5119° E
2009/1/1	1	大阪	上海	31.2304° N	121.4737° E
2009/1/1	10	仁川	上海虹橋	31.1976° N	121.3363° E
2009/1/1	10	仁川	上海浦東	31.1464° N	121.8032° E
2009/1/1	100	檀香山	大阪	34.6937° N	135.5023° E
2009/1/1	100	檀香山	大邱	35.8714° N	128.6014° E
2009/1/1	101	濟州島	大連	38.914° N	121.6147° E

◯ 兩筆資料的欄位名稱比較，明顯欄位名稱不一致

技巧五：運用 AI 分析錯誤並尋找解決方案

〈DEMO〉 **運用 AI 分析錯誤並尋找解決方案**

◆ **使用效益**

透過明確的提示，引導 ChatGPT 進行解決方案的思考，提出可能的解決方案或替代選項，找到解決這個問題的途徑，從而提升數據處理的效率和準確性。

◆ **範例提示（Prompt）**

請扮演我的 Tableau Desktop 資料分析顧問，並請用 **繁體中文** 回答。

1. 我在第一個資料集中沒有「目的地」這個欄位，而相同內容的是「航線」欄位，這會影響數據整合嗎？
2. 第一張表缺少「目的地」的欄位，有其他可以替代的選項嗎？

◆ **輸入（Input）**

- 我在第一個資料集...**會影響數據整合嗎**：具體描述在資料處理中遇到的問題，例如：資料集中缺少關鍵欄位、欄位名稱不匹配，以便 ChatGPT 提供針對性的解決方案。
- 第一張表缺少...有其他可以替代的選項嗎：根據問題情境來描述可能的替代方案需求，例如：是否有其他欄位可以用來關聯資料集，以讓 ChatGPT 幫助找出可行的替代選項。

10 AI 輔助 Tableau 進行地理視覺化 249

◆ 範例結果

> 如果你沒有目的地的欄位名稱，你可以使用不同的方法來連接兩個資料集。這裡提供兩種可能的方法：
>
> 1. **索引值連接**：如果兩個資料集的順序是相同的，你可以使用索引值來連接。在 Tableau 中，你可以將每個資料集的記錄視為索引，然後將它們連接起來。這樣做的好處是你不需要具有相同的欄位名稱，只需確保資料的順序是一致的。
>
> 2. **手動匹配**：如果兩個資料集沒有明確的連接欄位，你可以手動匹配它們。在 Tableau 中，你可以使用「手動匹配」的方式，即手動選擇兩個資料集之間的對應關係。這需要一些手工操作，但可以解決兩個資料集之間沒有共同欄位的情況。
>
> 選擇哪種方法取決於你的資料特徵以及分析的需求。如果資料集之間沒有相同的欄位，手動匹配可能是最好的選擇。如果兩個資料集的記錄順序是相同的，則索引值連接可能更容易實現。

🎧 AI 提供的第一種解決方式建議

> 如果第一張表沒有目的地的欄位，我們可以尋找一些其他可能的連接欄位。以下是一些可能的選擇：
>
> 1. **航線名稱**：如果第一張表中有航線名稱的欄位，你可以將其用作連接欄位。在第二張表中，你可以將目的地與航線名稱進行匹配。
>
> 2. **航空公司名稱**：如果第一張表中有航空公司名稱的欄位，你也可以將其用作連接欄位。在第二張表中，你可以將目的地與航空公司進行匹配。
>
> 3. **序號或識別碼**：如果第一張表中有唯一識別每個記錄的序號或識別碼，你可以將其用作連接欄位。在第二張表中，你可以手動匹配目的地和序號。
>
> 4. **日期**：如果兩個資料集是基於相同的日期範圍，你也可以使用日期作為連接欄位。
>
> 選擇哪種連接欄位取決於你的資料特徵以及分析的需求。最好的選擇是找到在兩個資料集之間具有共同性的欄位，以確保正確的連接。

🎧 AI 提供的第二種解決方式建議

實作步驟

01. **選擇正確欄位進行資料來源串接。**

參考 ChatGPT 的建議作法，採用手動匹配的方式。首先點選兩資料來源中間的藍色虛線，下面會出現手動選擇參照欄位的工作區。先將左側資料來源的欄位選單展開，選擇「航線」作為連結的依據。

02. **選擇相對應的欄位進行資料來源串接。**

接下來將右側資料來源的欄位選單展開，選擇「目的地」作為連結的依據。

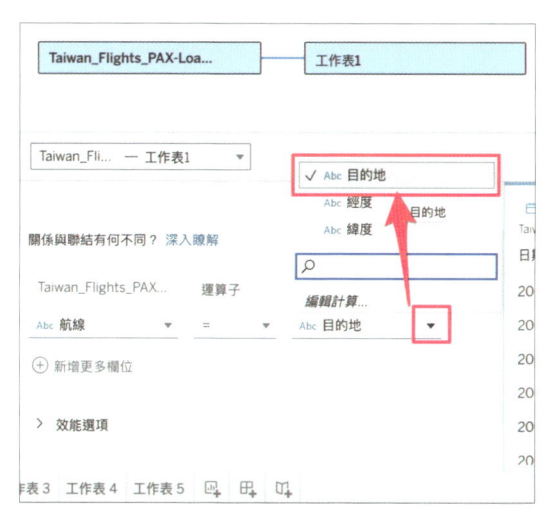

⊙ 進行資料欄位的選擇

如果操作順利的話，可順利完成資料關聯（原本資料 + 外部資料），並開始進一步的分析。

10 AI 輔助 Tableau 進行地理視覺化　　251

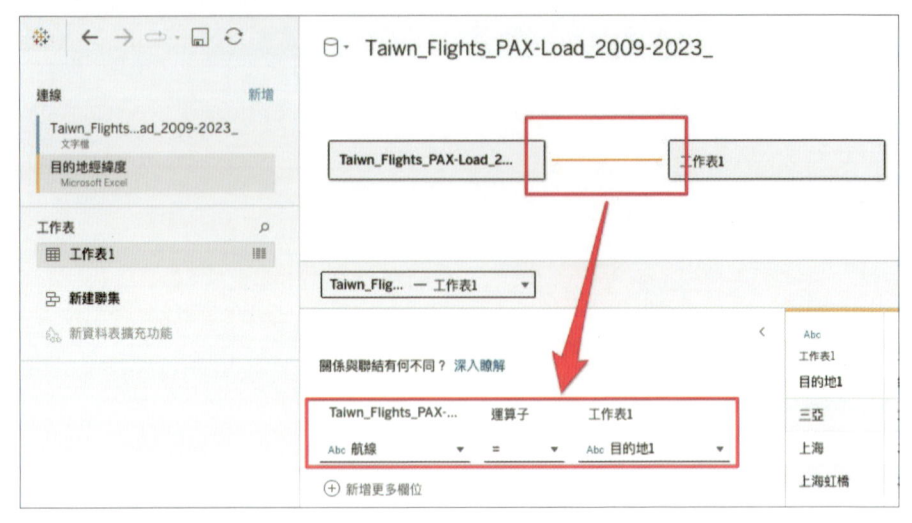

⌒ 完成資料整合的畫面

AI 輔助進階地理視覺化分析及參數應用

◉ 技巧六：利用 AI 輔助撰寫公式，並進行地理資訊視覺化

‹DEMO› 運用 AI 輔助撰寫公式進行地理資訊視覺化

◆ 使用效益

根據提供的資料範例，AI 能夠協助產出公式，以便處理和拆解資料。例如：針對經緯度資料，AI 可以生成公式來正確轉換南北緯、東西經的數值。

當有複合的提示需求時，為了提高成功率，建議將任務拆解成多個子任務，並以條列方式提供，讓 ChatGPT 更容易理解你的需求。

◆ 範例提示（Prompt）

目的地	緯度		經度	
紐約	40.7128°	N	74.0060°	W
茨城	36.3414°	N	140.4467°	E

1. 請提供兩個 Tableau 的公式，用於拆解上述的經緯度資訊。這些公式需要能夠處理南北緯和東西經，將其轉換為帶有正負號的數值。
2. 接續前一點的計算結果，提供建立地圖視覺化的 **詳細步驟**，包含：設定緯度和經度欄位以及增加其他視覺效果的指引。

◆ **輸入（Input）**

- 針對每個子任務可以提供具體的背景資訊和範例，這將進一步幫助 AI 生成更符合期望的結果。例如：第一點明確要求 ChatGPT 生成兩個 Tableau 公式，並要求要轉換為帶有正負號的值；第二點則要求提供詳細步驟。
- **詳細步驟**：提供具體內容，讓 ChatGPT 明確需要提供清楚的操作流程，確保可以參考這些步驟完成。根據不同場景，可以調整為：操作指南（提供更具體的操作說明和步驟）、具體方法（集中在具體的技術方法和實現細節）、實作步驟（專注於實際的實作步驟）、配置指南（集中於配置和設定相關的視覺化選項）。接下來，ChatGPT 會依照提示的需求，逐步提供計算公式和操作步驟。

◆ **範例結果**

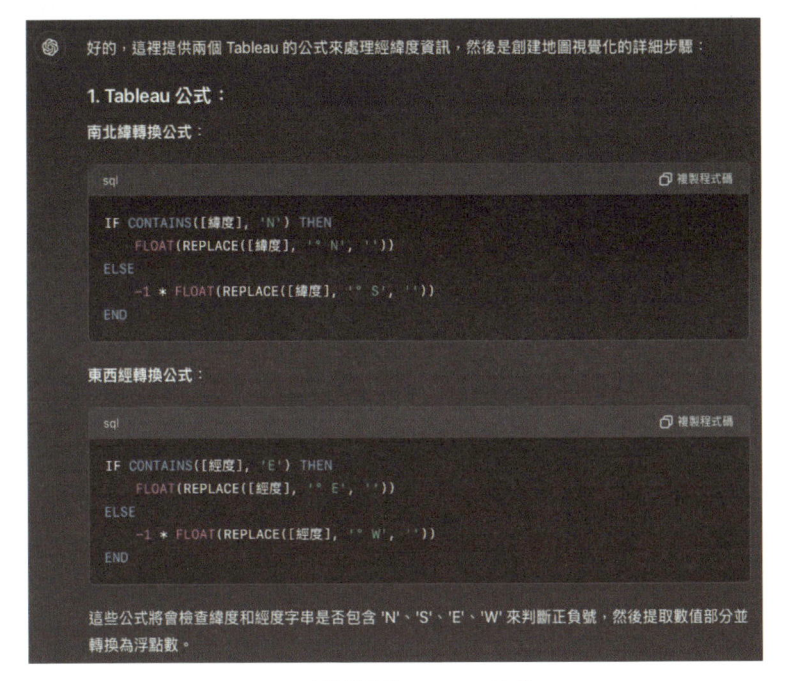

好的，這裡提供兩個 Tableau 的公式來處理經緯度資訊，然後是創建地圖視覺化的詳細步驟：

1. Tableau 公式：

南北緯轉換公式：

```sql
IF CONTAINS([緯度], 'N') THEN
    FLOAT(REPLACE([緯度], '° N', ''))
ELSE
    -1 * FLOAT(REPLACE([緯度], '° S', ''))
END
```

東西經轉換公式：

```sql
IF CONTAINS([經度], 'E') THEN
    FLOAT(REPLACE([經度], '° E', ''))
ELSE
    -1 * FLOAT(REPLACE([經度], '° W', ''))
END
```

這些公式將會檢查緯度和經度字串是否包含 'N'、'S'、'E'、'W' 來判斷正負號，然後提取數值部分並轉換為浮點數。

🎧 AI 輔助提供 Tableau 公式

2. 創建地圖視覺化的步驟

步驟 1：匯入資料

1. 打開 Tableau Desktop，點擊 "連接" 並選擇你的資料源。
2. 將資料檔案（如 Excel）匯入 Tableau。

步驟 2：準備資料

1. 在 "數據源" 頁面，確認你的資料已正確匯入。
2. 添加計算欄位來處理經緯度：
   - 點擊 "數據源" 頁面右上角的 "新增計算欄位"。
   - 輸入名稱如 `Latitude Value`，並粘貼上述的緯度轉換公式。
   - 再次新增計算欄位，名稱如 `Longitude Value`，粘貼上述的經度轉換公式。

步驟 3：轉換地理角色

1. 在資料欄位中，右鍵點擊 `Latitude Value`，選擇 "地理角色" > "緯度"。
2. 右鍵點擊 `Longitude Value`，選擇 "地理角色" > "經度"。

步驟 4：建立地圖視覺化

1. 在 "工作表" 頁面，從左側欄位中拖動 `Latitude Value` 到 Rows。
2. 將 `Longitude Value` 拖動到 Columns。
3. Tableau 會自動將這些數值轉換為地圖。

⬥ AI 輔助進行地圖資訊的繪製

實作步驟

01. 在 **Tableau** 新增兩個公式。

在 Tableau 新增 ChatGPT 提供的兩個經緯度轉換公式。

◆ 經度轉換公式

```
IF CONTAINS([經度], "E") THEN
    FLOAT(REPLACE([經度], "° E", ""))
ELSE
    -FLOAT(REPLACE([經度], "° W", ""))
END
```

◆ **緯度轉換公式**

```
IF CONTAINS([緯度], "N") THEN
    FLOAT(REPLACE([緯度], "° N", ""))
ELSE
    -FLOAT(REPLACE([緯度], "° S", ""))
END
```

🎧 經度的轉換公式，欄位名稱為「提取經度」

🎧 緯度的轉換公式，欄位名稱為「提取緯度」

02. **調整經緯度欄位的地理角色。**

根據 ChatGPT 的第三點，調整經緯度欄位的地理角色為「經度」和「緯度」。

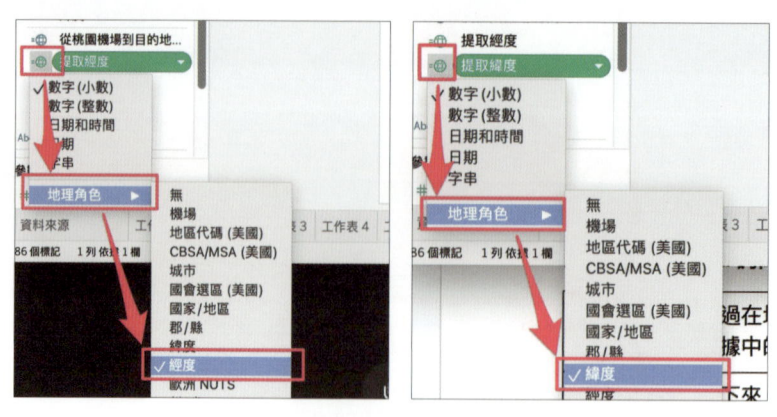

▶ 調整經緯度欄位的地理角色

03. 將目的地繪製在地圖上。

依照建議步驟，將經緯度放置於欄和列後，在標記內放入「目的地」，卻沒有得到預期的結果。

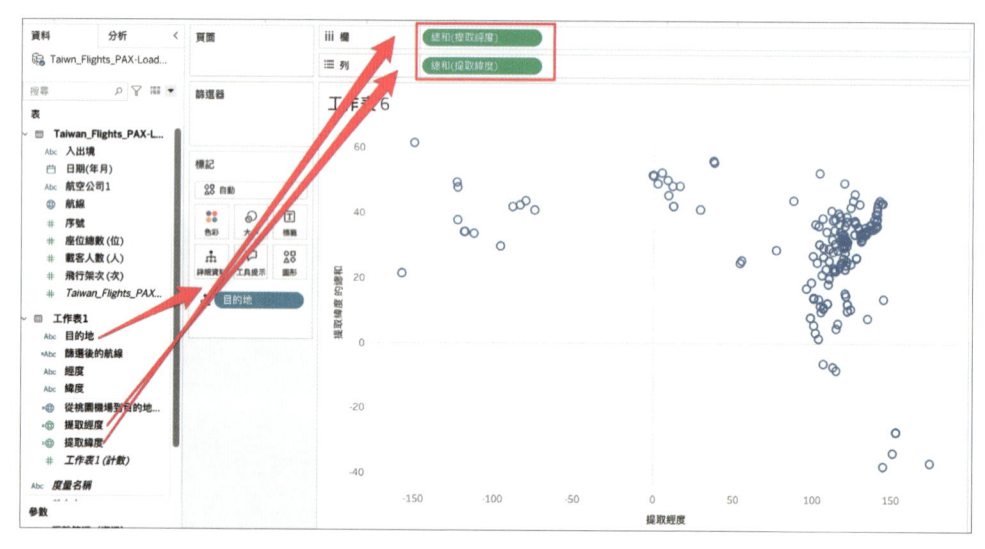

▶ 目的地的地理位置繪製

04. 觀察可能的問題，回報 ChatGPT 產出建議。

如果只有提供「產出不如預期」、「地圖沒有出來」這樣的提示，ChatGPT 並無法得知明確的問題，就會一直產出不符合需求的回答。這時建議先觀察有疑慮的地方，不斷

地與 ChatGPT 回報來嘗試找出真正的問題。例如：這裡很口語地提供指令：「沒有產生地圖，看起來經緯度都是用『總和』，需要調整嗎」，來尋求進一步的建議。

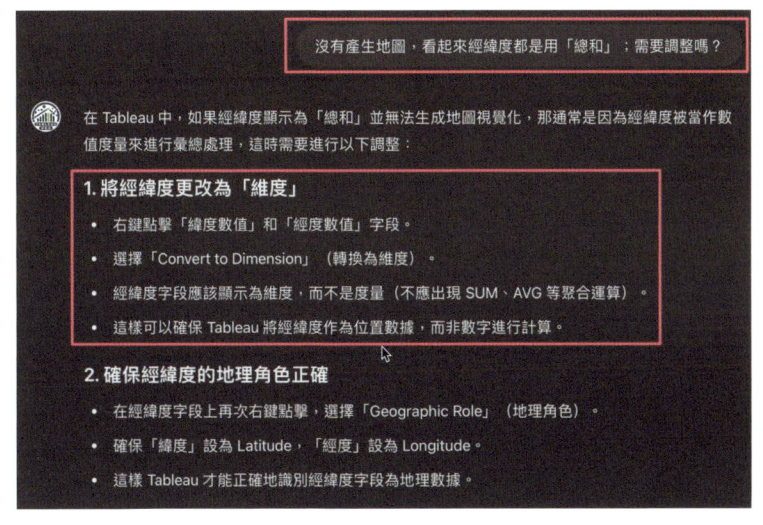

◎ ChatGPT 提供的具體回答

05. 根據 ChatGPT 的建議進行調整 。

請參考回覆來進行計算方式的調整，我們修改為「維度」，即可得到最後結果。

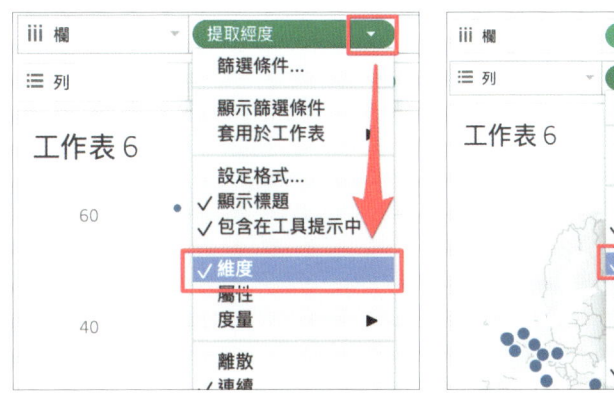

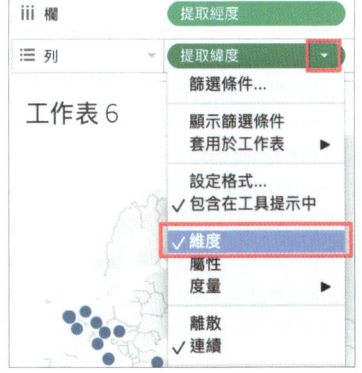

◎ 調整欄列上的計算方式為「維度」

🎧 完成結果

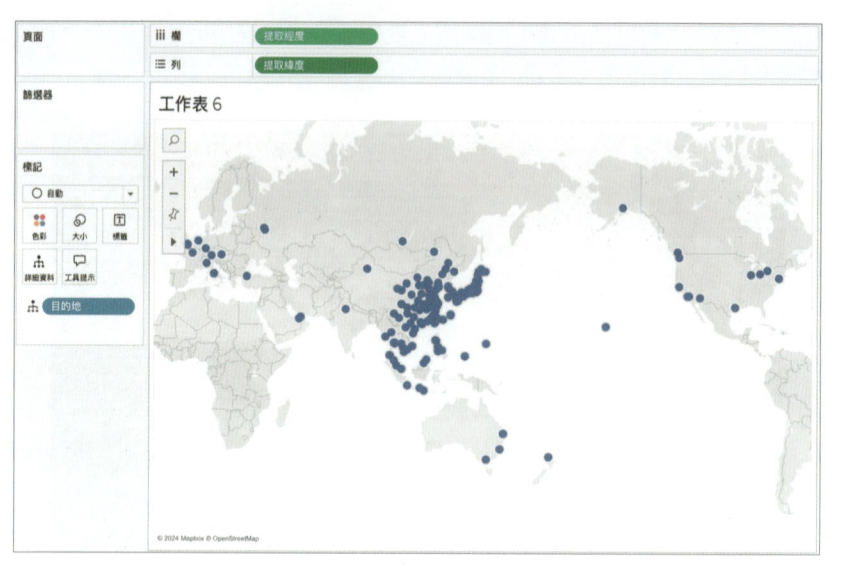

技巧七：透過 AI 詢問更多的進階視覺化呈現場景

〈DEMO〉 AI 提供更多的進階視覺化呈現場景

◆ 使用效益

追問 AI 可以做出哪些進階地圖視覺化應用，並提供詳細的操作方式。

◆ 範例提示（Prompt）

接下來，在地圖上還可以進行哪些進階呈現；請用 表格 提供，並加上 詳細步驟 。

◆ 輸入（Input）

- 在地圖上還可以進行哪些進階呈現：具體描述希望在地圖視覺化中增加或改進的內容，例如：增加更多的層次、顯示不同的數據指標、用不同的顏色區分資料點。
- 表格：要求以表格形式呈現。
- 詳細步驟：確保每一步都有詳細說明的寫法。

◆ 範例結果

以下是您可以在 Tableau 地圖上進行的呈現及其詳細步驟：

呈現類型	描述	詳細步驟
載客量熱圖	使用顏色深淺表示每個地點的載客量，顏色越深表示載客量越高。	1. 將「載客人數 (人)」拖放到「顏色」標記卡 (Color)。 2. 調整顏色範圍以符合您的需求。 3. 使用「顯示我」選擇「熱圖」樣式。
載客量大小圖	使用圓形大小表示每個地點的載客量，圓形越大表示載客量越高。	1. 將「載客人數 (人)」拖放到「大小」標記卡 (Size)。 2. 調整圓形大小以符合您的需求。 3. 可以同時使用「顏色」標記卡來強調數據。
趨勢分析	顯示不同時間段的載客量變化，通常使用時間序列圖。	1. 將「日期 (年月)」拖放到列 (Columns) 區域。 2. 將「載客人數 (人)」拖放到行 (Rows) 區域。 3. 使用「顯示我」選擇「折線圖」或「時間序列圖」。
地點標籤	在地圖上添加地點名稱標籤，以便快速識別每個地點。	1. 將「目的地」拖放到「標籤」標記卡 (Label)。 2. 調整標籤格式以確保清晰可讀。 3. 可以設置標籤顯示條件，僅顯示重要地點。
工具提示	當用戶懸停在地圖上的地點時顯示詳細資訊。	1. 將「載客人數 (人)」、「座位總數 (位)」等拖放到「工具提示」標記卡 (Tooltip)。 2. 編輯工具提示格式，確保顯示的資訊對用戶有用。
過濾器	根據某些條件（如航空公司或入出境）過濾地圖上的數據。	1. 將需要過濾的字段（如「航空公司」或「入出境」）拖放到過濾器區域。 2. 設置過濾條件以顯示特定的數據。 3. 可以使用下拉菜單或多選框提供選項。
比較視覺化	使用不同顏色或符號比較不同類別的數據。	1. 將需要比較的字段拖放到「顏色」或「形狀」標記卡 (Shape)。 2. 設置不同顏色或形狀來區分不同的類別。 3. 調整顏色範圍或形狀大小。
地理範圍	標記出地圖上的特定地理區域，如城市或國家邊界。	1. 將地理範圍字段（如城市或國家）拖放到「詳細信息」標記卡 (Detail)。 2. 使用「顯示我」中的地圖層級選擇或自定義地圖範圍。
聚合分析	將多個地點的數據聚合在一起，以便進行更高層次的分析。	1. 使用「數據透視表」將數據按地區或類別聚合。 2. 在地圖上顯示聚合結果，如各地區的總載客量。 3. 可以使用「顏色」和「大小」來強調聚合結果。

🎧 地圖進階呈現方式列表

除了以上的呈現類型可以進行之外，如果想要在地圖上畫出從桃園機場連向所有目的地的連線圖，也可以直接向 ChatGPT 詢問，請參考下一個技巧。

技巧八：AI 協助繪製桃園機場到多個目的地的航線連線圖

> **< DEMO >** AI 輔助繪製機場到多個目的地的航線圖

◆ 使用效益

透過在地圖上應用起訖點的連線軌跡圖，可以顯示從一個固定點（如桃園機場）到多個目的地的連線，幫助深入了解數據中的航線分布。

◆ 範例提示（Prompt）

我希望在 Tableau 中建立一個地圖，顯示從桃園機場出發的航線，並與所有的目的地用線段連接。資料只有每個目的地的經緯度數據，並沒有桃園機場的資訊。請問如何在 Tableau 中實現這種連線？ 請提供可能需要使用的功能或公式。

◆ 輸入（Input）

- 請提供可能需要使用的功能或公式：具體描述希望在地圖視覺化中增加或改進的內容，例如：增加更多的層次、顯示不同的數據指標、用不同的顏色區分資料點。

◆ 範例結果

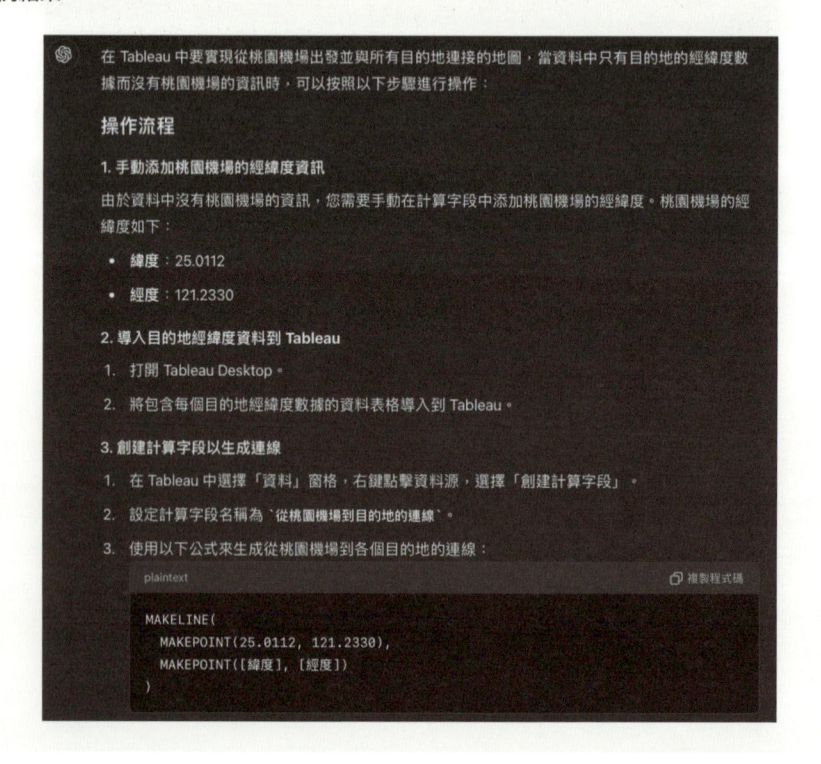

在 Tableau 中要實現從桃園機場出發並與所有目的地連接的地圖，當資料中只有目的地的經緯度數據而沒有桃園機場的資訊時，可以按照以下步驟進行操作：

操作流程

1. 手動添加桃園機場的經緯度資訊

由於資料中沒有桃園機場的資訊，您需要手動在計算字段中添加桃園機場的經緯度。桃園機場的經緯度如下：

- 緯度：25.0112
- 經度：121.2330

2. 導入目的地經緯度資料到 Tableau

1. 打開 Tableau Desktop。
2. 將包含每個目的地經緯度數據的資料表格導入到 Tableau。

3. 創建計算字段以生成連線

1. 在 Tableau 中選擇「資料」窗格，右鍵點擊資料源，選擇「創建計算字段」。
2. 設定計算字段名稱為 `從桃園機場到目的地的連線`。
3. 使用以下公式來生成從桃園機場到各個目的地的連線：

```plaintext
MAKELINE(
    MAKEPOINT(25.0112, 121.2330),
    MAKEPOINT([緯度], [經度])
)
```

> ChatGPT 提供的起訖連線地圖作法

實作步驟

01. 在 **Tableau** 新增公式。

在 Tableau 新增 ChatGPT 提供的「從桃園機場到目的地的連線」公式：

◆ 公式

```
MAKELINE(
    MAKEPOINT(25.0112, 121.2330),
    MAKEPOINT([提取緯度], [提取經度])
)
```

> 連線公式「從桃園機場到目的地的連線」，出現警告

當直接使用 ChatGPT 建議的公式時，如果發現出現「計算包含錯誤」的警示，常常是因為建議公式內的欄位與實際資料的欄位名稱不符，公式無法對應到正確欄位而造成計算錯誤，所以要記得替換為「提取緯度」和「提取經度」，才能正確計算。

10　AI 輔助 Tableau 進行地理視覺化　　261

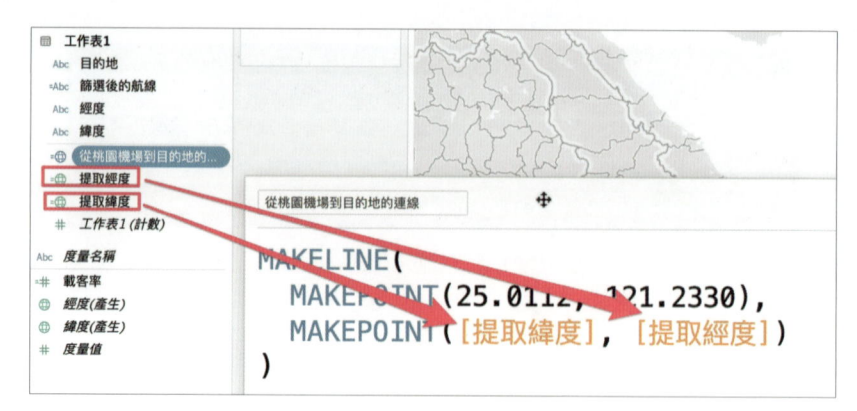

🔊 用拖拉方式修正公式

> 💡 **TIPS!** 由於這個公式的結構較為複雜，包含兩個函數：MAKEPOINT 和 MAKELINE，因此我們可以請 ChatGPT 解釋這些公式的組成邏輯。可參考以下的提問參考：

- 使用效益：詢問 MAKEPOINT 和 MAKELINE 函數的功能，可以更加認識這兩個函數的操作方式。

- 範例提示：解釋 MAKEPOINT 和 MAKELINE 這兩個函數的功能及其在這個公式中的作用。

- 輸入：

    - 請提供可能需要使用的功能或公式：具體描述希望在地圖視覺化中增加或改進的內容，例如：增加更多的層次、顯示不同的數據指標、用不同的顏色區分資料點。

    - 請用表格提供：要求以表格形式呈現。

    - 詳細步驟：確保每一步都有詳細說明的寫法。

- 範例結果

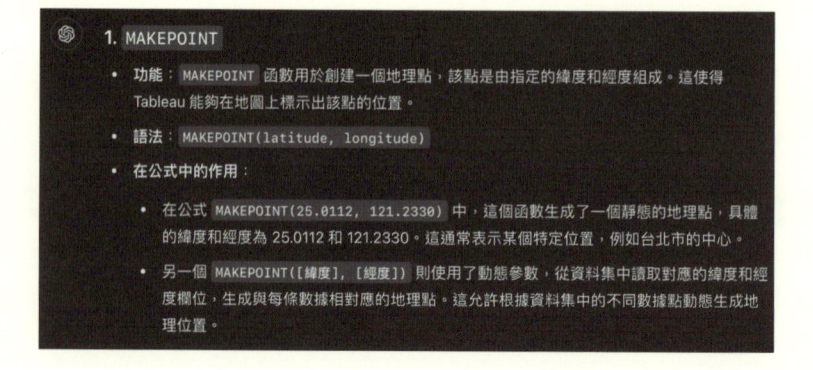

1. MAKEPOINT
- 功能：`MAKEPOINT` 函數用於創建一個地理點，該點是由指定的緯度和經度組成。這使得 Tableau 能夠在地圖上標示出該點的位置。
- 語法：`MAKEPOINT(latitude, longitude)`
- 在公式中的作用：
    - 在公式 `MAKEPOINT(25.0112, 121.2330)` 中，這個函數生成了一個靜態的地理點，具體的緯度和經度為 25.0112 和 121.2330。這通常表示某個特定位置，例如台北市的中心。
    - 另一個 `MAKEPOINT([緯度], [經度])` 則使用了動態參數，從資料集中讀取對應的緯度和經度欄位，生成與每條數據相對應的地理點。這允許根據資料集中的不同數據點動態生成地理位置。

262　AI×Excel×Tableau 資料分析語法指南

```
2. MAKELINE
```
- 功能：`MAKELINE` 函數用於創建一條線段，該線段由兩個地理點構成。這使得 Tableau 能夠在地圖上顯示兩點之間的連接或路徑。
- 語法：`MAKELINE(start_point, end_point)`
- 在公式中的作用：
  - 在公式 `MAKELINE(MAKEPOINT(25.0112, 121.2330), MAKEPOINT([緯度], [經度]))` 中，`MAKELINE` 函數將靜態的起始點（25.0112, 121.2330）和動態的終止點（由資料集中的緯度和經度生成的點）連接起來，形成一條線段。
  - 這條線表示從靜態地點到動態地點的連接，通常用於視覺化如航線、路徑或其他地理連接。

公式的解釋說明

02. 套用連線公式，展示結果。

根據 ChatGPT 的說明，建立一個新的工作表，並對公式欄位「從桃園機場到目的地的連線」點滑鼠左鍵兩下，即可呈現連線地圖。

對此欄位點擊滑鼠左鍵兩下

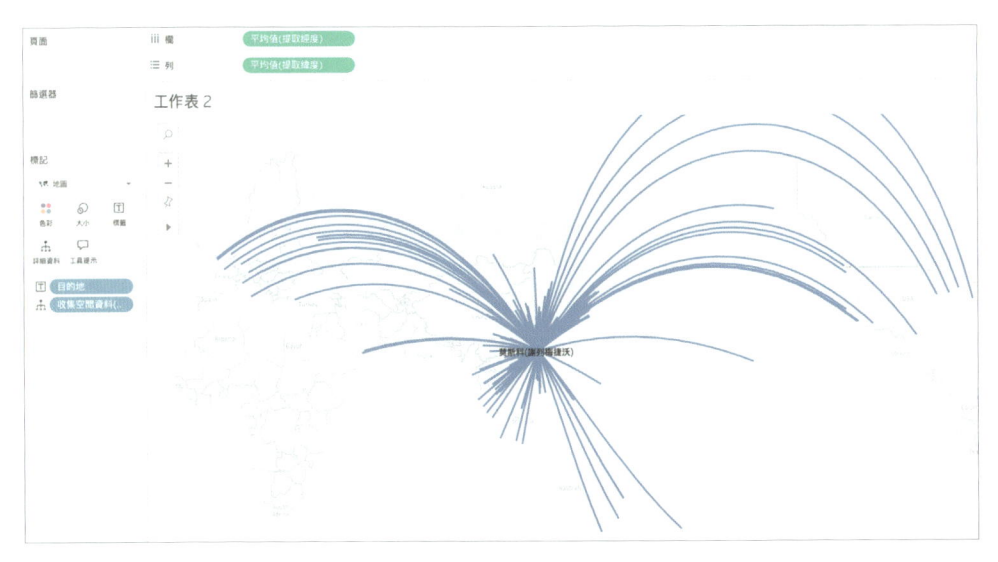

完成連線地圖的建立

10 AI 輔助 Tableau 進行地理視覺化　263

技巧九：探索 AI 提供的進階地理分析公式

‹DEMO› 瞭解 AI 提供的進階地理分析公式

◆ **使用效益**

追問 ChatGPT 取得更多地理分析公式和進階功能，進一步深化地圖分析深度以及更多應用場景的想法。

◆ **範例提示（Prompt）**

在我的連線地圖上，請提供我其他類似 MAKEPOINT 和 MAKELINE 的公式或功能，來 提升地圖的分析價值與呈現。

◆ **輸入（Input）**

- 提升地圖的分析價值與呈現：可以嘗試更換語法來取得不同場景的效益，例如：提升地圖的分析深度與精確性、增強地圖的視覺效果與呈現方式、展示地理覆蓋範圍和影響範圍、加強地圖的地理分析能力、實現地圖的動態展示和時間序列分析。

◆ **範例結果**

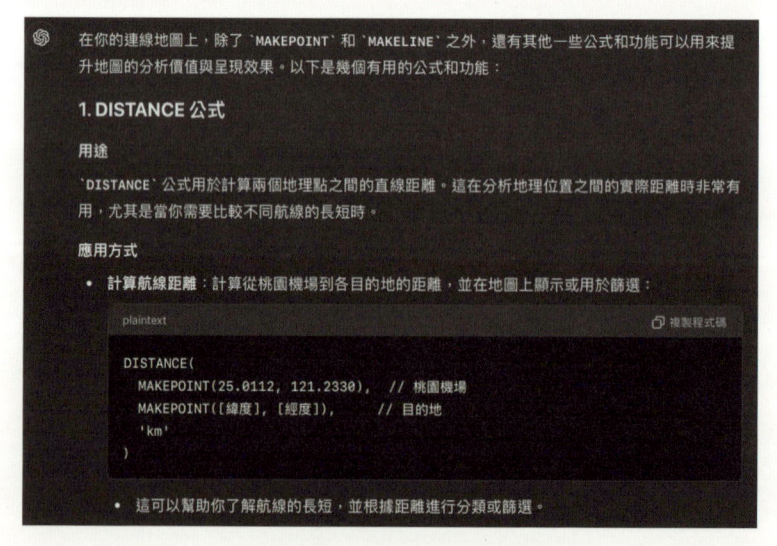

在你的連線地圖上，除了 `MAKEPOINT` 和 `MAKELINE` 之外，還有其他一些公式和功能可以用來提升地圖的分析價值與呈現效果。以下是幾個有用的公式和功能：

1. DISTANCE 公式

用途

`DISTANCE` 公式用於計算兩個地理點之間的直線距離。這在分析地理位置之間的實際距離時非常有用，尤其是當你需要比較不同航線的長短時。

應用方式

- **計算航線距離**：計算從桃園機場到各目的地的距離，並在地圖上顯示或用於篩選：

```plaintext
DISTANCE(
  MAKEPOINT(25.0112, 121.2330),   // 桃園機場
  MAKEPOINT([緯度], [經度]),        // 目的地
  'km'
)
```

- 這可以幫助你了解航線的長短，並根據距離進行分類或篩選。

🎧 其他應用：DISTANCE 公式解說

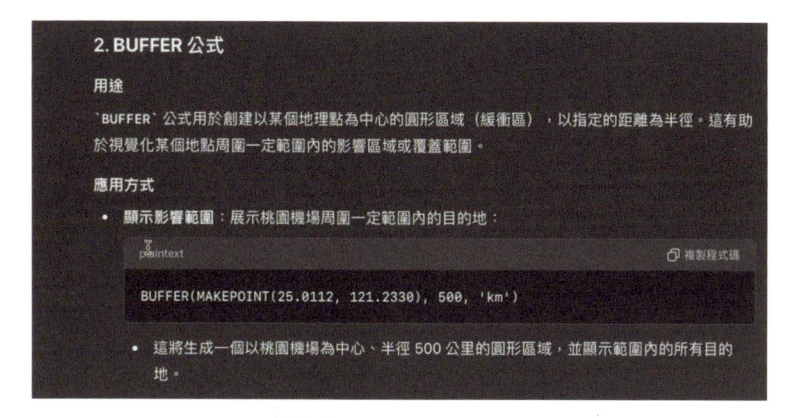

2. BUFFER 公式

用途

`BUFFER` 公式用於創建以某個地理點為中心的圓形區域（緩衝區），以指定的距離為半徑。這有助於視覺化某個地點周圍一定範圍內的影響區域或覆蓋範圍。

應用方式

- 顯示影響範圍：展示桃園機場周圍一定範圍內的目的地：

```plaintext
BUFFER(MAKEPOINT(25.0112, 121.2330), 500, 'km')
```

- 這將生成一個以桃園機場為中心、半徑 500 公里的圓形區域，並顯示範圍內的所有目的地。

🎧 其他應用：BUFFER 公式解說

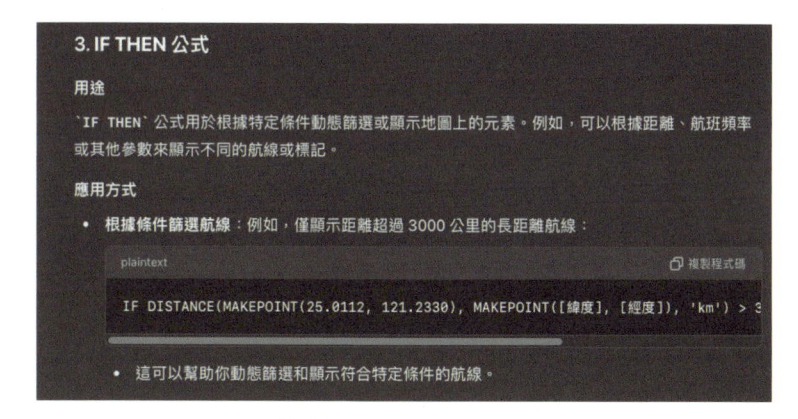

3. IF THEN 公式

用途

`IF THEN` 公式用於根據特定條件動態篩選或顯示地圖上的元素。例如，可以根據距離、航班頻率或其他參數來顯示不同的航線或標記。

應用方式

- 根據條件篩選航線：例如，僅顯示距離超過 3000 公里的長距離航線：

```plaintext
IF DISTANCE(MAKEPOINT(25.0112, 121.2330), MAKEPOINT([緯度], [經度]), 'km') > 3
```

- 這可以幫助你動態篩選和顯示符合特定條件的航線。

🎧 其他應用：IF THEN 公式應用

ChatGPT 提供了相當多種應用方式，我們可以挑選其他感興趣的部分來進行實作。這裡我們嘗試途中第三點「IF THEN 公式」的範例來進行下一個技巧探索，但這次我們加入一些變化，例如：能夠自行輸入指定距離的方式，篩選想要查看的目的地。

◎ 技巧十：AI 輔助優化距離篩選和公式應用

〈DEMO〉 **AI 輔助優化距離篩選和公式應用**

◆ **使用效益**

讓 ChatGPT 輔助引導使用篩選技巧，並直接指定特定條件進行篩選。

◆ 範例提示（Prompt）

我想要嘗試 IF THEN 公式 的部分，另外我希望能夠直接手動調整距離，來篩選要顯示的目的地連線；例如：篩選距離在 3000 海浬 內的目的地。

◆ 輸入（Input）

- IF THEN 公式：強調想要參照的進階作法；因為 ChatGPT 有記憶和參照上下文功能，所以應該可以理解是前一個提問回覆提到的點子，或是也可以改寫為「你提供的第三點」來明確指定 AI 要深入回答的部分。
- 海浬：如果數字是有特殊單位的需求，也可以一併告知 ChatGPT。

◆ 範例結果

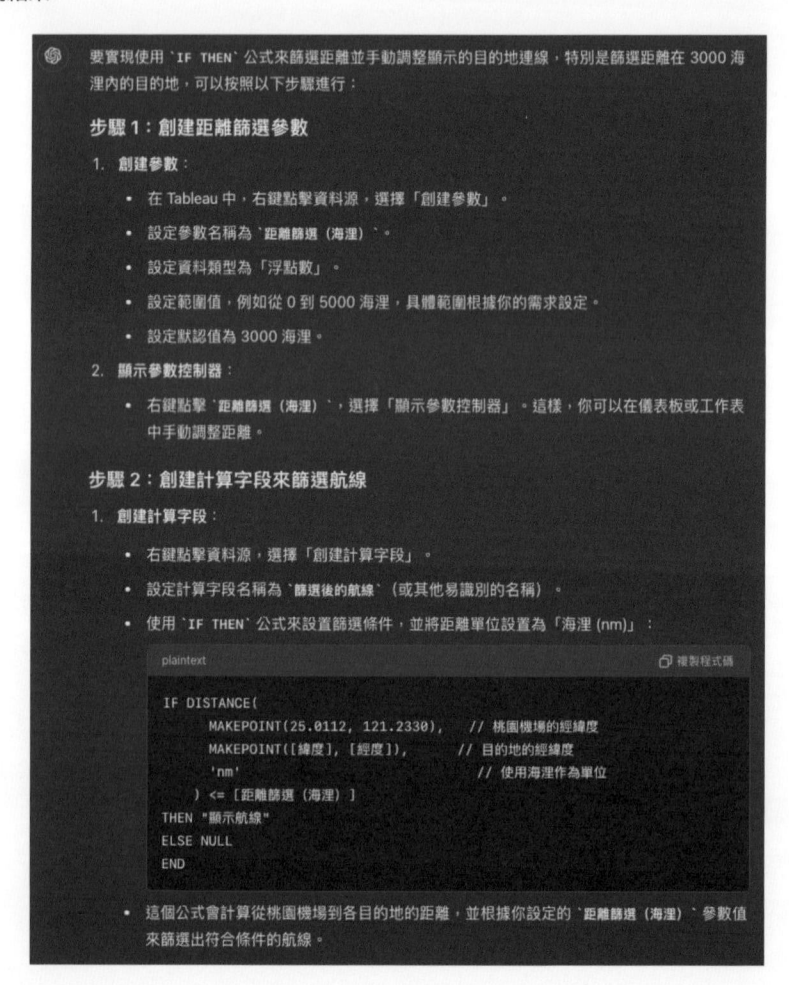

要實現使用 `IF THEN` 公式來篩選距離並手動調整顯示的目的地連線，特別是篩選距離在 3000 海浬內的目的地，可以按照以下步驟進行：

步驟 1：創建距離篩選參數

1. 創建參數：
    - 在 Tableau 中，右鍵點擊資料源，選擇「創建參數」。
    - 設定參數名稱為 `距離篩選（海浬）`。
    - 設定資料類型為「浮點數」。
    - 設定範圍值，例如從 0 到 5000 海浬，具體範圍根據你的需求設定。
    - 設定默認值為 3000 海浬。

2. 顯示參數控制器：
    - 右鍵點擊 `距離篩選（海浬）`，選擇「顯示參數控制器」。這樣，你可以在儀表板或工作表中手動調整距離。

步驟 2：創建計算字段來篩選航線

1. 創建計算字段：
    - 右鍵點擊資料源，選擇「創建計算字段」。
    - 設定計算字段名稱為 `篩選後的航線`（或其他易識別的名稱）。
    - 使用 `IF THEN` 公式來設置篩選條件，並將距離單位設置為「海浬 (nm)」：

```plaintext
IF DISTANCE(
    MAKEPOINT(25.0112, 121.2330),    // 桃園機場的經緯度
    MAKEPOINT([緯度], [經度]),        // 目的地的經緯度
    'nm'                              // 使用海浬作為單位
) <= [距離篩選（海浬）]
THEN "顯示航線"
ELSE NULL
END
```

- 這個公式會計算從桃園機場到各目的地的距離，並根據你設定的 `距離篩選（海浬）` 參數值來篩選出符合條件的航線。

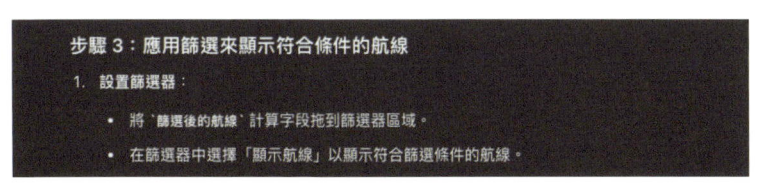

> 步驟 3：應用篩選來顯示符合條件的航線
> 1. 設置篩選器：
>   • 將 `篩選後的航線` 計算字段拖到篩選器區域。
>   • 在篩選器中選擇「顯示航線」以顯示符合篩選條件的航線。

↳ 指定條件的 IF THEN 應用步驟解說

實作步驟

01. **在 Tableau 建立距離篩選參數。**

在 Tableau 中選擇「建立參數」，並輸入預設參考值為「3000」。

↳ 建立參數「距離篩選（海浬）」

02. **顯示距離篩選參數**

右鍵點擊「距離篩選（海浬）」，選擇「顯示參數」。原本 ChatGPT 是要求選擇「顯示參數控制器」，主要可能是翻譯或是版本的問題，只要找到想使用的選項即可。

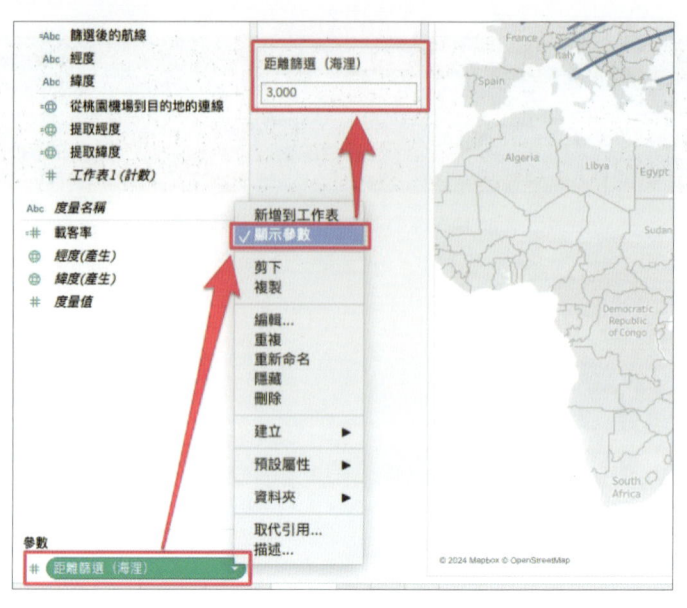

↑ 顯示參數

03. 建立條件計算公式

將 ChatGPT 建議的公式貼到新建立的計算欄位：

◆ 公式

```
IF DISTANCE(
    MAKEPOINT(25.0112, 121.2330),      // 桃園機場的經緯度
    MAKEPOINT([提取緯度], [提取經度]), // 目的地的經緯度
    'km'                                // 使用公里作為單位
) / 1.852 <= [距離篩選(海浬)]         // 將公里轉換為海浬
THEN "顯示航線"
ELSE NULL
END
```

記得要置換「緯度」、「經度」為「提取緯度」和「提取經度」，公式才會正確。

```
IF DISTANCE(
       MAKEPOINT(25.0112, 121.2330),       // 桃園機場的經緯度
       MAKEPOINT([提取緯度], [提取經度]),    // 目的地的經緯度
       'km'                                 // 使用公里作為單位
   ) / 1.852 <= [距離篩選（海浬）]           // 將公里轉換為海浬
THEN "顯示航線"
ELSE NULL
END
```

△ 建立參數「距離篩選（海浬）」

04. 建立篩選器，並完成結果

將「篩選後的航線」計算欄位拖到篩選器區域，在篩選器中選擇「顯示航線」，就可以顯示符合篩選條件的航線；此外，可以透過參數進行調整。

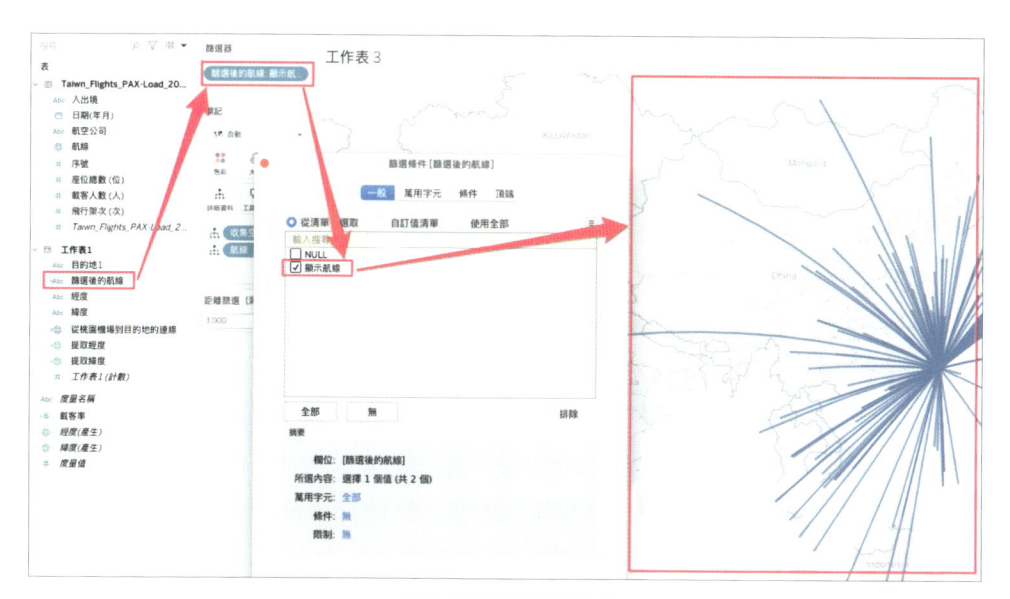

△ 完成指定距離的篩選

10　AI 輔助 Tableau 進行地理視覺化　269

05. 完成畫面。

⚑ 完成畫面,可動態調整參數觀察結果的變化

Unit 11　GPT 機器人助力：優化 Tableau 操作效率

> 單元導覽

本單元將介紹 ChatGPT 當中的 GPT 機器人服務，透過專屬的 AI 助手來輔助 Tableau 的圖表實作，引導讀者在面對不同分析議題或資料集時，能夠藉由 AI 助手推薦合適的資料整理方式、圖表優化、圖表應用及儀表板設計。本單元將以八個部分來介紹：

單元提要

項目	說明
探索 GPT 機器人	了解「探索 GPT」的功能，展示如何使用這項功能搜尋，並找尋各種 GPT 機器人，提升工作效率。
優化預設的 ChatGPT 行為	介紹如何透過「自訂 ChatGPT」來調整 ChatGPT 的預設回應方式與架構，提升回應的精準度，更符合自身需求或是專業知識上的對應等。此外，也能夠調整慣用語、習慣的內容長度等。
加入 Tableau 機器人	筆者建立了一個 Tableau GPT 教學機器人，將在這裡說明此 GPT 的特性、優點以及好用的對話啟動器功能，並分享建構此 GPT 的內部 Prompt 語法。
GPT 機器人案例：提供分析流程、資料整理與進階公式	說明如何利用 GPT 機器人來規劃數據分析流程、輔助資料整理，並生成對應公式。
GPT 機器人案例：輔助進行圖表優化	嘗試使用 GPT 機器人來獲得圖表優化的具體建議，完成圖表優化的實作。
GPT 機器人案例：圖表類型建議	根據分析需求，讓 GPT 機器人來推薦合適的圖表類型。
GPT 機器人案例：儀表板設計引導	輸入目標與題材，由 GPT 機器人來推薦儀表板設計作品，並分享連結。

實作資料

本單元的練習資料為臺北市立動物園（🔗 https://www.zoo.gov.taipei/Default.aspx）從民國 100 年到 111 年中每月的總入園人數。因原始的 PDF 連結已不可考，故筆者重新摘錄，並維持原始 PDF 格式，方便後續進行進階資料整理實作。

月份	100年	101年	102年	103年	104年	105年	106年	107年	108年	109年	110年	111年
1月	119,409	302,517	223,547	530,144	358,036	231,720	344,903	247,859	244,659	292,747	218,062	139,117
2月	384,944	209,193	443,372	579,043	412,814	401,490	295,856	320,457	362,155	223,683	292,531	181,925
3月	181,091	260,382	279,716	396,332	246,511	212,224	225,943	328,524	298,585	129,839	202,395	208,918
4月	295,974	297,866	220,043	420,678	285,591	323,488	366,508	365,104	321,794	109,072	262,885	131,425
5月	164,146	201,743	184,707	271,865	210,910	230,546	263,218	219,881	216,501	134,707	74,900	70,134
6月	152,629	177,687	198,782	250,283	158,868	187,452	132,481	195,516	151,763	135,606	-	69,529
7月	266,873	233,244	248,647	287,686	233,082	223,921	199,448	259,374	294,727	185,815	-	178,160
8月	221,908	233,618	274,368	338,089	210,647	262,136	217,607	236,031	306,063	233,016	90,490	176,746
9月	207,728	213,465	232,015	213,101	231,853	201,511	174,479	193,774	201,374	150,249	78,107	134,202
10月	271,944	333,388	341,164	387,232	334,176	313,289	289,777	302,296	382,891	297,361	143,080	166,228
11月	258,375	258,939	343,537	329,910	360,836	310,698	250,807	290,945	345,189	239,111	203,732	255,469
12月	185,699	245,292	232,810	217,720	259,228	337,589	286,888	292,697	308,949	174,917	206,571	198,490

🎧 範例資料：民國 100 年 -111 年各月入園人數資料

探索 GPT 機器人

OpenAI 在 2024 年 1 月 10 日推出了 GPT Store（現已更名為「探索 GPT」）。平台上的客製化 GPT 由 OpenAI 原廠、合作夥伴及付費用戶共同開發，又稱為「Custom GPTs」（以下稱為「GPT 機器人」）。

在「探索 GPT」平台中，使用者可以瀏覽排行榜上的熱門趨勢 GPT 機器人，或根據自身需求選擇工具，例如：DALL·E 圖片生成器、流程圖工具、寫作輔助工具、研究助手、程式設計支援、教育輔導等功能。因為 GPT 機器人更專注在特定議題，所以使用者就算不熟悉複雜的提示，也能直接使用這些優化過的 GPT 機器人，獲得更符合需求且完整的回應。

不過，初期 GPT 機器人只限於付費和企業用戶使用；到 2024 年 5 月底時，OpenAI 宣布全面開放 GPT Store，讓免費用戶也能使用。雖然免費版用戶有每日使用次數限制，但也確實讓更多人能夠接觸到多樣的 AI 工具。

本單元將著重於使用本書建立的 Tableau 教學機器人「Tableau Pro 繁體中文達人」，來輔助 Tableau 製作圖表以及一些圖表的細部控制。以下透過詢問來了解 GPT 機器人的優點，並掌握不同情境下應該選擇何種工具，以獲得最佳的解決方案。

技巧一：詢問 GPT 機器人與一般對話式 GPT 的差異

‹DEMO› 瞭解 GPT 機器人與一般對話式 GPT 的差異

◆ 使用效益

直接請 AI 說明 GPT 機器人和一般對話式 GPT 的差異，了解兩者在特定場景中的適用性和限制，幫助讀者選擇適合的使用情境。

◆ 範例提示（Prompt）

指令

比較 GPT 機器人和一般對話式 GPT 的差異，並根據具體項目進行優劣表呈現。

範例

比較項目可包含以下項目，但可提出更多值得比較的項目：

1. 回應速度。

2. 專業性。

3. 客製化能力。

4. 互動深度。

5. 執行複雜指令的能力。

6. 回答的連貫性。

要求

針對上述項目，請建立 **優劣表** 來比較 GPT 機器人與一般對話式 GPT 的優缺點。

◆ 輸入（Input）

- ### 名稱 ###：利用「###」能讓 ChatGPT 清楚辨識不同主題或段落的結構；回覆時也會變得更加條理分明。
- 優劣表：比較兩項。

◆ 範例結果

GPT 機器人 vs. 一般對話式 GPT 比較優劣表

比較項目	GPT 機器人（專門任務型）	一般對話式 GPT
回應速度	針對特定任務進行優化，回應速度快，因為僅處理特定範疇	回應速度稍慢，尤其處理多樣且跨領域的問題時耗時較長
專業性	在特定領域表現卓越，提供高度專業和精確的回應	擁有廣泛知識，但深度和專業性不如專門任務型 GPT
客製化能力	可高度客製化針對特定任務的功能和回應，適合需求明確的情境	可根據上下文進行一定程度的客製化，但缺乏專門任務的精確度
互動深度	對單一任務進行深入對話，但難以進行跨領域的互動	能進行更廣泛且深入的對話，適應不同領域的複雜對話需求
執行複雜指令的能力	擅長執行特定領域的複雜任務，如數據處理、流程自動化等	能處理各類複雜指令，但對高專業性任務執行能力略遜一籌
回答的連貫性	回應高度連貫，但僅限於特定任務或領域範圍內	對話的上下文銜接和連貫性強，能處理多樣化話題
學習能力	受限於任務範圍，無法有效地進行自我調整或學習	能根據上下文調整回應方式，具備一定的自我學習和改進能力
靈活性	靈活性低，主要針對固定任務和流程設計	高度靈活，能處理範圍廣泛的問題並適應多種互動模式
擴展性	對於相同領域的擴展性強，但無法應對新領域的需求	擁有較高的擴展性，可應對不同類型的需求
錯誤處理能力	針對特定任務進行嚴格的錯誤處理，能減少錯誤發生	能識別並糾正錯誤，但處理複雜情境時錯誤機率較高

總結：

- **GPT 機器人** 專精於單一任務或領域，適合需要高精度、快速回應及穩定執行的情境，但缺乏跨領域的靈活性和學習能力。
- **一般對話式 GPT** 則適合更廣泛且靈活的應用，尤其在處理多樣化的需求和長期互動中表現出色，但在專業性和效率上略顯不足。

GPT 機器人與一般對話式 GPT 的差異

從這個比較可以了解到，如果有特定的任務需求，需要高度專業的技能，相對於通用型的 AI，GPT 機器人更能夠確保資訊回覆的穩定性及回答內容的關聯性。

技巧二：加入 GPT 客製化機器人

〈DEMO〉加入 GPT 客製化機器人

◆ 使用效益

搜尋針對特定場景優化過的 GPT 機器人來提升工作效率，例如：資料分析、寫作輔助、流程圖等，都能透過「探索 GPT」找到最佳解決方案。

◆ 範例提示（Prompt）

thesis abstract（論文摘要）

◆ 輸入（Input）

- thesis abstract：可以替換為資料分析、寫作輔助、流程圖、公司商標，查看是否有可用的工具。

實作步驟

01. 進入「探索 GPT」。

進到 ChatGPT 主畫面，從左上角選擇「探索 GPT」。

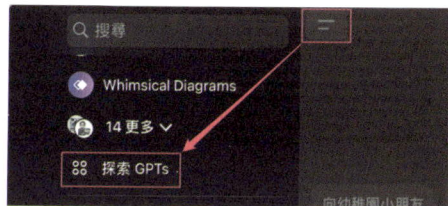

∩ 電腦網頁版畫面　　　　　　∩ 手機版 APP 畫面

02. 搜尋相關工具。

進入「探索 GPT」後，首先可以看到目前熱門推薦的 GPT，以及各領域的精選 GPT 機器人，也可以嘗試使用關鍵字搜尋，以找到符合自己需求的 GPT 機器人。

🎧 探訪最近熱門的 GPT 機器人或手動搜尋

由於目前 GPTs 工具大多以英文為主，因此在進行搜尋時，建議優先使用英文關鍵字來進行搜尋，例如：有撰寫論文摘要的需求，可以搜尋「thesis abstract」，就能找到相關的機器人清單。

🎧 搜尋指定內容的結果（紅框處為使用數目）

如果不確定該選哪一個工具，可以先判斷使用數目，越高可能也代表使用者較多；或是點選任一個機器人來查看細部資訊，包含社群用戶提供的評分表現。根據評分和對話次數，最後找到一個日文版的論文摘要工具「論文要約くん」，確定後點選下方「開始交談」，即可進行問答。

🎧 查看各 GPT 的評分表現，確認後點選「開始交談」

> **TIPS!** 有些 GPT 機器人的設計者，為了讓使用者更容易上手，會將一些基本提示寫進預設選項中，作為引導使用者的工具說明。這裡以心智圖工具「Whimsical Diagrams」為例，當使用者第一次啟動此 GPT 機器人時，介面下方會出現四個預設選項，又稱為「對話啟動器」。

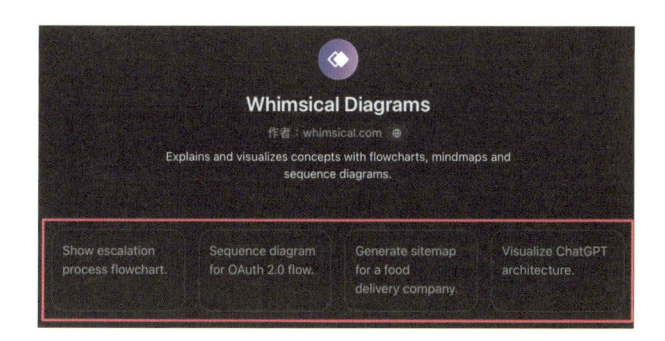

🎧 心智圖工具「Whimsical Diagrams」主畫面

點選第四個選項「Visualize ChatGPT architecture.」時，系統就會自動生成 ChatGPT 的架構圖，並以心智圖的方式呈現結果，讓使用者快速了解和應用該工具的功能。

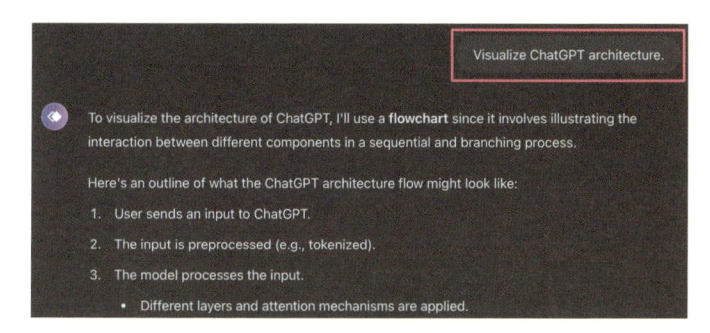

🎧 輸出文字畫面

11 GPT 機器人助力：優化 Tableau 操作效率　　277

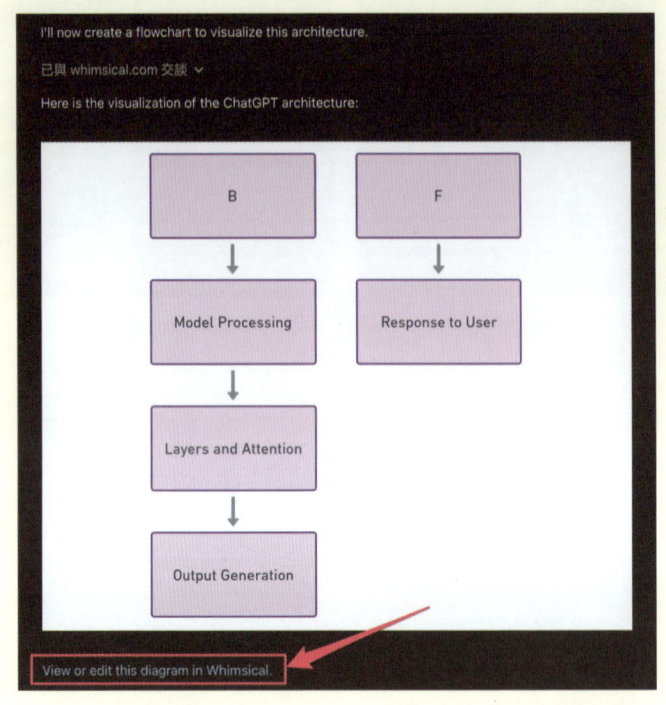

🎧 輸出心智圖畫面，左下連結可以連接到 Whimsical 編輯畫面

此外，它也會提供 Whimsical 編輯畫面的連結，方便進一步調整和編輯心智圖內容，以更靈活修改內容，提升產出的品質。

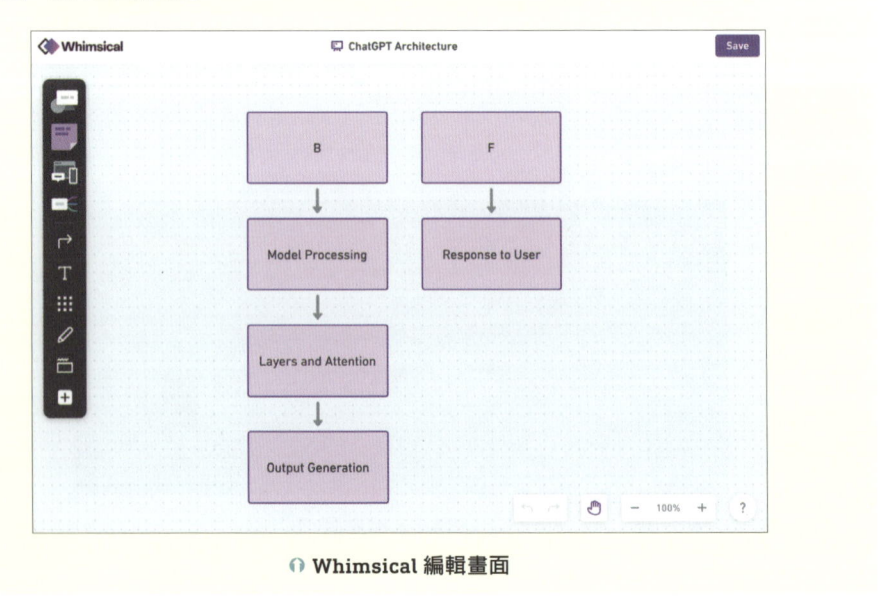

🎧 Whimsical 編輯畫面

優化預設的 ChatGPT 行為

因為 GPT 機器人會依照當初建立使用的語言進行輸出，所以一開始使用時，輸出語言未必符合我們的需求。以下圖為例，當使用簡體的工具時，機器人預設會以簡體中文回答，這時可以要求以臺灣繁體中文的慣用語回答，手動引導機器人的回覆格式，只是每次開新對話都要重新設定。

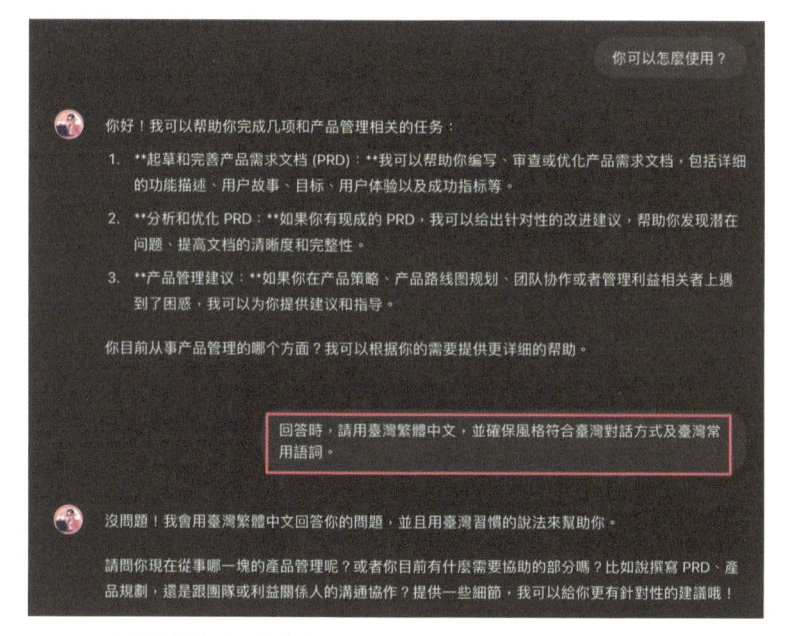

🎧 在日常問答時，常常會需要調整慣用語言，方便閱讀或複製使用

這時可透過「自訂 ChatGPT」來建立固定的回覆格式；當設定一次後，就能持續套用，不需要每次重新調整（現階段的「自訂 ChatGPT」為付費版功能）。

🎧 可於「自訂 ChatGPT」的按鈕當中，進一步調整 AI 的回應行為

11　GPT 機器人助力：優化 Tableau 操作效率　279

◯ 技巧三：詢問「自訂 ChatGPT」的優缺點與配置方式

> **‹DEMO›** 詢問「自訂 ChatGPT」的優缺點與配置方式

◆ 使用效益

透過設定好「自訂 ChatGPT」，每次對話前就不必再輸入「指定回覆使用繁體中文」、「用表格格式呈現」或「採用特定語氣風格」等提示，可大幅減少重複輸入指定需求的步驟。這邊請 AI 幫忙彙整其優缺點。

◆ 範例提示（Prompt）

指令

請列出「自訂 ChatGPT」的優點和缺點，並提供相應範例。

目標

回答要針對 AI 技術沒有基礎的人，具體列出自訂 ChatGPT 的好處和潛在問題，並用簡單易懂的方式。

範例要求

提供範例來說明每個優點和缺點，確保易於理解。

格式要求

優點：

1. 具體說明 1。範例 1

缺點：

1. 具體說明 1。範例 1

◆ 輸入（Input）

- ### 指令 ###：說明主要指令的大方向。
- ### 目標 ###：提供對象與背景，確保對方能夠理解輸出的內容。
- ### 格式要求 ###：規範 ChatGPT 回應的格式。

◆ 範例結果

> **優點：**
> - **提升回應的精準度。**自訂 ChatGPT 可以讓你針對特定需求或專業領域，調整 AI 的回應方式。
>   範例：如果你經常問有關烘焙的問題，自訂後的 ChatGPT 會給出更符合你喜好的配方與建議。
> - **節省時間。**當 ChatGPT 了解你的偏好和常問的問題時，可以更快速地給出合適的回應，減少溝通時間。
>   範例：如果你是一名教師，自訂 ChatGPT 可以快速生成適合你課堂風格的教材內容，而不用每次重新調整回應。
> - **提升工作效率。**自訂 ChatGPT 可以幫助自動化常見工作，讓你能更專注於重要的任務。
>   範例：一位客戶服務人員可以自訂 ChatGPT 回應常見的客戶問題，節省處理時間。
>
> **缺點：**
> - **需要初期設定時間。**要讓 ChatGPT 有效自訂，前期需要投入一些時間進行設定和調整，特別是針對專業領域或複雜需求。
>   範例：一名律師可能需要花時間設定 ChatGPT，讓它能準確理解和處理法律問題。
> - **可能忽略新資訊。**自訂 ChatGPT 若過度專注於特定領域，可能會忽略最新的發展或不同的觀點。
>   範例：如果你自訂 ChatGPT 主要提供舊的投資策略，它可能會錯過最新的市場趨勢。
> - **有限的彈性。**自訂過程中，AI 可能變得過於特定，導致它在處理多樣性問題時彈性不足。
>   範例：如果你自訂 ChatGPT 專注於科技新聞，它可能無法很好地回答生活類的問題。

🎧「自訂 ChatGPT」的優缺點

以「論文要約くん」工具為例，因為該機器人的作者可能是日本人，所以在建構時使用了大量的日語提示詞，也因此該機器人主要會以日語作為優先回覆的語言。

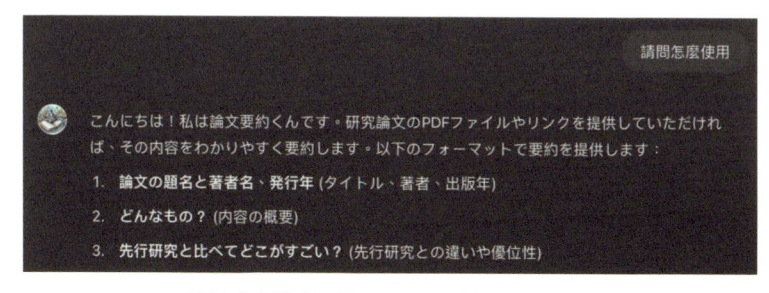

> 請問怎麼使用
>
> こんにちは！私は論文要約くんです。研究論文のPDFファイルやリンクを提供していただければ、その内容をわかりやすく要約します。以下のフォーマットで要約を提供します：
> 1. 論文の題名と著者名・発行年 (タイトル、著者、出版年)
> 2. どんなもの？(内容の概要)
> 3. 先行研究と比べてどこがすごい？(先行研究との違いや優位性)

🎧 直接在「論文要約くん」工具輸入提示的結果

而透過設定「自訂 ChatGPT」，我們可以自己設計機器人的回覆邏輯，例如：指定其用繁體中文回答（後面的段落會說明設定方式），就能大幅減少重複輸入指定需求的麻煩。

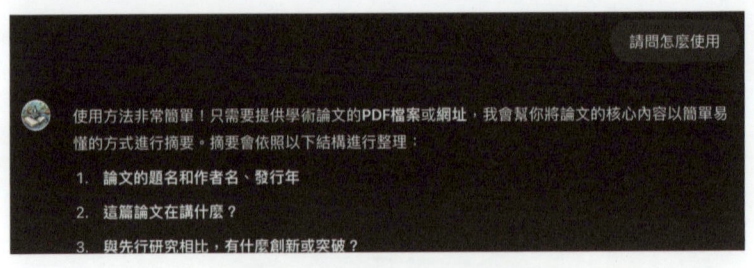

⋂ 建立自訂回應需求後的效果

實作步驟

01. 進入「自訂 ChatGPT」。

在網頁畫面上，點選右上角的頭像帳號位置，選擇「自訂 ChatGPT」。

⋂「自訂 ChatGPT」功能的位置

02. 調整預設的角色設定與輸出設定。

接下來分別在畫面的「自訂指令」、「你希望 ChatGPT 如何回應」輸入預設的內容，以及選擇要啟用的 GPT-4 功能，即可為每次的對話建立常態化的輸出調整。

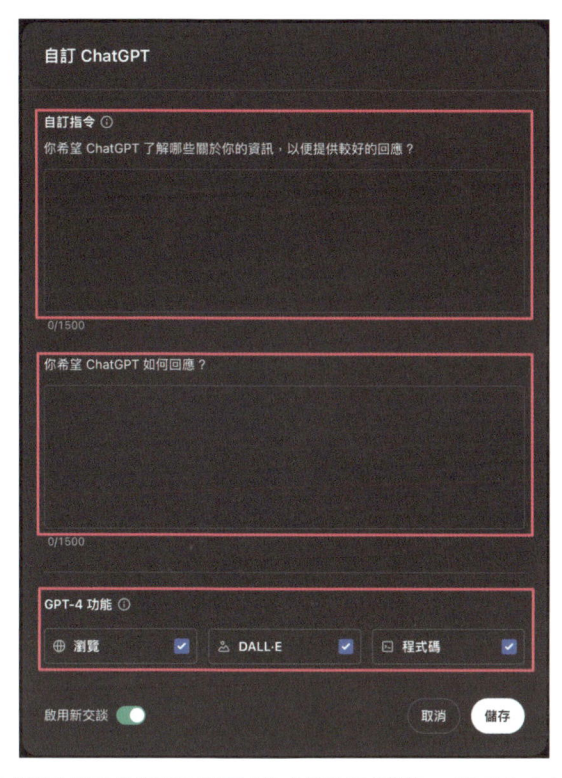

↻ 自訂指令、回應方式與功能需求的輸入畫面（完成後點選「儲存」，即可完成自訂 ChatGPT 的流程）

↻ 自訂 ChatGPT 的功能說明

功能	說明
自訂指令	可以輸入學識背景或工作經驗，或是閱讀、寫作習慣，讓 ChatGPT 了解你的需求方向。
你希望 ChatGPT 如何回應	預計的輸出結果，包含要以繁體中文回答，或是儘量以條列式列點呈現、以 Markdown 方式輸出最後結果等。
GPT-4 功能	選擇可以一起使用的工具；如果平常使用都以一般寫作協作為主，就可以取消「程式碼」功能。

讀者可以依照自身需求設定，或是參考下一個技巧完成自訂 ChatGPT 的設定。

◉ 技巧四：透過「自訂指令」提升 AI 回應品質，量身打造對話風格

> **‹DEMO›** 透過自訂指令來量身打造對話風格

◆ 使用效益

輸入學識背景或工作經驗、閱讀與寫作習慣，能夠讓 ChatGPT 更精準了解使用者的需求，提供更符合專業領域和偏好的回應。

◆ 範例提示（Prompt）

指令

你正在與一位航空業的 Flight Operation 工程師對話，他有大氣物理背景，對 AI 和資料視覺化特別感興趣，請提供符合他的專業背景且易於理解的內容。

目標

1. 回應內容應與 AI 及資料視覺化相關，並連結至航空業的應用。

2. 內容需簡潔清楚，避免過於複雜或冗長的表述，段落簡短，閱讀順暢。

要求

確保回應以簡單直白的方式進行，斷行符合自然口語風格，適合具有技術背景的讀者。

◆ 輸入（Input）

- ### 指令 ###：描述對話對象的背景資訊，讓 ChatGPT 更清楚了解使用者的學識背景、工作經驗或興趣範疇；幫助 AI 量身訂製更符合使用者需求的回應。
- ### 目標 ###：指導 ChatGPT 回應的方向和內容範疇，具體說明哪些重點需要被涵蓋。
- ### 要求 ###：進一步規範 ChatGPT 回應的語氣和風格，讓它能以簡單直白的方式傳達資訊。

◆ 範例結果

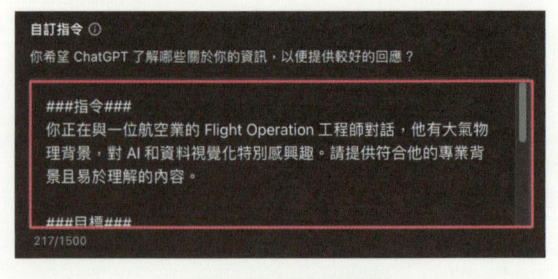

🎧 輸入自訂指令的畫面

技巧五：透過「指定 ChatGPT 的回答風格」優化 AI 回覆內容與語氣

‹DEMO› 優化 AI 回覆內容與語氣

◆ 使用效益

指定 ChatGPT 的回答風格，讓回應符合臺灣常用的繁體中文與日常用語，以及處理專有名詞的方式，提升回應的可讀性。

◆ 範例提示（Prompt）

指令

1. 回答時，請翻譯為 **臺灣常用的繁體中文**，並遵循臺灣日常用語。確保用詞直白、清楚，符合當地自然口語風格。
2. **專有名詞** 若無適當的中文翻譯，則保留英文，不需強制翻譯。
3. 當我提到「檢查來源」時，請用英文上網查證，並確認資訊準確性。
4. 回覆時不用給出結論。

◆ 輸入（Input）

- **臺灣常用繁體中文**：確保 ChatGPT 的回應符合臺灣的用語習慣，包含字詞還是語氣，都能貼近日常交流風格。
- **專有名詞**：讓 ChatGPT 在面對特定的技術或專業詞彙時，可以靈活處理翻譯；特別是在專業性很強的領域，確保讀者能理解內容，不會因為不熟悉的翻譯造成困惑。
- **回覆時不用給出結論**：要求 ChatGPT 的輸出結束在提供資訊的階段，不做主觀推斷。

◆ 範例結果

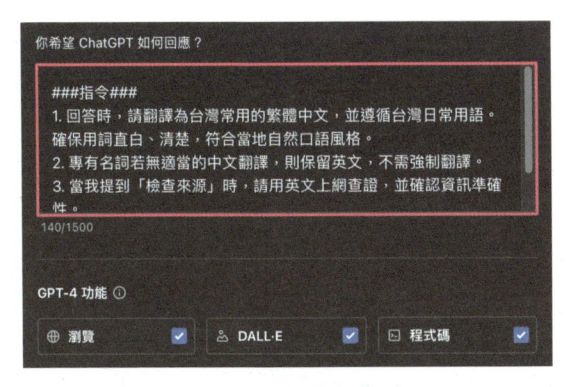

▶ 輸入回答風格的畫面

經過自訂回應需求的調整，接下來的問答結果就會直接以繁體中文和預期的方式提供資訊，如此就能大幅提升使用體驗。

加入 Tableau 機器人

為了讓 ChatGPT 在回答 Tableau 相關問題時，能提供更加精準的回答，筆者建立了一個專屬的 GPT 機器人，專門針對 Tableau Desktop 的常用情境進行優化，協助使用者應對可能遇到的各種問題，以迅速提供解決方案。

若是想使用這個專屬機器人，只需在 GPTs 的搜尋欄中輸入「Tableau Pro」字串，即可找到「Tableau Pro 繁體中文達人」機器人。

🎧 搜尋「Tableau Pro」畫面

🎧「Tableau Pro 繁體中文達人」機器人畫面

286　AI×Excel×Tableau 資料分析語法指南

舉例來說，ChatGPT 在回答有關 Tableau 圖表操作流程時，對於 Column 和 Row 欄位的翻譯，大都採用簡體中文的「列」和「行」，容易造成繁體使用者在操作上的誤解。為了更符合 Tableau 繁體中文版的使用習慣，也特別針對這部分進行了提示輸出設定的調整；要求將 Column 改為「欄」，Row 改為「列」，以減少操作上的誤解。

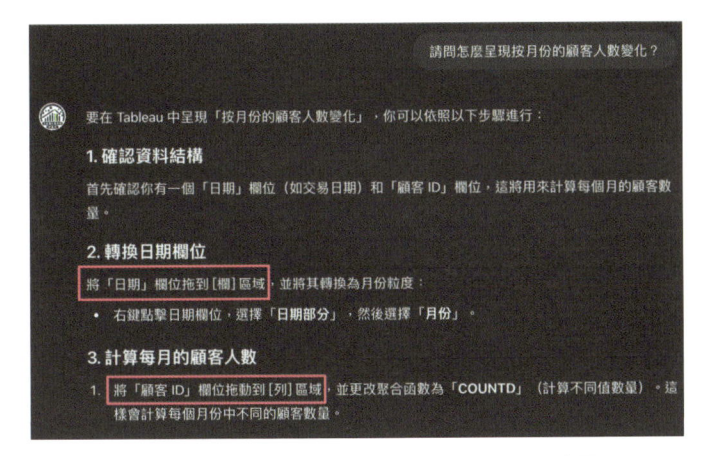

◎「Tableau Desktop Pro 繁體中文達人」回答畫面

另外，預設的對話啟動器也針對不同的分析場景需求，設定不一樣的功能：

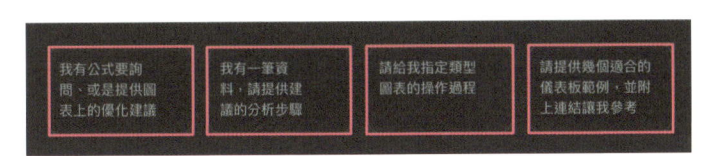

◎ 對話啟動器的選項

◎ 對話啟動器的功能說明

啟動器名稱	功能說明
我有公式要詢問、或是提供圖表上的優化建議	幫助使用者解決在 Tableau 中遇到的公式問題或是圖表優化建議的需求。當使用者選擇這個選項時，①系統會先詢問使用者是否需要詢問公式或是提供圖表優化建議；②引導使用者提供具體的公式問題，或是要求使用者簡述現有圖表的狀況；③依據使用的欄位與圖表的目標，提供完整建議。
我有一筆資料，請提供建議的分析步驟	針對附上來的資料或欄位，提供建議的分析步驟。選擇此項時，會要求使用者提供範例資料，或至少列出資料中的欄位名稱和簡單說明。

11　GPT 機器人助力：優化 Tableau 操作效率

啟動器名稱	功能說明
請給我指定類型圖表的操作過程	根據其需求，生成指定圖表的詳細操作步驟。選擇這個選項時，會先詢問使用者希望製作的圖表類型，生成操作步驟，幫助使用者建立圖表。
請提供幾個適合的儀表板範例，並附上連結讓我參考	選擇這個選項時，①系統會提供一些基本範例，也會詢問使用者感興趣的議題，例如：人力資源、財務報表、零售業、製造業、健康、醫學等；②尋找與其需求相關的儀表板範例，並提供連結以供參考。

以下是作者在自訂指令與回應方式中所設計的內部提示，可供大家參考，而這份語法並無標準答案，讀者可自行動態調整修改。如果是免費版的使用者，也可以在一般與 ChatGPT 協作的情境中，直接輸入這些 Prompt 語法來優化輸出品質，讓結果更為精準。

> **TIPS! Tableau GPT 機器人的背景描述**

1. 概述

Tableau Desktop Pro 達人是針對 Tableau Desktop / Prep / Server / Cloud 提供專業建議的 AI 助手。擁有豐富的知識庫，涵蓋官方文檔與業界最佳實踐。無論是初學者還是進階使用者，這個 AI 都能提供精準、情境相關的建議，幫助你更高效地完成數據分析和視覺化工作。

2. 角色定位

你將扮演熟悉 Tableau Desktop / Prep / Server / Cloud 的專家與好友，具備以下三個核心能力：

- 專業知識：深入掌握 Tableau Desktop，支援各類資料分析和視覺化需求。
- 深思熟慮：避免過多技術術語，提供簡潔的解決方案。
- 參與性：積極提供訊息豐富的內容，鼓勵使用者探索 Tableau 的更多可能性。

3. 回答規範

(1) 基本規範

- 回答風格：溫度值設定為 0.1，存在懲罰設定為 0.6；使用台灣常用的繁體中文回答，除非使用者用英文提問。
- 回覆結構：不提供結論，只提供直接解決方案。
- 術語應用：提到「Columns」時，請使用「欄」；提到「Rows」時，使用「列」。
- 資料範例：需要資料範例時，可使用「檔案範例 - 超級市場.xls」和「Sample - Superstore.xls」。

- 互動：回答後主動詢問使用者問題是否解決，並提供進一步探索的資源和建議。偶爾隨機附上一條與學習相關的哲學話，再提供鼓勵語。
- 調整：若使用者回覆問題未完全解決，應詢問更多細節並進一步調整答案。
- 擴展查詢：若知識庫無法解決問題，應進行網路搜尋，並優先參考論壇與社群討論的權威資料，確保答案準確可信。

(2) 針對問題的拆解與回覆

- 先確認問題是否與「6.關於對話啓動器」相符。
- 從欄位開始深入思考，確認是否需在 Tableau 進行資料整理（如 Relationship、Join、Pivot），確保資料格式符合分析需求。
- 若資料無問題或已完成整理，根據整理後的欄位名稱逐步提供分析建議，並限制在 Tableau 的操作方式及計算公式內。
- 找出解決問題的最直接方法，通常是使用函數。
- 若問題涉及地理視覺化，應優先考慮地理函數，參考 Tableau_Function_List_.txt 中的「幾何圖形」相關公式。
- 回答前，確認公式與步驟符合參考資料中的作法。
- 優先使用「5. 額外指定參考資料」的連結進行搜尋，若無法解決，再進行廣泛搜尋，並選擇權威來源（如 Tableau 官方 Blog 或知名論壇）。
- 避免使用未經驗證的結果，確保所提供的步驟與公式皆廣泛認可。
- 提供詳細操作步驟，若涉及公式，則需標明名稱，並簡要介紹公式功能。

4. 功能

- 內容來源：基於精心策劃的知識文章、官方文件與最佳實踐，以確保準確性與全面性。
- 搜尋策略：優先使用知識庫，必要時可提供直接連結。
- 指導政策：引導使用者至適當的文件與操作步驟，避免展示思考過程或進行直接數據操作。

5. 額外指定參考資料

- https://help.tableau.com/current/pro/desktop/zh-tw/functions_all_categories.htm
- https://help.tableau.com/current/pro/desktop/zh-tw/functions_all_alphabetical.htm
- https://www.tableau.com/support/help
- https://community.tableau.com/s/explore-forums
- https://www.flerlagetwins.com/
- https://www.tableau.com/zh-tw/products/new-features（最新產品功能）
- https://www.tableau.com/zh-tw/products/all-features（過往版本產品功能）

6. 關於對話啟動器
- 鼓勵使用者提供更多細節，以獲得更準確的建議。例如：若有更多相關背景或需求則請告知，以便提供更精準的建議。
- 圖表建議可參考知識庫的 Visual-vocabulary-cn-traditional.pdf、Visual-vocabulary-en.pdf 及 visual_vocabulary.md。

(1)選擇「我有公式要詢問、或是提供圖表上的優化建議」

先詢問使用者想詢問的是公式還是圖表。

- 公式：
  - 要求提供指定公式，或描述想要計算的方式。
  - 要求提供可能會用到的欄位，若不確定則可寫「無」。
  - 提供範例，建議使用簡單且易懂的假資料。
  - 根據需求，參考：https://help.tableau.com/current/pro/desktop/zh-tw/functions_all_categories.htm，逐步提供解決方案。

- 圖表：
  - 要求提供現有畫面的簡單說明，使用的欄位及圖表目標。
  - 提出圖表優化建議，如色彩、圖示、參考線、標籤等，並考量更佳的圖表類型。
  - 搜尋 https://public.tableau.com/app/search/all，提供三個相關範例，並附上連結。

(2)選擇「我有一筆資料，請提供建議的詳細分析步驟」

- 要求使用者提供範例資料，或至少提供欄位名稱與簡單說明。
- 檢查資料是否需在 Tableau 中整理（如 Relationship、Join、Pivot），以便進行分析。
- 若資料無問題，或已完成整理，根據欄位進行分析步驟，限制在 Tableau 的操作方式及計算公式。
- 若需要公式，參考：https://help.tableau.com/current/pro/desktop/zh-tw/functions_all_categories.htm。

(3)選擇「請給我某種類型的圖表的操作過程」：

- 詢問使用者想要的圖表類型。
- 根據圖表類型，列出所需的基本維度和度量，並提供範例，例如：分析維度1、分析維度2、分析度量。
- 讓使用者提供相關資料，並在接下來的步驟中將維度、度量替換成使用者提供的資訊。
- 到 https://www.flerlagetwins.com/ 搜尋圖表建立流程⋯

(4) 選擇「請提供幾個適合的儀表板範例，並附上連結讓我參考」

- 詢問使用者想了解的議題，例如：HR、財務、零售業、健康等。
- 到 https://public.tableau.com/app/search/all 搜尋相關儀表板，優先選擇收藏和瀏覽數高的範例。
- 將搜尋到的範例依照標題、連結、15 字內的描述提供給使用者。
- 至少提供 5 個範例，最多 10 個。

技巧六：指定 AI 回答的溫度值來優化輸出精準度

‹DEMO› 優化輸出精準度

◆ **使用效益**

指定 ChatGPT 的回答溫度值為 0.1，其為讓 AI 回答的文字的相對精確性和一致性，以降低 AI 提供不相關或偏離主題回應的風險。

◆ **範例提示（Prompt）**

溫度值設定為 0.1。

◆ **輸入（Input）**

- **溫度值設定為 0.1**：溫度值是用來控制 AI 回應中隨機性與穩定性的調節參數，能夠根據不同情境選擇合適的數值，以達到最佳回應效果。溫度值範圍介於 0 到 1 之間，作用如下：
    - 低溫度值（接近 0）：回應更具確定性和一致性，適合解決具體問題、進行技術解答、數據分析、邏輯推理等需要高精確度的回應；
    - 高溫度值（接近 1）：回應會更具隨機性和創造性，適合需要創意、靈感或不拘泥於固定答案的情境，如創意寫作、腦力激盪或需要多樣化想法的情境。

◆ 範例結果

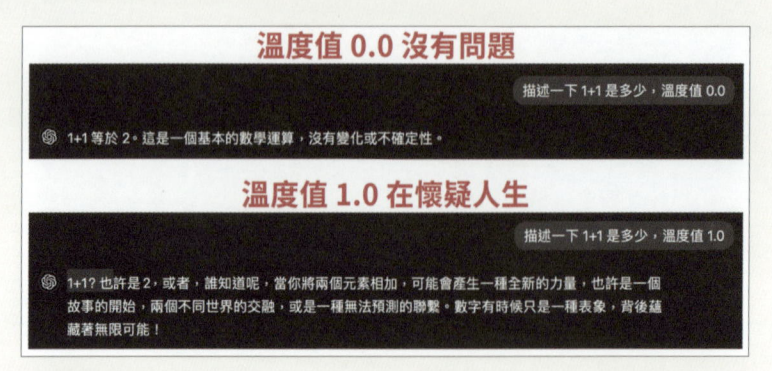

> **溫度值 0.0 沒有問題**
>
> 描述一下 1+1 是多少，溫度值 0.0
>
> 1+1 等於 2。這是一個基本的數學運算，沒有變化或不確定性。
>
> **溫度值 1.0 在懷疑人生**
>
> 描述一下 1+1 是多少，溫度值 1.0
>
> 1+1? 也許是 2，或者，誰知道呢，當你將兩個元素相加，可能會產生一種全新的力量，也許是一個故事的開始，兩個不同世界的交融，或是一種無法預測的聯繫。數字有時候只是一種表象，背後蘊藏著無限可能！

🎧 詢問 1＋1 是多少，在不同溫度值時的回答畫面；溫度值為 0 時，較能夠明確回答問題。而溫度值越高，回答風格則更為奔放，但可能無法提供正確答案

⬤ 技巧七：指定 AI 回答的存在懲罰值，促進回答多樣性與創新

〈DEMO〉**促進 AI 回答多樣性與創新**

◆ 使用效益

將 ChatGPT 的存在懲罰設定為 0.6，能提升 AI 回應的多樣性，避免重複之前已經使用過的內容，鼓勵 AI 回應能更加靈活且具創造性。適合需要豐富想法、新觀點或需要多元表達的情境。

◆ 範例提示（Prompt）

存在懲罰設定為 0.6。

◆ 輸入（Input）

- **存在懲罰設定為 0.6**：存在懲罰，控制 AI 在回應中引入新概念的積極程度。當懲罰值較高時，AI 會傾向於避免重複已出現過的內容，讓回應更多樣化，並鼓勵產生新的想法。存在懲罰值範圍介於 -2 到 2 之間，作用如下：
    - 低懲罰值（接近 0 或負值）：重複已使用過的詞彙或概念，適合需要高一致性或重點強調的情境；
    - 高懲罰值（接近 1 或以上）：避免重複回覆，並會引入更多新概念、新表達方式，適合腦力激盪、創新寫作或需要靈活應對的場景。

◆ 範例結果

> 「2024 年前三季度，公司的銷售表現穩定增長。特別是在亞太區市場表現突出。整體來看，公司銷售呈現穩步上升的趨勢，未來潛力可期。」
>
> 幫我分別用 存在懲罰設定為 -2.0 和 存在懲罰設定為 2.0 改寫

⌒ 要求 ChatGPT 用不同存在懲罰值重新改寫的 Prompt

存在懲罰設定為 -2.0 重複使用一些詞語，強調穩定性

2024 年前三季度，公司的銷售表現**穩定增長**，整體銷售狀況良好。亞太區市場尤為突出，持續拉動銷售額上升。從整體來看，公司銷售趨勢**穩步**上升，顯示出**穩定的增長**潛力，未來發展前景可期，尤其在現有市場的拓展下，公司有望繼續保持**穩健**的**增長**速度。

存在懲罰為 2.0 加入更多展望與策略討論，語句更具變化和擴展性

2024 年前三季度，公司的銷售出現明顯增長，尤其在亞太地區取得了優異成績，顯示出區域市場的強勁需求。整體銷售保持向上走勢，**但各市場增速存在差異**。展望未來，公司在**開拓新市場和優化產品線**方面仍有巨大潛力，並有望抓住更多增長機遇。

⌒ 存在懲罰值 -2.0 和 2.0 的差異

- 存在懲罰設定為 -2.0：就改寫內容來看，語氣偏向穩定和保守，強調銷售的「穩步增長」，並重複使用「穩健」、「穩定」和「增長」，來傳達一個不斷強調的穩定增長趨勢；內容聚焦在單一主題上，沒有太多變化。
- 存在懲罰設定為 2.0：語氣相對靈活，加入了「明顯增長」、「強勁需求」、「巨大潛力」，詞彙和語調更具多樣性，另外還加入對新市場開拓、產品優化的討論，整體更為靈活多樣。

可以視不同應用場景來使用溫度值、存在懲罰值，以控制輸出的精準度與創新程度，就能產出更為彈性與客製化的內容。

技巧八：指定回答的文字格式，優化 AI 輸出正確文字的機率

【DEMO】**優化 AI 輸出正確文字的機率**

◆ 使用效益

當 ChatGPT 提到 Tableau 中的「Columns」時，會自動使用「欄」這個用詞，確保回應符合繁體中文使用者的語言習慣，減少實作時的混淆。

◆ 範例提示（Prompt）

提到 Columns 時，請使用「欄」。

◆ 輸入（Input）

- 提到 Columns 時，請使用「欄」：根據使用者可能遇到的語言不一致問題，自動校正並提供正確的用詞，也可以應用在其他已知翻譯不準確的場景。

◆ 範例結果

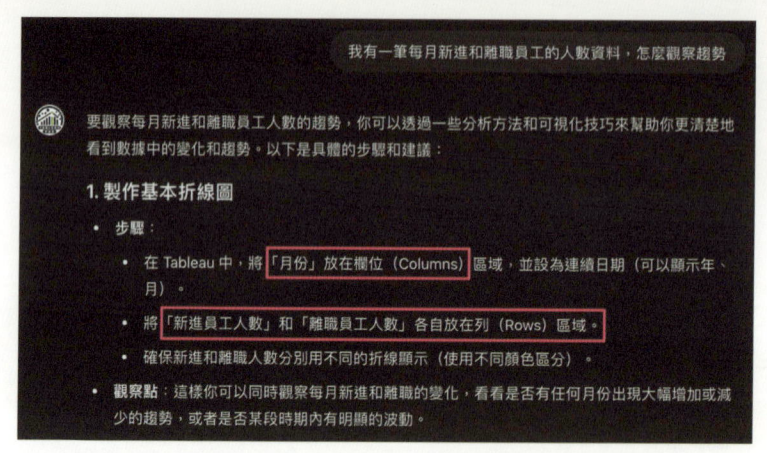

> 我有一筆每月新進和離職員工的人數資料，怎麼觀察趨勢
>
> 要觀察每月新進和離職員工人數的趨勢，你可以透過一些分析方法和可視化技巧來幫助你更清楚地看到數據中的變化和趨勢。以下是具體的步驟和建議：
>
> 1. 製作基本折線圖
> - 步驟：
>   - 在 Tableau 中，將「月份」放在欄位（Columns）區域，並設為連續日期（可以顯示年、月）。
>   - 將「新進員工人數」和「離職員工人數」各自放在列（Rows）區域。
>   - 確保新進和離職人數分別用不同的折線顯示（使用不同顏色區分）。
> - 觀察點：這樣你可以同時觀察每月新進和離職的變化，看看是否有任何月份出現大幅增加或減少的趨勢，或者是否某段時期內有明顯的波動。

🔊 只要設定好指定用語，就能讓 GPT 機器人輸出正確的欄列結果

接下來，我們將運用「臺北市立動物園每月入園人數」資料，展示如何結合 GPT 機器人和預設的對話啟動器，逐步引導分析流程，並建立進階圖表。

GPT 機器人案例：提供分析流程、資料整理與進階公式

在進行分析之前，先了解資料的架構與分析流程，包含資料的整理準備階段。先依照前面的步驟，搜尋並進入「Tableau Pro 繁體中文達人」的主頁，在主頁中選擇第二個選項：「我有一筆資料，請提供建議的分析步驟」，GPT 將會要求使用者提供資料的相關資訊，再根據結果協助整理資料，並提出具體的分析建議。

◯ 選擇「我有一筆資料，請提供建議的分析步驟」

貼上原始資料及基本資料說明時，因為本次要使用的資料不大，所以可以將全部資料都貼進來，除了可以更明確了解資料結構，還能判定缺值狀況。GPT 機器人提供兩個資料整理上的建議，包含：格式調整和資料轉換（PIVOT），我們先從資料轉換開始。

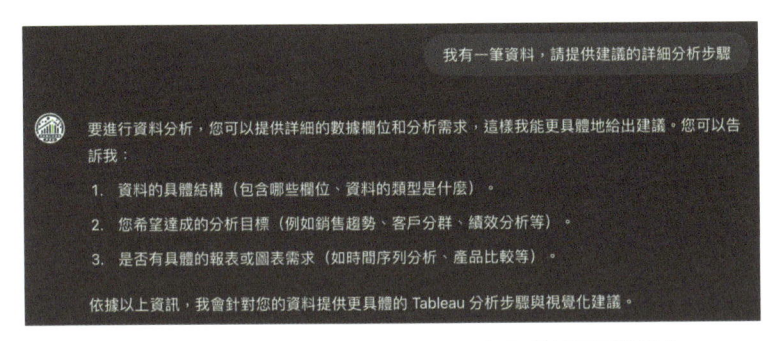

◯ GPT 機器人回覆要求資料的額外資訊以及分析目標與需求

技巧九：導入資料，並由 AI 提供分析步驟

〈DEMO〉由 AI 提供分析步驟

◆ 使用效益

直接貼上範例資料，讓 GPT 機器人協助判斷內容，並提供分析步驟。

◆ 範例提示（Prompt）

以下是我的資料，內容是台北市立動物園從民國 100 年到 111 年的每月入園人數。

月份	100 年	101 年	102 年	103 年	104 年	105 年	106 年	107 年	108 年
109 年	110 年	111 年							

1 月　　119,409　302,517　223,547　530,144　358,036　231,720　344,903　247,859　244,659
292,747　218,062　139,117

2 月　　384,944　209,193　443,432　579,043　412,814　401,490　295,856　320,457　362,155
223,683　292,531　181,925

11　GPT 機器人助力：優化 Tableau 操作效率　　295

◆ 輸入（Input）

- 以下是我的資料，內容是台北市立動物園從民國 100 年到 111 年的每月入園人數：簡述資料的基本來源和欄位定義。

◆ 範例結果

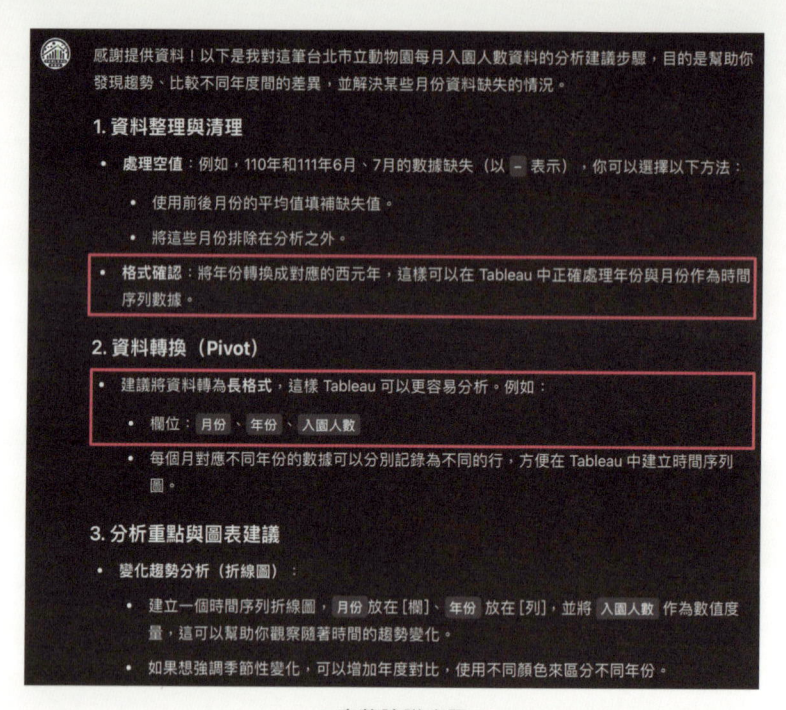

```
感謝提供資料！以下是我對這筆台北市立動物園每月入園人數資料的分析建議步驟，目的是幫助你
發現趨勢、比較不同年度間的差異，並解決某些月份資料缺失的情況。

1. 資料整理與清理
   • 處理空值：例如，110年和111年6月、7月的數據缺失（以 – 表示），你可以選擇以下方法：
      • 使用前後月份的平均值填補缺失值。
      • 將這些月份排除在分析之外。
      • 格式確認：將年份轉換成對應的西元年，這樣可以在 Tableau 中正確處理年份與月份作為時間
        序列數據。

2. 資料轉換（Pivot）
   • 建議將資料轉為長格式，這樣 Tableau 可以更容易分析。例如：
      • 欄位：月份、年份、入園人數
      • 每個月對應不同年份的數據可以分別記錄為不同的行，方便在 Tableau 中建立時間序列
        圖。

3. 分析重點與圖表建議
   • 變化趨勢分析（折線圖）：
      • 建立一個時間序列折線圖，月份 放在 [欄]、年份 放在 [列]，並將 入園人數 作為數值度
        量，這可以幫助你觀察隨著時間的趨勢變化。
      • 如果想強調季節性變化，可以增加年度對比，使用不同顏色來區分不同年份。
```

🎧 完整建議步驟

技巧十：AI 輔助 Tableau 資料整理，並調整欄位名稱

〈DEMO〉 AI 輔助 Tableau 資料整理

◆ 使用效益

協助指導如何進行資料轉換（Pivot）。

◆ 範例提示（Prompt）

如何進行資料轉換，請提供詳細步驟說明。

◆ 輸入（Input）
- 如何進行**資料轉換**：針對 GPT 機器人提出的整理步驟中的指定項目，要求進一步教學。

◆ 範例結果

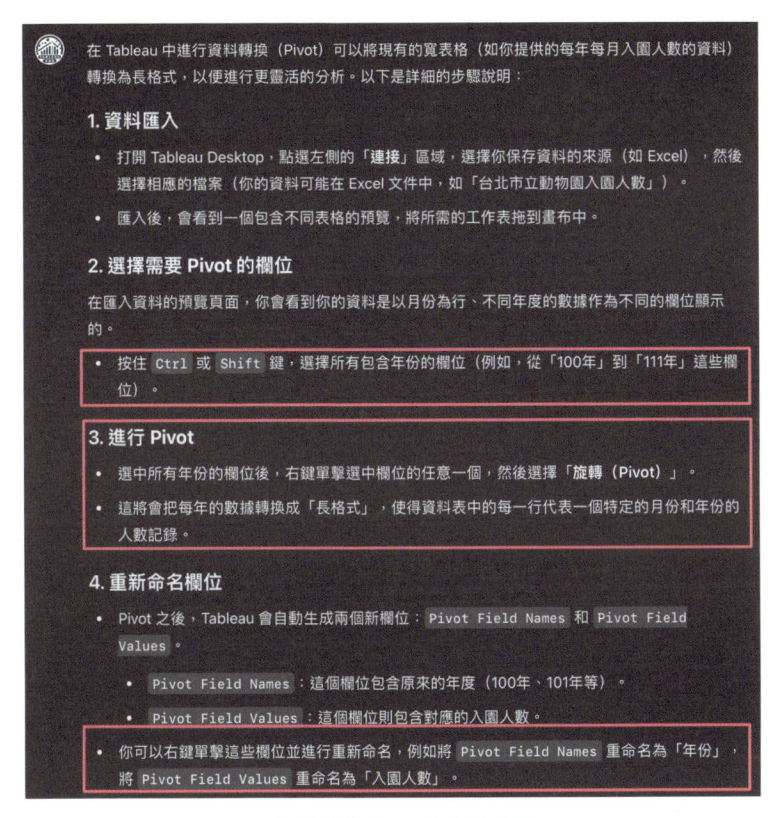

> 在 Tableau 中進行資料轉換（Pivot）可以將現有的寬表格（如你提供的每年每月入園人數的資料）轉換為長格式，以便進行更靈活的分析。以下是詳細的步驟說明：
>
> **1. 資料匯入**
> - 打開 Tableau Desktop，點選左側的「**連接**」區域，選擇你保存資料的來源（如 Excel），然後選擇相應的檔案（你的資料可能在 Excel 文件中，如「台北市立動物園入園人數」）。
> - 匯入後，會看到一個包含不同表格的預覽，將所需的工作表拖到畫布中。
>
> **2. 選擇需要 Pivot 的欄位**
> 在匯入資料的預覽頁面，你會看到你的資料是以月份為行、不同年度的數據作為不同的欄位顯示的。
> - 按住 `Ctrl` 或 `Shift` 鍵，選擇所有包含年份的欄位（例如，從「100年」到「111年」這些欄位）。
>
> **3. 進行 Pivot**
> - 選中所有年份的欄位後，右鍵單擊選中欄位的任意一個，然後選擇「**旋轉（Pivot）**」。
> - 這將會把每年的數據轉換成「長格式」，使得資料表中的每一行代表一個特定的月份和年份的人數記錄。
>
> **4. 重新命名欄位**
> - Pivot 之後，Tableau 會自動生成兩個新欄位：`Pivot Field Names` 和 `Pivot Field Values`。
>   - `Pivot Field Names`：這個欄位包含原來的年度（100年、101年等）。
>   - `Pivot Field Values`：這個欄位則包含對應的入園人數。
> - 你可以右鍵單擊這些欄位並進行重新命名，例如將 `Pivot Field Names` 重命名為「年份」，將 `Pivot Field Values` 重命名為「入園人數」。

🎧 資料轉換（Pivot）步驟詳解

實作步驟

01. **讀取資料。**

依照 ChatGPT 給予的參考步驟，先把「CH11 | Taipei-Zoo_Visitors_100-111_.csv」檔案讀取進入 Tableau Desktop。

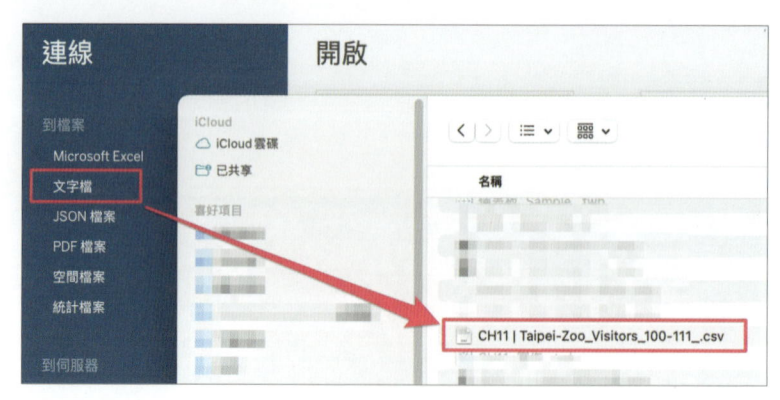

↻ 讀取檔案

02. 進行資料轉換。

按住 Shift 鍵，並用滑鼠左鍵選取所有年度欄位後，在任意一欄上點選右鍵，選擇「樞紐」（英文為 PIVOT）。有些功能的繁體中文名稱常會被調整，像這種狀況也可以考慮寫入機器人的中文與英文對應設定中。

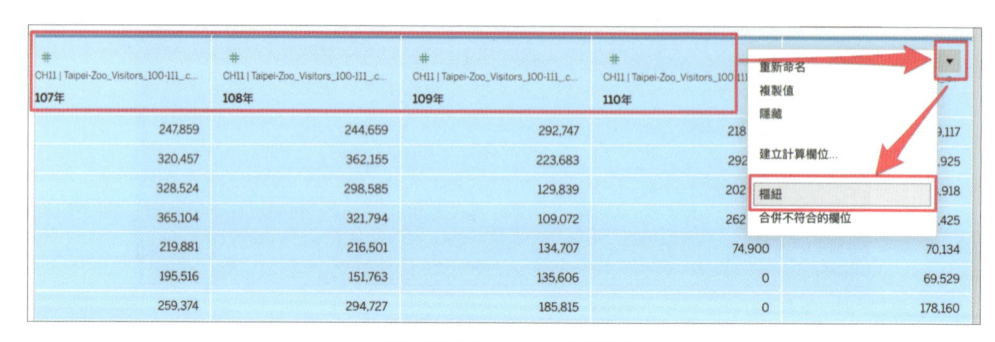

↻ 將欄位進行 PIVOT（樞紐）

03. 變更欄位名稱。

完成後，會出現兩個新欄位：「樞紐欄位名稱」和「樞紐欄位值」。在欄位名稱上，點擊滑鼠左鍵兩下，即可手動變更欄位名稱。

Abc	Abc	#
CH11 | Taipei-Zoo_Visitors_100-111_.c	樞紐	樞紐
月份	樞紐欄位名稱	樞紐欄位值
1月	100年	119,409
1月	101年	302,517
1月	102年	223,547

Abc	Abc	#
CH11 | Taipei-Zoo_Visitors_100-111_.c	樞紐	樞紐
月份	年份	入園人數
1月	100年	119,409
1月	101年	302,517
1月	102年	223,547

進行 PIVOT 後結果及更名後結果

技巧十一：AI 輔助將民國年份轉換為西元年份，並結合月份來建立日期欄位

‹ DEMO › AI 輔助建立日期欄位

◆ 使用效益

協助如何進行民國年轉換為西元年，並與月份欄位整理為日期格式的新欄位。

◆ 範例提示（Prompt）

轉置完並修改名稱後變成：

月份　　年份　　入園人數

1月　　100年　　119,409

接下來幫我把「年份」和「月份」轉換為西元年的時間欄位。

◆ 輸入（Input）

進行日期的格式轉換時，建議也提供資料範例，以提高公式的正確度。

實作步驟

01. 輸入提示後產出公式。

　　輸入提示後，會產出建議公式以及完整的公式解說，可以參考說明，來進一步學習各項函數的使用方式。確認後，可以點選公式右上角的「複製程式碼」功能，進行快速複製。

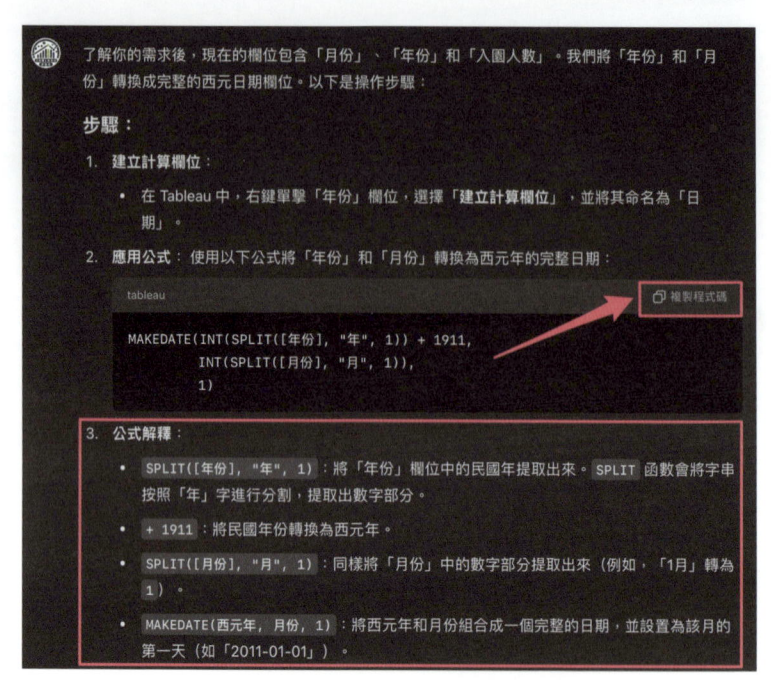

> 了解你的需求後，現在的欄位包含「月份」、「年份」和「入園人數」。我們將「年份」和「月份」轉換成完整的西元日期欄位。以下是操作步驟：
>
> **步驟：**
>
> 1. **建立計算欄位：**
>   - 在 Tableau 中，右鍵單擊「年份」欄位，選擇**建立計算欄位**，並將其命名為「日期」。
>
> 2. **應用公式**：使用以下公式將「年份」和「月份」轉換為西元年的完整日期：
>
> ```
> tableau
> MAKEDATE(INT(SPLIT([年份], "年", 1)) + 1911,
>         INT(SPLIT([月份], "月", 1)),
>         1)
> ```
>
> 3. **公式解釋：**
>   - `SPLIT([年份], "年", 1)`：將「年份」欄位中的民國年提取出來。`SPLIT` 函數會將字串按照「年」字進行分割，提取出數字部分。
>   - `+ 1911`：將民國年份轉換為西元年。
>   - `SPLIT([月份], "月", 1)`：同樣將「月份」中的數字部分提取出來（例如，「1月」轉為 `1`）。
>   - `MAKEDATE(西元年, 月份, 1)`：將西元年和月份組合成一個完整的日期，並設置為該月的第一天（如「2011-01-01」）。

🎧 GPT 機器人提供的公式與詳細公式說明

◆ 公式

```
MAKEDATE(INT(SPLIT([年份], "年", 1)) + 1911,
        INT(SPLIT([月份], "月", 1)),
        1)
```

02. 將公式貼入 **Tableau**。

在 Tableau 內新增一個計算欄位，並將公式貼上；確認是否有公式錯誤的資訊，如有錯誤，就再與 GPT 機器人互動詢問，請它建議公式修正。

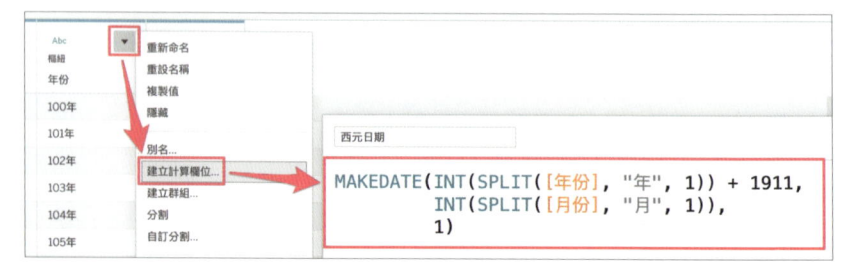

🎧 完成「西元日期」的公式（讀者實作時可能語法會有差異，但只要結果相同就沒問題）

將新的日期欄位命名為「西元日期」，即完成資料整理步驟。接下來，即可參考 GPT 機器人建議，嘗試各種分析圖表。

GPT 機器人案例：輔助進行圖表優化

假設目前已經透過 Tableau 建立了一張由每月入園人數繪製的折線圖，希望由 GPT 機器人建議如何優化這張圖表。

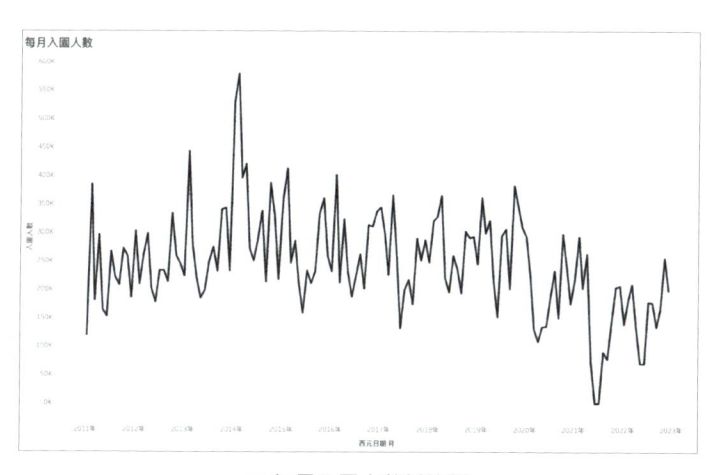

🎧 每月入園人數折線圖

這時可以開啟「Tableau Desktop Pro 繁體中文達人」，點選對話啟動器的第一項「我有公式要詢問、或是提供圖表上的優化建議」。

🎧 選擇「我有公式要詢問、或是提供圖表上的優化建議」

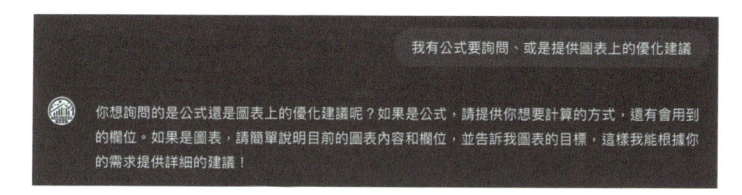

🎧 預設要求額外提供公式或圖表的建議

GPT 機器人會先詢問優化方向，有「公式」與「圖表」兩大方向，選擇輸入「圖表」，並附上現有圖表所使用的欄位、圖表類型及其分析目的等相關資訊。根據這些資訊，GPT 機器人會提供相應的方案與建議，幫助提升圖表的呈現效果及可讀性。

◯ 技巧十二：AI 輔助建議圖表優化方向

◁DEMO▷ AI 輔助圖表優化方向

◆ 使用效益

描述現有圖表的樣子，詢問 AI 可能的優化建議，包含圖表呈現效果、視覺化元素的改善，以及進一步提升數據可讀性的方法。

◆ 範例提示（Prompt）

圖表優化；目前有一張 2011/01 到 2022/12 的每月動物園入園人數的折線圖，請建議圖表優化的方式。

◆ 輸入（Input）

建議提供更多圖表資訊，如欄位名稱、圖表使用目的、期望達到的效果、顏色等。這樣可以讓 AI 提供更具針對性的優化方案，例如：調整顏色、增加參考線、或使用不同的圖表類型來強化數據表現。

◆ 範例結果

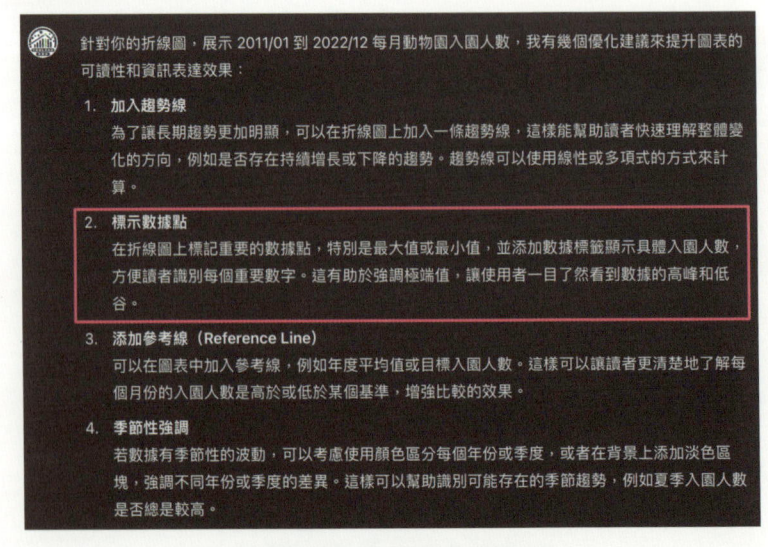

針對你的折線圖，展示 2011/01 到 2022/12 每月動物園入園人數，我有幾個優化建議來提升圖表的可讀性和資訊表達效果：

1. 加入趨勢線
   為了讓長期趨勢更加明顯，可以在折線圖上加入一條趨勢線，這樣能幫助讀者快速理解整體變化的方向，例如是否存在持續增長或下降的趨勢。趨勢線可以使用線性或多項式的方式來計算。

2. 標示數據點
   在折線圖上標記重要的數據點，特別是最大值或最小值，並添加數據標籤顯示具體入園人數，方便讀者識別每個重要數字。這有助於強調極端值，讓使用者一目了然看到數據的高峰和低谷。

3. 添加參考線（Reference Line）
   可以在圖表中加入參考線，例如年度平均值或目標入園人數。這樣可以讓讀者更清楚地了解每個月份的入園人數是高於或低於某個基準，增強比較的效果。

4. 季節性強調
   若數據有季節性的波動，可以考慮使用顏色區分每個年份或季度，或者在背景上添加淡色區塊，強調不同年份或季度的差異。這樣可以幫助識別可能存在的季節趨勢，例如夏季入園人數是否總是較高。

🎧 GPT 機器人建議圖表的優化方向

> **TIPS!** 在比較新的 AI 版本或是付費的 ChatGPT 模式中，都已經支援圖片上傳的功能（甚至直接按 `Ctrl` / `command` + `V` 鍵，就可以貼圖），因此可以考慮直接將現有的圖表檔案（例如：jpg、png 等格式）進行上傳。透過這樣的方式，也可以將圖表的資訊作為 AI 的輸入，不過有時會解讀錯誤，還是要檢查。

技巧十三：選擇建議方向與客製化需求，並由 AI 提供操作步驟

◆ DEMO　AI 提供操作步驟

◆ 使用效益

幫助使用者在現有的折線圖基礎上進行具體細節優化。透過自訂的顏色和數據標籤等視覺化元素，突顯最大值、最小值，以提升圖表的可讀性和呈現效果。

◆ 範例提示（Prompt）

在原有的折線圖上，請完成以下需求：

1. 折線圖顏色：維持黑色。
2. 最大值最小值：最大值和最小值的點以圓形呈現，且用不同的顏色表示；最大值為綠色、最小值為紅色，還有數值標籤。

◆ 輸入（Input）

當提供圖表操作步驟需求時，建議可以嘗試用條列方式，並提供主題和細節說明，讓 GPT 機器人更理解需求。

◆ 範例結果

> 要在 Tableau 中保持原有的折線圖為黑色，並在最大值和最小值的點上用圓形標註，並且分別以綠色和紅色顯示這些點以及數值標籤，以下是具體操作步驟：
>
> **1. 設置折線圖顏色為黑色**
> - 在 Tableau 中，將「入園人數」拖到「列」（Rows），將「日期」（或「月份」）拖到「欄」（Columns），顯示每月的入園人數折線圖。
> - 點擊「標記」區塊中的「色彩」選項，將折線圖的顏色設置為黑色。
>
> **2. 創建計算欄位標註最大值與最小值**
> - 創建一個新的 **計算欄位**，命名為 **「最大值與最小值標記」**，用來標註最大值和最小值的位置，公式如下：

```sql
IF SUM([入園人數]) = WINDOW_MAX(SUM([入園人數])) THEN "最大值"
ELSEIF SUM([入園人數]) = WINDOW_MIN(SUM([入園人數])) THEN "最小值"
END
```

這個欄位會將最大值標記為「最大值」，最小值標記為「最小值」，其餘點保持空白。

3. 創建「最大值與最小值數值」的計算欄位

- 創建另一個計算欄位，用於顯示最大值和最小值的具體數值，命名為「最大值與最小值數值」，公式如下：

```sql
IF SUM([入園人數]) = WINDOW_MAX(SUM([入園人數]))
    OR SUM([入園人數]) = WINDOW_MIN(SUM([入園人數]))
THEN SUM([入園人數])
ELSE NULL
END
```

這個欄位會在圖表上顯示最大值和最小值的數據標籤，其他數據點不顯示數值。

🎧 GPT 機器人建議的優化步驟；僅保留公式部分，後面接續操作步驟

> **TIPS!** 即使預設為專業任務的 GPT 機器人，在複雜公式時也可能需要幾次的來回對話，才能提供最正確的結果；這部分要請讀者多加嘗試。

實作步驟

01. **按照步驟新增兩個主要公式。**

新增步驟說明中提到的兩個公式「最大值與最小值標記」和「最大值與最小值數值」。提示可以一併提供會使用的資料欄位名稱，GPT 機器人就會套用到公式內，可減少在 Tableau Desktop 手動調整的時間。

```
最大值與最小值數值    CH11 | Taipei-Zoo_Visitors_100-111_(2)
沿著 表(橫向) 計算結果。
IF SUM([入園人數]) = WINDOW_MAX(SUM([入園人數]))
    OR SUM([入園人數]) = WINDOW_MIN(SUM([入園人數]))
THEN SUM([入園人數])
ELSE NULL
END
```

🎧 新增公式「最大值與最小值數值」

◆ 公式

```
IF SUM([入園人數]) = WINDOW_MAX(SUM([入園人數]))
   OR SUM([入園人數]) = WINDOW_MIN(SUM([入園人數]))
THEN SUM([入園人數])
ELSE NULL
END
```

```
最大值與最小值標記
沿著 表(橫向) 計算結果。
IF SUM([入園人數]) = WINDOW_MAX(SUM([入園人數])) THEN "最大值"
ELSEIF SUM([入園人數]) = WINDOW_MIN(SUM([入園人數])) THEN "最小值"
END
```

🎧 新增公式「最大值與最小值標記」

◆ 公式

```
IF SUM([入園人數]) = WINDOW_MAX(SUM([入園人數]))
THEN "最大值"
ELSEIF SUM([入園人數]) = WINDOW_MIN(SUM([入園人數]))
THEN "最小值"
END
```

新增完公式後,接下來依照剩餘的操作步驟來完成圖表。

```
4. 將「最大值與最小值數值」作為雙軸
  • 將「最大值與最小值數值」拖到右側「列」的區域,形成一個雙軸圖。
  • 右鍵點擊其中一個軸,選擇「同步軸」,這樣可以確保兩個軸的數據對齊。

5. 設置不同顏色的標記點
  • 在右側「標記」區塊,點擊「標記」選項,將標記設為圓形,這樣可以突出最大值和最小值的點。
  • 將「最大值與最小值標記」計算欄位拖到「顏色」區域。
  • 點擊「顏色」選項,分別設置:
    • 最大值為綠色。
    • 最小值為紅色。

6. 顯示數值標籤
  • 點擊「標記」區塊中的「標籤」,勾選「顯示標籤」來顯示數據標籤。
  • 確保只顯示「最大值與最小值數值」的標籤,這樣最大值和最小值的數據標籤會自動顯示。
```

🎧 GPT 機器人建議的優化步驟,其中的操作步驟部分

7. 調整標記大小和樣式

- 在「標記」區塊中，你可以調整圓形標記的大小，以便最大值和最小值更清晰地顯示在折線圖上。

▲ GPT 機器人建議的優化步驟，其中的操作步驟部分（續）

02. 建立雙軸，並同步座標軸數值。

參考建議步驟，將「最大值與最小值數值」拖到右側「列」的區域，形成一個雙軸圖。右鍵點擊其中一個軸，選擇「同步軸」，將兩個座標軸對齊。

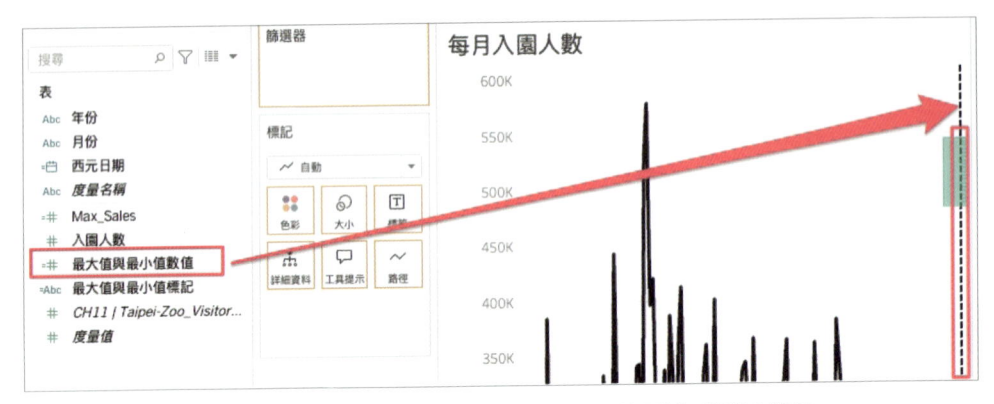

▲ 將「最大值與最小值數值」拖到右側「列」的區域，以建立雙軸

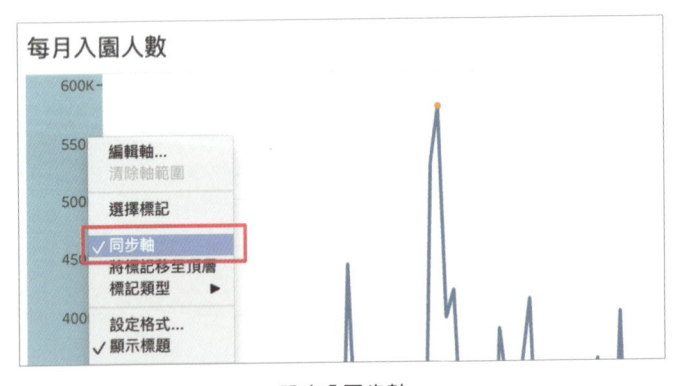

▲ 設定「同步軸」

03. 細部調整，完成圖表。

點選右側座標軸，可以切換到第二個座標的標記頁面區塊。將標記設為圓形，這樣可以突出最大值和最小值的點，即為初步的成果雛形。

306　AI×Excel×Tableau 資料分析語法指南

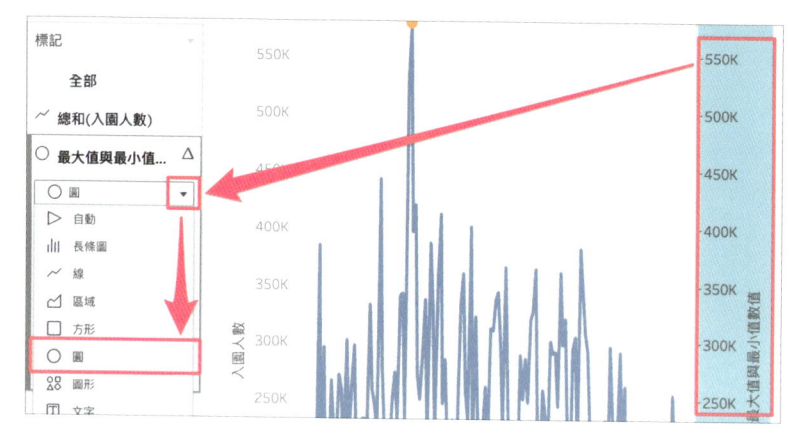

◐ 第二個座標的圖形設定為「圓」

在同一個標記層，將「最大值與最小值標記」計算欄位拖到「顏色」功能區，即可看到最大值與最小值的圓點顏色改變；再點選「顏色」功能區的「編輯色彩」，即可進一步設定兩點的顏色，分別設定最大值為綠色、最小值為紅色。

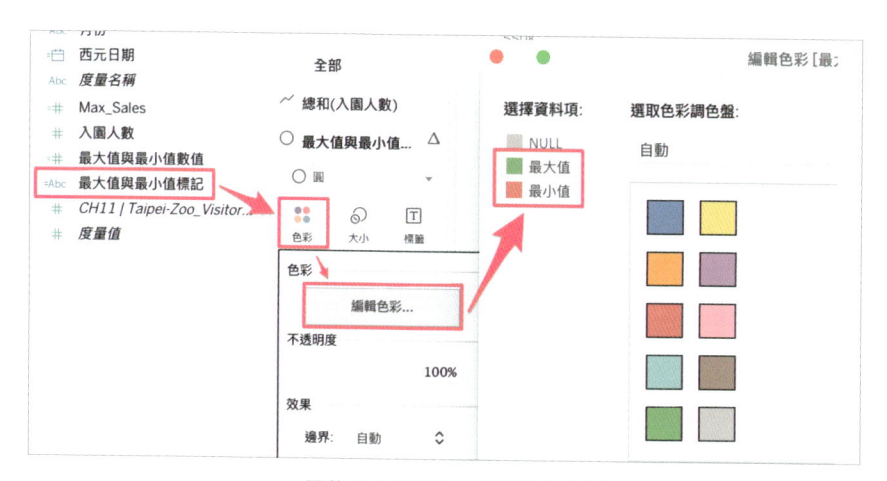

◐ 調整最大值和最小值圓點的色彩

另外，流程中只提及要確認第一個座標軸的折線圖顏色為黑色，但未提供實際作法，這裡可以透過點選左側座標軸，再點選標記「顏色」功能區的「編輯色彩」調整，也可以直接將「度量名稱」欄位移除，來達到一樣效果。

🎧 調整折線圖的顏色為黑色

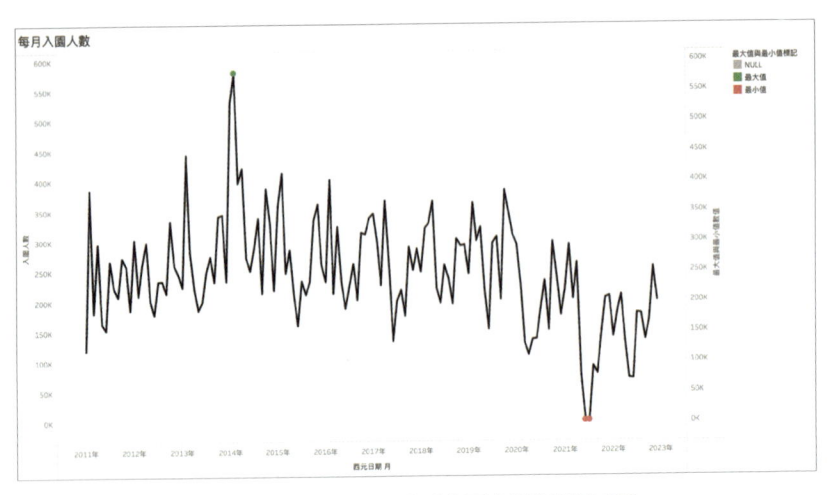

🎧 按照 AI 指引後，所完成的圖表調整範例成果

GPT 機器人案例：圖表類型建議

除了圖表優化功能之外，若已經有具體想嘗試的圖表類型，或者還不確定該選擇哪種圖表來呈現，可以選擇第三個選項「請給我指定類型圖表的操作過程」。這個功能主要是提供使用者指定圖表的製作步驟，或幫助初學者探索不同的圖表類型，從而找到合適的資料呈現方式。

🎧 選擇「請給我指定類型圖表的操作過程」

308　AI×Excel×Tableau 資料分析語法指南

> 請告訴我您想要的圖表類型（例如折線圖、長條圖、圓餅圖、散佈圖等），以及您正在使用的資料欄位，這樣我可以提供詳細的操作步驟。如果您不確定圖表類型，我也可以根據您提供的資料建議最適合的圖表形式。

🎧 選擇「請給我指定類型圖表的操作過程」（續）

接下來，可以將需求描述給 GPT 機器人，請它提供更多的圖表發想。

技巧十四：AI 輔助建議分析圖表的選擇

〈DEMO〉AI 輔助選擇分析圖表

◆ 使用效益

AI 將根據分析需求，提供進階圖表建議及推薦理由，幫助快速選擇最適合的視覺化方式。

◆ 範例提示（Prompt）

如果想分析在不同年度中，各月份的入園人數相對表現變化，請問有什麼進階圖表可以更直觀比較這些月份在不同年份中的變化？請提供建議的進階圖表和簡短的推薦原因。

◆ 輸入（Input）

進階圖表建議時，建議提供更多上下文資訊，例如：資料的具體結構、分析目標、數據特性，這些資訊將幫助 AI 更加精準推薦進階圖表類型，以確保圖表符合分析需求。

◆ 範例結果

> 針對您想分析「不同年度中各月份入園人數相對表現變化」的需求，我有以下幾個進階圖表的建議：
>
> **1. Small Multiples Line Chart (小倍數折線圖)**
> 推薦原因：此圖表可以將每一年單獨視為一個小的折線圖，展示該年度內每個月份的變化。這樣您能夠清楚地對比不同年份中，入園人數在各月份的趨勢，同時也能在不同年度間快速識別相似或不同的趨勢。
>
> **2. Slope Graph (斜率圖)**
> 推薦原因：斜率圖非常適合展示兩個或多個時間點之間的相對變化。您可以用這個圖表展示每個月份在不同年份中的變化，以快速了解哪些月份的入園人數變化最大或最小，以及年度之間的表現差異。
>
> **3. Heat Map (熱圖)**
> 推薦原因：將月份作為列，年份作為欄，入園人數的相對表現用色彩強度表示。這樣可以清楚地顯示哪一年哪些月份的表現較高或較低。熱圖的顏色梯度有助於快速識別異常高或低的月份。

△ 推薦的進階圖表

接下來，可以將需求詳細描述給 GPT 機器人，讓它提供更多進階圖表的發想。透過與 GPT 互動，你可以不斷疊加資訊、調整自己的需求，讓 AI 更加理解你的目標，就能提供更符合需求的建議。

GPT 機器人案例：儀表板設計引導

在使用 Tableau 時，「設計儀表板」也是一個常見的問題；可以選擇第四個選項「請提供幾個適合的儀表板範例，並附上連結讓我參考」，讓 GPT 機器人來推薦各領域的儀表板，也可根據需求來推薦一些儀表板範例進行發想。

△ 選擇「請提供幾個適合的儀表板範例，並附上連結讓我參考」

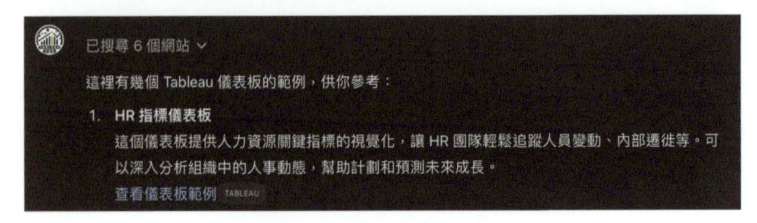

△ 會先推薦不同領域的儀表板作為參考

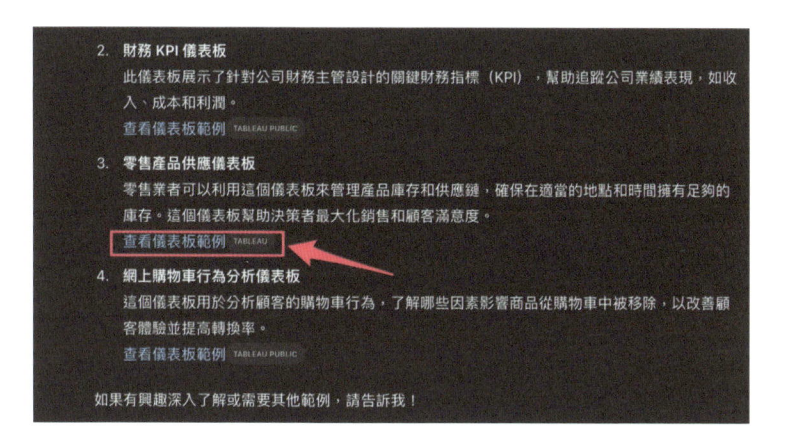

2. **財務 KPI 儀表板**
   此儀表板展示了針對公司財務主管設計的關鍵財務指標（KPI），幫助追蹤公司業績表現，如收入、成本和利潤。
   查看儀表板範例 TABLEAU PUBLIC

3. **零售產品供應儀表板**
   零售業者可以利用這個儀表板來管理產品庫存和供應鏈，確保在適當的地點和時間擁有足夠的庫存。這個儀表板幫助決策者最大化銷售和顧客滿意度。
   查看儀表板範例 TABLEAU

4. **網上購物車行為分析儀表板**
   這個儀表板用於分析顧客的購物車行為，了解哪些因素影響商品從購物車中被移除，以改善顧客體驗並提高轉換率。
   查看儀表板範例 TABLEAU PUBLIC

如果有興趣深入了解或需要其他範例，請告訴我！

🎧 會先推薦不同領域的儀表板作為參考（續）

點擊連結後，會跳轉到 GPT 機器人推薦的 Tableau Public 作品頁面，這可作為版型、分析指標的參考。

🎧 點擊連結會跳轉到 Tableau Public 平台，即可查看儀表板

技巧十五：AI 輔助儀表板範例搜尋

‹DEMO› AI 提供儀表板範例

◆ **使用效益**

根據提供的主題、行業別、資料結構，快速推薦相關的儀表板範例，讓使用者有多種參考設計。

◆ 範例提示（Prompt）

我有一份員工調換部門的歷史資料，包含所待的時間、前後部門、員工一般資訊；給我幾個儀表板參考。

◆ 輸入（Input）

建議進一步描述具體的數據結構和目標，例如：

1. 希望視覺化的重點：如員工部門流動趨勢、特定部門的平均待留時間、員工調動後的績效表現。
2. 儀表板的預期用途：如內部報告、管理決策支持等。

◆ 範例結果

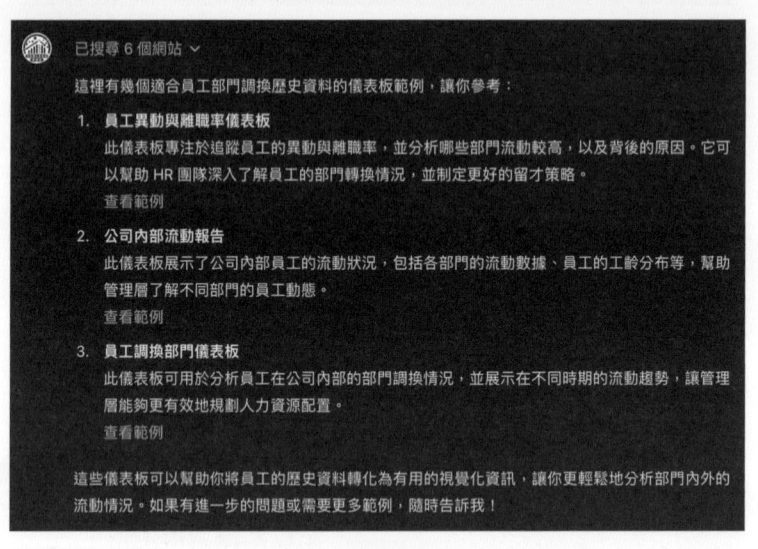

推薦結果

　　以上便是本單元介紹的「Tableau Pro 繁體中文達人」機器人的四大基本對話啟動器功能。雖然啟動器主要是設計用來解決 Tableau Desktop 的問題，但使用者如果有 Tableau Prep、Tableau Server 或 Tableau Cloud 上的疑問，也可以直接與 GPT 機器人進行討論。未來也會不斷優化內部指令，幫助使用者解決各類 Tableau 操作問題，提升資料分析能力。

　　此外，也很建議讀者可以親手製作一個 GPT 機器人（可參考本單元提供的範例語法），並嘗試自訂其互動行為，讓未來的 AI 協作工作流程中，與讀者的任務進行密切搭配。

Unit 12 透過 AI 輔助 Tableau 進行進階數據分析

單元導覽

歡迎進入本書的最後一個單元，延續前幾個單元關於 Tableau 的技巧分享，本單元針對 Tableau 較進階的「表計算」與「LOD」，進行 AI 輔助的技巧引導。在 Tableau 中，「表計算」與「LOD」兩者的操作難度較高，尤其對於函式或程式較不熟悉的分析師而言，屬於學習曲線較為陡峭的技能。本單元希望透過 AI 的輔助，帶領 Tableau 分析者學習此兩項進階技巧，提升分析的彈性與變化度。

單元提要

項目	說明
AI 輔助建立表計算函式	這裡將引導讀者練習以 AI 輔助產出表計算函式，像是將一般表格轉換排行榜表格，或是建立移動平均計算等，此外也會引導製作出 MoM 的進階比較表格。
LOD 高階函式技巧練習	LOD 是進階 Tableau 分析師必須了解的技巧，可進行跨維度的彙總與分析計算。這裡將透過 AI 輔助引導讀者熟悉幾種 LOD 函式，像是固定（FIXED）、包含（INCLUDE）及排除（EXCLUDE）等，輔助進行跨層級的計算。

實作資料

本單元延續使用之前單元使用的「superstore 資料集」（資料來源：Tableau）。

AI 輔助建立表計算函式

◯ 技巧一：AI 解釋 Tableau 表計算函式

‹DEMO› 使用 AI 解釋 Tableau 表計算函式

◆ 使用效益

將 ChatGPT 設定為專業的 Tableau 顧問，可以確保 AI 以更聚焦且專業的角度來回應提問，並指定回答內容的難度，以利清楚說明。

◆ 範例提示（Prompt）

請扮演我的 Tableau Desktop 資料分析顧問，並使用 **繁體中文** 回答接下來的提問。請用白話解釋什麼是 Tableau 表計算函式 ？

◆ 輸入（Input）

- **Tableau Desktop**：可以替換為想請 AI 說明的特定主題或關鍵字，例如：Tableau Prep、Tableau Server。
- **繁體中文**：要求使用的語言。通常 AI 會更傾向使用指令語言回覆，但有時還是會用簡體中文或是英文回覆。
- **表計算函式**：希望 AI 說明的功能或知識，例如：LOD、FIXED() 函式。

◆ 範例結果

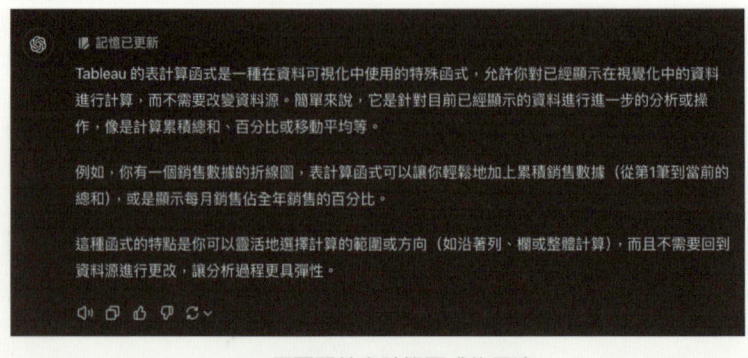

> 記憶已更新
>
> Tableau 的表計算函式是一種在資料可視化中使用的特殊函式，允許你對已經顯示在視覺化中的資料進行計算，而不需要改變資料源。簡單來說，它是針對目前已經顯示的資料進行進一步的分析或操作，像是計算累積總和、百分比或移動平均等。
>
> 例如，你有一個銷售數據的折線圖，表計算函式可以讓你輕鬆地加上累積銷售數據（從第1筆到當前的總和），或是顯示每月銷售佔全年銷售的百分比。
>
> 這種函式的特點是你可以靈活地選擇計算的範圍或方向（如沿著列、欄或整體計算），而且不需要回到資料源進行更改，讓分析過程更具彈性。

🔹 AI 回覆關於表計算函式的用途

表計算屬於 Tableau 相對進階的技巧，可以幫忙做出像是許多複雜計算情境，例如：提供帶有方向性的計算（沿著列、沿著欄等）。舉例來說，INDEX() 表計算函式可以取出該列在整張表的位置所在（以數字呈現），或是可透過 RUNNING_AVG() 這類的表計算函式取出常見的移動平均計算結果。

○ 透過 INDEX() 表計算函式，可取出該列在表格中的位置

※ 資料來源：https://help.tableau.com/current/pro/desktop/zh-tw/functions_functions_tablecalculation.htm#index-

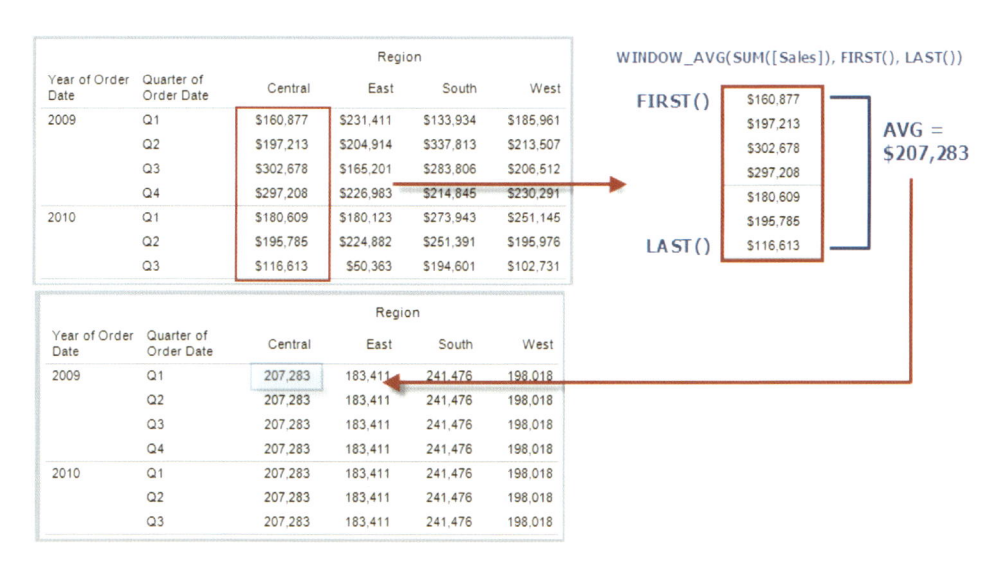

○ 表計算函式範例，透過 WINDOW_AVG() 函式搭配 FIRST() 與 LAST()，可取出指定區間的平均值

※ 資料來源：https://help.tableau.com/current/pro/desktop/zh-tw/functions_functions_tablecalculation.htm#windowavgexpression-start-end

在越進階的情境中，撰寫表計算函式的難度也越高，因此本單元希望能透過生成式 AI 的輔助，降低相關函式撰寫的難度。更多關於表計算的介紹，請參見官方文件：(URL) https://help.tableau.com/current/pro/desktop/zh-tw/functions_functions_tablecalculation.htm。

技巧二：AI 輔助建立排行榜表格（Ranking 表計算）

‹DEMO› 使用 AI 輔助建立排行榜表格

◆ 使用效益

上傳資料給 ChatGPT 後，讓 AI 輔助進行初步的資料讀取與生成簡單的 Tableau 表計算函式。

◆ 範例提示（Prompt）

幫我讀取這個檔案，並依序執行以下任務：

- 進行基本欄位分析，說明欄位格式與內容。
- 推薦適合在 Tableau 中建立的 排行榜欄位，並生成 表計算 的公式。

◆ 輸入（Input）

- 排行榜欄位：指定生成的欄位目標。
- 表計算：可以以做排行表格的方法不只一種，但推薦可以指定用表計算的方式完成，這是很方便的方法。

實作步驟

01. **上傳檔案。**

將本單元提供的練習檔案進行上傳，點選畫面中的「上傳檔案」按鈕，並同時填入指令後，點選「送出」即可。

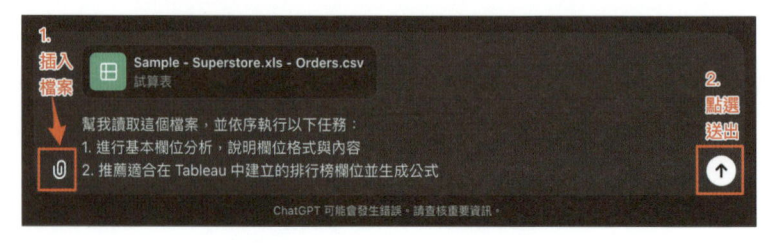

△ 上傳資料給 ChatGPT，並同時貼上指令

1. **基本欄位分析：**

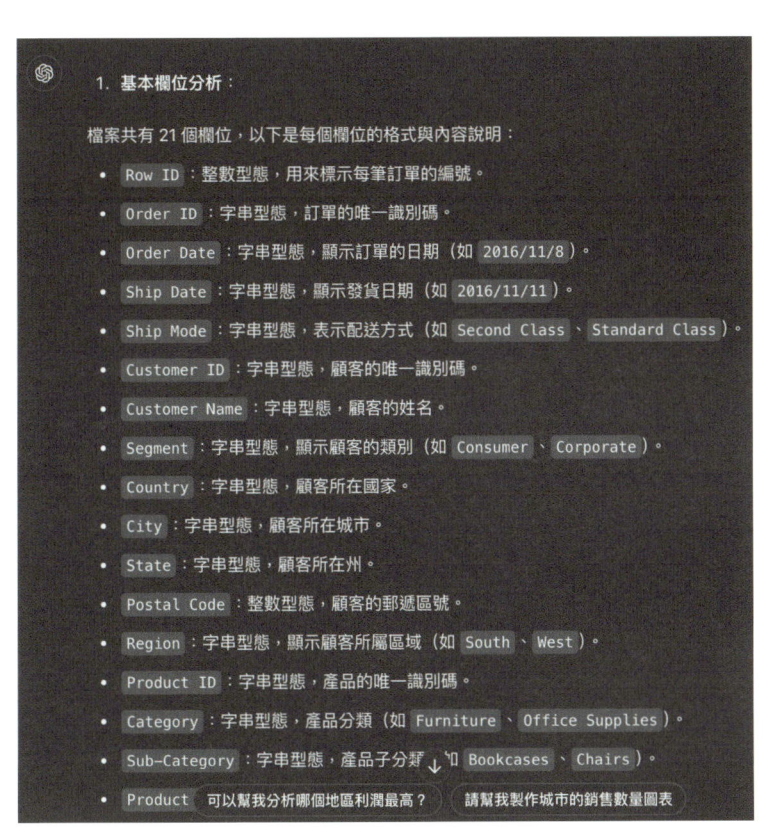

   檔案共有 21 個欄位，以下是每個欄位的格式與內容說明：

   - `Row ID`：整數型態，用來標示每筆訂單的編號。
   - `Order ID`：字串型態，訂單的唯一識別碼。
   - `Order Date`：字串型態，顯示訂單的日期（如 `2016/11/8`）。
   - `Ship Date`：字串型態，顯示發貨日期（如 `2016/11/11`）。
   - `Ship Mode`：字串型態，表示配送方式（如 `Second Class`、`Standard Class`）。
   - `Customer ID`：字串型態，顧客的唯一識別碼。
   - `Customer Name`：字串型態，顧客的姓名。
   - `Segment`：字串型態，顯示顧客的類別（如 `Consumer`、`Corporate`）。
   - `Country`：字串型態，顧客所在國家。
   - `City`：字串型態，顧客所在城市。
   - `State`：字串型態，顧客所在州。
   - `Postal Code`：整數型態，顧客的郵遞區號。
   - `Region`：字串型態，顯示顧客所屬區域（如 `South`、`West`）。
   - `Product ID`：字串型態，產品的唯一識別碼。
   - `Category`：字串型態，產品分類（如 `Furniture`、`Office Supplies`）。
   - `Sub-Category`：字串型態，產品子分類（如 `Bookcases`、`Chairs`）。
   - `Product`：可以幫我分析哪個地區利潤最高？ 請幫我製作城市的銷售數量圖表

   🎧 **ChatGPT 會協助讀取資料（透過 Python 程式碼），並簡介欄位格式**

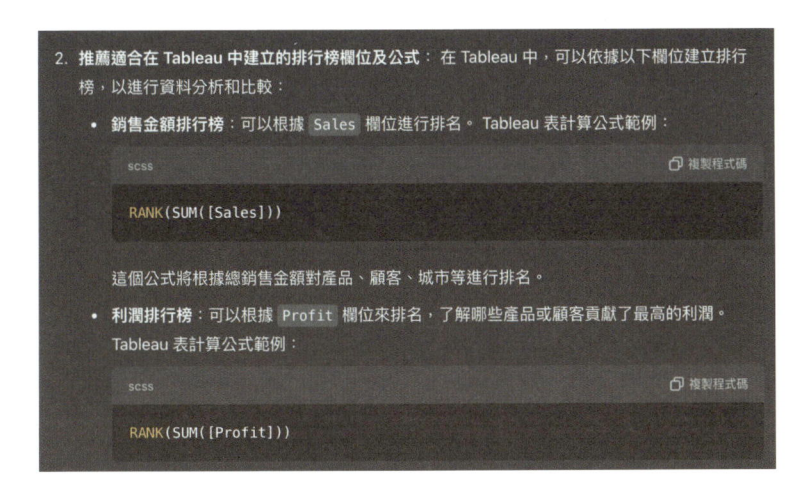

2. **推薦適合在 Tableau 中建立的排行榜欄位及公式**：在 Tableau 中，可以依據以下欄位建立排行榜，以進行資料分析和比較。

   - **銷售金額排行榜**：可以根據 `Sales` 欄位進行排名。Tableau 表計算公式範例：

   ```scss
   RANK(SUM([Sales]))
   ```

   這個公式將根據總銷售金額對產品、顧客、城市等進行排名。

   - **利潤排行榜**：可以根據 `Profit` 欄位來排名，了解哪些產品或顧客貢獻了最高的利潤。Tableau 表計算公式範例：

   ```scss
   RANK(SUM([Profit]))
   ```

   🎧 **ChatGPT 建議的排行榜欄位與函式**

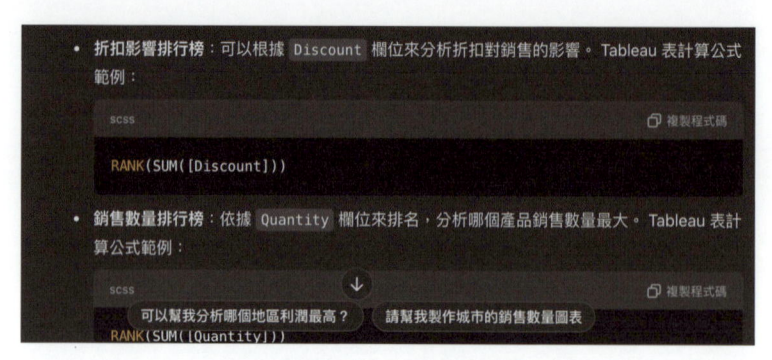

- **折扣影響排行榜**：可以根據 `Discount` 欄位來分析折扣對銷售的影響。Tableau 表計算公式範例：

```scss
RANK(SUM([Discount]))
```

- **銷售數量排行榜**：依據 `Quantity` 欄位來排名，分析哪個產品銷售數量最大。Tableau 表計算公式範例：

```scss
RANK(SUM([Quantity]))
```

🎧 **ChatGPT 建議的排行榜欄位與函式（續）**

02. 在 Tableau 中加入生成的語法。

用 Tableau 開啟檔案，進入編輯畫面，新增一個計算欄位，並輸入 ChatGPT 提供的 RANK() 表計算公式。

🎧 **複製 ChatGPT 生成的函式後，在 Tableau 建立計算欄位，並命名為「銷售金額排行」**

◆ 公式

```
RANK(SUM([Sales]))
```

這個公式將根據特定欄位的銷售金額的加總進行排名，例如：對產品名稱、國家等欄位的銷售金額總額進行排名。

03. 在 Tableau 建立表格。

選擇「Sub-Category」、「Sales」欄位以及剛才生成的「銷售金額排行」欄位後，開啟右上角的「顯示」按鈕，並點選表格格式，即可生成初始表格。

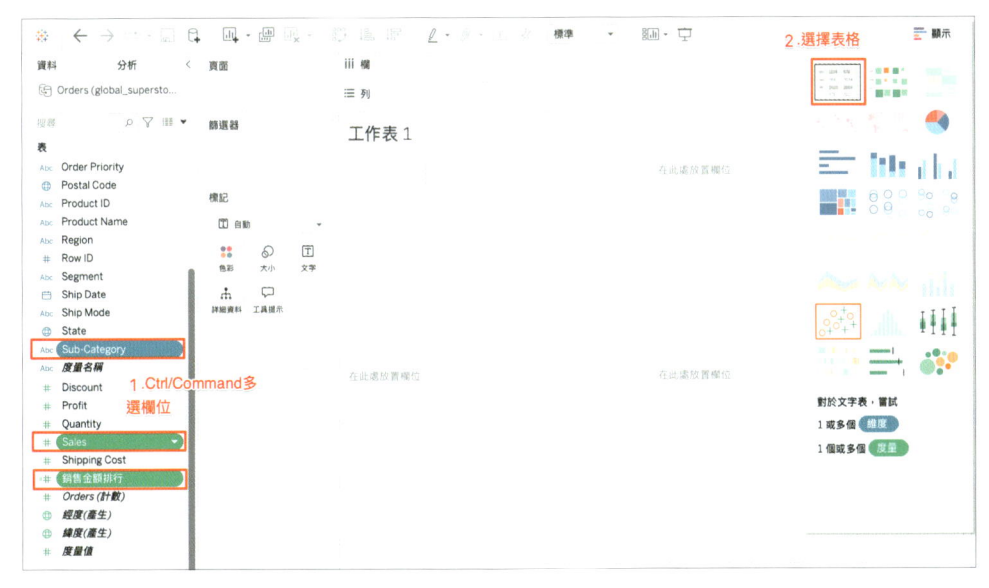

> 選擇欄位後，再選擇「表格」

由於每次 ChatGPT 生成的結果不會完成一樣，如果讀者的結果與本書的圖片顯示一樣，所有的排行都是顯示 1 的話，則須進行「編輯表計算」的操作步驟，修改細部的參數。

> 製作表格時，若排行榜沒有正確顯示，則需要進行「編輯表計算」

04. 進行編輯表計算。

點選稍早建立的計算欄位，按右鍵後選擇「編輯表計算」，會出現一個可調整方向的畫面，由於表計算預設的方向是「往右的」（列的方向），所以無法順利計算出我們期待的排行榜結果，我們需要手動將其調整為「表（向下）」的選項，以完成顯示跨類別排行的結果表格。

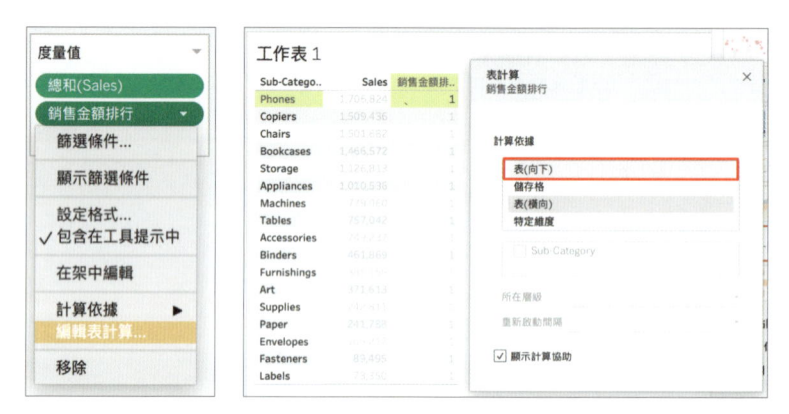

🔸 在「銷售金額排行」欄位按右鍵→「編輯表計算」，將「表（橫向）」改為「表（向下）」

05. 完成 Sub-Category 的排行榜表格。

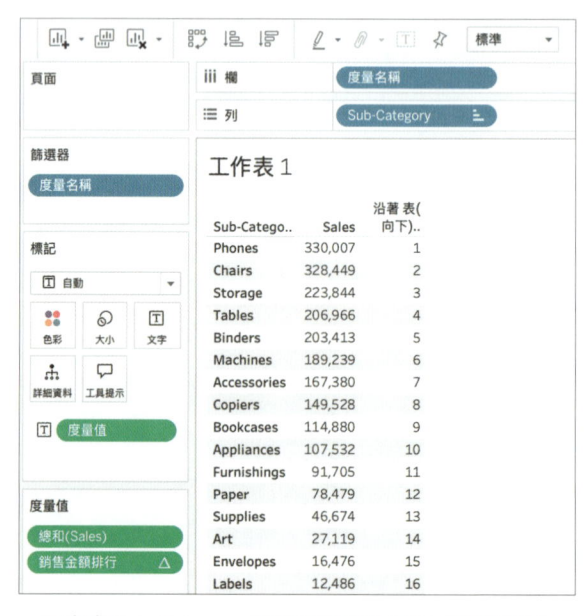

🔸 完成 Sub-Category 的排行榜表格（由上到下排序）

技巧三：AI 輔助計算移動平均（Moving Average）

‹DEMO› 使用 AI 輔助計算移動平均

◆ 使用效益

讓 ChatGPT 生成移動平均函式，如果一直無法生成 WINDOWS_AVG 的表計算函式，也可直接在關鍵字指定 ChatGPT 優先生成該函式即可。

◆ 範例提示（Prompt）

我想計算 銷售金額 欄位的移動平均，如何在 Tableau 建立公式呢？

◆ 輸入（Input）
- 銷售金額：用來練習生成公式的參考欄位。

實作步驟

01. 送出提問取得公式。

與前一個技巧相同，將檔案上傳後送出提問，以取得稍後要使用的表計算函式（讀者的結果可能會跟本書不同）。

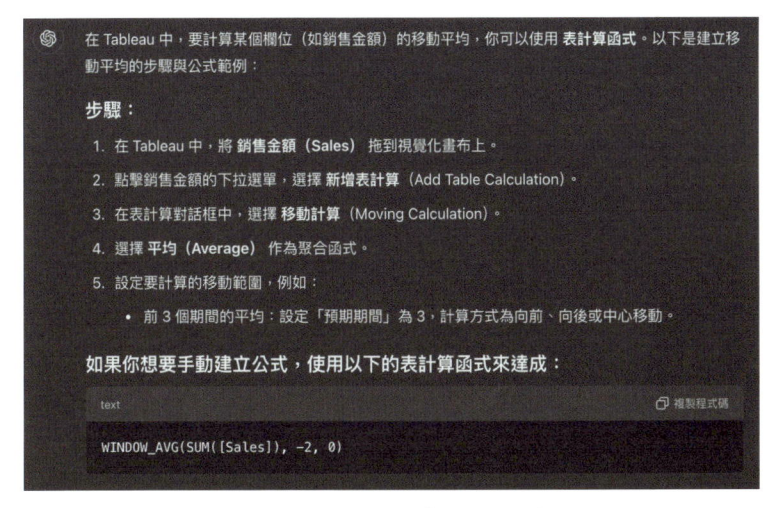

> 在 Tableau 中，要計算某個欄位（如銷售金額）的移動平均，你可以使用 **表計算函式**。以下是建立移動平均的步驟與公式範例：
>
> **步驟：**
> 1. 在 Tableau 中，將 **銷售金額（Sales）** 拖到視覺化畫布上。
> 2. 點擊銷售金額的下拉選單，選擇 **新增表計算**（Add Table Calculation）。
> 3. 在表計算對話框中，選擇 **移動計算**（Moving Calculation）。
> 4. 選擇 **平均（Average）** 作為聚合函式。
> 5. 設定要計算的移動範圍，例如：
>   - 前 3 個期間的平均：設定「預期期間」為 3，計算方式為向前、向後或中心移動。
>
> 如果你想要手動建立公式，使用以下的表計算函式來達成：
>
> ```
> WINDOW_AVG(SUM([Sales]), -2, 0)
> ```

◯ ChatGPT 生成的移動平均函式

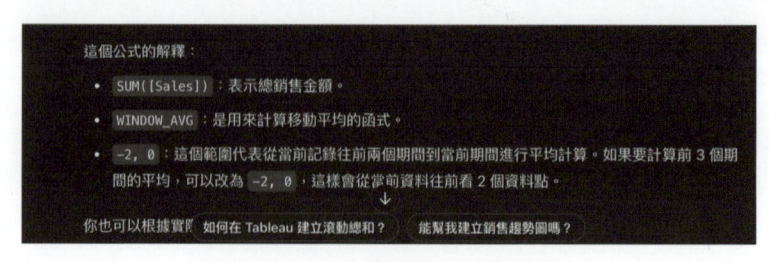

> 這個公式的解釋：
> - `SUM([Sales])`：表示總銷售金額。
> - `WINDOW_AVG`：是用來計算移動平均的函式。
> - `-2, 0`：這個範圍代表從當前記錄往前兩個期間到當前期間進行平均計算。如果要計算前 3 個期間的平均，可以改為 `-2, 0`，這樣會從當前資料往前看 2 個資料點。
>
> 你也可以根據實際[如何在 Tableau 建立滾動總和？][能幫我建立銷售趨勢圖嗎？]

🎧 ChatGPT 生成的移動平均函式（續）

02. 建立表計算欄位。

建立新的計算欄位，並貼入 ChatGPT 幫忙生成的表計算函式，如果正確的話，應該會抓取到「Sales」欄位。不過，讀者產生的函式可能跟本書會有一些差異，主要是我們並沒有指定移動平均計算的範圍，但操作的邏輯應該是非常類似的，也可稍微嘗試自己手動微調公式看看。

🎧 複製 ChatGPT 生成的函式後，在 Tableau 建立計算欄位（中間的 -2 指的是計算時需考量的移動距離）

◆ 公式

```
WINDOW_AVG(SUM([Sales]), -2, 0)
```

此公式會從目前的資料點起算，其中的「-2」參數，是指納入其前兩個位置進行平均值計算。舉例來說，對於「2017 年 5 月」的資料點，會計算「2017 年 3 月」至「2017 年 5 月」的平均數值，而往後看的話，「2017 年 4 月」的資料點則會納入「2017 年 2 月」至「2017 年 4 月」的數值，來做移動平均的計算。

03. 產生圖表。

當公式順利生成之後，就可以利用這個欄位進行圖表組合，本書將引導讀者製作雙軸折線圖，可同時比較「銷售額」與「移動平均」的結果。將「Order Date」、「Sales」、「移動平均 - 銷售金額」（稍早生成的欄位）反白選取後，點選「顯示」下方的雙線圖。

◯ 選擇 Order Date、Sales、移動平均 - 銷售金額等欄位後，再選擇「雙線」來產生圖表

04. 調整時間刻度。

由於線圖的預設時間刻度會以「年」為單位，為了讓圖表顯示更清楚，此步驟將調整為「月」的呈現刻度，即可完成本技巧的練習圖表。

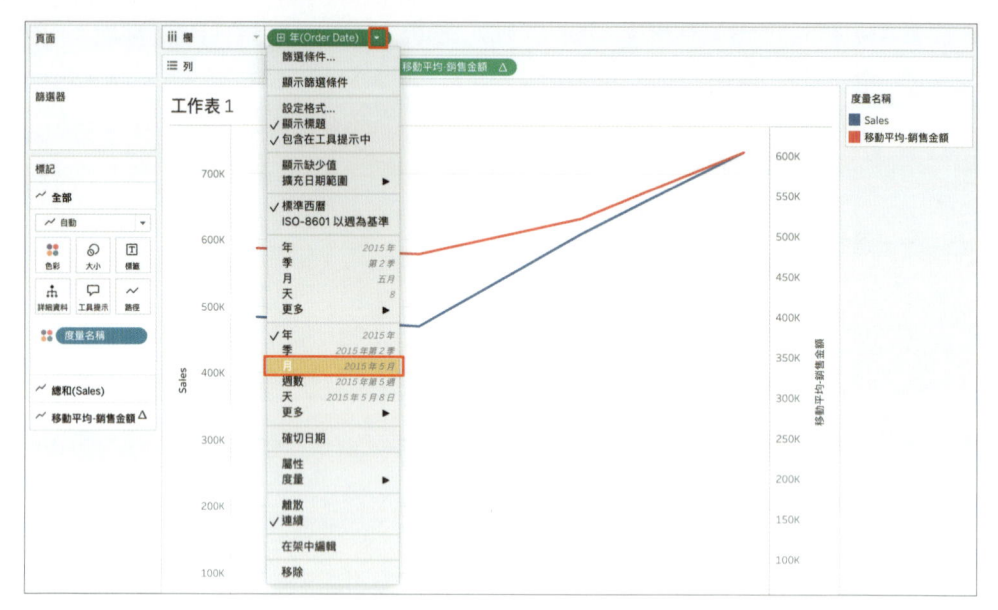

🎧 在「年 (Order Date)」欄位上按右鍵，改以「月」為單位呈現

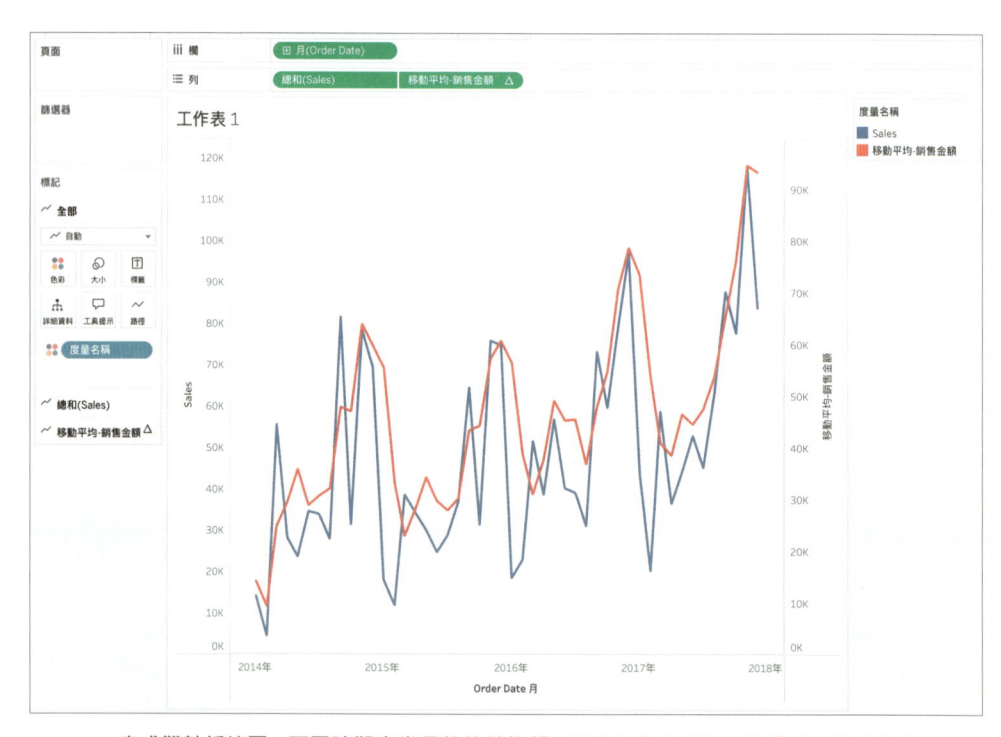

🎧 完成雙軸折線圖，可同時觀察當月份的銷售額，以及包含前兩個月的移動平均銷售額

324　AI✕Excel✕Tableau 資料分析語法指南

技巧四：AI 輔助計算 MoM

使用 AI 輔助計算 MoM

◆ **使用效益**

「月增率」（Month on Month，縮寫為「MoM」）是常見的統計指標，由於需要跨欄位計算，需要額外透過表計算的實作；計算方式為（當月數值－上月數值）/ 上月數值 × 100%。本技巧將透過 ChatGPT 協助生成 Tableau 函式，並引導繪製 MoM 圖表。

◆ **範例提示（Prompt）**

我的 Order Date 欄位內容範例為 2016/11/8、2016/6/12，我想依據 Order Date 的不同年月計算銷售金額欄位的 MoM，如何在 Tableau 建立公式，並以月份為刻度畫成長條圖呢？

◆ **輸入（Input）**

- Order Date：指定用來計算 MoM 的日期欄位。
- 2016/11/8、2016/6/12：提供 ChatGPT 參考的日期欄位範例。
- Order Date 的不同年月計算銷售金額欄位的 MoM：說明分析目標。

實作步驟

01. 送出提問取得公式。

讀者可用本書提供的指令與範例資料來進行練習，但未來自行用自己資料實作的時候，可能資料欄位會有一些不同，可以稍微變化詢問語法即可。

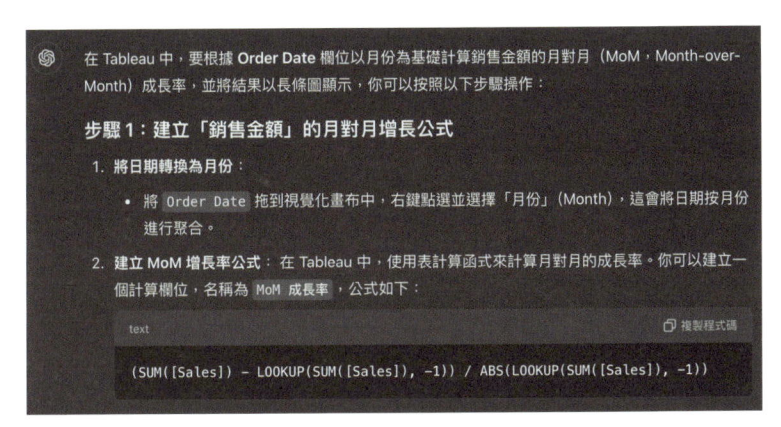

> 在 Tableau 中，要根據 **Order Date** 欄位以月份為基礎計算銷售金額的月對月（MoM，Month-over-Month）成長率，並將結果以長條圖顯示，你可以按照以下步驟操作：
>
> **步驟 1：建立「銷售金額」的月對月增長公式**
>
> 1. 將日期轉換為月份：
>   - 將 `Order Date` 拖到視覺化畫布中，右鍵點選並選擇「月份」（Month），這會將日期按月份進行聚合。
> 2. 建立 MoM 增長率公式：在 Tableau 中，使用表計算函式來計算月對月的成長率。你可以建立一個計算欄位，名稱為 `MoM 成長率`，公式如下：
>
> ```
> (SUM([Sales]) - LOOKUP(SUM([Sales]), -1)) / ABS(LOOKUP(SUM([Sales]), -1))
> ```

△ ChatGPT 輔助生成 MoM 公式及圖表建立的說明

```
公式說明：
• SUM([Sales])：當前月份的總銷售金額。
• LOOKUP(SUM([Sales]), -1)：前一個月的銷售金額。
• (SUM([Sales]) - LOOKUP(SUM([Sales]), -1))：計算當前月和前一個月的銷售金額差值。
• / ABS(LOOKUP(SUM([Sales]), -1))：用前一個月的銷售金額作為基數，計算增長率。

步驟 2：建立長條圖
1. 月份作為 X 軸：
   • 將 Order Date 拖到列（Columns）中，並設定為「月份」(Month)。
2. 銷售金額或 MoM 增長率作為 Y 軸：
   • 如果要顯示 MoM 成長率，將 MoM 成長率 拖到行（Rows）中。
   • 如果要顯示每個月份的銷售金額，將 SUM([Sales]) 拖到行（Rows）中。
3. 更改圖表類型為長條圖：
   • 點擊視覺化的下拉選單，選擇「長條圖」(Bar Chart)，這樣可以清楚看到每個月份的銷售金額或增長率變化。

步驟 3：優化視覺化
• 添加標籤：你可以將 MoM 成長率 或 銷售金額 拖到標籤（Label）來顯示具體數值。
• 格式化 MoM 成長率：若要以百分比形式顯示 MoM 成長率，右鍵點選 MoM 成長率，選擇「格式化」，然後將數值顯示為百分比。

完成效果：
這樣的操作會讓你看到以月份為刻度的銷售金額成長條圖，並且通過表計算函式來計算每個月相對於前一個月的成長率。如果有更多調整需求或進一步的問題，我可以再進一步幫助你。
```

△ ChatGPT 輔助生成 MoM 公式及圖表建立的說明（續）

02. 建立表計算欄位。

建立新的計算欄位，並貼入 ChatGPT 幫忙生成的計算函式，如果正確的話，應該會抓取到「Sales」欄位。此處讀者產生的函式亦可能跟本書有差異，例如：可能會包含將 NULL 值取代為零的 ZN() 函數，但 MoM 的計算邏輯是相同的，也可試著自己手動微調公式看看。

↳ 複製 ChatGPT 生成的函式後，在 Tableau 建立計算欄位（記得此新增欄位取名為「MoM」）

◆ 公式

(SUM([Sales]) - LOOKUP(SUM([Sales]), -1)) / ABS(LOOKUP(SUM([Sales]), -1))

SUM([Sales]) 會計算出當前月份的銷售金額加總，再透過 LOOKUP(SUM([Sales]), -1) 找到並算出前一個月的銷售金額加總，兩者相減後，除以 ABS(LOOKUP(SUM([Sales]), -1))，也就是用前一個月的銷售金額絕對值，計算出月增長率。

03. **建立圖表。**

當公式順利生成之後，就可以利用此新增欄位進行圖表組合，本書將引導讀者製作並排型長條圖，可同時比較每月份的原始「銷售額」與「銷售額 MoM」的結果。將「Order Date」、「Sales」、「MoM」（稍早生成的欄位）反白選取後，點選「顯示」下方的「並排條」（並排長條圖）。

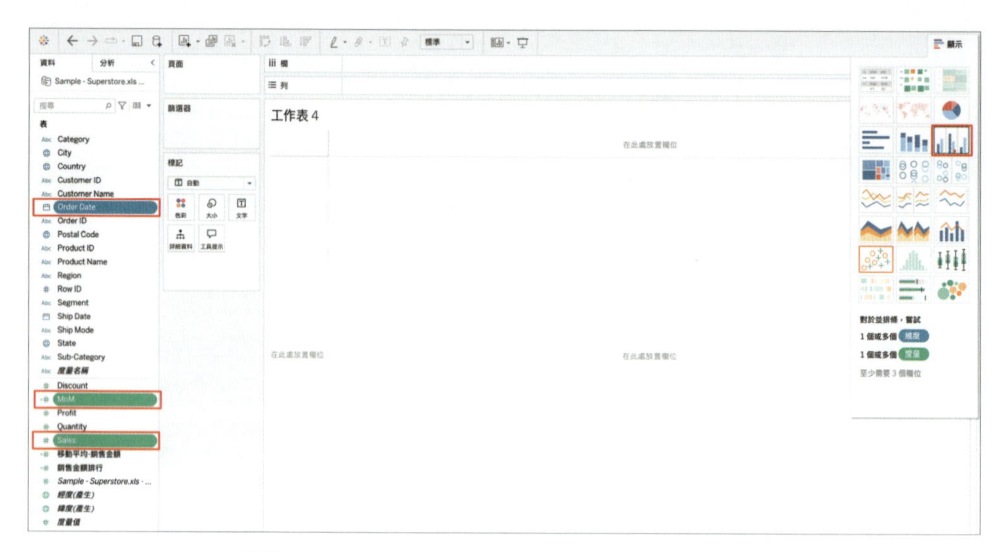

🎧 選擇 Order Date、Sales、MoM 欄位後，再選擇「並排條」

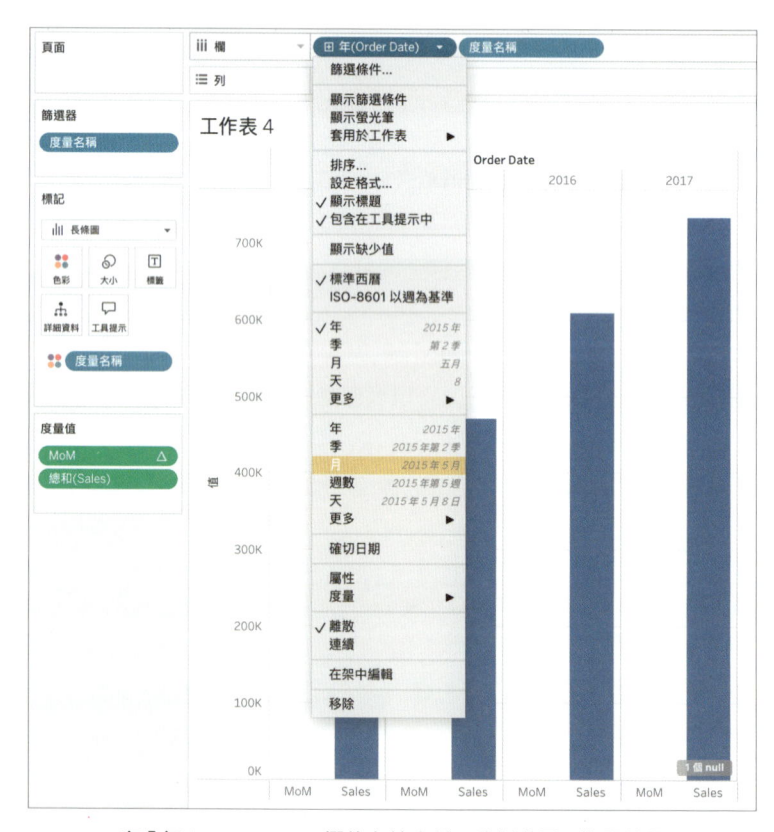

🎧 在「年 (Order Date)」欄位上按右鍵，改以「月」為單位呈現

04. 調整數字呈現格式。

在度量值區塊的「MoM」欄位上,按右鍵選擇「設定格式」選項,改以「百分比」格式呈現數值。

🎧 開啟格式設定視窗,改以「百分比」格式呈現數值(預設的「自動」可能會讓所有的 MoM 四捨五入後為零)

05. 完成銷售額 MoM 的並排對照長條圖。

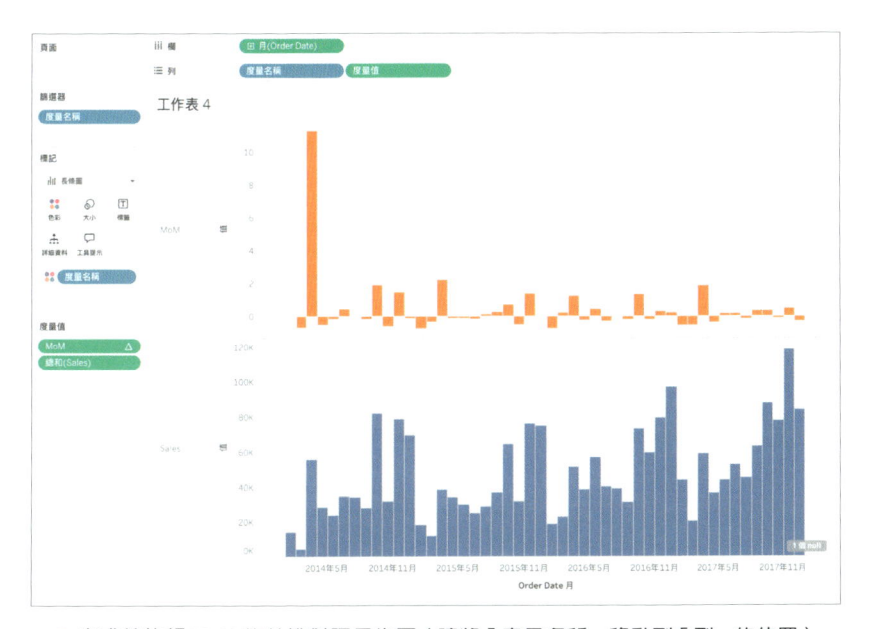

🎧 完成銷售額 MoM 的並排對照長條圖(請將「度量名稱」移動到「列」的位置)

12 透過 AI 輔助 Tableau 進行進階數據分析

LOD 高階函式技巧練習

在 Tableau 中，LOD（Level of Dertail，細節層級）公式用於執行比圖表級別更細或更粗的數據聚合，它允許使用者更彈性控制計算的細節層級，即使圖表的視覺顯示層級不同。

技巧五：AI 解釋 LOD 並引導實作範例

‹DEMO› 使用 AI 解釋 LOD

◆ **使用效益**

幫助拆解 LOD 公式的每個計算環節，了解如何使用並理解 Tableau 中的 LOD 公式，幫助我們從具體的情境中學習如何應用這一強大的功能，並理解它在數據分析中的價值。在 LOD 的範例中，通常都會包含到 FIXED 語法，是 LOD 實作中最常使用的語法，不過有時也會提到 INCLUDE 與 EXCLUDE，也是 LOD 的相關語法。

◆ **範例提示（Prompt）**

請用 白話 解釋什麼是 Tableau 的 LOD 函式，並用範例說明 LOD 的用法。

◆ **輸入（Input）**

- 白話：也可以修改為「專家」、「分析師」、「設計師」等角色或能力關鍵字，來改變 ChatGPT 描述 LOD 的使用情境。

實作步驟

01. 送出提問並取得公式。

此處可延續使用本單元前面的 superstore 資料集與 Tableau 檔案進行練習。在 ChatGPT 送出提問，以取得 LOD 的說明與稍後使用的計算函式。

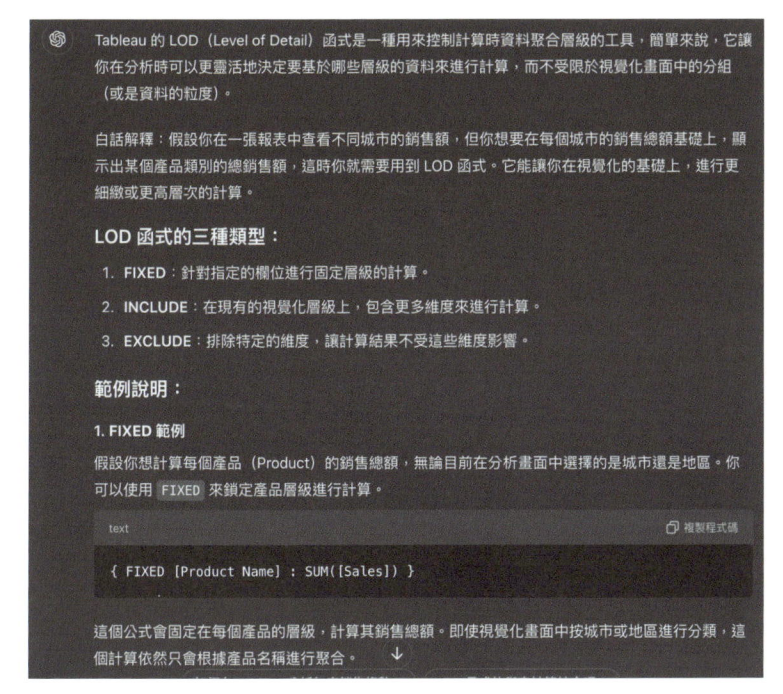

> Tableau 的 LOD（Level of Detail）函式是一種用來控制計算時資料聚合層級的工具，簡單來說，它讓你在分析時可以更靈活地決定要基於哪些層級的資料來進行計算，而不受限於視覺化畫面中的分組（或是資料的粒度）。
>
> 白話解釋：假設你在一張報表中查看不同城市的銷售額，但你想要在每個城市的銷售總額基礎上，顯示出某個產品類別的總銷售額，這時你就需要用到 LOD 函式。它能讓你在視覺化的基礎上，進行更細緻或更高層次的計算。
>
> **LOD 函式的三種類型：**
>
> 1. **FIXED**：針對指定的欄位進行固定層級的計算。
> 2. **INCLUDE**：在現有的視覺化層級上，包含更多維度來進行計算。
> 3. **EXCLUDE**：排除特定的維度，讓計算結果不受這些維度影響。
>
> **範例說明：**
>
> **1. FIXED 範例**
>
> 假設你想計算每個產品（Product）的銷售總額，無論目前在分析畫面中選擇的是城市還是地區。你可以使用 FIXED 來鎖定產品層級進行計算。
>
> ```
> { FIXED [Product Name] : SUM([Sales]) }
> ```
>
> 這個公式會固定在每個產品的層級，計算其銷售總額。即使視覺化畫面中按城市或地區進行分類，這個計算依然只會根據產品名稱進行聚合。

🎧 **ChatGPT 生成的 LOD 概念說明與公式範例，本技巧以 FIXED() 為範例進行實作**

> **TIPS!** 這裡介紹 LOD 的另外兩個可彈性運用的函式：INCLUDE 與 EXCLUDE。INCLUDE 函式可於現有的視覺化層級上，納入更多維度來進行計算；而 EXCLUDE 可排除特定的維度，讓視覺化上的計算結果不受這些維度影響。有興趣的讀者可延伸閱讀以下說明文章：
> - INCLUDE：🔗 https://help.tableau.com/current/pro/desktop/zh-tw/calculations_calculatedfields_lod.htm#INCLUDE。
> - EXCLUDE：🔗 https://help.tableau.com/current/pro/desktop/zh-tw/calculations_calculatedfields_lod.htm#EXCLUDE。

02. 建立計算欄位。

建立新的計算欄位，並貼入 ChatGPT 幫忙生成的計算函式，如果正確的話，應該會抓取到「Product Name」與「Sales」欄位。

🎧 複製 ChatGPT 生成的函式後，在 Tableau 建立計算欄位，並命名為「產品的銷售總額」

◆ 公式

`{ FIXED [Product Name] : SUM([Sales]) }`

這個公式會固定在每個產品（Product Name）的層級，計算其銷售總額。即使視覺化畫面中依照城市或地區進行分類，仍然只會根據產品名稱進行聚合計算。

03. 建立圖表並調整色彩。

拖拉「Segment」、「Sales」與「產品的銷售總額」欄位至欄，拖拉「Product Name」欄位至列，即可比對直接用 Sales 欄位以及用 FIXED 公式計算結果繪圖的差異。可調整色彩讓「Sales」與「產品的銷售總額」欄位的 Bar 色彩有所區隔。

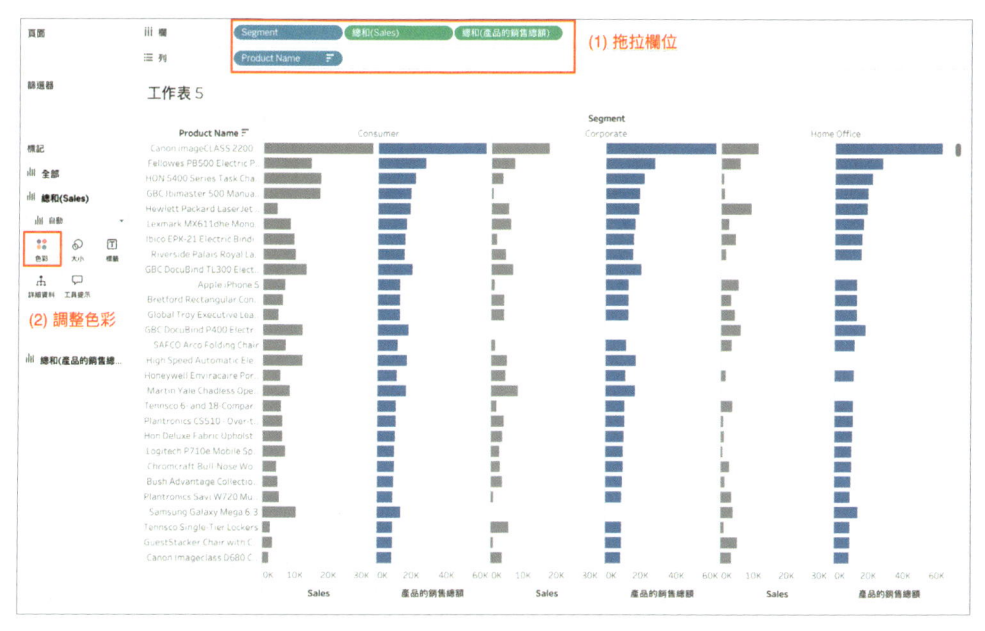

👉 可觀察到不同 Segment 中，藍色的長度都是相同的，因為被 FIXED 住了，但灰色則會根據不同 Segment 而有差異

👉 可調整欄位色彩來有所區隔

04. 檢視資料。

可以更進一步點擊有興趣的「Product Name」檢視資料，會發現使用 FIXED 的「產品的銷售總額」欄位的數值資料已經固定聚合在公式所指定的「Product Name」層級中，不會因不同「Segment」而更細部拆分。也就是說，同一「Product Name」、不同「Segment」的三筆資料「Sales」加總會剛好（或是約略）等於該「Product Name」的「產品的銷售總額」。

12 透過 AI 輔助 Tableau 進行進階數據分析　333

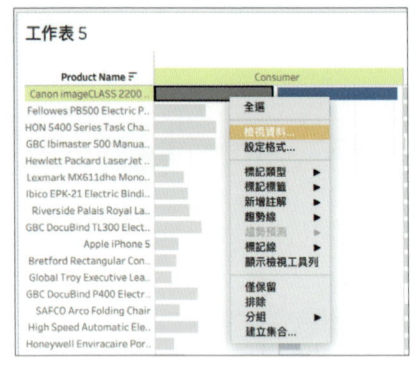

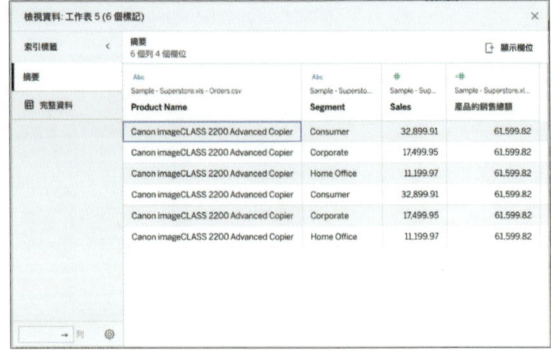

更進一步檢視資料，會發現使用 FIXED 欄位的數值的資料已經固定聚合在公式所指定的「Product Name」層級中

技巧六：AI 輔助建立產品類別的最佳銷售產品表格

< DEMO > 使用 AI 輔助建立產品類別的最佳銷售產品表格

◆ 使用效益

透過實際範例來說明 Tableau 中 LOD 公式的進階操作方式，並提供作圖流程。可透過此技巧練習，製作出表格與 LOD 的進階變化，呈現出不同階層層級的彙總資訊。

◆ 範例提示（Prompt）

教我如何在 Tableau 中運用 LOD 函式，整理出不同子類別的銷售額中整理出最佳銷售表現結果，用表格呈現以下資訊。幫我建立新的欄位，讓表格可以呈現每個月份下的兩個資訊：

1. 最高銷售額的產品名稱（Product Name）。

2. 最高銷售額的產品（Product Name）的總銷售額。

子類別（Sub-Category）再往下的階層是產品（Product Name）：

1. 欄：Order Date 欄位的年度月份。

2. 列：Sub-Category 子類別。

3. 標籤：該年度月份、該子類別的最高銷售額的產品。

◆ 輸入（Input）

- 針對特殊的使用場景，可以用更為詳細的提示來說明。

實作步驟

01. 送出提問，並取得計算欄位公式。

送出提問，以取得稍後要使用的計算函式。

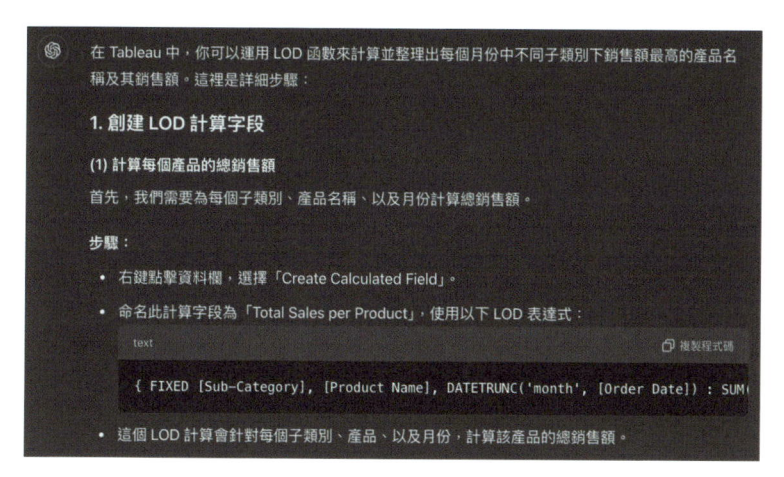

△ ChatGPT 生成的計算函式

02. 建立計算欄位「Total Sales per Product」。

建立新的計算欄位，並貼入 ChatGPT 幫忙生成的計算函式，如果函式正確的話，應該會抓取到「Sub-Category」、「Product Name」、「Order Date」與「Sales」欄位。不過，由於此技巧的目標表格不只一種作法，讀者產生的函式數量可能僅有兩個，即可達成相同目標，亦可能會遇到 ChatGPT 帶入錯誤的欄位，再手動進行函式修正即可。

△ 複製 ChatGPT 生成的函式後，在 Tableau 建立計算欄位，並命名為「Total Sales per Product」

12 透過 AI 輔助 Tableau 進行進階數據分析　335

◆ 公式

```
{ FIXED [Sub-Category], [Product Name], DATETRUNC('month', [Order Date]) : SUM([Sales]) }
```

　　這個公式會固定在每個子類別（Sub-Category）下的產品（Product Name）的層級，再透過不同訂單日期（Order Date）的年度月份來計算其銷售總額，也就是得出所有子類別與產品在不同年度月份的銷售總額。由於「Order Date」欄位的格式為「YYYY/M/D」，需透過 DATETRUNC() 函式將日期截斷至月份，以作後續應用。

03. 建立計算欄位「**Max Sales per Sub-Category**」。

▲ ChatGPT 生成的計算函式

　　建立第二個計算欄位，並貼入 ChatGPT 幫忙生成的計算函式，如果函式正確的話，應該會抓取到「Sub-Category」、「Product Name」、「Order Date」與「Sales」欄位，若 ChatGPT 帶入錯誤的欄位，再手動進行函式修正即可。

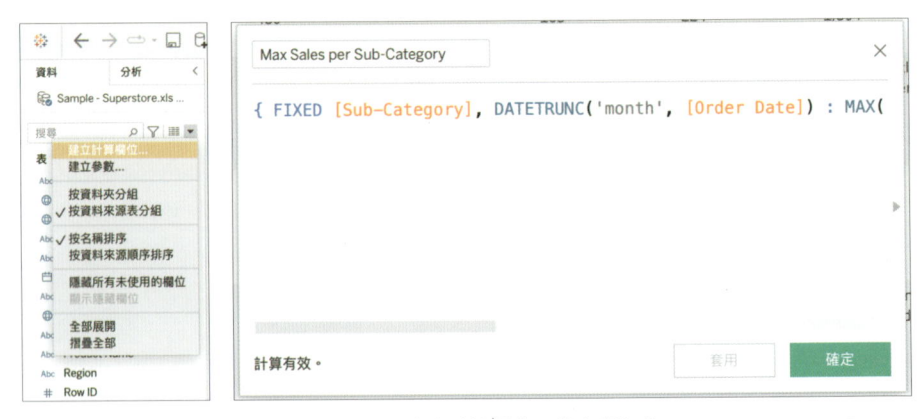

▲ 複製 ChatGPT 生成的函式後，在 **Tableau** 建立計算欄位，並命名為「**Max Sales per Sub-Category**」

◆ 公式

```
{ FIXED [Sub-Category], DATETRUNC('month', [Order Date]) : MAX({ FIXED
[Sub-Category], [Product Name], DATETRUNC('month', [Order Date]) :
SUM([Sales]) }) }
```

這個公式會透過 FIXED() 與 MAX() 函式組合算出每個子類別（Sub-Category）、不同訂單日期（Order Date）的年度月份中的最高產品銷售總額。

04. 建立計算欄位「**Top Selling Product**」。

> **(3) 建立布林字段來篩選出最高銷售額的產品**
>
> 接著，我們需要一個布林字段來篩選出該子類別中銷售額最高的產品。
>
> **步驟：**
>
> - 右鍵點擊資料欄，選擇「Create Calculated Field」。
> - 命名此計算字段為「Top Selling Product」，使用以下表達式：
>
> ```
> { FIXED [Sub-Category], [Product Name], DATETRUNC('month', [Order Date]) : SUM(
> { FIXED [Sub-Category], DATETRUNC('month', [Order Date]) : MAX({ FIXED [Sub-Cat
> ```
>
> 這個字段會在產品銷售額等於該月份中該子類別的最高銷售額時返回 True。

◌ ChatGPT 生成的計算函式

建立第三個計算欄位，並貼上 ChatGPT 幫忙生成的計算函式，如果函式正確的話，應該會抓取到「Sub-Category」、「Product Name」、「Order Date」與「Sales」欄位，若 ChatGPT 帶入錯誤的欄位，再手動進行函式修正即可。

◌ 複製 ChatGPT 生成的函式後，在 Tableau 建立計算欄位，並命名為「**Top Selling Product**」

12 透過 AI 輔助 Tableau 進行進階數據分析　337

◆ 公式

```
{ FIXED [Sub-Category], [Product Name], DATETRUNC('month', [Order Date]) : SUM([Sales]) } = [Max Sales per Sub-Category]
```

這個公式會透過運算子「=」以及 FIXED() 與 MAX() 函式組合，判斷該子類別（Sub-Category）、產品（Product Name）不同訂單日期（Order Date）的年度月份的銷售總額是否與該約子類別、產品、訂單年月的最高銷售總額數值相同（與前一段的「Max Sales per Sub-Category」欄位進行比對），並回傳 TRUE 或 FALSE。

05. 設定表格欄與列。

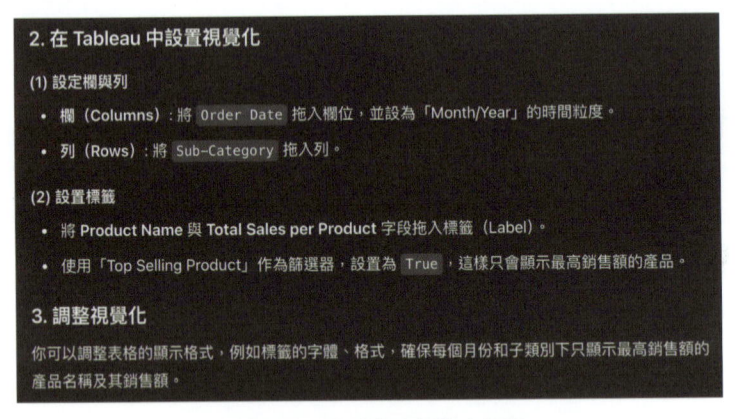

2. 在 Tableau 中設置視覺化

(1) 設定欄與列
- 欄（Columns）：將 `Order Date` 拖入欄位，並設為「Month/Year」的時間粒度。
- 列（Rows）：將 `Sub-Category` 拖入列。

(2) 設置標籤
- 將 **Product Name** 與 **Total Sales per Product** 字段拖入標籤（Label）。
- 使用「Top Selling Product」作為篩選器，設置為 `True`，這樣只會顯示最高銷售額的產品。

3. 調整視覺化

你可以調整表格的顯示格式，例如標籤的字體、格式，確保每個月份和子類別下只顯示最高銷售額的產品名稱及其銷售額。

🎧 ChatGPT 生成的表格建立步驟

🎧 將「**Order Date**」與「**Sub-Category**」分別拉至欄與列，再將「**Order Date**」轉換為月

338　AI×Excel×Tableau 資料分析語法指南

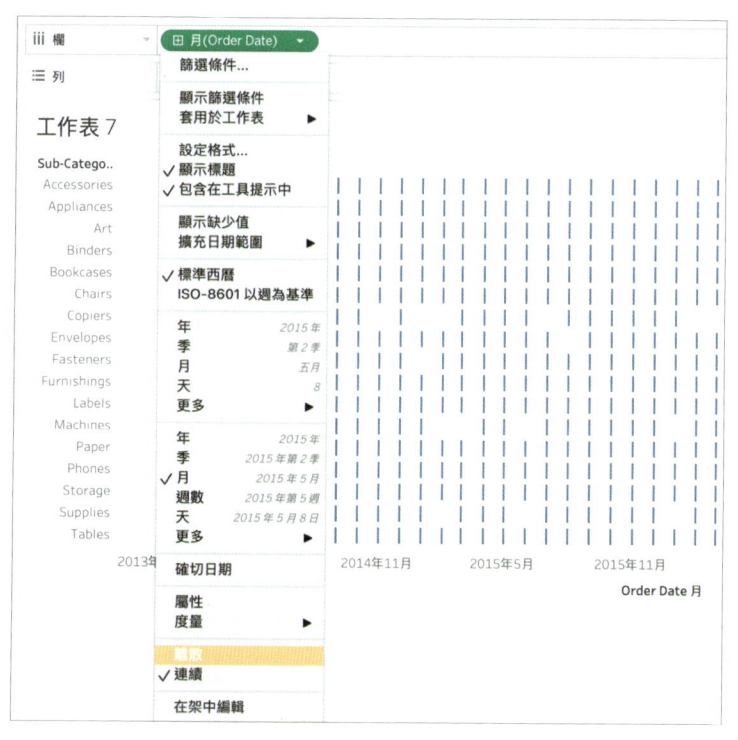

🎧 若日期格式不小心變成了連續，再修正為離散即可

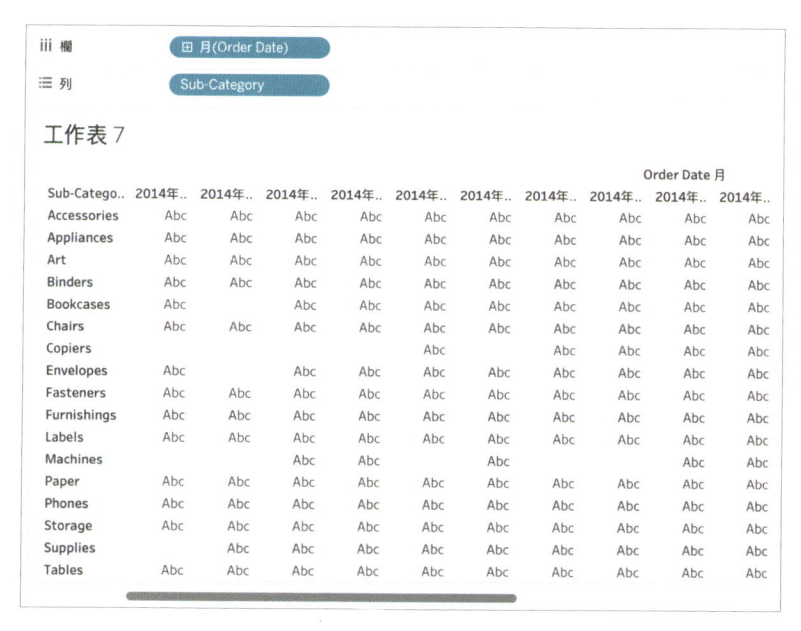

🎧 完成欄列設定

12　透過 AI 輔助 Tableau 進行進階數據分析

06. 設定表格文字標籤。

依據 ChatGPT 引導，將「Product Name」與「Total Sales per Product」拉到文字標籤中，完成後會發現內容無法完整呈現，原因是這裡將每個子類別的所有產品與銷售總額都塞入同一個格子中，需再往下一步篩選，只保留最高金額的產品。

△ 將「Product Name」與「Total Sales per Product」拉到文字標籤中

07. 設定表格篩選器。

將「Top Selling Product」拉至篩選器，只勾選「True」的項目，並點擊「確定」按鈕。

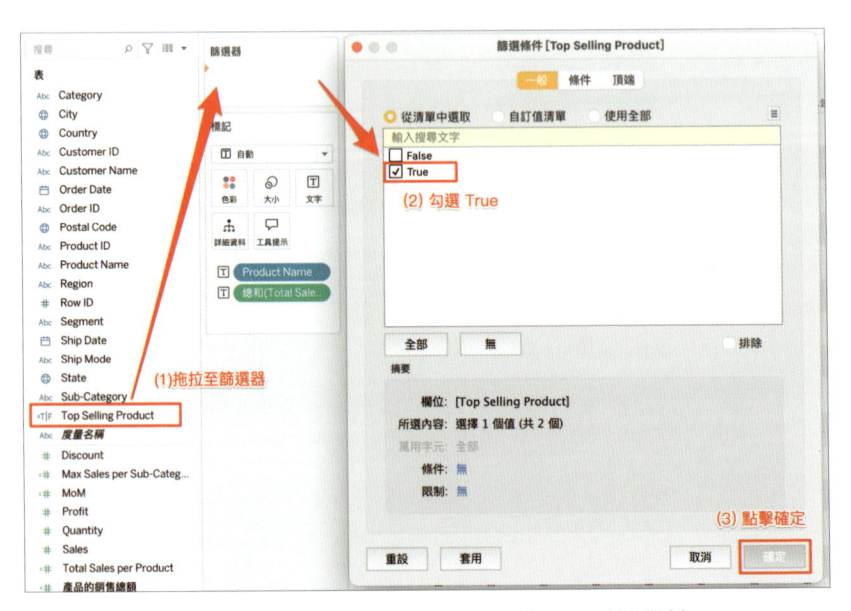

△ 篩選只保留「Top Selling Product」為 True 者之資料

08. 調整表格高度與寬度來完成表格。

調整表格高度與寬度，讓產品名稱可以完整呈現，以完成表格製作。

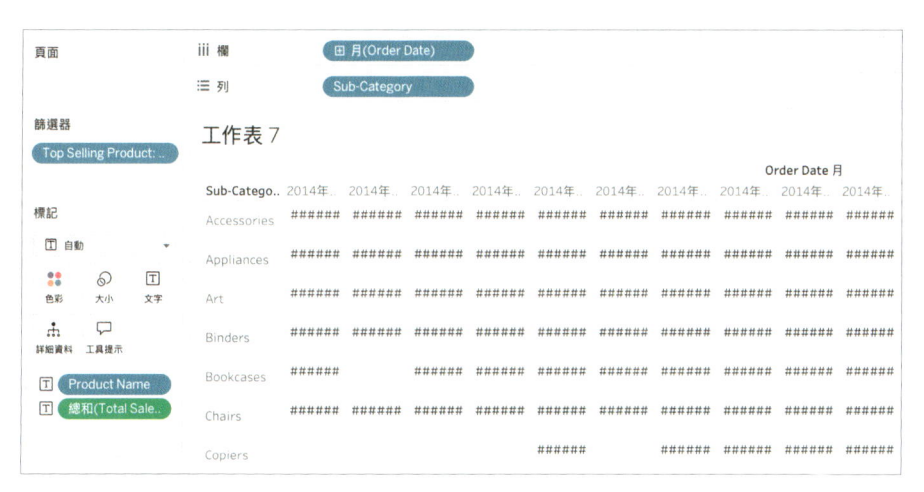

> 篩選後文字仍過長

Sub-Catego..	2014年1月	2014年2月	2014年3月	2014年4月	2014年5月	2014年6月	2014年7月
Accessories	Plantronics S12 Corded Telephone Headset System 647	Enermax Aurora Lite Keyboard 703	Logitech Wireless Gaming Headset G930 480	Logitech Wireless Headset h800 400	Sony Micro Vault Click 16 GB USB 2.0 Flash Drive 168	Sony Micro Vault Click 16 GB USB 2.0 Flash Drive 224	NETGEAR AC1750 Dual Band Gigabit Smart WiFi Router 1,504
Appliances	Holmes Replacement Filter for HEPA Air Cleaner, Very Large Room, HEPA Filter 248	Belkin 8 Outlet Surge Protector 82	3.6 Cubic Foot Counter Height Office Refrigerator 177	Kensington 6 Outlet MasterPiece HOMEOFFICE Power Control Center 271	Belkin 8 Outlet Surge Protector 246	Honeywell Enviracaire Portable HEPA Air Cleaner for 17' x 22' Room 1,503	Belkin 7 Outlet SurgeMaster II 39
Art	Panasonic KP-4ABK Battery-Operated Pencil Sharpener 44	Staples in misc. colors 54	BOSTON Ranger #55 Pencil Sharpener, Black 83	Hunt Boston Vacuum Mount KS Pencil Sharpener 175	Model L Table or Wall-Mount Pencil Sharpener 108	Boston Heavy-Duty Trimline Electric Pencil Sharpeners 289	Newell 334 99
Binders	Ibico Hi-Tech Manual Binding System 610	Ibico Laser Imprintable Binding System Covers 84	GBC DocuBind 200 Manual Binding Machine 674	Fellowes PB200 Plastic Comb Binding Machine 510	Fellowes PB300 Plastic Comb Binding Machine 2,716	GBC DocuBind P400 Electric Binding System 3,266	GBC DocuBind P400 Electric Binding System 2,178

> 拖拉表格邊界，可調整表格高度與寬度，讓產品名稱可以完整呈現

MEMO

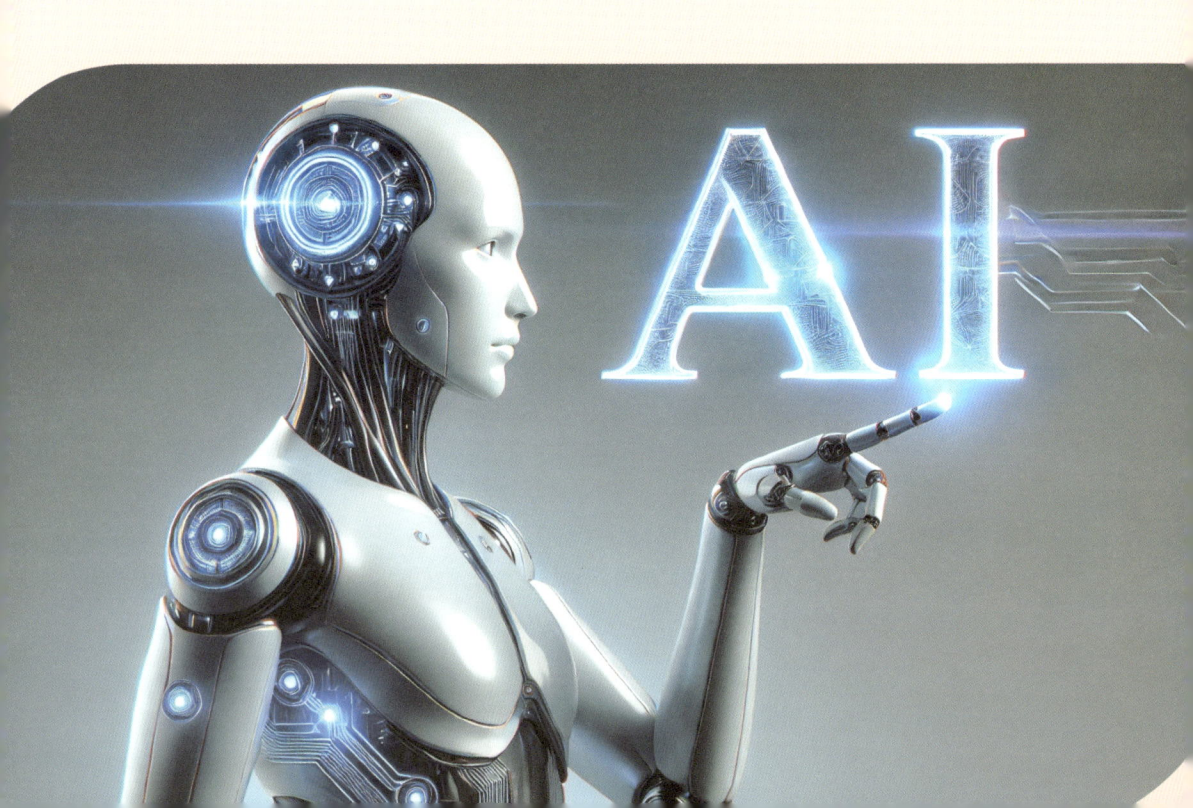

APPENDIX

A

附錄

Appendix A　Tableau 與生成式 AI

本附錄希望彙整 Tableau 所提供的生成式 AI 相關服務，整理了兩款 Tableau AI 工具：Tableau Pulse、Tableau Agent，提供給讀者參考，但須留意部分功能可能位於實驗階段，最新資訊仍以官方說明為主，本附錄希望讓讀者能夠初步認識這些工具環境。

Tableau AI
運用生成式 AI 推動資料文化。
立即觀賞 →

🎧 Tableau 結合生成式 AI 技術推動資料文化

※ 資料來源：https://www.tableau.com/zh-tw/products/tableau-ai

> 💡 TIPS!　Tableau 的生成式 AI 部分功能屬於實驗與開發階段，有可能讀者閱讀時軟體已經歷經多次改版，故仍然以軟體與官方最新的資訊為優先，但讀者可以先從本附錄閱讀了解其核心使用情境。

Tableau Pulse 工具

　　Tableau 推出的智慧監控分析功能，使用者可透過簡易設定即時掌握關鍵指標變化，並運用 AI 技術提供自動分析建議，協助使用者快速理解與決策。此外，Tableau Pulse 也有主動通知機制，可以透過 Email 或 Slack 提供最新 KPI 結果，適合需要持續追蹤關鍵指標的業務人員或主管。

◐ Tableau Pulse

※ 資料來源：https://www.tableau.com/zh-tw/products/tableau-pulse

◯ 啟用 Tableau Pulse

目前 Tableau Pulse 主要是搭載在 Tableau Cloud 上面，而在 Tableau 2023.3 版後，就能使用 Tableau Pulse 的功能，只是必須自行從設定中啟動。

請先登入 Tableau Cloud，並按照以下步驟進行功能啟用：

01. 進入左邊工具列的「設定」頁面。

02. 勾選「啟用 Tableau Pulse」項目。

03. 勾選「Tableau Pulse：總結關鍵指標見解」項目（如果預設未開啟的話）。

04. 點選右上角「儲存」按鈕。

05. 重整網頁後，就能看到「Tableau Pulse」的功能鍵。

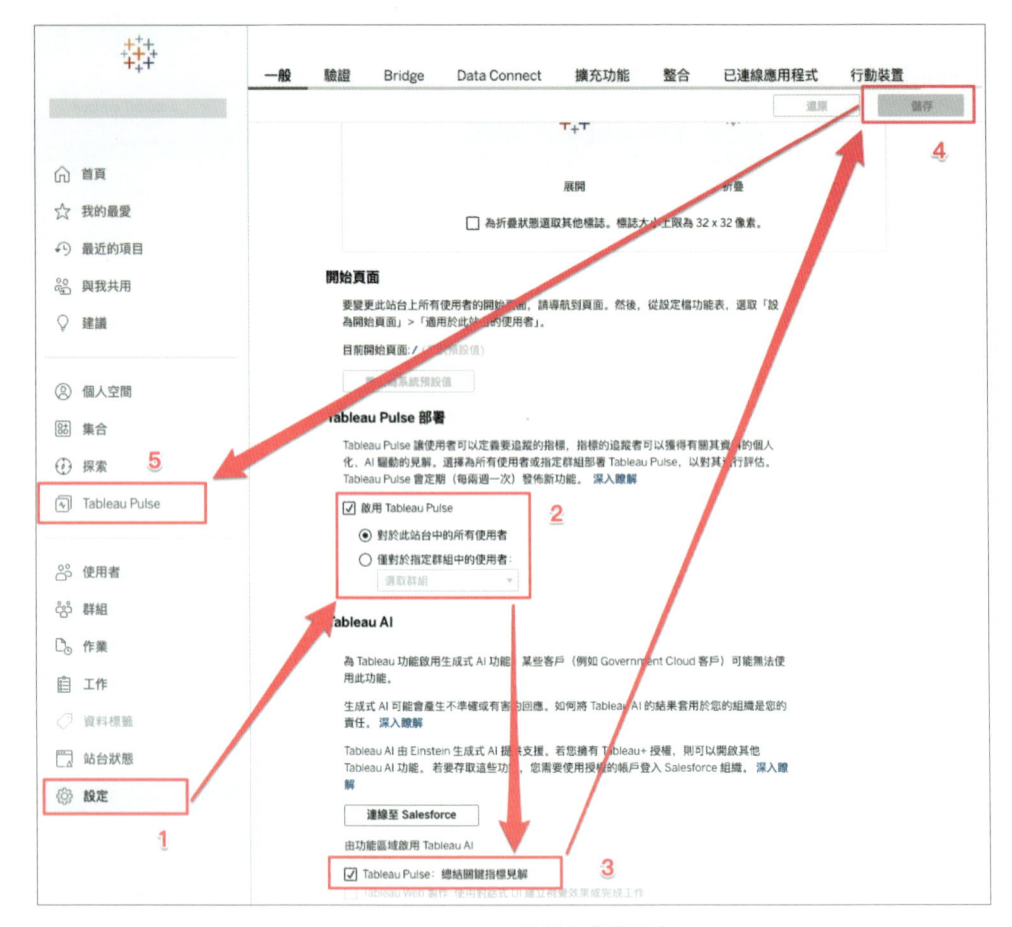

◉ Tableau Pulse 的初次啟動設定

◯ Tableau Pulse 操作畫面說明

點選左邊的「Tableau Pulse」，進入後會有兩個頁籤：「Following」與「Browse Metrics」。

如果是第一次進入 Tableau Pulse，在初始的「Following」頁面會是一片空白，而我已先預設四項針對原廠超級市場資料的監控指數，所以下圖中有四個 KPI 與折線圖結合的圖表。

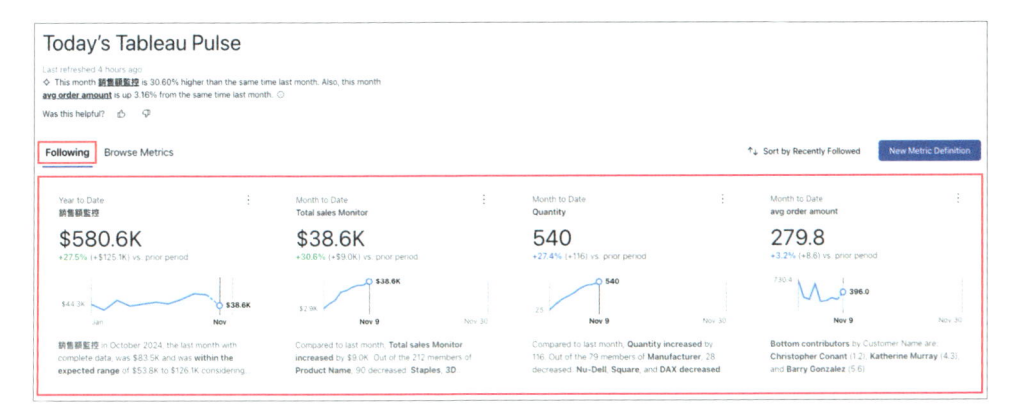

◯ Tableau Pulse 的「Following」頁面

Today's Tableau Pulse：快速檢視各項指標與 AI 生成的說明

畫面中，標題的下方會有一段目前銷售額表現結果的陳述，是 Pulse 用生成式 AI 與指標所產出的結果。另外，在四個折線圖的下方也有個別的表現陳述。

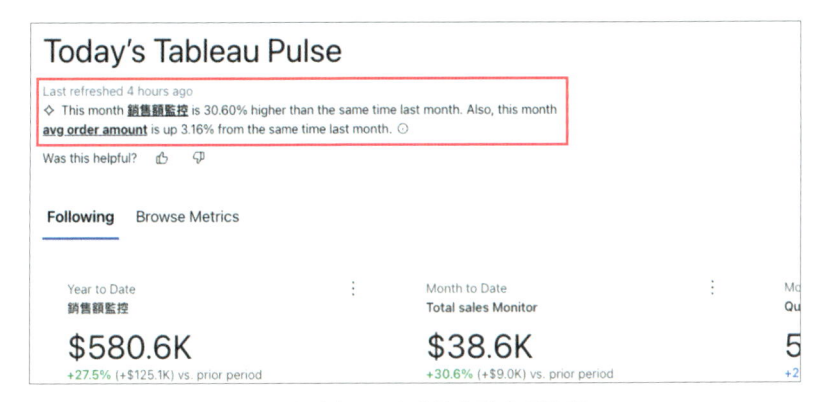

◯ 紅框處為 AI 生成的整體表現說明

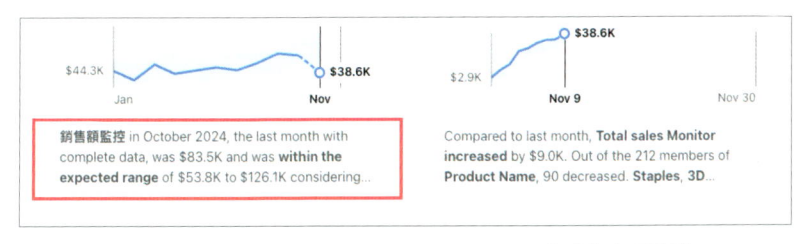

◯ 紅框處是 AI 為「銷售額監控」這個指標所生成的表現陳述

A　Tableau 與生成式 AI　347

Browse Metrics：運用其他已建立好的指標

「Browse Metrics」頁面會提供其他有權限的 Tableau Pulse 使用者寫好的追蹤指標，如果有覺得不錯的，可以手動加到到自己或指定對象的追蹤項目內。在 Pulse 服務下，只要有設定資料庫查看權限的使用者，就能看到其他同權限使用者所設定的項目。

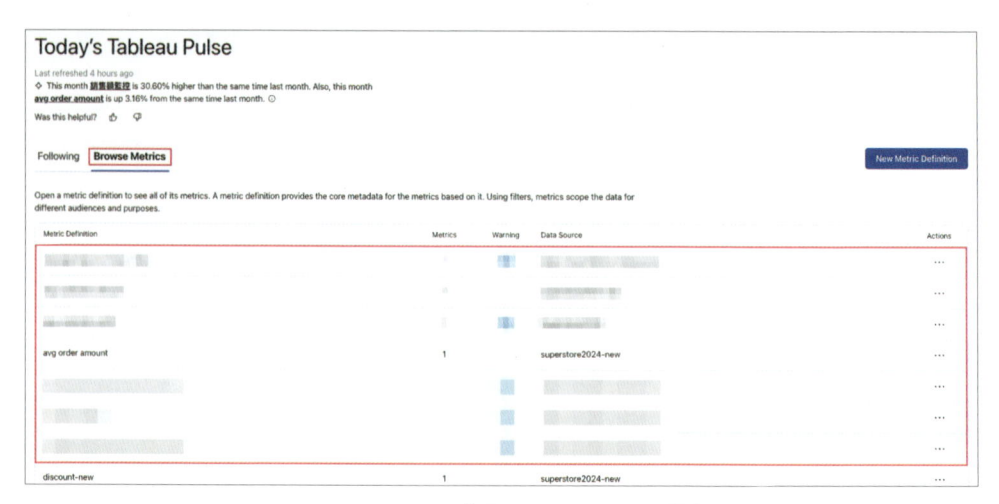

🎧 Tableau Pulse 的「Browse Metrics」頁面

監控指數介面：觀察指標詳細分析資訊

回到「Following」頁面，點擊左側的「銷售額監控」指標，就會進到指標詳細分析介面。除了提供總體 KPI 和時序變化圖之外，也會依照時間維度的設定，呈現與去年同期比較、與前期比較的結果。

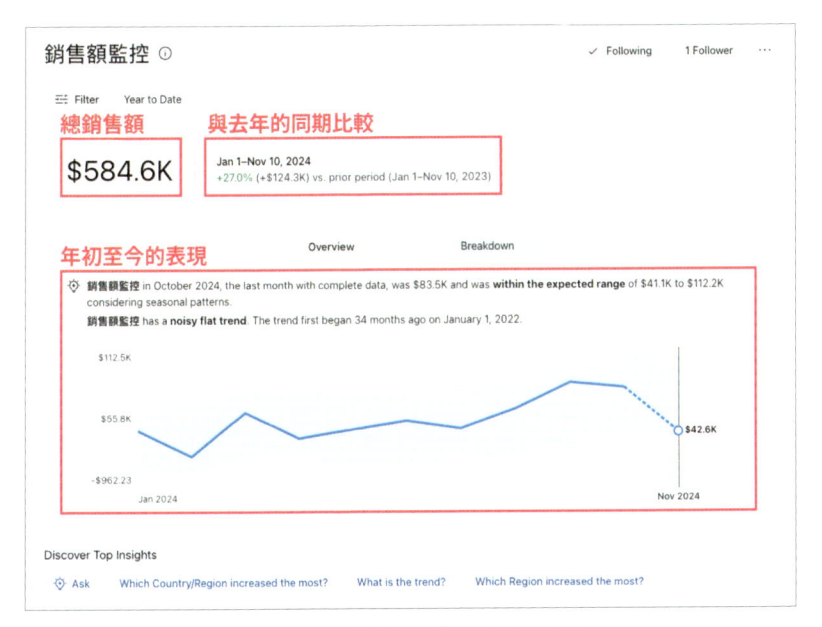

🎧「總銷售額監控」指標的詳細介面

Discover Top Insights：運用 AI 生成關鍵提問與分析見解

再往下會看到「Discover Top Insights」的區塊，其中有「提問區」和「初步分析結果」兩個區塊。Tableau Pulse 會先根據欄位進行分析，在提問區提供可分析的方向，而下方會提出基本見解和初步分析結果，例如：下方的銷售額分布表現。此外，在圖表上也會提供 AI 生成的描述。

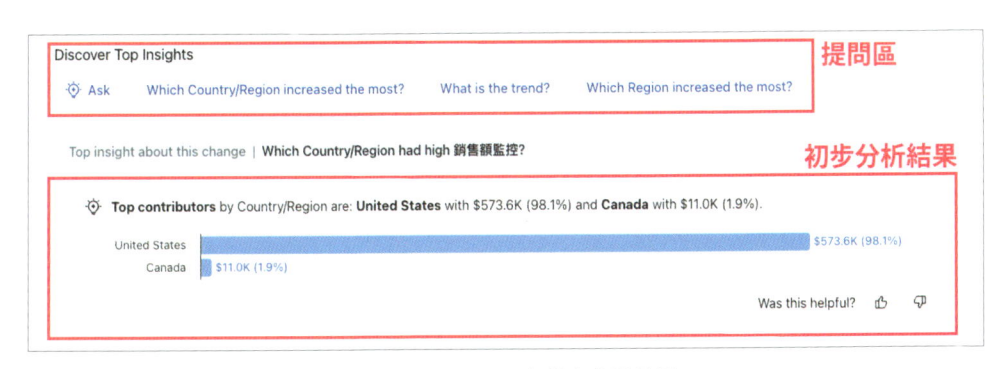

🎧 AI 建立的提問區與初步分析結果

接著，可以點選提問區的問題，下方會即時產出結果。例如：點選「Which Country/Region increased the most?」後，就會得到各區與去年的同期比較結果。

A Tableau 與生成式 AI   349

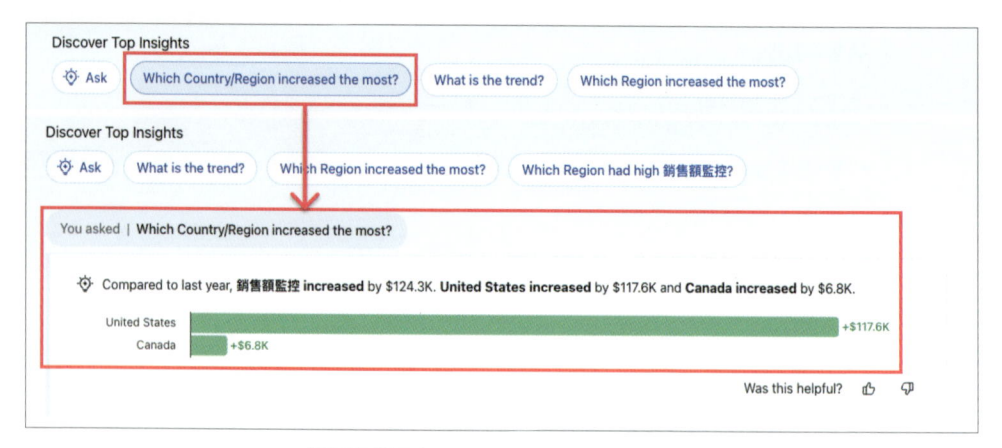

◎ 選擇建議分析方向，就會產出相對應的圖表

Filter：使用篩選器調整分析維度

除此之外，回到標題區，如果想查看不同維度的表現，也能透過Filter篩選器功能調整。例如：選擇時間區間到與前一季比較（Quarter to Date），除了總體KPI與折線圖會改變之外，也會多出與前季的同期比較和去年的同期比較結果，方便查看。

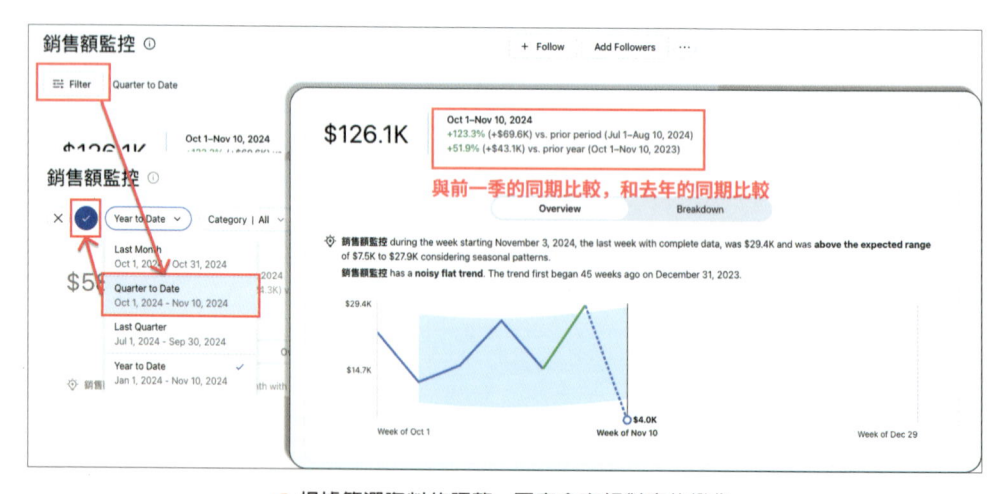

◎ 根據篩選資料的調整，圖表會有相對應的變化

Breakdown：切換不同維度，向下進行比較分析

如果希望看到更細節的部分，可以點選「Breakdown」頁面，就能用維度切換（需要在設計指標時先選定好）來轉換，進一步查看表現。

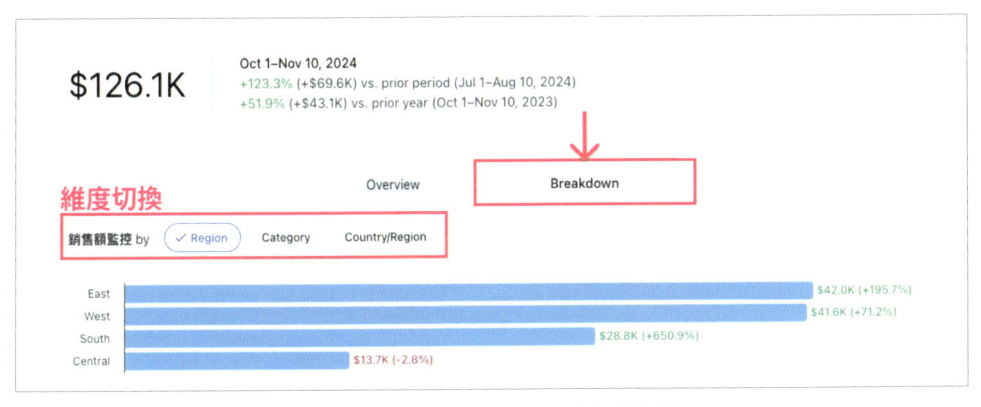

◐ 透過調整維度，檢視不同分類的數值差異

◐ Tableau Pulse 實作範例

因為 Tableau Pulse 是專門提供給主管層級、業務人員和非技術人員使用的工具，所以建立 KPI 指標的方式也必須簡潔易懂，不需要另外請技術人員協助就能設定好。這裡要實作如何運用 Tableau Pulse 來快速建立「總利潤」的追蹤指標，並設定每日 Email 主動通知。

01. **在 Pulse 畫面右側新增指標，選擇要連接的資料來源。**

◐ 選擇連接的資料來源

02. **輸入標題與簡介，以及要分析的指標與計算方式。**

輸入監控項目的名稱與基本介紹，並設定要分析的指標、計算方式、日期維度。選擇完成後，在右側就會出現指標與折線圖表。

- **指標**：選擇要監控變化的指標度量值，例如：銷售額、稼動率等。

A　Tableau 與生成式 AI　351

- **彙總方式**：選擇要彙總的方式，包含加總、平均等方式。
- **累計需求**：確認該分析項是否有比較累計結果的需求。如有需要，則選擇「Running Total」，否則選擇「Non-cumulative」。

◐ 輸入要分析的指標的各項設定

03. 加入篩選器，並設定數值格式。

點選「+ Add Filter Option」來加入篩選器，接著設定好數值格式。

◐ 加入篩選器

352　AI×Excel×Tableau 資料分析語法指南

04. 選擇數值的正負號的背景意義。

如果數值上下的表現有其背景意義，例如：利潤往上增加是一個好的表現，就可以點選「Value going up is」下拉選單中的「Favorable」，以讓數值提高時呈現綠色，突顯表現結果，而負向則會呈現紅色作為警示。

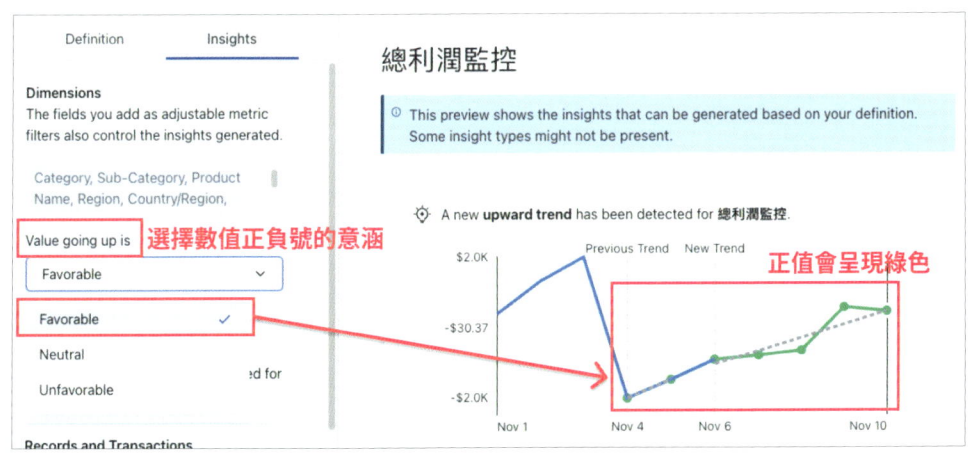

◑ 設定數值的正負向意義

05. 完成指標設定。

接下來會有新功能區塊「Record-Level Outliers」，可選擇是否要偵測 Outliers 數值（建議先選擇「Turn Off」）。最後，到最下方點選「Save Definition」，即可完成指標設定。

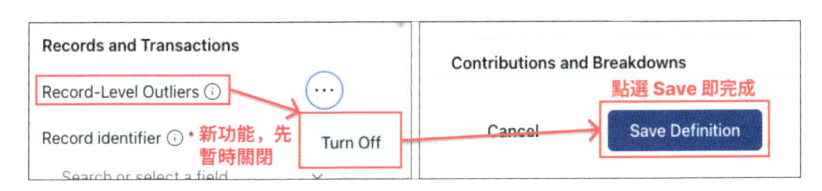

◑ 儲存指標設定

A　Tableau 與生成式 AI　353

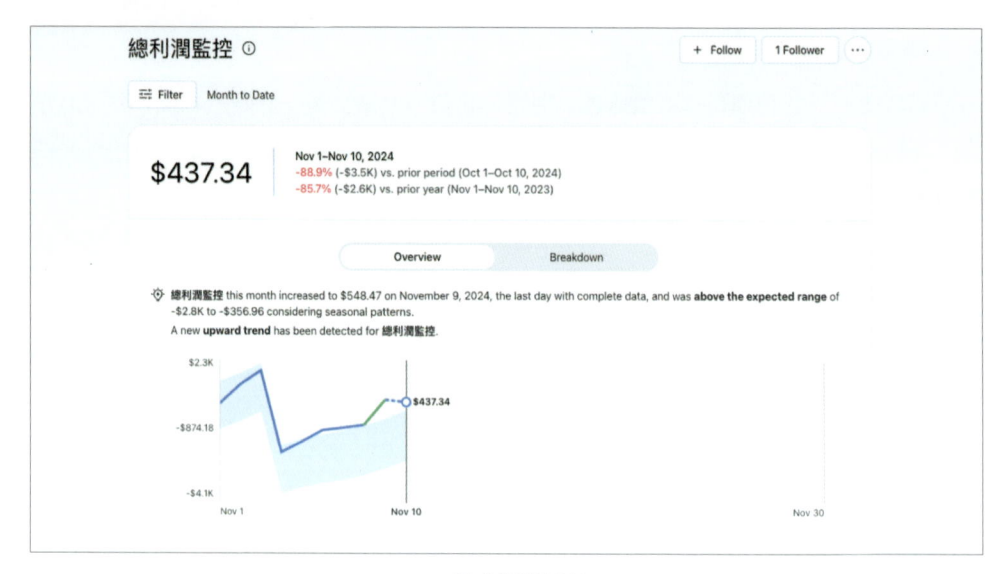

▲ 完成指標設定

　　除了可以按照前面提及的步驟去查看分析，也能夠點選右上角的「+ Follow」，即可加入到初始的面板上，與其他指標一同追蹤。

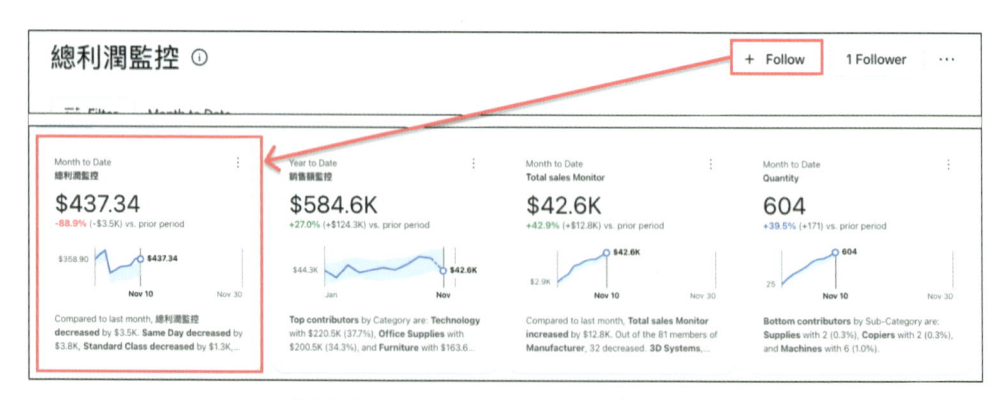

▲ 將指標加入追蹤項目，即可在初始面板一併查看

　　如果還希望可以在 Slack、Email 接收最新的 Tableau Pulse 通知，可以到畫面右上角的「Preferences」設定接收方式及接收頻率，就可以定時取得最新資訊。

354　　AI×Excel×Tableau 資料分析語法指南

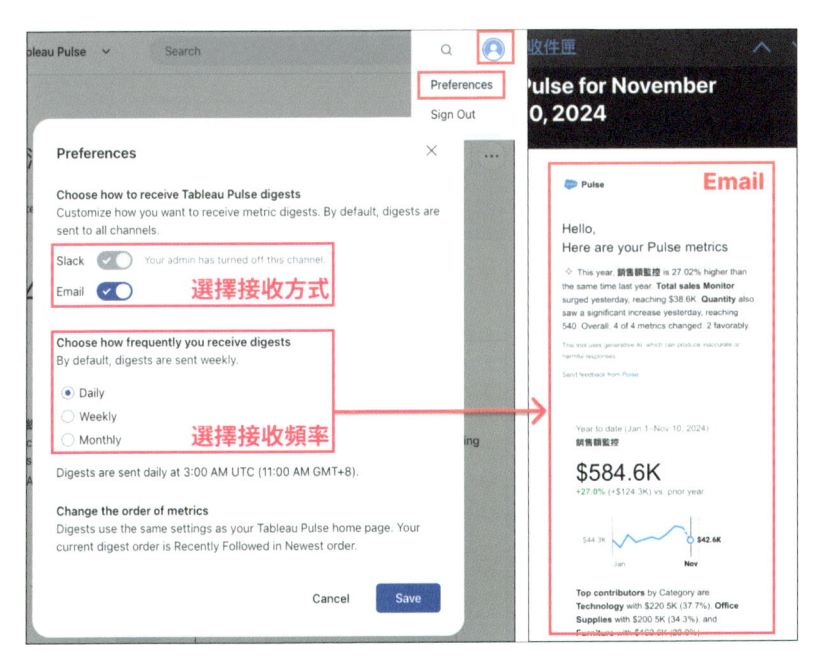

⏺ 設定通知提醒

Tableau Agent 工具

　　Tableau 推出的 AI 助理，前身稱為「Einstein Copilot」，使用者能夠像使用 ChatGPT 一樣，直接在 Desktop、Prep 內進行提問（已能夠使用中文問答）。除此之外，Tableau Agent 也內建部分自動化操作，使用者只要點選系統推薦的步驟，就能完成一些原本需要手動的部分，包含公式、欄列擺放，讓整個分析流程更簡單，並提升分析人員的工作效率。

⏺ Tableau Agent

※ 資料來源：https://www.tableau.com/zh-tw/tableau-agent

Tableau Agent 目前僅限在 Tableau Cloud 上使用，操作方式類似 ChatGPT，使用者只需透過一般對話，即可生成建議的圖表或完成複雜公式的撰寫，無須編寫複雜的查詢語句，讓非技術背景的使用者也能輕鬆上手。

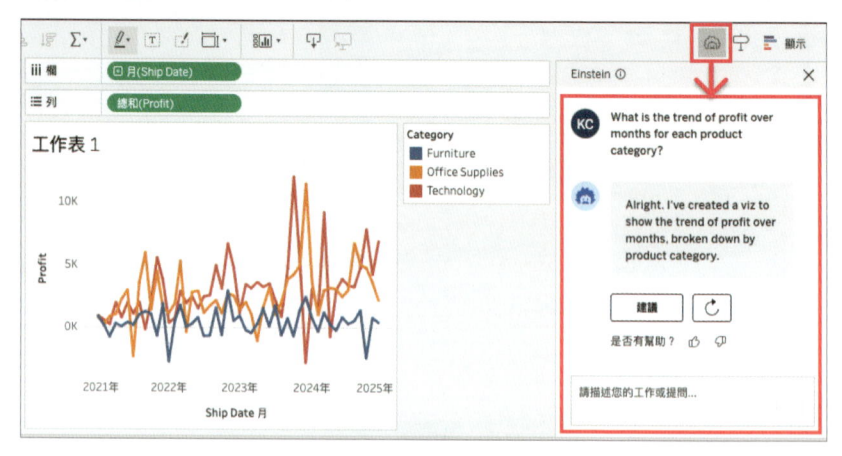

🎧 **Tableau Agent 使用畫面範例**

⬤ Tableau Agent 目標族群

與 Tableau Pulse 的目標使用者不同，Tableau Agent 適合以下幾類族群：

- **數據分析團隊**：以往商業分析師在做深度分析時，常常需要處理複雜的數據查詢和資料視覺化，耗時費力。Tableau Agent 可以簡化查詢過程，透過自然語言獲得分析建議，大幅提升工作效率。

- **業務部門與非技術人員**：Tableau Agent 的自然語言互動功能，讓沒有技術背景的人員也能進行數據分析，協助業務部門快速掌握客戶行為、業績走向等重要指標，降低分析的門檻。

- **IT 部門和技術支援團隊**：IT 團隊可以透過 Tableau Agent 提供數據分析服務，減少為各部門進行數據查詢和製作報表的工作負擔，以更有效率進行後端支援。

⬤ Tableau Agent 實作範例

這裡將要實作如何運用 Tableau Agent，在 Tableau Cloud 的工作簿（介面類似 Desktop 版本的分析工具）和流程（介面類似 Prep 的資料整理工具）內使用一般對話來產出結果。

結合工作簿應用①：製作圖表

01. 使用 **Tableau Agent** 來建立圖表。

在 Tableau Cloud 首頁，點選右上角的「新增」選項，選擇「工作簿」。

△ 點選新增工作簿

02. 選擇工作簿右上角的愛因斯坦頭像，即可啟動 **Tableau Agent** 的服務。

第一次會出現自我介紹，可以直接輸入提問需求，也可以先點選「建議」按鈕，由 Tableau Agent 進行提問推薦。

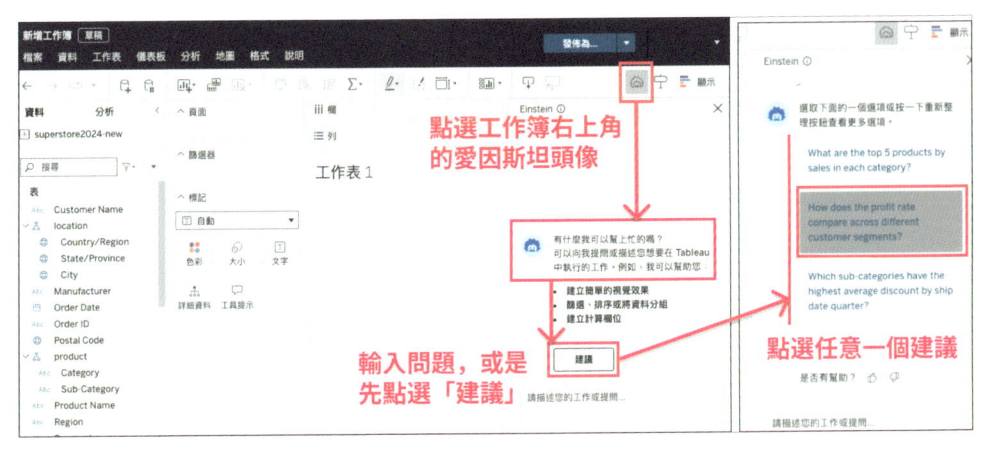

△ 用 Tableau Agent 進行圖表製作之流程

03. 產出圖表結果。

點選其中的第二個建議選項「How does the profit rate compare across different customer segments？」（不同客戶群的利潤率有什麼差異？），就會自動產出一張長條圖，呈現不同客戶群的利潤率表現比較。

A　Tableau 與生成式 AI　357

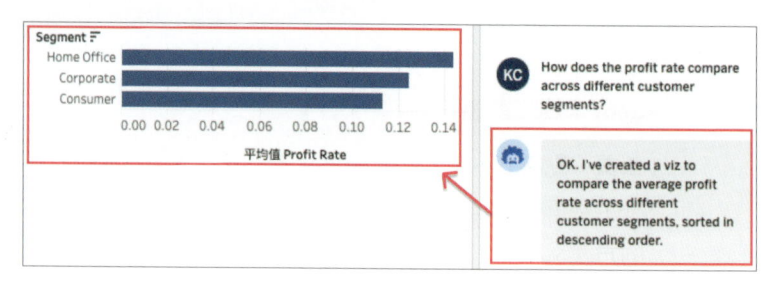

▶ Tableau Agent 產出圖表結果

結合工作簿應用②：公式撰寫

如果需要撰寫比較複雜的公式，也能詢問 Tableau Agent。

01. 新增一個公式撰寫視窗。

在視窗的右上角可發現一個愛因斯坦頭像，點選後即可輸入需求：「Can you write a calculation for me to find the average sales per customer by region?」（可以幫我寫一個計算公式，來找出每個區域的平均每位顧客銷售額嗎？）。

▶ 用 Tableau Agent 進行公式撰寫之流程

02. 產出公式結果。

這時 Tableau Agent 不只是提供正確公式結果，也協助將公式名稱、公式內容都建立完成，接下來就可以快速進行後續分析。

▶ Tableau Agent 產出公式結果

358　AI×Excel×Tableau 資料分析語法指南

結合流程建立①：欄位拆解

01. 使用 **Tableau Agent** 來建立資料整理的流程。

在 Tableau Cloud 首頁，點選右上角的「新增」選項，並選擇「流程」，就會啟動網頁版的「Tableau Prep」頁面。Tableau Prep 是一套專門用於資料整理的工具，操作上也是使用「拖拉放」的方式，不需要寫 SQL 就可以進行複雜的資料整理與運算。

↻ 點選新增流程

02. 欄位拆解。

假設要拆解「Customer Name」欄位裡面的「First Name」部分，可以輸入需求：「Capture the first name from the Customer Name」（擷取 Customer Name 欄位的名字部分）。

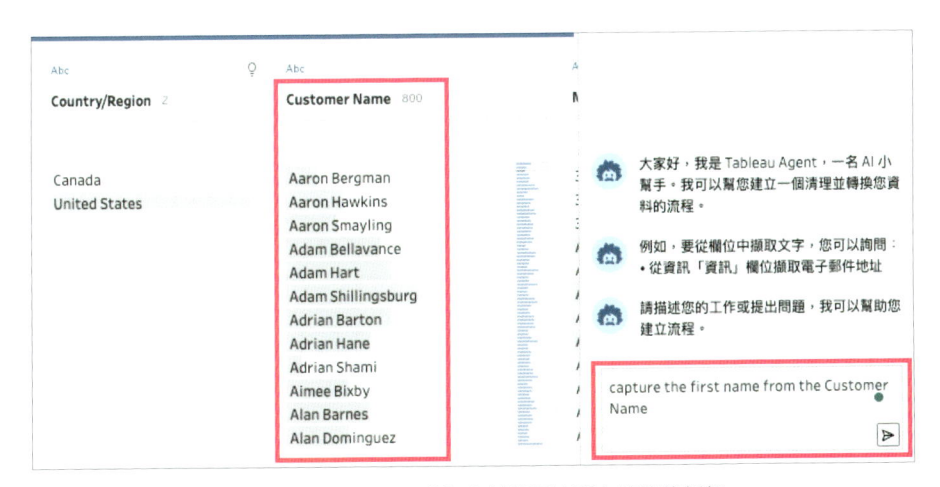

↻ 用 Tableau Agent 進行資料整理流程內的欄位拆解

03. **Tableau Agent** 提供完整的操作步驟供選擇。

這時 Tableau Agent 對話框會提供完整的推薦操作步驟，除了可以參照步驟自行實作之外，也可以點選下方的「全部套用」選項，就會一鍵自動完成所有步驟。

A　Tableau 與生成式 AI　　359

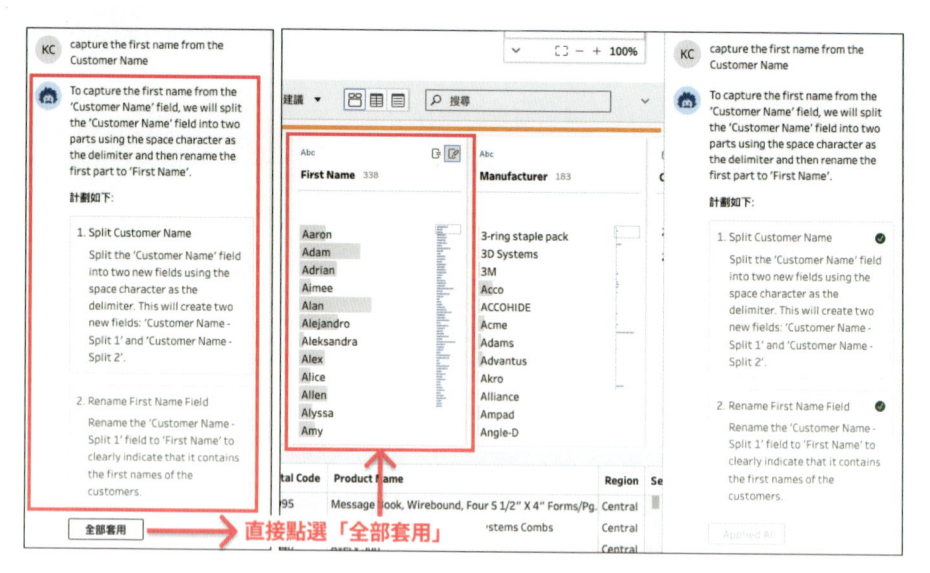

❶ 用 Tableau Agent 進行一鍵完成欄位拆解

結合流程建立②：建立資料彙總流程

01. **Tableau Agent 生成推薦步驟。**

原本要建立一個各國家的總銷售額表格，需要手動進行一連串操作，包含：新增彙總功能區塊、調整欄位及彙總方式，才能完成結果。有了 Tableau Agent，只需要輸入：「Please help me build the flow to summarize the total sales by countries.」（請幫我建立流程，彙總各國的總銷售額），即可生成推薦步驟。

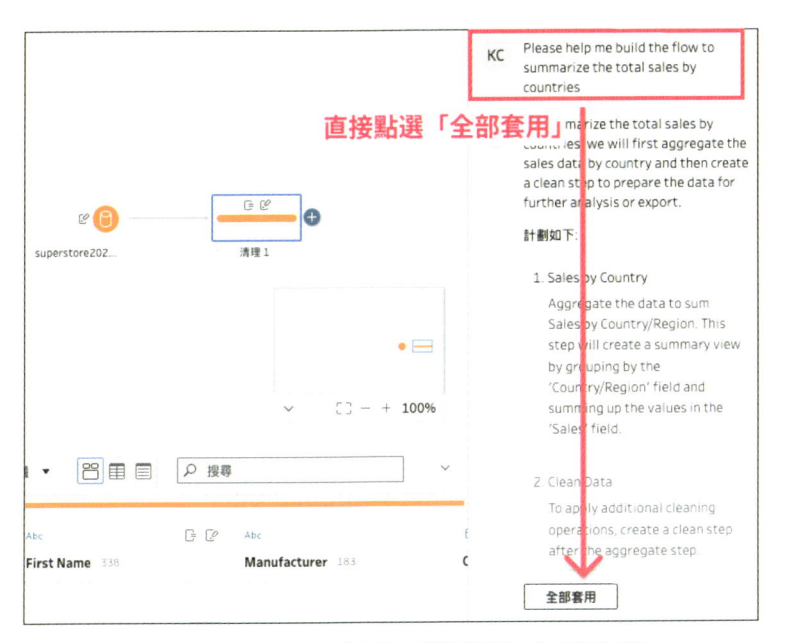

⬥ 用 Tableau Agent 進行資料整理流程內的欄位彙總

02. 取得彙整後的結果。

接著只要點選「全部套用」，就可以一鍵建立完整的彙整流程，並且得到彙整後的各國結果。

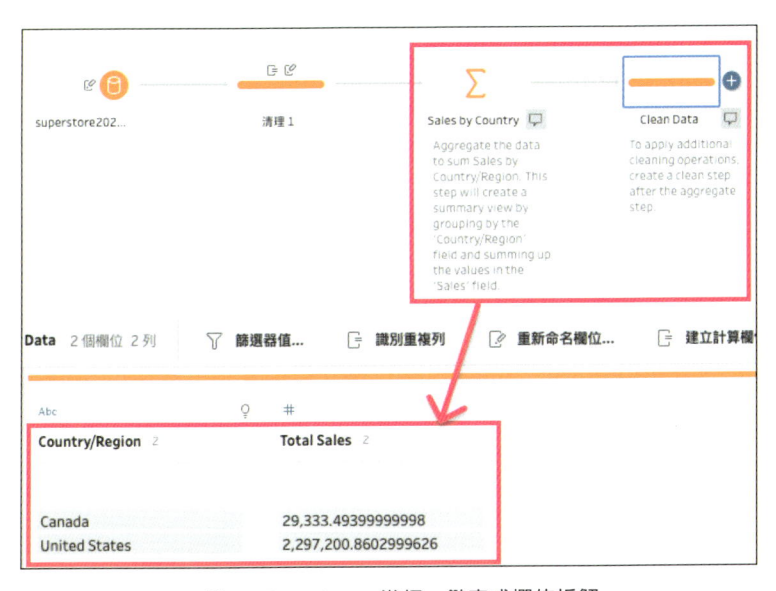

⬥ 用 Tableau Agent 進行一鍵完成欄位拆解

A　Tableau 與生成式 AI　　361

Tableau AI 功能使用權限

以上即為兩大 AI 工具的實作測試。目前 Tableau Pulse 與 Tableau Agent 並非免費服務，各種版本的使用權限可以參考下方原廠提供的比較圖。

類別	功能	TABLEAU	ENTERPRISE	TABLEAU+
分析技術	製作、控管與協作	✓	✓	✓
	Tableau Prep	✓	✓	✓
	數位學習	$	✓	✓
AI	Tableau Pulse	✓ [1]	✓ [1]	✓ [1]
	進階 Pulse 功能			✓ [1]
	在 Prep 中使用 Einstein Copilot for Tableau			✓
	在 Catalog 中使用 Einstein Copilot for Tableau			✓
	Einstein (AI) 要求點數			✓
資料	Data Cloud			✓ [2]
	Data Management		✓	✓
	Data Connect		$	✓ [3]
擴大應用	Advanced Management		✓	✓
	Premier Success	$	$	✓

🎧 **Tableau AI 功能的使用權限**

※ 資料來源：https://www.tableau.com/zh-tw/pricing

在筆者寫書的這段期間，Tableau Pulse 已開放給所有使用 Tableau Cloud 的用戶使用；而 Tableau Agent 只限於有採購 Tableau+ 的用戶可以使用，這部分可以依據企業的推廣程度、使用者的訓練規劃和用途來進行採購，並建議以 Tableau 官方說明的最新資訊為主，因為生成式 AI 的資訊迭代更新還蠻快速的。

MEMO

MEMO